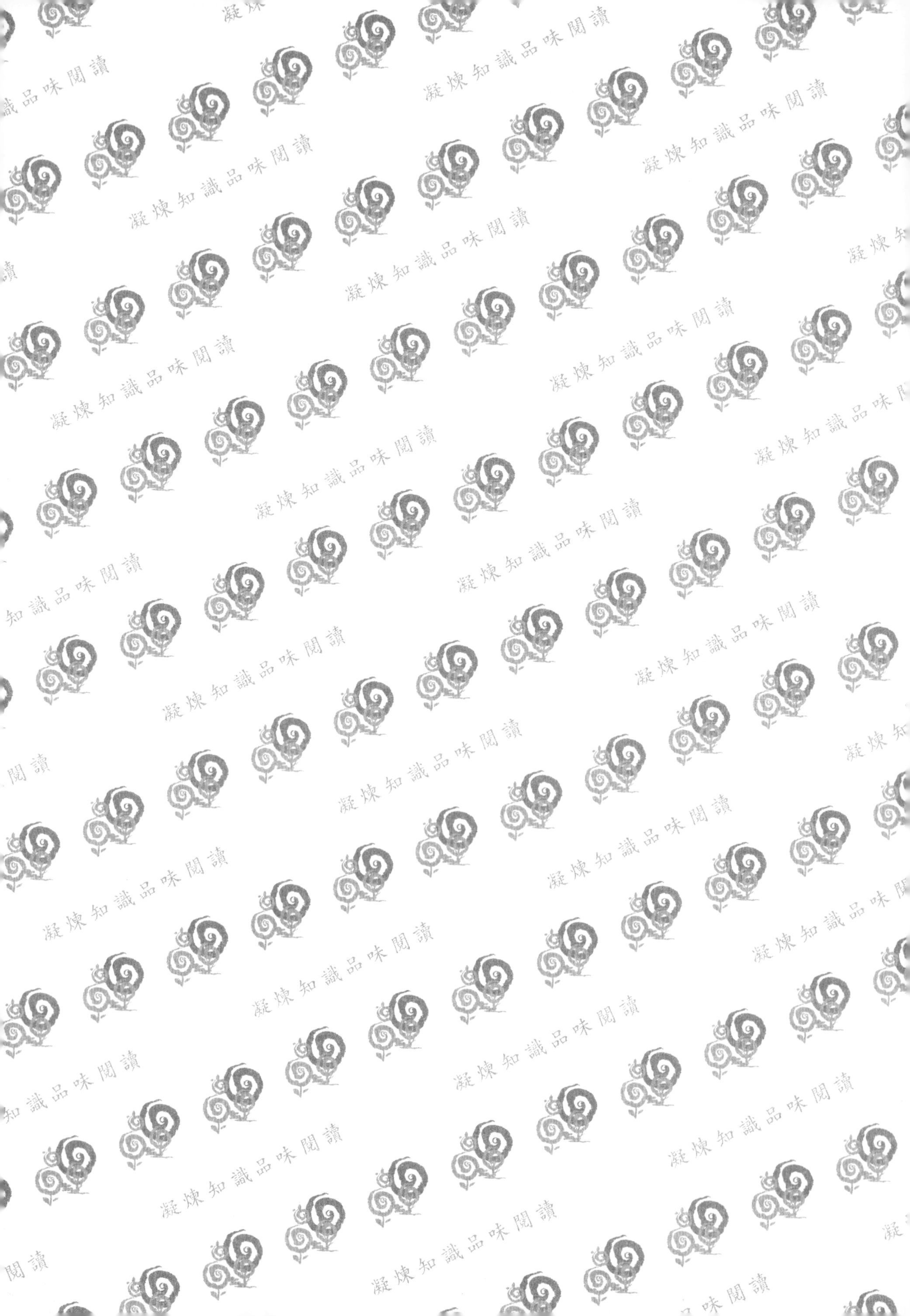
凝煉知識品味閱讀

商業智慧：從Tableau運作機制邁向大數據分析之路

Business Intelligence: The Road to Big Data Analytics from Tableau's Operating Mechanism

吳國清 教授 著

五南圖書出版公司 印行

推薦序（一）

個人從事統計學教學及資料分析實務工作凡40年，近十餘年復投入電腦資訊，負責建置內政部政府資料開放平臺，參加國家教育研究院統計名詞編譯工作，了解各界對政府資料內容及格式之需求，進而對有關資料結構、資料採礦、大數據分析及視覺化呈現所需的電腦軟體或工具均耳熟能詳。

Tableau爲美國史丹佛大學計算機研究人員於2000年初發展之數據可視覺化軟體工具，有利於將資料轉變決策依據。使用者藉此軟體可查詢相關之資料庫、電子試算表及視覺化陳示。惟現階段除軟體教學外，坊間有關Tableau書本遠較少於Excel、STATA、SAS、SPSS、Python，甚至R等等的數據分析工具書籍。其中，Tableau中文書本更是少之又少，影響所致Tableau於國內也未能有效推廣使用。

吳國清教授係中央警察大學資訊管理學系教授，除鑽研資訊專業技術，長年熱愛資料採礦及大數據研究，發表相關論文無數。因工作關係，個人深知渠嫻熟統計方法、巧於應用大數據資料分析工具、精於文字採礦技巧及相關軟體與程式語言。年前吳教授以Tableau爲主結合其他常用軟體工具，完成一項「政府資料開放平臺」之大數據分析計畫，成果備受好評。嗣後渠告知本人，因深切了解Tableau的功能及如何結合常用的大數據分析工具，擬將其得心應手的使用經驗彙整成冊，出書與同好分享。當下個人即予鼓勵吳教授早日完成本著作，付梓出版以嘉惠後進學子，也拭目以待。

日前得知吳國清教授研撰的大作：《商業智慧：從Tableau運作機制邁向大數據分析之路》即將出爐，很高興也榮幸的被邀請爲本書題序。經拜讀該書後，對商業智慧及應用數據分析方法頓覺耳目一新，對現階段從投入資料探勘及大數據領域的專業分析師或工作人員，能有最新應用電腦處理文數字資料的參考工具書本而感到慶幸。

商業智慧乙書之所以令個人感到耳目一新，且即時掌握其精髓之主要原因，係本書具下列幾項特色：

（一）化繁爲簡：本書介紹的各項統計和資料分析工具能化繁爲簡，從 Tableau 運作機制邁向大數據分析之路，以 Tableau 爲主幹，串連必要之其他應用軟體共同完成特定資料分析任務。

（二）深入核心：本書雖以商業智慧爲主題，但以 Tableau 軟體爲核心，有關 Tableau 之介紹由使用入門、理論基礎、程式設計基礎、到基本計算功能及計算表，再到函數語法，均深入淺出完整的在本書中介紹。

（三）應用整合：本書依據作者參與研究計畫實務之經驗與心得，將 Tableau 於資料庫處理、地理資訊處理、數位鑑識分析及大數據分析等方面應用方式，皆以實際案例詳細說明，有助於資訊分析與專案研究應用的整合。

職是之故，個人對吳教授不計辛勞，投入心血完成大作《商業智慧：從 Tableau 運作機制邁向大數據分析之路》至爲推崇，同時樂於推薦本書給數據分析同好分享參用。因依個人歸納本書對推廣 Tableau 應用具有化繁爲簡、深入核心及應用整合等特色。最後，謹以下列七言詩句，作爲本序言之結語：

商業智慧利器多
各家本事盡在我
若有好書能相託
當數本書不爲過

中央警察大學交通學系兼任副教授
前內政部副統計長、資訊中心主任
沈金祥

推薦序（二）

與吳國清教授結緣是在十幾年前他擔任中央警察大學資訊管理學系主任的時候，卓越動力公司從英國劍橋引進科技犯罪偵防的利器——i2 Software。i2 當時是廣爲國際刑警與各國警察採用、罪犯情資的分析與分享的主要工具，一直在國內提升資訊科技辦案能量的吳主任，在當時 侯校長友宜的支持下，在「資訊犯罪學」課程內導入了 i2。

個人從 1997 年開始，就在商業智慧市場有所著墨，一度爲目前二個主流商用智慧軟體大中華區的總代理，深知商業智慧的眞諦，是以組織決策目標爲依據、導入績效相關的大數據，並以各類軟體讓使用者得以探索與洞察各類經營問題之所在——金融業如此、製造業如此，乃至治安的績效等等皆是如此。

可惜的是，商業智慧是重要的，但是一直以來有關商業智慧的知識分享——不論書籍或網路，都還是停留在軟體操作層面。今天很高興看到吳教授以多年實務和教學經驗，以 Tableau 爲例，透過實際資料與範例來介紹商業智慧軟體運作機制與效益；循序漸進地讓讀者從基本原理、上機實作，一直到領悟出商業智慧的「洞察」意涵。不僅如此，吳教授更進一步分享如何應用統計分析交叉解釋結果，最後更深入到應用數位鑑識和大數據分析（含文字採礦和資料採礦）等領域，內容相當豐富。

本書的撰寫風格是以愛好資料科學初學者角度爲開始，並兼顧程式設計技巧，故也很適合政府機關資訊部門、企業界、學術界和資料科學家等使用。我個人樂意將此書推薦給大家，也期待這本書可以爲大家帶來以商業智慧探索大數據在分析層面上新的 Insight！

卓越動力資訊股份有限公司

董事長 陳毓潔

推薦序（三）

現今，大數據和商業智慧等領域應用，仍是政府機關和民間企業在提升組織競爭力上的關注重點。在大數據處理用資料可分成量性和質性。國內在量性（尤指結構化）資料之處理與分析上較爲成熟，可是在質性（非結構化）資料方面仍有待提升，其最大技術瓶頸在於語意分析上。質性資料處理策略上可分成樣式（Patterns）和代碼（Codes）等，樣式偏向文字採礦的萃取（含斷詞與正規表示法、文字雲等），主要可供統計和資料採礦分析之用；而代碼偏向人爲資訊縮減概念與賦予實質意義，並應用在質性研究領域上。

這本書探討範疇相當廣泛，並偏向資料科學。它以商業智慧爲主要核心，去延伸到相關領域的交互應用。它強調「眞實資料」對商業智慧的重要性與價值性，同時導入 Tableau 的「運作機制」概念與其程式設計技巧，這是國內外相關 Tableau 書籍和網路資料（含文字和視頻）所少見的，是此書的第一個亮點。此外，它亦企圖將商業智慧的洞察、文字採礦的樣式萃取、統計分析和資料採礦的決策法則相整合應用之，是此書的第二個亮點。最後，它以大數據分析作爲結尾，它主要透過政府開放平臺所提供的 64 萬多筆巨量酒駕案例資料，如何透過 Tableau 程式設計來進行文字採礦與統計分析等，是此書的第三個亮點。我期待未來質性資料處理的代碼策略能有所突破，並將結果導入商業智慧結合應用。如此一來，可預期對研究社會科學領域產生「質與量」的巨大影響，即使得「質性資料」和「量性資料」相整合在一起，減少了現今它們仍存在的鴻溝和分野。

吳教授是我多年好友，我們經常互動並討論統計與採礦議題。在互動過程中，彼此發現問題，並試圖解決它們，這對於知識領域增長幫助很大。這本書可說是他長久以來積極參與各項學術活動、不間斷的程式設計與實務應用等結晶，值得推薦給讀者們，讓大家知道商業智慧能爲我們做什麼、如何去做和洞察現象等。相信大家閱讀此書和上機實作後，距離成爲一位「資料科學家」或「資料科學分析師」就不遠了。

國立澎湖科技大學 資訊管理學系
系主任 林永清 教授

作者序

教育心理學者 Tamara van Gog & Nikol Rummel（2010）認爲「對於新手學習者來說，更多依賴於工作實例，對學習更有效，並且也更有效率。花費更少的時間和精力通常可以獲得更好的學習成果。」撰寫這本書理念即以實例學習認知觀點，來引導商業智慧軟體 Tableau 學習者的快速入門與如何應用於實務和學術上。

民國 73 年，作者完成第一支有關電子元件品管程式給某家小公司使用後，至今仍在撰寫各種領域的應用程式。期間學習與使用過不少的電腦語言和應用軟體，並開發完成一些實務與學術的應用程式和發表文章，包括大數據在內。

在撰寫此書過程中，經歷了 Tableau 軟體的不同版本更新。以作者數十年程式設計經驗累積，透過 Tableau 運作機制，已找到舊版的一些錯蟲（Bugs），並發現新版的更正。作者始終認爲每一種電腦語言和應用軟體，皆存在著它們的運作機制。然而，要找出這些機制，對於初學和有經驗使用者來說，仍是個挑戰。此外，國內外相關 Tableau 書籍和線上教材，乃以 Tableau 視覺化的人爲操作與產出令人吸引的圖表爲主，並已爲 Tableau 推廣與應用做出卓越的貢獻。

當讀者閱讀此書時，便會發現它的邏輯思維、撰寫風格、內容範疇與現有市面 Tableau 書籍有所差異。它是以 Tableau 爲核心，試圖將量性和質性資料，透過程式設計，及應用軟體的結合與交互使用，再以實際眞實資料來加以實現之。其內容包括 Tableau 運作機制的介紹；撰寫程式來完成更細膩的問題洞察，以產出更有價值的「智慧」；了解視覺化的操作原理與其相對應程式碼；以及 Tableau 如何與其他相關領域應用軟體的結合應用等。這本書是以初學者角度，政府開放資料作爲範例，電腦上機實作爲導向。從資料蒐集開始，以 Tableau 爲中介，如何進行文字採礦和資料採礦，以及統計分析，到最後實務性的統計意義解釋等。它所涉及的基礎知識領域包括離散數學、程式語言、統計、機器學習、資料庫、地理資訊、數位鑑識與大數據分析等。基於此，此書也很適合於企業、政府和學術等機構和人士所採用。

本書得以順利出版，首先要感謝中央警察大學和中國科技大學，長久以來提供很好教學、研究環境和所需電腦設備。其次，非常感謝五南圖書出版公司侯家嵐主編熱心協助出書和編輯部人員爲編輯與校對所作的辛勞。還有，令我銘感五內的三位資訊科技先進——沈金祥主任、陳毓潔董事長和林永清主任，長期對作者在教學、研究上的協助與指導。最後，要感謝家人在撰寫此書期間的生活照料與精神寄託。知識是建立在不斷追求與容忍錯誤基礎上累積的，故而期待讀者們從批判觀點來檢視與指正此書的錯誤，使商業智慧更具有知識與商業的價值。

作者 吳國清

CONTENTS 目 錄

推薦序（一） I

推薦序（二） III

推薦序（三） IV

作者序 VI

01 章 Tableau 使用入門 1

1.1 Tableau 下載安裝 4

1.2 使用 Tableau 6

1.3 連線到檔案 8

1.4 Tableau 與實務應用 10

1.5 總結 13

02 章 Tableau 理論基礎 15

2.1 集合理論探討 17

2.2 排序 20

2.3 樹狀結構 21

2.4 欄位分類與設定 25

2.5 行資料運作機制 27

2.6 欄位運作機制 30

2.7 篩選機制 33

2.8 總結 42

03 章 Tableau 程式設計基礎 43

3.1 Tableau 程式設計考量因素 46
3.2 建立導出欄位 50
3.3 Tableau 語法結構 51
3.4 程式設計 53
3.5 程式設計實務應用 62
3.6 程式設計與統計分析 66
3.7 總結 71

04 章 基本計算 73

4.1 計算類型 75
4.2 認識維度和度量 76
4.3 連續和離散 79
4.4 資料與視覺化 81
4.5 基本計算與程式設計 85
4.6 基本計算與統計分析 88
4.7 基本計算在金融機構放款應用 96
4.8 總結 102

05 章 表計算 105

5.1 認識表計算 107
5.2 操作表計算 111
5.3 計算類型與公式 115
5.4 表計算在交通違規應用 123
5.5 總結 134

06 章 資料層級 FIXED 計算 137

6.1 LOD 的重要特性 139
6.2 LOD 的細微概念 141
6.3 LOD 的執行順序 144
6.4 LOD 函數差異探討 145
6.5 FIXED 範例 152
6.6 FIXED 與表計算結合應用 157
6.7 FIXED 在海域觀光亮點應用 162
6.8 總結 172

07 章 資料層級 INCLUDE 計算 175

7.1 INCLUDE 運作機制 177
7.2 INCLUDE 範例 189
7.3 INCLUDE 在火災傷亡應用 196
7.4 總結 208

08 章 資料層級 EXCLUDE 計算 209

8.1 EXCLUDE 運作機制 211
8.2 回傳 {LOD} 彙總結果 216
8.3 EXCLUDE 與微觀、巨觀分析 218
8.4 EXCLUDE 與 COVID-19 應用 228
8.5 總結 244

09 章 Tableau 函數語法 245

9.1 算術函數 247
9.2 三角函數 253

9.3 字串函數 257
9.4 彙總函數 268
9.5 規則運算函數 275
9.6 Tableau 計算要素 285
9.7 運算子與其優先權 288
9.8 總結 291

10 章 Tableau 與資料庫處理 293

10.1 認識關聯式資料庫 295
10.2 安裝 SQL Server 資料庫 296
10.3 Tableau 連線到 SQL Server 298
10.4 建立關聯資料與統計分析 299
10.5 Tableau 與資料庫處理 310
10.6 關聯與引用欄位 319
10.7 總結 323

11 章 Tableau 與地理資訊處理 325

11.1 認識地理資訊系統 327
11.2 取得經緯度圖資 328
11.3 Tableau 與建立地理資訊範例 335
11.4 犯罪與地理資訊 345
11.5 總結 355

12 章 Tableau 與數位鑑識分析 357

12.1 鑑識概念 359
12.2 似是而非的資安鑑識術語 359
12.3 數位鑑識與數位證據 361

12.4 Tableau 與暴力犯罪證據分析 362
12.5 總結 375

第13章 Tableau 與大數據分析 377

13.1 建立與清洗資料 379
13.2 資料處理與洞察 383
13.3 資料正規化 392
13.4 統計分析 395
13.5 總結 396

※ 本書臺、台二字的使用，以資料來源爲準。

第 01 章

Tableau 使用入門

本章概要

1.1 Tableau 下載安裝

1.2 使用 Tableau

1.3 連線到檔案

1.4 Tableau 與實務應用

1.5 總結

當完成學習與上機實作後，你將可以

1. 知道下載安裝 Tableau 試用版
2. 學會匯入不同檔案類型資料
3. 學會透過拖放完成資料視覺化工作表
4. 了解異常資料列表和清洗
5. 透過各縣市郵遞區號完成地圖製作

商業智慧（Business Intelligence, BI）結合了商業分析、資料採礦、資料視覺化、資料計算和資料結構，以及各種最佳運作機制（含演算法），以便協助組織做出資料爲導向的決策和商業價值。實務上，透過商業智慧軟體來快速全盤了解組織內部和外部等資料，進一步使用資料來驅動組織變革、組織效能和回應市場快速變化等。目前商業智慧軟體可幫助組織分析過去到現在的資料，從而快速洞察問題，以做出策略性決策。透過多重資料來源與處理巨量資料，以人類易於理解的資料視覺化（含統計圖、資料表、地圖）呈現與分享其結果。

這本書雖然以商業智慧爲主軸，以 Tableau 軟體爲工具，但它涉及之領域是十分廣泛的，並有賴於與其他相關軟體交互使用。其範疇包括：(1) 以巨觀（Macro View）和微觀（Micro View）角度洞察「現象」的商業智慧；(2)「萃取」潛在可能具價值樣式（Patterns）的文字採礦和數位鑑識；(3) 以巨觀角度分析整體「趨勢」（Trend）、影響因子和預測的統計分析；(4) 以微觀角度獲取目標和樣式或因子之決策「法則」（Decision Rules）；(5) 以「巨量」資料來了解大數據分析之結果和解釋。

這本書雖然以 Tableau 軟體作爲實作範例的主要工具，但也使用到多種網站上可下載安裝的試用軟體，包括 dtSearch（數位鑑識）、Tanagra（資料採礦）；還有需付費正版軟體的 Microsoft Excel（資料彙集和處理）、STATA（文字採礦與統計分析）等。當然有關統計和資料採礦部分，讀者亦可選用 SAS EG（統計分析）、SAS EM（文字採礦和資料採礦）或 IBM SPSS（統計分析）等軟體。這些軟體常需要與 Tableau 軟體交互使用，如圖 1-1 所示。例如，我們在 Tableau 洞察到一個現象，即可到 STATA 或其他統計軟體去了解影響它的重要因子（Pareto Principle 的 80/20 法則），然後再回到 Tableau 繼續更深入洞察問題所在，最後到 Tanagra 去進行資料採礦等。這是發現問題和追求科學新知的很重要過程。現今學術界常以巨觀角度去進行統計分析，也取得良好假設檢定之結果和模式的驗證，但卻難以深入了解它們的微觀變化，以致無法充分解釋它們的實質意義。這本書就是基於這樣背景來呈現的，同時採用國內官方眞實資料作爲範例，對於實務界和學術界具有導引和啓發之雙重作用。期待國內學術研究能從「問卷調查導向」朝向「實務問題導向」努力，使能對我國政府機關和民間企業所面臨外來不斷競爭與挑戰，作出更實質的貢獻。

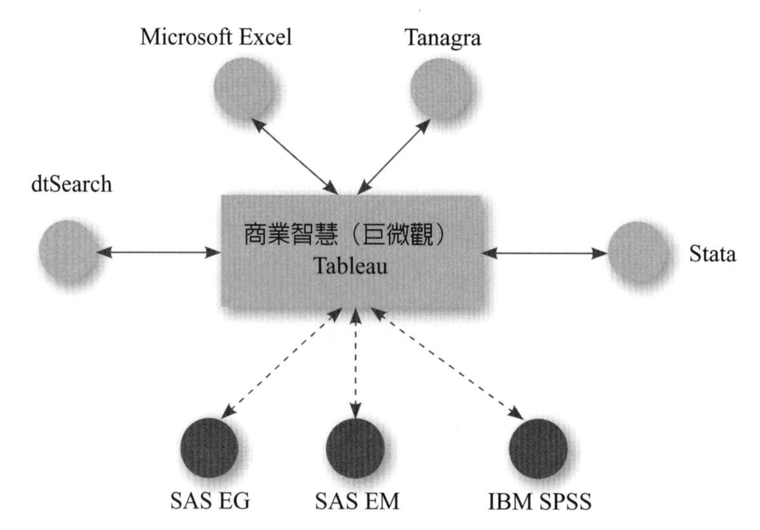

圖 1-1　Tableau 與相關軟體的交互使用示意圖

本章將從初學者角度出發，學習如何下載安裝 Tableau Desktop 軟體試用版，如何將各種類型檔案匯入到 Tableau，最後如何導入政府開放資料（Open Data）於 Tableau 環境之實務應用等。

1.1 Tableau 下載安裝

本章介紹如何從網路上下載與安裝 tableau desktop 試用版軟體，以及應注意的問題。

1. 下載

從 Tableau 官方網站：https://www.tableau.com/products/desktop/download 下載最新 Desktop 試用版本。(1) 打入你的 E-mail；(2) 按下【Download Free Trial】鈕。如 Tableau 圖 1-2 所示。你就可獲得 14 天的試用期，以初步了解它。

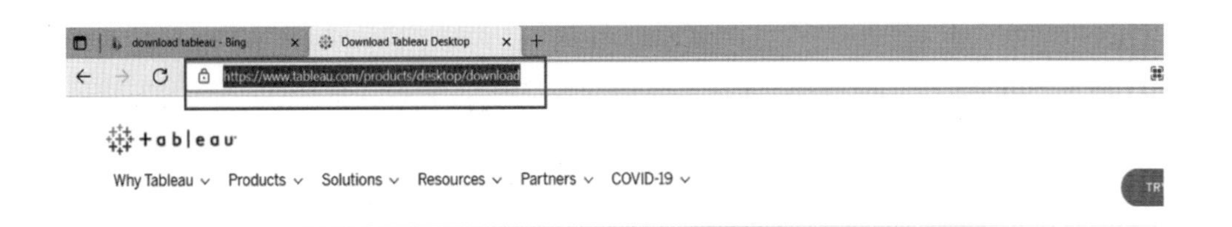

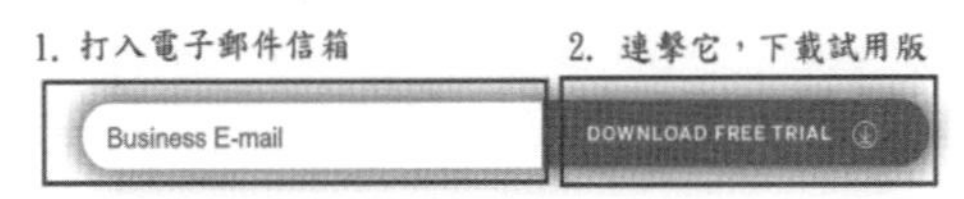

圖 1-2　官方網站下載軟體畫面

2. 安裝

在 Windows 作業系統環境，切換到下載資料夾（如 C:\Users\user\Downloads），連擊兩下【TableauDesktop-64bit-2021-2-0.exe】軟體，進行安裝 2021.2 系列版本。並記下你安裝日期時間，它的有效天數 14 天。

當安裝成功後，立即去啓動 Tableau。按下【立即啓動試用】後，出現註冊畫面。如未能顯示登入註冊畫面，包括姓名、組織、電子郵件……等欄位時，請結束 Tableau，然後重新啓動剛安裝好的 Tableau。如果仍未能顯示登入註冊畫面，可能情況如下：

(1) 變更電腦系統日期，如已超過 14 天或日期變更回前。

(2) 安裝日期不符合 Tableau 發行日期。例如，Tableau 軟體發行日期爲 2021/2/3，但安裝爲 2021/1/5。

(3) 你過去已安裝使用過 Tableau，不論是否已透過【控制台 > 程式 / 功能】去解除安裝 Tableau，但有超過 14 天的使用期限，已被 Tableau 記錄爲過期（Expired），而無法使用 Tableau 者。只要你的電腦已被 Tableau 記錄爲過期，那麼你就永久無法在這部電腦再安裝與使用 Tableau 這一系列的試用版。例如，2021.2 版，不論是 2021.2.0、2021.2.1、……等版本一律失效。此時，你可以去下載與安裝較舊的其他系列試用版（如 2020.2.X）。安裝與啓動成功後，請勿變更電腦日期時間，「立即」下載安裝最新版本。此時 Tableau 試用日期將由新試用版取代之。任何系列版本，試用日期具「唯一性、時間性與不可混用性」，故有效天數會從原有舊版 14 天去扣除之。例如，你隔 3

天後再去安裝新試用版，有效天數就只剩下 11 天。若你以舊版安裝日期去啓動新版或舊版時，都會使這兩種系列試用版永久失效；你只能以新版安裝日期去啓動新版或舊版。在此，強烈建議使用正版以解決這些困擾。

(4) 你的電腦配備（如作業系統，CPU 核心數目，RAM 大小）和所要安裝的版本不能匹配。即不符合安裝軟體需求。

1.2 使用 Tableau

使用 Tableau Desktop 操作過程如下：

1. 啓動 Tableau

當確定電腦日期時間為使用期限以內後，即可從電腦桌面的圖示（Icon）去啓動 Tableau Desktop，或者從「C:\Program Files\Tableau\Tableau 20XX.X\bin」資料夾下，直接啓動【tableau.exe】。過一會兒後，按【繼續試用 (C)】或 ×，或【啓用 (A)】。

2. 連線檔案

在連線畫面的左下方，從「已儲存資料來源」中，點擊【範例 – 超級市場】，如圖 1-3 所示。

資料集名稱：範例 – 超級市場或 Sample – Superstore。它為安裝 Tableau 成功後的預設資料集，被儲存在「C：\Users\%USERNAME%\Documents\ 我的 Tableau 存放庫 \ 資料來源」資料夾內。Tableau 所提供的資料集內容，會隨著系列版本（年份）不同而略有差異，但資料組織結構與總列數仍維持不變。本

圖 1-3　Tableau 連線的 【範例 – 超級市場】 資料來源

書是採用 Tableau 2020.3 和 2021.2 等系列版本作爲操作範例的。如果你採用的 Tableau 版本與本書不同的話，那麼你的輸出結果或檢視資料，就會與本書略有差異。

提示：【範例 – 超級市場】的「訂單」資料表總列數爲 10,933 列，但在檢視資料畫面上只呈現 10,000 列。可透過人爲設定，在檢視畫面左上角的列框內，輸入：10933，再按 <Enter> 換行鍵變更顯示總列數。當然也可以輸入：15，再按 <Enter> 換行鍵後，就僅顯示 15 列。但這種設定只會影響顯示內容，並不會影響到資料集的運作或匯出，即只供使用者檢視用。

3. 拖放

拖放是讓 Tableau 產生作用的最核心操作機制。它用來決定工作表所呈現的內容或匯出檔案。Tableau 無法進行拖放自動化，而是仰賴使用者的滑鼠操作來完成。做法上，使用者在畫面左邊所呈現的欄位，決定或選擇好某個欄位，以滑鼠左鍵對它按住不放，往右拖曳到畫面適當位置（工作環境標的）後才放開滑鼠左鍵。其操作程序：欄位→按住→拖曳→標的→放開。它的目的：資料視覺化，維持彙總（如 SUM）一致性是呈現視覺化的核心。圖 1-4 中顯示了畫面的欄位區與拖放區。欄位區在畫面的左側，它是由資料欄位或導出 / 計算欄位所組成的。拖放區如圖中的橢圓形處。如果要移除（Remove）它，只要將它拖放到別處（此操作環境以外空白區）即可。如將【列】架上的欄位拖曳到工作表 1 空白處後，即可移除它。

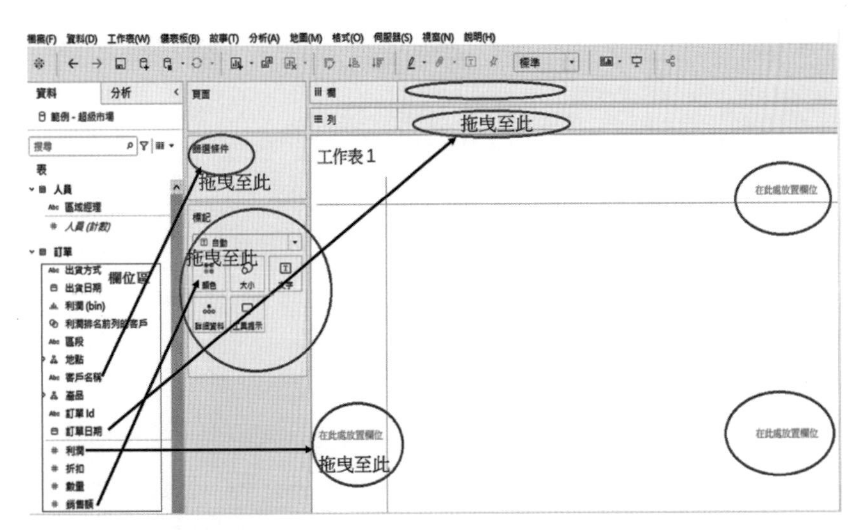

圖 1-4　欄位區與拖放區顯示

圖 1-5 所示的範例，將 [區域] 欄位拖曳到【欄】架上，[銷售額] 欄位拖曳到標記卡的【標籤】上；也可將 [銷售額] 欄位拖曳到【列】架上。因此，欄位，透過拖曳途徑，達到資料視覺化效果。其中【欄】資料以水平方向（由左至右）展開，【列】資料以垂直方向（由上而下）展開。【列】架和標記卡【標籤】的「總和（銷售額）」（SUM 函數）是 Tableau 主動加入的。只要爲數字資料類型，都具有這種特性，即爲「彙總一致性」。

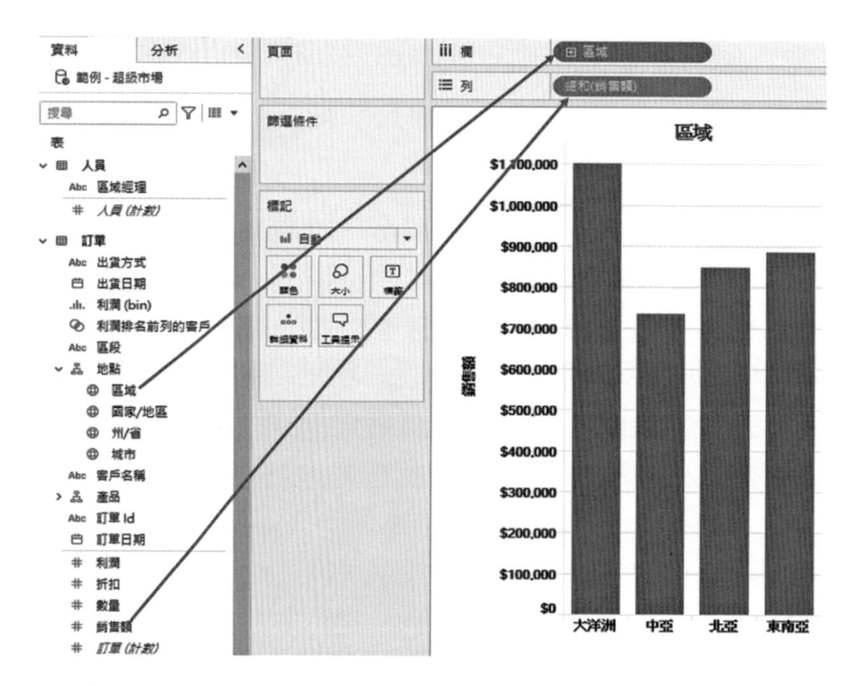

圖 1-5　拖放範例

最後，我們可將「工作表 1」視覺化內容，匯出與存檔。做法上，在圖 1-5 中，滑鼠左鍵全部選取 [銷售額]，選擇 ▦【檢視資料 ...】，再按【全部匯出 (E)】，就可儲存成 .CSV 檔案類型（UTF-8 編碼）的檔案，如 D:\ 銷售額 .CSV。

1.3 連線到檔案

Tableau 提供連線到檔案，包括 Excel（如 .XLS、.XLSX、.XLSM）、文字檔（如 .CSV、.TXT）、JSON、PDF 和 Microsoft Access 等。這類檔案大都以結構

化資料爲主，屬於 2 維之行列資料格式。但 Tableau 並未提供 XML 檔案類型。

政府資料開放平臺（https://data.gov.tw/）是提供 Tableau 在各種領域的最佳資料來源之一。本書大部分資料來源與範例，是採用政府眞實開放資料。

1. 取得資料來源

開啓瀏覽器（如 Chrome），到 https://data.gov.tw/ 網站上，在資料集服務分類中，選擇：交通及通訊。「臺中市 110 年 3 月份十大高肇事路段（口）」下載 JSON 和 CSV。存取網址：https://data.gov.tw/dataset/139635，日期 2021/8/30。

2. 連線 JSON 檔案

啓動 Tableau。連線：JSON 檔案。開啓檔案：110 年 3 月份台中市 10 大高肇事路口 .json。按【開啓】，再按【確定】。

3. NULL 資料列處理

選擇連線 ◉ 即時後，工作表中最後 5 列資料是空缺值（Missing Values），即爲 Null，如圖 1-6 所示。檔案存在空缺列，一般常發生在登錄資料人員疏忽（如對儲存格按 <Enter> 鍵）所造成的。如果將它們匯入後，將會造成資料集的雜訊，可能導致建立導出 / 計算欄位處理異常，故建議移除它們。

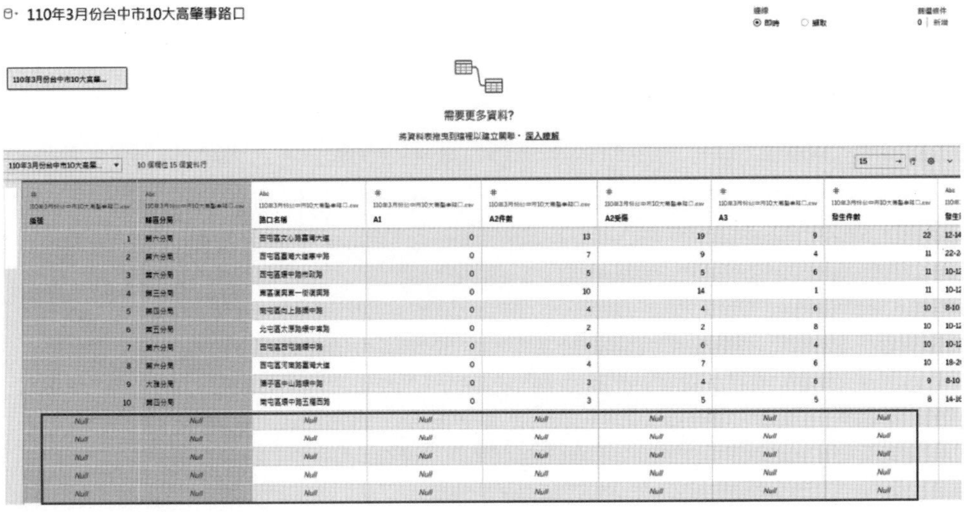

110年3月份台中市10大高肇事路口

需要更多資料?

編號	轄區分局	路口名稱	A1	A2件數	A2受傷	A3	發生件數	發生…
1	第六分局	[illegible]	0	13	19	9	22	12-14
2	第六分局	[illegible]	0	7	9	4	11	22-2…
3	第六分局	[illegible]	0	5	5	6	11	10-12
4	第三分局	[illegible]	0	10	14	1	11	10-12
5	第四分局	[illegible]	0	4	4	6	10	8-10
6	第五分局	[illegible]	0	2	2	8	10	10-12
7	第六分局	[illegible]	0	6	6	4	10	10-12
8	第六分局	[illegible]	0	4	7	6	10	18-2…
9	大雅分局	[illegible]	0	3	4	6	9	8-10
10	第四分局	[illegible]	0	3	5	5	8	14-16
Null	Null	Null	Null	Null	Null	Null	Null	
Null	Null	Null	Null	Null	Null	Null	Null	
Null	Null	Null	Null	Null	Null	Null	Null	
Null	Null	Null	Null	Null	Null	Null	Null	
Null	Null	Null	Null	Null	Null	Null	Null	

圖 1-6　原始資料出現空缺列

解決方式，在前揭圖 1-6 右上角處的「篩選條件」，按【新增 > 新增 ...】，點擊 [Document Index (generated)]（文件索引（已產生））兩下，值範圍：1 到 10。按【確定】，再按【確定】。它屬於邏輯移除，並不會影響到硬碟檔案內容。完後點擊畫面左下方的【工作表 1】。最後，在主功能表上，選擇【資料 (D) > 資料集名稱 > 檢視資料 (V)...】，按【全部匯出 (E)】，將檢視資料全部匯出到「台中市 2021-3 肇事統計表 .CSV」，它爲 UTF-8 編碼系統。可由附屬應用程式的【記事本】軟體來轉碼成 ANSI(BIG5) 或 Unicode 等編碼系統。

1.4 Tableau 與實務應用

本節將簡單介紹如何使用 Tableau 軟體，以我國行政院主計總處所提供的實際資料，來進行商業智慧之洞察功能。提醒：商業智慧來自眞實資料，假的或假設的資料，是無法獲得商業智慧的。

1. 下載 XML 檔案

首先到行政院主計總處網站，下載各縣市平均每戶所得收入 XML 檔案，網址：https://www.dgbas.gov.tw/public/data/open/localstat/009- 各縣市別平均每戶所得收入總計 .xml。

2. 萃取 XML 內容

開啓網頁後，另存新檔：「009- 各縣市別平均每戶所得收入總計 .xml」。啓動 Microsoft Excel，開啓舊檔，選擇【XML 表格】，及此 XML 檔案。找到 2019 年那列資料，新增一個新的工作表，將台灣（福建的金門和連江除外）各縣市的平均每戶所得值放入工作表內，資料格式如表 1-1 所示，共計 20 筆資料數，3 個欄位。再將新的工作表另存新檔名稱：台灣各縣市 2019 年平均每戶所得 .xlsx。

從表 1-1 統計得知，台灣各縣市在 2019 年戶年均收入以台北市爲最高（1,723,021），其次爲新竹市和新竹縣；最窮縣是嘉義縣（850,597），它的年均收入不到台北市的一半，其次爲台東縣、雲林縣。而六都中最窮直轄市是台南市。這些窮縣市有個共同特徵，就是農漁業發達，人口外移嚴重，人口老化。富縣市也有共同特徵，工商業特別發達，人口成長明顯。新竹工業科學園區帶來新竹縣市家庭收入顯著增加。總之，台灣縣市窮富差距明顯。

表 1-1　台灣各縣市 2019 年之年均每戶所得（新台幣 ： 元）

郵遞區號	縣市別	平均每戶所得	郵遞區號	縣市別	平均每戶所得
108	台北市	1,723,021	600	嘉義市	1,208,298
233	新北市	1,319,841	625	嘉義縣	850,597
328	桃園市	1,392,199	701	台南市	1,079,174
300	新竹市	1,602,826	800	高雄市	1,224,668
313	新竹縣	1,539,555	946	屏東縣	964,547
358	苗栗縣	1,073,028	950	台東縣	874,386
424	台中市	1,298,497	970	花蓮縣	956,973
500	彰化縣	1,026,792	272	宜蘭縣	1,093,475
545	南投縣	940,893	200	基隆市	1,140,481
640	雲林縣	933,883	880	澎湖縣	1,037,554

註：各縣市郵遞區號之選擇乃基於製作台灣地圖呈現圓點不過於接近。它們只是代表值。上網可查到這些郵遞區號。

3. 匯入 Excel 檔案

啓動 Tableau 軟體，連線至 Microsoft Excel，選擇檔案名稱：台灣各縣市 2019 年平均每戶所得 .xlsx。

4. 設定欄位角色

在「資料」窗格中，滑鼠移到 [郵遞區號] 欄位上，按滑鼠右鍵，選擇：(1)【變更資料類型 > 字串】；(2)【地理角色 > 郵遞區號】。此時，Tableau 就會自動在畫面左側產生地球圖狀的 [經度 (產生)] 和 [緯度 (產生)] 兩個欄位。其內容爲經度和緯度值。

5. 建立工作表

首先，務必電腦網路連線，Tableau 採用線上即時繪製地圖的。從「資料」窗格中，利用滑鼠左鍵，將 [經度 (產生)] 欄位「拖曳」到【欄】架上，[緯度 (產生)] 欄位拖曳到【列】架上。這是要產生地圖的固定做法，它們不可倒放。也可由拖放 [郵遞區號] 欄位到標記卡【詳細資料】上。然後依序將 [郵遞區號]

欄位拖曳到標記卡的【顏色】上，[縣市別] 和 [平均每戶所得] 等欄位拖曳到標記卡【標籤】上。

操作環境	在架中編輯 (註1)	設定
標記卡【詳細資料】	[郵遞區號] (註2)	無
標記卡【顏色】	[郵遞區號]	(維度)
標記卡【標籤】	[縣市別]	(維度)
標記卡【標籤】	SUM([平均每戶所得])	(度量 (總和) ，連續)

註 1：當在操作環境中，將滑鼠游標在某一欄位上，按下滑鼠右鍵，找到【在架中編輯】選項。它是用於修改程式的列編輯區。

註 2：【欄】架的 [經度 (產生)]，【列】架的 [緯度 (產生)]，由 Tableau 主動產生的。使用者不用去拖放它們。

當我們透過滑鼠左鍵，針對欄位的拖曳方式，可立即產生台灣地圖了。如圖 1-7 所示。圖中我們可透過滑鼠左鍵點一下某一個縣市名稱，然後拖曳它到適當地理位置。例如，高雄市即爲人爲拖曳結果。其中圓點即爲郵遞區號的地理位置。如果未出現縣市名稱時，按【矩形選區 (A)】，將台灣區域拉框，以全部選取它，按滑鼠右鍵，選擇【標記標籤 > ☑ 始終顯示】。它的預設爲自動。然後，滑鼠左鍵點一下地圖內縣市名稱，將文字移動到適當位置，使縣市名稱不要相重疊。有關詳細內容，請參考第 11 章。

圖 1-7 台灣各縣市 **2019** 年之年均每戶所得地理分布

1.5 總結

本章已經介紹如何下載和安裝 Tableau Desktop 試用版軟體，及其使用上的限制。透過人爲拖放方式是產出資料視覺化和工作表內容的最核心操作機制。此外，也透過實際操作來匯入政府資料開放平臺的官方檔案，並且可能會發生的匯入資料異常問題，及如何解決。最後，採用行政院主計總處的戶年均收入資料，如何使用各縣市郵遞區號在Tableau環境，來製作具實務價值的地圖應用。

第 02 章

Tableau 理論基礎

本章概要

2.1 集合理論探討

2.2 排序

2.3 樹狀結構

2.4 欄位分類與設定

2.5 行資料運作機制

2.6 欄位運作機制

2.7 篩選機制

2.8 總結

當完成學習與上機實作後，你將可以

1. 從集合和排序理論對 Tableau 運作機制的了解
2. 從樹狀結構去理解 Tableau 資料處理過程
3. 知道欄位和行資料如何在主記憶體內運作
4. 了解各種篩選機制對資料處理的影響
5. 了解爲何 Tableau 處理效能比傳統方法來得好

一般軟體公司開發一套應用軟體，都會明確定位在那個應用領域，然後根據定位去發展出應用層面的功能需求，以滿足特定顧客群的實務應用。然而，軟體程式設計都必須具備相關資訊和數學等理論，以及邏輯思維基礎，才能使應用功能發展穩固與不斷更新。有了電腦硬體和軟體後，人們如何透過人機介面去操作？操作後電腦如何去進行運作？這些就涉及到運作機制問題。

有電腦科學的數學語言之稱的離散數學（Discrete Mathematics），它包括集合理論（Set Theory），資訊理論的資料結構（Data Structure）的排序、樹狀結構和資料壓縮（Data Compression），資料庫理論等。本章將引用這些概念，來探索 Tableau 的相關理論基礎，及其運作機制。

2.1 集合理論探討

集合理論可說 Tableau 在運作機制上，扮演著十分重要角色。其實使用者進行功能操作時，Tableau 就會去引用集合理論來處理這些操作，並將結果顯示在工作表上。例如，將 [區域] 欄位拖放到【列】架上，或選擇度量 (計數 (不同))：COUNTD(區域) 等。本節將介紹與 Tableau 運作有關的集合理論。

1. 集合概念

在集合理論中，主要分成明確集合（Definite or Exact Set）和乏晰（模糊）集合（Fuzzy Set）等兩種。明確集合為一堆物件的實體或實例（Instance），是以某些共同特徵或特定意義所形成的集合體，並以一種表示方法來呈現它的組成份子或成員。把可以明確指定物件的實例視為一個整體，這個整體稱為集合。組成集合的每一個物件實例，稱為這個集合的元素。集合符號以 {} 表示。

2. 集合表示法

依集合特徵分類，集合表示法可分為列舉法與描述法。

(1) 列舉法：把集合中的每一個元素以列舉方式在大括號內逐一呈現者，這種表示集合的方法稱為列舉法。例如，夏季水果集合 = { 龍眼 , 香蕉 , 西瓜 , 木瓜 , 鳳梨 , 哈密瓜 }；阿拉伯數字集合 ={0, 1, 2, 3, 4, 5, 6, 7, 8, 9} 等。龍眼 $\in$ 夏季水果集合，但龍眼 $\notin$ 阿拉伯數字集合。

(2) 描述法：在大括號內以集合元素的共通形式呈現者，這種表示集合的方法稱

爲描述法。即 {f(x)| 描述 x 的特性 }。例如：偶數集合 ={2n|n 爲整數 }。4∈偶數集合，但 5∉ 偶數集合。夏季水果集合 = { 農產水果 | 每年 5-8 月盛產的水果 }，西瓜 ∈ 夏季水果集合。

3. 元素與集合關係

集合理論是從一個物件（Object）o 和集合（Set）A 之間的二元關係來建立理論基礎的。若 o 是 A 的元素（Element），或稱 o 爲 A 的成員（Member），可表示爲 o∈A，唸成：元素 o 屬於集合 A。若 o 不是 A 的元素，即元素 o 不屬於集合 A，可表示爲 o∉A。由於集合本身也是一個物件，因此上述關係也可以用在集合和集合的關係。

4. 集合與子集合關係

兩個集合之間會存在某種關係── 包含或包含於。若集合 A 中的所有元素都是集合 B 中的元素，則稱集合 A 爲 B 的子集（Subset），符號爲 A⊂B 或 A⊆B。前者稱 A 包含於 B，後者稱 A 包含於或等於 B；另一種表示方式，B⊃A 或 B⊇A。前者稱 B 包含 A，後者稱 B 包含或等於 A。例如，A 集合 {1, 2} 是 B 集合 {1, 2, 3} 的子集，A⊂B，但 {1, 4} 就不是 {1, 2, 3} 的子集。A 集合 {1, 2, 3} 也是 B 集合 {1, 2, 3} 的子集，具有 A⊆B 關係。

依照集合理論，任一個集合也是本身的子集。若不考慮本身的子集稱爲眞子集。集合 A 爲集合 B 的眞子集若且唯若集合 A 爲集合 B 的子集，且集合 B 不是集合 A 的子集，以 A⊂B 表示這兩者之間的關係。空集合（ϕ）爲沒有任何元素的集合，以 {} 表示。{} 或 ϕ 爲任一個集合的子集（部分集合）。

在電腦資料表示法，空值即爲 NULL。在資料庫（Database）或資料集（Dataset）稱爲空缺值（Missing Value），它是一種特殊值。它涉及到結構化資料如何表示問題。(1) 當爲字串類型時，其表示法爲雙引號（""）或單引號（''）表示空缺值，如 Excel 或 SAS；(2) 當爲數值類型時，則以 .（小數點）表示，如 SAS。

Tableau 軟體，任何資料類型，皆以 NULL 來表示空集合或空缺值；而空字串（""）視爲字串，而非 NULL。字元編碼系統 ANSI-ASCII=0（\0 或 0x00）常用於字元字串的終止表示，並非用於 NULL 的表示。例如，(1) CHAR(65)+CHAR(0)，回傳：A；LEN(CHAR(65)+CHAR(0))，回傳：1。(2)

CHAR(65)+"" 回傳：A；LEN(CHAR(65) + "") 回傳：1。(3) CHAR(65) + NULL 回傳：Null；LEN(CHAR(65) + NULL) 回傳：Null。此外，Null 空缺值不納入彙總函數處理。因此，當在資料集或工作表上若出現 Null 結果時，必須要留意或檢視資料是否有異常，或者程式設計之程式碼是否有語意或邏輯上的錯誤。

5. 集合運算

在數學算術中有一元運算式（Operator-Operand）及二元運算式（Operand-Operator-Operand）；同樣地，在集合理論也有一元及二元運算：

(1) 集合 A 和 B 的聯集，其表示式爲 $A \cup B$。聯集意指至少在集合 A 或 B 中出現元素所組成的集合。例如，A 集合 ={1, 2, 3} 和 B 集合 ={2, 3, 5}，則 $C=A \cup B=\{1,2,3,5\}$。聯集爲一種集合。當 A 集合爲 {} 且 B 集合也爲 {} 時，則 $C=A \cup B=\{\}$，爲一空集合 ϕ。

(2) 集合 A 和 B 的交集，其表示式爲 $A \cap B$。交集意指在集合 A 和 B 中同時出現元素所組成的集合。例如，A 集合 ={1, 2, 3} 和 B 集合 ={2, 3, 5}，則 $C=A \cap B=\{2,3\}$。交集爲一種集合。當 A 集合爲 {} 或 B 集合爲 {} 時，則 $C=A \cap B=\{\}$，爲一空集合 ϕ。

(3) 集合 A 對 B 的差集，其表示式爲 A–B。在集合 A 中除去 $A \cap B$ 元素後所剩餘元素後所形成的集合，稱爲 A 對 B 的差集。$A-B=\{x|x \in A$ 但 $x \notin B\}$，A 不可爲空集合。

(4) 集合 A 的餘集，其表示式爲 U–A。若 U 爲一個宇集合或母體，A 爲 U 的一個子集合或樣本，則 $A^c=U-A=\{x|x \in U$ 但 $x \notin A\}$，稱爲 A 的餘集。$A^c \cup A=U$，$A^c \cap A=\phi$。U 不可爲空集合 。

6. 集合元素特性

集合元素具有下列特性：

(1) 無序性：集合中的元素出現先後次序無關。例如，{ 西瓜 , 蘋果 , 鳳梨 }={ 蘋果 , 鳳梨 , 西瓜 }。

(2) 互異性：集合中的元素不可重複出現。例如，{1, 1, 2, 2, 3} 將會以 {1, 2, 3} 表示之。

(3) 同質性：集合中的元素必須具有同樣性質。例如，水果集合 ={ 杯子 , 西瓜 , 葡萄 } 是不被允許的。在資料集（Dataset）內各資料欄位的特性都具備同質性，如性別。

(4) 互斥性：集合中的元素具有互斥之分類特性，即不可重疊性。例如，成績集合 ={ 低於 40 分 , 30 分至 60 分 , 50 分至 100 分 } 是不被允許的；而在資料集（Dataset）內宗教資料欄位，宗教集合 = { 天主教，基督教，佛教，其他宗教 } 是被允許的。

7. Tableau 應用

以 Tableau 軟體所提供的「範例 – 超級市場」資料集爲例，COUNT([區域]) = 10,933（資料集總筆數）；COUNTD([區域])=4（集合元素數量）；[區域] 集合 ={ 東南亞 , 北亞 , 中亞 , 大洋洲 }。這四大區域，必須具有互斥性，且爲地域實體之同質性。

2.2 排序

一般我們都會將排序（Sort）、集合（Set）、索引（Index）、排名（Rank）、百分位數（Percentile）和搜尋（Search/Find）等六者概念聯想在一起。其中以排序較爲突出與實用。排序演算法（Sorting Algorithm）在資料處理與分析上，扮演著很重要作用。不論是電腦語言或應用軟體，都會提供排序語法結構，並已成爲一般功能標準。影響排序演算法效能因素有很多，包括資料結構複雜度、資料量、資料表示（如中文和英數字）、編碼系統（如 UTF-8）、資料集合的元素數量、鍵值的複雜度、電腦硬體、RAM/DISK 媒體儲存空間，以及語言或軟體的資料處理運作機制等。

排序演算法呈現方式可分成遞增或遞減次序（Ascending or Descending Order）。以 n 來表示要排序的資料筆數，以 m 來表示要排序的資料可能值的數量（集合內元素數）。一般常見的排序演算法與其效能包括選擇排序法（Selection Sort, $O(n^2)$）、氣泡排序法（Bubble Sort, $O(n^2)$）、插入排序法（Insertion Sort, $O(n^2)$）、快速（Quick Sort, O(n log n)）、堆積排序法（Heap Sort, O(n log n)）、……等。

在 Tableau 資料排序方面，(1) 控制字元、半形英文、數字依 ASCII 編碼（7 位元）順序（Encoding Order）；(2) 數值依大小；(3) 全形數字依數字大小；(4) 中文字依筆畫多寡，如筆畫相同再依 Unicode Little-Endian 編碼（16 位元）順序；

(5) 字串型態的數字左靠，數字型態的數值右靠，它們在排序方法上不同。

在工作表上，只要是字串類型，不論是視表或視圖，其呈現方式：由左而右、由上而下，以小到大遞增次序（Ascending Order）；然而，在「檢視資料」和匯出，則採用由大到小遞減次序（Descending Order）呈現。此外，爲了提升「維度一度量」彙總計算效能，Tableau 高度仰賴集合和排序之運作機制。例如，圖 2-1 顯示了工作表和檢視資料的差異性。Unicode_LE(大) = 5927，Unicode_LE(中) = 4E2D，Unicode_LE(北) = 5317，Unicode_LE(東) = 6771。若以編碼順序：中 < 北 < 大 < 東。若以筆畫大小：大（3 畫）< 中（4 畫）< 北（5 畫）< 東（8 畫）。總之，它與 Tableau 的語言選擇有關，如繁體中文。

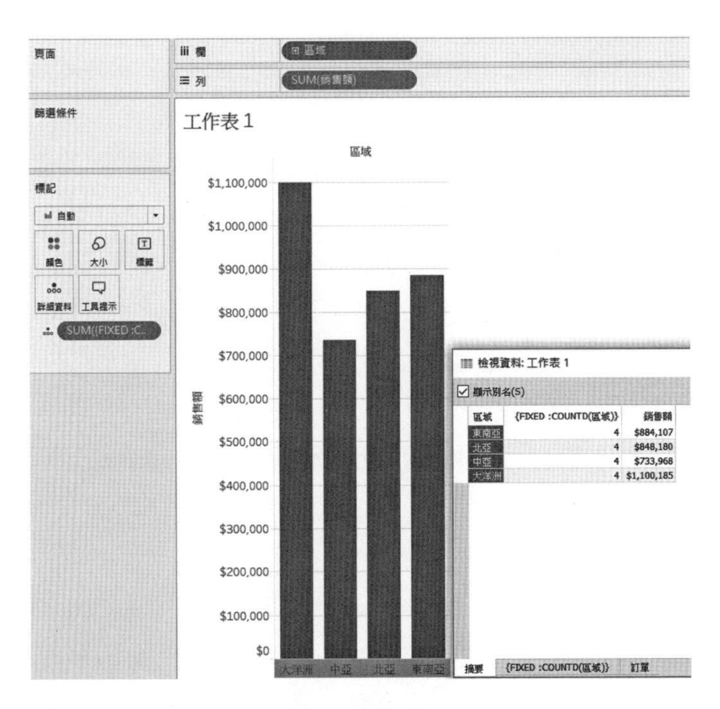

圖 2-1 **Tableau** 以集合和排序方式進行彙總呈現

2.3 樹狀結構

樹狀結構（Tree Structure）以圖形表達時，稱樹狀圖（Tree Diagram）或樹狀結構圖（Tree Structure Diagram, T）。T 是一種具有階層式本質的構造，以抽象圖形方式表現出來的方法，讓人們易於理解其結構的組織和本質。它的邏輯思維來自於以樹爲主體和象徵，展現出構造（即節點）之間的關係。爲便於人們的視覺暫留和易於表達、了解對樹狀圖 T 起見，它採用了上下顛倒的樹來呈現之。其根部在最上方，是結構的開頭，而最下方稱爲葉子，結構的最底層，中間有樹幹或樹枝。

樹形結構是一種階層式的巢狀結構。一個樹形結構的外層和內層有著相似的結構，所以這種結構可用遞迴表示。樹狀結構只是一個概念，可以用許多種不同形式來展現。在數學的圖形論與集合論中，對於樹狀結構的性質探討是一個重要課題。在電腦科學中，則以樹狀資料結構用來類比具有樹狀結構性質的資料集合。

在樹狀結構中的基本單位，稱爲節點（Node）。節點之間的連結，稱爲分支（Branch）。節點與分支形成樹狀，結構的開端，稱爲根（Root），或根節點。根節點之外的節點，稱爲子節點（Child Node）。沒有再連結到其他子節點的節點，稱爲葉節點（Leaf Node）或終節點（Terminate Node）。它具有以下的特點：

(1) 每一個節點會存在有限個子節點或無子節點，即存在 N* 子節點。
(2) 沒有父節點（Parent Node）的節點稱根節點；無子節點的節點稱葉節點。
(3) 每一個非根節點只有一個父節點。
(4) 除了根節點外，每個子節點可以分爲多個不相交的子樹。
(5) 樹裡面沒有循環路徑（Cycle Path）或封閉路徑（Closed Path），即每一節點只能有一個路徑通過。

在 Tableau 資料處理與分析上，Tableau 會將檢視使用者所匯入的資料集欄位之間是否具有樹狀結構的特性，如 › 品產品、› 品地點、日訂單日期等階層組織；或者資料集欄位內容是否存在「維度—度量」的資料型態結構。如果沒有這些特性的話，則可由使用者透過操縱功能、設定屬性（參數）或撰寫程式等途徑，來呈現出「維度—度量」關係，並以彙總函數計算其結果。

排序和彙總（Aggregation）這兩個概念，可說是 Tableau 處理與分析運作機制之主要核心；而這種特性則表現在功能和欄位的操作，以及工作表內容的呈現上。當然在工作表上結果的呈現，它可以單純「維度」、混用「維度—度量」或單純「度量」等三種資料關係來表達之。其中單純「維度」表現在集合概念上；混用「維度一度量」表現在排序、集合、樹狀結構與彙總概念上；單純「度量」表現在彙總概念上。總之，欄位之間的「階層組織」關係是從絕對觀點（不可變）爲之（即使可由使用者去移除它們這種關係），而「維度一度量」關係是從相對觀點（可變）爲之。這些關係的決定時機是在匯入檔案過程中，或者使用者在操縱過程中。

在 Tableau 資料樹狀結構表達上，它必須先存在維度節點（Dimension Node），而後才存在度量節點（Measure Node）。這些維度的節點表示，Tableau 先對行資料（Column Data）進行排序，以集合進行分類後，再去對相對應的葉節點進行彙總。記住：要被彙總的欄位都是放到 T 結構的最底層，即葉節點。因而，在 Tableau 運作順序（Order of Operation, OOO）上，維度會優先於度量被 CPU 處理之。意即它是以「由上而下」或「由左而右」等方式來建構資料樹狀結構圖，然後轉換成相對應程式碼，以及給 CPU 執行，最後進行彙總計算與結果儲存。由圖 2-2 得知，每一層的維度節點，必須符合集合論規定，即每一個節點元素不得與其他節點元素有重複現象。最後一層（葉節點）爲度量層。

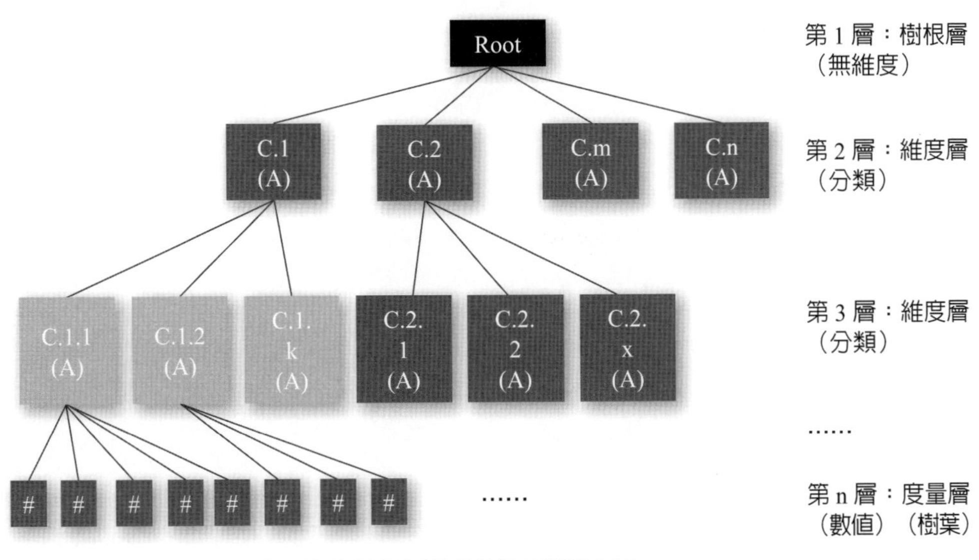

圖 2-2 Tableau 的彙總運算與其相對應樹狀結構概念圖

例如，Tableau 所提供的「範例 – 超級市場」資料集內資料欄位名稱：訂單日期，它的樹狀結構可表示成 T(根 , 年 (訂單日期), 季 (訂單日期); 銷售額)。其中年總是在季的前面。[+] 表示讓使用者利用滑鼠左鍵按它，往下展開，以建立「細微度」（Granularity）更細的詳細資料層級（Level of Detail）。⊟ 表示已被展開完成狀態，不能再被展開。因此，⊞ 是用來呈現更細的資料細微度。例如，年→季→月→天等。有關 Tableau 和樹狀結構探討如下：

(1)【欄】架（Column Self）用於維度，度量，或者表示式（Expression）。用以建立父子層的結構關係。樹幹成長方向：由上而下；維度延伸方向：由左至右。最上層第 0 個維度，表示根（Root），最上層，被省略掉。當第一個維度（最左），表示第 2 層。第二個維度，表示第 3 層，…，第 N 個維度（N 膠囊），表示第 N+1 層。

(2)【列】架（Row Self）可用於維度，度量，或者表示式。它常用於終端節點，爲樹葉（Leaves），表示 T 的最後一層，常爲度量欄位或可計數的維度欄位。Tableau 總是以彙總形式來呈現它。例如，SUM()、AVG()、MIN()、MEDIAN()、MAX()、ATTR()…等。注意：AGG() 雖爲彙總函數，但它只供 Tableau 專用，非屬語法（Syntax）的函數。凡由使用者輸入的 AGG() 都會出現錯誤訊息。

(3) 以【列】架和【欄】架的欄位以形成一個完整的樹狀結構 T。如圖 2-3 所示。圖中根節點被省略掉，彩色的橫條圖形即爲樹葉或終節點。圖 2-3 即以橫向呈現樹狀結構 T 之結果圖。在執行優先順序上，我們可以察覺到 [訂單日期] 維度（Dimension）（呈現藍色膠囊狀）總是比 [銷售額] 度量（Measure）（呈現綠色膠囊狀）更優先（早）被處理完成。因此，我們可將此圖以 T(根 , 年 (訂單日期), 月 (訂單日期); 銷售額) 表示之。Tableau 根據使用者對欄位的「拖放」來建立 T，再根據 T 去轉換成程式碼，給 CPU 立即執行，最後回傳結果與呈現在工作表上。這是 Tableau 的運作機制。

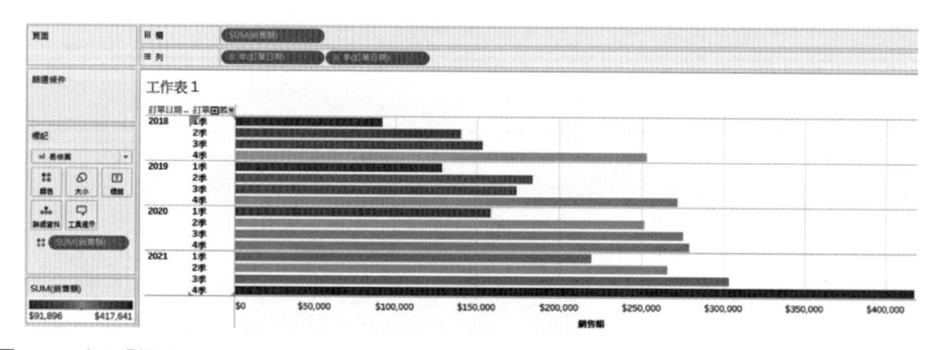

圖 2-3　以「維度－度量」所呈現相對 T 樹狀結構圖形

2.4 欄位分類與設定

Tableau欄位來源可分成二種，一是資料集內的「資料欄位」，屬於固有的；另一是由使用者所建立的「導出欄位」（或稱計算欄位），屬於新創的。

依欄位資料特性，欄位分類（Classification）分爲維度（Dimension）和度量（Measure）等兩大類。其中 # 度量較爲單純，就是可用來彙總目的之數值性欄位（不論是資料或導出 / 計算之欄位）。度量欄位可被切換到維度或離散，地理角色或變更資料類型。度量以外者，歸屬維度。類別（Category）、名目（Nominal）、分組（Group）或區隔（Segment），但也可能存在有大小之分的顆粒（Granular），如日期時間（年、季、月、週、日等）等，均可爲維度。但這些不連續性質資料不能被切換到度量與使用。經度和緯度雖然屬於連續度量特性，但它非用來彙總或運算用。如果爲數字，如縣市鄉鎮地方行政區的郵遞區號，則須先轉換成文字 / 字串資料類型，而後再設定地理角色爲郵遞區號。

總之，Tableau 對欄位分類是採取相對概念爲之。例如，我們可以透過滑鼠選擇主功能表【分析 (A) > 建立導出欄位 (C)…】，建立「導出欄位名稱」和撰寫「敘述句」程式碼，然後按【套用】鈕（Apply）或【確定】鈕，以執行連續性資料轉換成離散性資料。注意：表示式編輯區中若出現「計算有效。」表示語法正確，若出現紅色字樣「計算包含錯誤。」表示語法錯誤，你可以在錯誤訊息列尾點一下 ▼，以得知錯誤之處，並進行除錯（Debug）。

導出欄位名稱（Calculated Field）	敘述句（Statement）
T_ 銷售額 _ 類別	IF [銷售額] >= 5000 THEN '5' ELSEIF [銷售額] >= 4000 THEN '4' ELSEIF [銷售額] >= 3000 THEN '3' ELSEIF [銷售額] >= 2000 THEN '2' ELSE '1' END
T_ 銷售額 _ 類別 _1_ 占比	COUNT(IIF([T_ 銷售額 _ 類別] = '1', 1,NULL)) / COUNT([T_ 銷售額 _ 類別])

圖 2-4 顯示了如何將度量型態轉換成維度型態的過程。當執行敘述句後，就可將 [T_ 銷售額 _ 類別] 欄位拖曳到【列】架 2 次，按右邊藍色膠囊狀 ▽，選

擇【度量 > 計數】，即為 COUNT(T_ 銷售額 _ 類別），工作表上顯示它們的列數。可以看出來銷售額低於 2000 元者占大多數（10,672 列），表示整體（共計 10,933 列）銷售不甚理想。我們可在【欄】架、【列】架或標記卡空白處，按滑鼠右鍵，選擇【新建計算】，打入：10672/COUNT([T_ 銷售額 _ 類別])，或者拖放 [T_ 銷售額 _ 類別 _1_ 占比] 欄位，即可在工作表上顯示：0.976127。表示「銷售額低於 2000 元占全部的近 98%」，這個統計結果，就是我們常談到的「洞察」（Insight）一詞眞正意涵。有關程式設計部分，請參閱第 3 章。

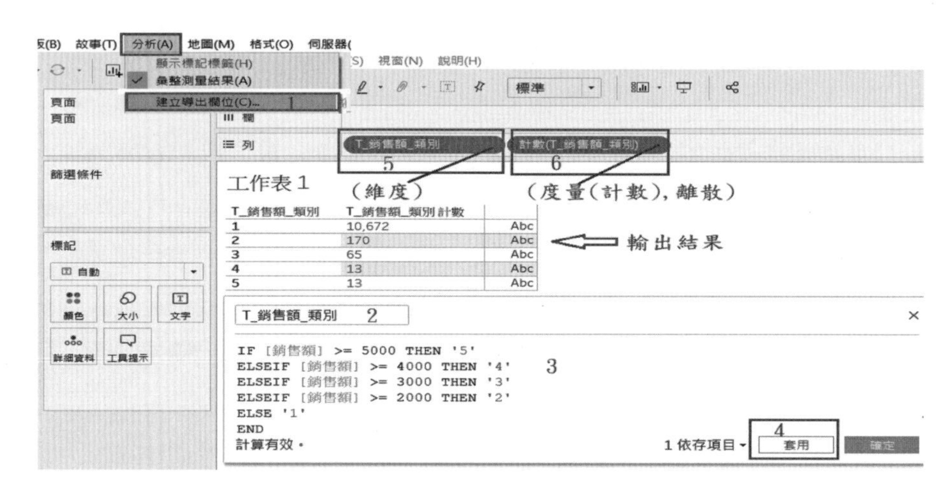

圖 2-4　度量透過導出欄位轉換成維度型態

我們可以在欄架（Column Self）或列架（Row Self）之空白處，或者在標記卡（Marks Card）之空白處，透過滑鼠左鍵連擊兩下，根據我們想要洞察（Insight）或理解（Understanding）主題，來對資料欄位（Data Fields）、導出欄位（Calculated Fields）、資料欄位 + 導出欄位或常數值，設計相對應程式碼與立即執行程式碼後，再對它們進行拖放與設定，這即所謂的視覺化（Visualization or Viz）檢視（View）程序。因此，對於操縱 Tableau 功能和欄位，然後以表格（Table）或圖形（含 Chart、Graph、Map、Plot 等）呈現方式於工作表上，是相當常見的事，尤其是對初學者。表 2-1 是針對維度；表 2-2 是針對度量。例如，前揭圖 2-4，即採用維度「彙總數字化」來輸出結果。

表 2-1 維度設定

Dimension		設定成		
欄位分類	維度	維度	離散⊕度量（彙總）	連續⊕度量（彙總）
		集合元素	彙總數字化	彙總圖形化

註：⊕係指設定組合。

表 2-2 度量設定

Measure		設定成			
欄位分類	度量	離散⊕度量（彙總）†	連續⊕度量（彙總）†	離散⊕維度‡	連續⊕維度‡
		彙總數字化	彙總圖形化	欄位資料數字化	欄位資料圖形化

註：†、‡表示這兩組資料全部匯出，其結果均相同的。離散呈現數字；連續呈現圖形。地圖（經度，緯度）欄位的地理角色，其地理呈現設定採用連續⊕維度。

2.5 行資料運作機制

Tableau 資料處理的最核心概念，就是行資料（Column Data）。它爲主記憶體 RAM 和 CPU 之間「取出—處理—存入」（Fetch-Process-Store）資料的基本單位。Tableau 採用整行即時處理做法，不使用迴圈（Loop）。意即 Tableau 採用了關聯式資料庫結構化查詢語言（Structured Query Language, SQL）的 SELECT 子句，而捨棄 CURSOR 子句，這是基於巨量資料和視覺化等處理效能考量的。另一方面，微軟辦公軟體，Office Excel，則採用以儲存格（Cell）作爲資料處理單位，它是以個別儲存格和迴圈作爲運作機制，使用到太多 I/O 處理。故當 Excel 工作表中的資料量很大時，就會造成電腦中央處理單元（Central Processing Unit, CPU）處理效能的快速下降和人爲操作的遲緩。

當然，用以改善 Tableau 處理效能的另一做法，就是以行資料導向與非破壞式資料壓縮技術儲存於電腦硬碟和主記憶體 RAM 的資料記憶區（Data Segment）內，只有在提供給 CPU 處理、畫面內容呈現（檢視資料或視圖）或匯出至 CSV 檔案時，才會對行資料進行解壓縮，並以具有位元組順序標記（Byte Order Mark, BOM）的 UTF-8 編碼（U+FEFF）儲存之。提供給 CPU 處理用資料是採用 Unicode 小尾端（Little-Endian）。當匯入文字檔案（如 .txt 或 .csv 等）到

Tableau，如果涉及檔案內容有中文或全形字元時，如爲 ANSI 或 BIG5（CP950）編碼系統，可能會發生亂碼現象，而無法處理資料。UTF-8 和 Unicode 等編碼系統，不論爲大尾端或小尾端，是否爲 BOM，都不會有亂碼發生。如有發生亂碼現象，可透過【記事本】軟體，開啓與另存成 UTF-8。

當然，Tableau 爲能達到這樣整體效能的優勢，也相對要付出一些代價的。由於 Tableau 採用行儲存（Columnar Store or Column-wise Store）方式（如圖 2-5 所示），故不允許讓使用者去變更作用資料集（Active Dataset）的總筆數。因爲如去變更它，則在存取行儲存資料長度（列總筆數）就會變成可變的，如此一來，就會讓 Tableau 常要去計算列總筆數，時常去更新資料壓縮內容，進而影響到它的執行（如彙總）效能。例如，關聯式資料庫的 SQL 允許使用者透過資料操縱語言（Data Manipulation Language, DML）去 Update、Insert、Delete 等操作資料，但在 Tableau 只能唯讀（Read Only），其餘操縱均被禁止。意即 Tableau 不允許行資料的縱向變化，只允許維持或新增橫向變化。這一點表現在使用者可以建立或刪除「導出欄位」上，而禁止對「資料欄位」進行刪除或對資料進行異動。

故當匯入資料集 (列 , 行)=(M,N)，其可能情況如下：

(1) M=0 且 N=0 時，表示資料集 = 空集合時，可以正常被匯入，但無法被操縱，視同無效的資料集，無法供 Tableau 處理。

(2) M=0 且 N=1 時，表示只有一個資料欄位名稱，但不存在儲存格資料。可以正常被匯入和操縱，並供 Tableau 處理，但無法輸出結果。Tableau 判定匯入的資料欄位名稱是根據第一列出現文字（中英文皆可）決定的。

(3) M=1 且 N=0 時，表示只有一個儲存格數字資料，但不存在資料欄位名稱。此時 Tableau 會另建立一個新的欄位名稱，如 F1，那麼 Tableau 會正常處理與輸出結果。例如，在 EXCEL 的 [A1] 儲存格打入 12345，然後存檔。

(4) M ≧ 1 且 N ≧ 1 時，Tableau 會正常處理與輸出結果。

(5) 資料集 (列 , 行)=(M,N+)，可被允許，其中 N+ 表示 N 個欄位以上，其餘不被允許。例如，資料集 (列 , 行)=(M+,N) 會被禁止。事實上，Tableau 不會提供列的 Insert 或 Delete 功能給使用者操縱。例如，我們匯入檔案資料共 100 筆，那麼使用筆數就會永久被限制在這 100 筆上，不可增減。

簡而言之，(1) Tableau 是一種行資料儲存、處理和彙總模式，故必須至少 1 個資料欄位和 1 筆資料，這也是建立匯入資料集（檔案）的限制，否則它無法正常運作；(2) 匯入資料集的原始資料永遠處於唯讀狀態。

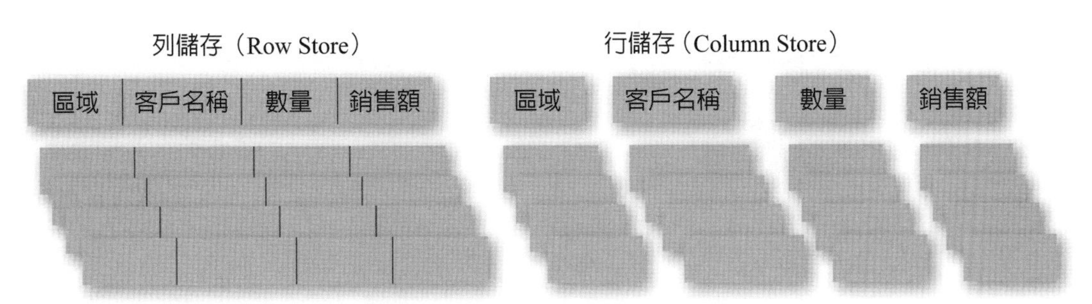

圖 2-5 列儲存與行儲存的示意圖

Tableau 對於行儲存區（Columnar Store Area）內的資料，由於總筆數始終維持不變下，Tableau 不提供迴圈指令與其運作機制，省去 LOOP 中的終止值判斷，加速了整塊儲存區資料的處理。這些儲存區是依據維度去分類與儲存的，但又考量節省主記憶體儲存空間，故 Tableau 最終結果總是以彙總計算結果回傳之，預設彙總函數常爲 SUM() 或 AGG() 等。由於 Tableau 是以欄位爲搬移、存入、取出、處理或釋放（Release）資料的最基本單位。因此，不會像其他電腦語言或應用軟體採用「變數」（Variable）一詞，而是採「欄位」（Field）一詞。前者偏向單值，後者偏向多值。

以【範例 – 超級市場】資料集爲例，在 Tableau 的資料行儲存區（Columnar Store Area）運作機制上，都會指派給一個欄位名稱作爲存取該區第一筆資料（入口點）位址之用，如圖 2-6 內的 0XA000，而且在同一個資料行儲存區內的每一筆資料的資料類型必須具一致性，否則在彙總計算時會發生。而 NULL（空缺值）則與資料類型和行資料彼此獨立的，以確保彙總計算過程不會被納入處理。Tableau 都會事先把 Columnar Store Area 建立起來，並將資料分區或分類逐一塡入之，當一切都妥當後，最後才去進行呼叫彙總函數的執行與回傳結果値給指定的欄位名稱。因此，行儲存、資料結構和樹狀結構對 Tableau的處理十分重要。

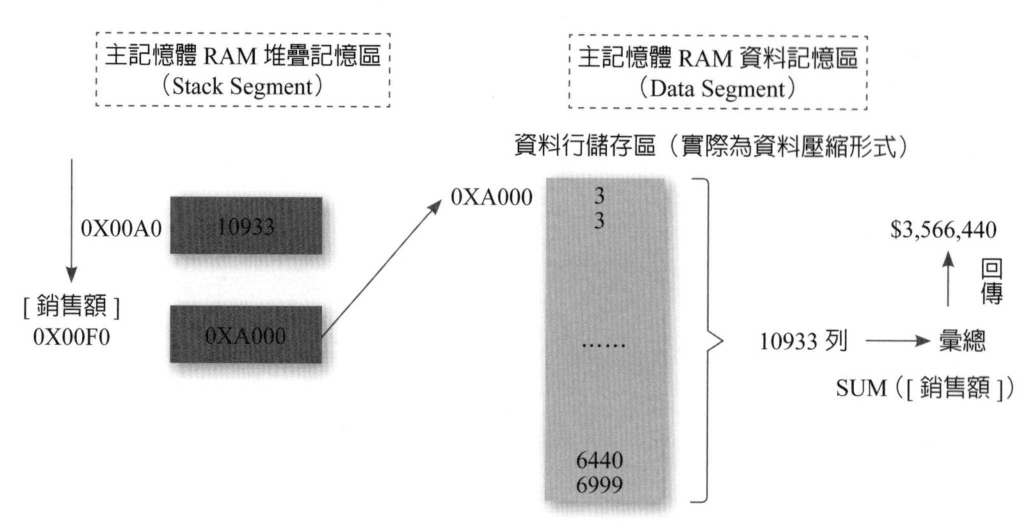

圖 2-6 Tableau 對行資料運作機制

註：(1) 圖中位址為假想值。(2) 10933 為【範例 – 超級市場】資料集的總列數。

2.6 欄位運作機制

Tableau 爲能提升整體處理效能起見，對於欄位與其持有的行資料，在主記憶體內如何進行位址空間配置和存取控制等，有了十分嚴謹的管理機制。欄位名稱可說是行資料的代表，它持有存取行資料的入口位址（Entry Point Address）。在圖 2-7 中顯示，欄位來源可由資料集的資料欄位和由使用者所建立的導出 / 計算欄位等兩種提供方式。有關圖 2-7 之解釋如下：

(1) 唯讀區：資料欄位資料一定被儲存在資料永久區的唯讀區內。這個唯讀區不能被使用者去破壞或變更它。

(2) 變動區：一般導出欄位會涉及到「資料要被儲存到那裡？」問題。它可以被儲存在資料永久區內的變動區，該區可讓使用者透過主功能表的【分析 (A) > 建立導出欄位 (C)...】選擇來進行資料新增；但也可以透過【刪除】功能去移除掉。一般非彙總計算的處理，都會放在變動區，並成爲資料集的一部分（形成部分集合）。注意：這個導出欄位內的表示式必須引用到資料集內的資料欄位名稱，才可被放入變動區內；否則仍儲存在暫存區內。

(3) 暫存區：暫存區比起其他兩個資料區更頻繁被 Tableau 所使用。資料視覺化就會高度仰賴暫存區。凡是彙總計算、{LOD}、或 {} 等形式的表示式，都被儲存到暫存區內。但這個暫存區隨時會被釋放掉。換言之，凡是計算式或表示式中有直接或間接引用到 {} 大括弧號者，一定被儲存在「資料暫存區」內。所謂「直接」係指此表示式有呈現 {} 者；所謂「間接」係指此表示式有引用到別的導出欄位名稱，而該欄位表示式有呈現 {} 者。

(4) 工作表內呈現（含 View 視圖）用資料，一定被儲存在「資料暫存區」內。我們可將這些資料透過【檢視資料】功能複製或匯出至 .CSV 檔案。

(5) 堆疊區：它主要儲存欄位名稱和 Tableau 操作狀態的先入後出（First In Last Out）的還原或恢復等用途。

(6) 程式區：其實它爲機器碼記憶區（Code Segment, CS），用來儲存欄位名稱的表示式所產生的相對應可立即被執行的機器碼。例如，[總和] ← SUM([銷售額])。這個 [總和] 欄位不會持有 $3,566,440 固定値，而是持有 SUM([銷售額]) 表示式。當每一次引用到 [總和] 欄位時，Tableau 總是會重新計算 SUM([銷售額])。這意指 Tableau 程式碼的執行是不會經過編譯階段（Compiling Stage）和連結階段（Link Stage）。Tableau 會在使用者編輯程式碼過程中，去主動偵測程式碼是否發生語彙、語法上的錯誤，但它無法偵測到是否可確保執行結果是否爲使用者所要的。使用者常會將一般撰寫電腦程式的邏輯設計概念，很直接地導入到 Tableau 程式設計上。例如，「IF [銷售額] >= AVG([銷售額]) THEN SUM([銷售額]) ELSE 0 END」程式碼，就會發生「計算包含錯誤：無法將彙總和非彙總參數與此函數混合」之錯誤訊息。這種錯誤問題，不在邏輯設計本身，而是對 Tableau 運作機制不了解所導致的。這種現象，是因爲 Tableau 所產出的結果，如果存放在不同 DS 資料區，則會發生計算錯誤或失效。故 Tableau 不允許在一個 IF-THEN-ELSE-END 表示式或敘述句內回傳結果爲「彙總」（有括弧的函數形式）和「非彙總」（沒有函數形式）的混用。因爲還沒有全部資料處理和儲存執行完成，就先去進行彙總 SUM() 與回傳結果，會造成 Tableau 發生所謂的「計算錯置」現象，即同時儲存在 RAM 不同區塊上。

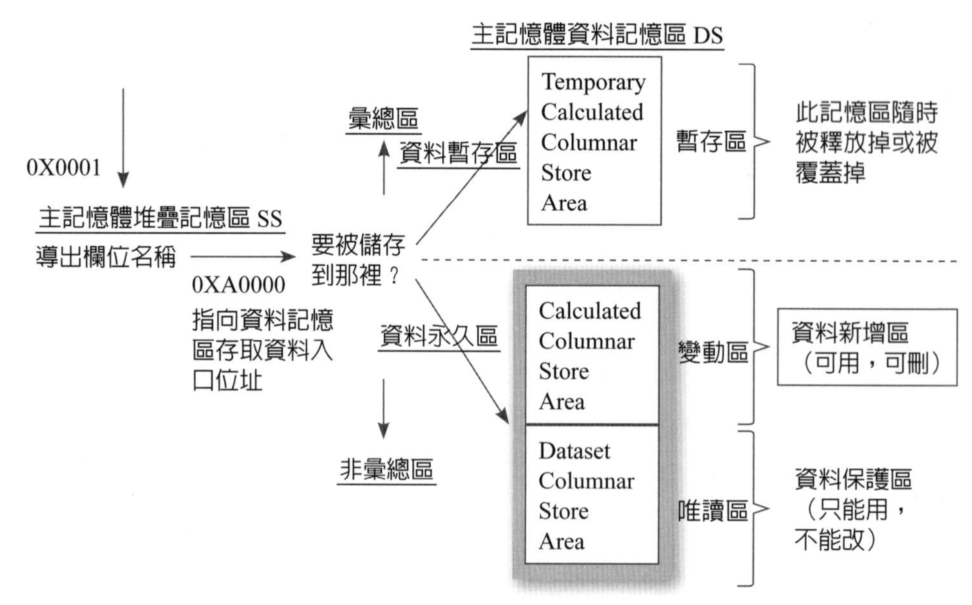

圖 2-7　Tableau 對欄位的記憶體管理機制

關於在何種情況下將使建立導出欄位所產出的資料被放入資料集的變動區呢？即由原有資料集 (M,N) 變更成資料集 (M,N^+)？答案是列層級（Level of Row, LOR）處理模式，意指當原有 M 列資料下，輸出列數一定爲 M 列之情況下發生。一般它都非屬彙總計算形式。因爲彙總結果將會使列數變成 M^-。例如，資料集內有 [銷售額] 和 [成本] 等兩個資料欄位，即可選擇主功能表的【分析 (A) > 建立導出欄位 (C)...】來建立一個 [導出 _ 研發經費] 欄位，其表示式：[銷售額]*0.7 – [成本]。因爲 [銷售額] 和 [成本] 均屬於列層級，故 [導出 _ 研發經費] 也一定是列層級。有關其運作機制，如圖 2-8 所示。它是依據引用一列，就立即輸出一列，「逐列處理、逐列輸出」原則，直到全部處理結束。記住：一定要先將輸出資料全部儲存完畢後，才可以進行彙總計算，及回傳結果。

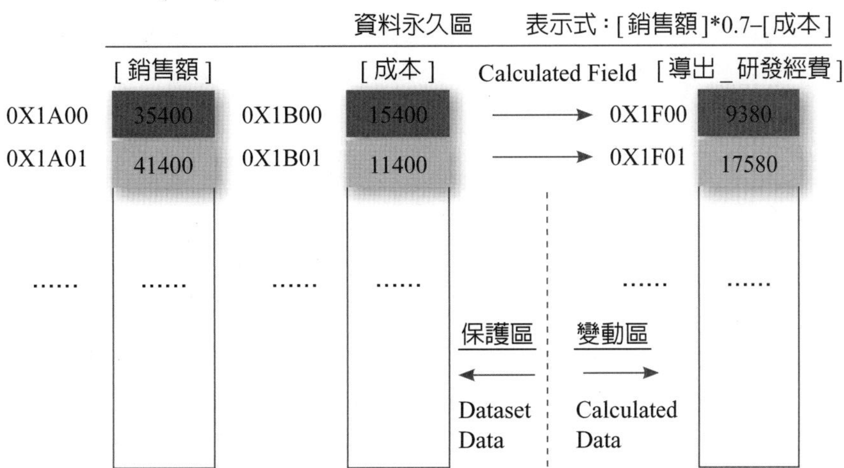

圖 2-8　Tableau 對列層級運作機制

2.7 篩選機制

從集合論觀點，篩選機制中的「篩選」為一廣義觀點，篩選意指從一個集合所擁有的 K 個元素中，去勾選或選取出一個以上但小於 K 個有限元素，形成一個子集合（Subset），以進行特定行為與其達到特定目的；或者去隱藏欄位，使其失去該欄位作用。例如，一家企業想要從台灣本島和離島計 22 個縣市中，只針對六個直轄市進行平均銷售額的比較。

Tableau 對資料或導出／計算欄位提供四種篩選機制（Filter Mechanism）類型，一者為擷取（Extract），二者為篩選（Filtering），三者為集合（Set），四者為隱藏（Hide）。若以資料集影響論之，它又可分成實體篩選（Physical Filtering）和邏輯篩選（Logical Filtering）。實體篩選將直接縮減資料集內被篩選欄位的元素數量與其列數，它是一種不可逆的；而邏輯篩選只是操縱上或運用上的暫時限制，它不會影響到資料集任何資料和欄位數量，故它是屬於一種可逆的。實體篩選是一種直接影響到磁碟檔案層級的資料量，即為擷取，屬於破壞型篩選。此過程中，Tableau 要求使用者另存新檔 (*.hyper) 之資料壓縮檔案；邏輯篩選不會影響到磁碟檔案層級的資料結構和儲存空間大小，故屬於非破壞型篩選。

在執行優先權（Order of Operation or Priority of Operation）方面，擷取是所有執行優先權等級中最高的，另外篩選條件優先於集合，實體篩選優先於邏輯篩選。所有呈現在工作表上的資訊，不論是內隱或外顯資訊，均會根據篩選機制的設定來表達。

1. 擷取

資料集欄位擷取途徑有二，一者是在檔案連線（Connection）過程中，選取◉擷取，然後按【編輯】；再來去指定某一個或某些欄位持有值（元素）要被保留者。由於這個擷取欄位內的持有值，表示決定了工作表上所能呈現或計算的內容，因而它的執行優先權或順序是最高的。如圖2-9所示。

圖 2-9　資料集欄位擷取範例

第二個途徑是選擇或預設 ◉ 即時（Live）連線後，到工作表畫面中，在資料集名稱上，按滑鼠右鍵，選擇【擷取資料 (X)…】，按【新增…】，選取 [子類別]，再從清單中選取 ☑ 系固件、☑ 信封等兩個元素作爲子集合，如圖 2-10。我們也可以繼續按【新增…】，選取其他資料欄位名稱。按【確定】和【擷取】鈕後，立即出現「將擷取另存新檔爲」畫面，存檔類型：(*.hyper)。這個檔案即由 Tableau 透過資料壓縮演算法壓縮過的資料。因此，我們透過【記事本】軟體來開啓它，會看到一堆亂碼資料。

提示：

(1) 如果從清單中選取 (S)，勾選全部 (L)（元素），再勾選 ☑ 排除 (X) 後，將會使作用資料集內所有資料被移除，只剩下所有欄位名稱，即爲列數 =0，不符合 Dataset(列 >=1, 行 >=1) 要件，故無法正常運作，並被迫關閉作用資料集或結束 Tableau。

(2)「*.hyper」壓縮檔案從硬碟（輔助記憶體）被載入／匯入到主記憶體的資料記憶區（Data Segment of RAM）後，資料記憶區內儲存的資料仍一直處於壓縮狀態，如圖 2-11 所示。

圖 2-10　擷取資料範例

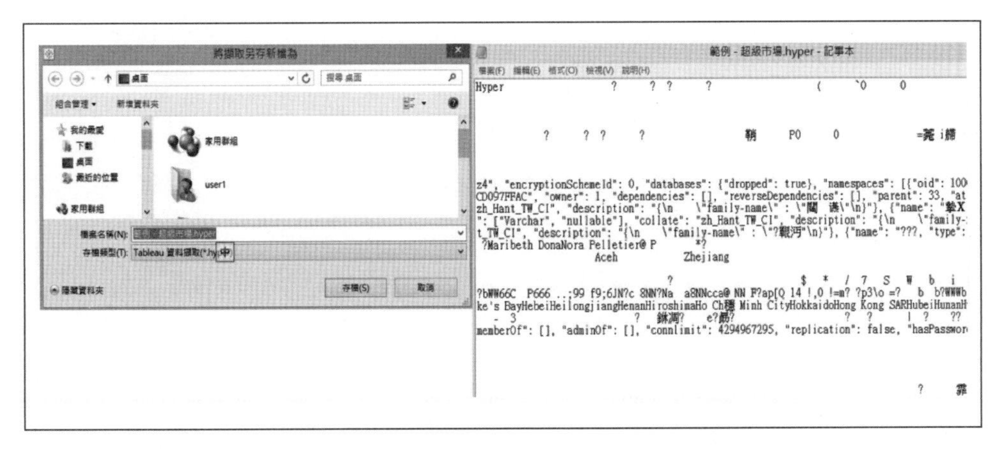

圖 2-11　當擷取與篩選後 「範例 – 超級市場 .hyper」 資料壓縮呈現亂碼

由圖 2-12 得知，[子類別] 已被擷取與篩選成只剩下由「系固件」和「信封」兩個元素所形成的子集合。平均銷售額（信封）= 84，平均銷售額（系固件）= 42。

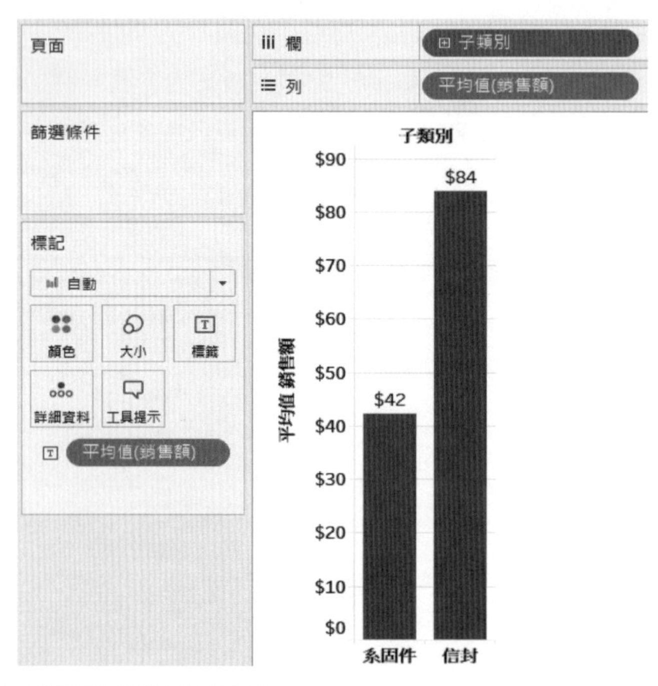

圖 2-12　子集合對銷售額的計算結果

2. 篩選

篩選條件常用於維度或離散特性的欄位元素數量的縮減。設定篩選條件途徑有三，一者是在檔案連線（Connection）過程中，選取◉擷取，然後按篩選條件【新增】，但這是屬於破壞型篩選，在作業系統的檔案系統層級，變更（減少）檔案容量。二者是在工作表環境的資料窗格（Data Pane）中，將滑鼠游標置於資料集名稱上，按滑鼠右鍵，選擇【編輯資料來源篩選條件…】項目，它可讓我們再度去編輯它，或直接移除。三者是位於標記卡上方的【篩選條件】框。

我們可由出現在資料窗格中的欄位，透過滑鼠左鍵拖曳方式，將想要篩選的欄位拖曳到【篩選條件】框上。圖 2-13 呈現它的操作過程。選取範圍從無 (O) 到全部 (L)。目前只選取 ☑ 系固件、☑ 信封等兩個元素作爲子集合。

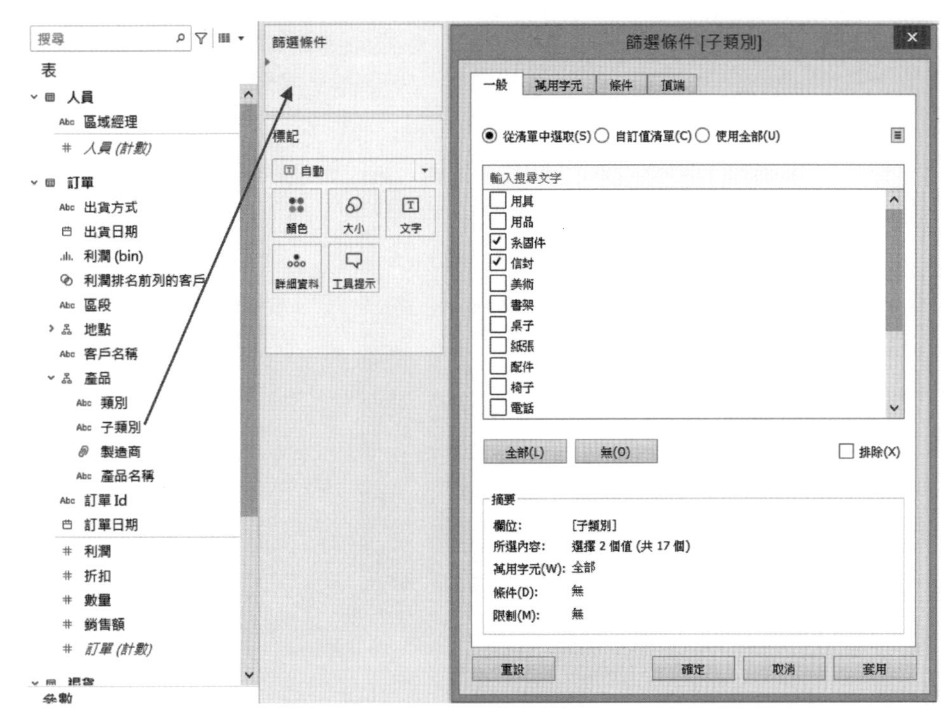

圖 2-13　以 [子類別] 欄位作為篩選對象的操作過程

當完成篩選條件後，即可對該子集合進行平均銷售額分析，如圖 2-14。由圖得知，平均銷售額（信封）= 2 * 平均銷售額（系固件），顯示「信封」銷售額較佳。

我們可以透過程式設計來達到同樣目的。其操縱設定與其分析結果，如圖 2-15。從圖中發現，平均銷售額（信封）= 83.85，平均銷售額（系固件）=42.27。就精確度（Precision）來說，圖 2-15 結果比圖 2-14 來得更精確，平均銷售額（信封）=1.98 * 平均銷售額（系固件），眞正爲 1.98 倍，而非 2.0 倍。這種差異性，主要來自於 Tableau 對於數字精確度的預設值不同所致。Tableau 對圖 2-14 的有效小數位數預設值爲 0，而對圖 2-15 預設值爲 2。

導出欄位名稱	敘述句
銷售額 _ 系固件 _ 信封 _ 平均	AVG(IF [子類別] = ' 系固件 ' OR [子類別] = ' 信封 ' THEN [銷售額] ELSE NULL END)

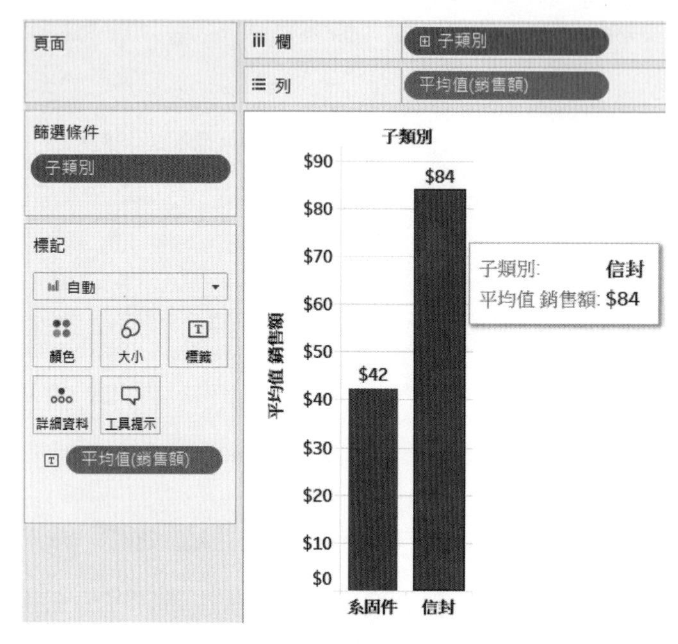

圖 2-14　「系固件」和「信封」的平均銷售額

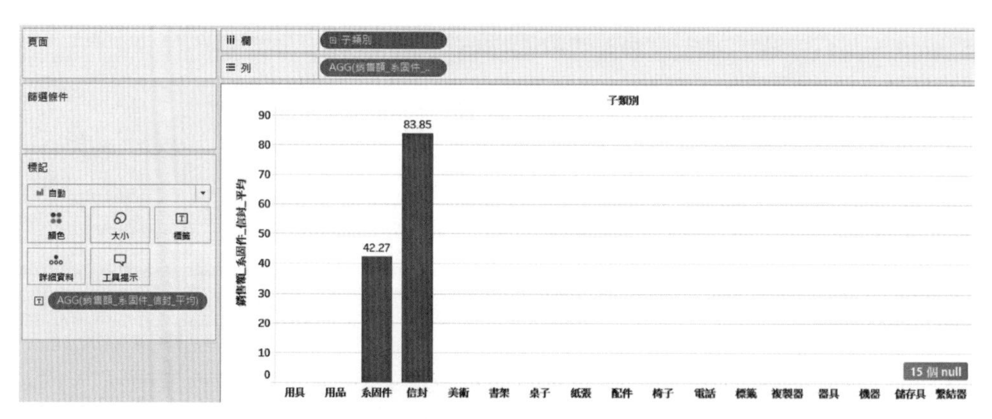

圖 2-15　[子類別] 經過程式篩選後的 [銷售額] 平均值統計分析

為了解決數字精確度問題，Tableau 在【欄】架、【列】架或標記卡各特性等操作環境內，提供了【設定格式…】的操作功能。只要在任何操縱環境（擇一）設定即可。例如，我們可以在標記卡（Marks Card）的【顏色】、【標籤 / 文字】或【詳細資料】等擇一方式，去設定工作表上顯示或輸出結果的精確度。它的有效小數位數預設值為 0，最大位數為 16。其操作過程，如圖 2-16 所示。此圖是透過人為去設定有效小數位數到 4 位的結果。

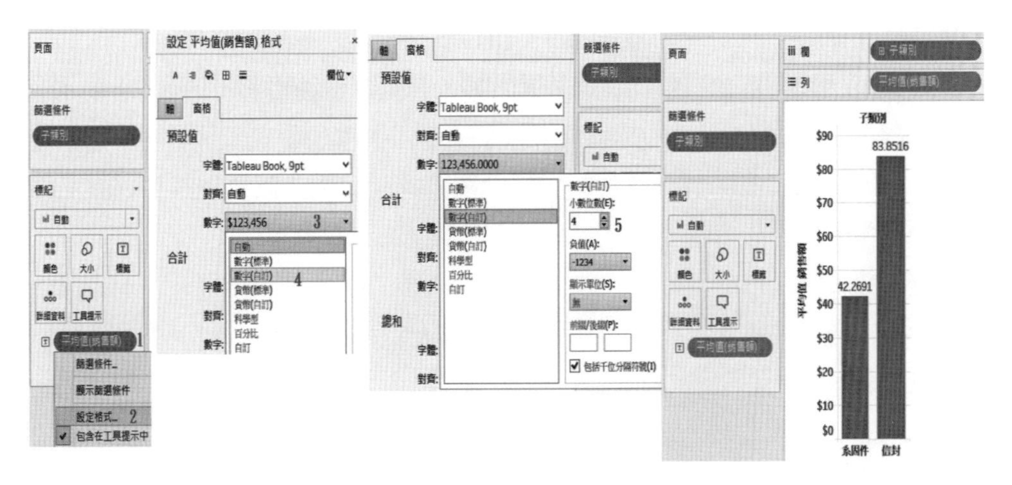

圖 2-16 設定小數的有效位數

當然我們也可以透過程式設計來限制最大的有效小數位數。在下列敘述句用來限制最大的有效小數位數為 4 位。它預設值為 2 位，有效小數位數只到 4 位，當調到 5 到 16 位時，都會以 0 取代。

導出欄位名稱	敘述句
銷售額 _ 系固件 _ 信封 _ 平均 _ 最大小數位數	ROUND(AVG(IF [子類別] = ' 系固件 ' OR [子類別] = ' 信封 ' THEN [銷售額] ELSE NULL END),4)

提示：標記卡（Marks Card or Marks Shelf）分成兩個部分，一者標記類型（Mark Type）（預設值：自動），另一者標記特性（Mark Property）。標記特性有五種，包括顏色、大小、文字 / 標籤、詳細資料和工具提示等。這五種特性主要用來提供工作表中的視表或視圖的額外資訊或結果匯出；前面四種特性的預設顯示：✓ 包含在工具提示中。我們可以將勾選取消掉，即不顯示資訊。此外，【顏色】提供色彩 + 資訊，【大小】提供形狀粗細 + 資訊。我們可以透過畫面右上角的【顯示】（即為圖例）來重新設定色彩或粗細；也可以在它上面，按滑鼠右鍵，按【隱藏卡】讓顯示的圖例消失，但不會影響到視圖呈現。可再按 <F7> 鍵的簡報模式，按滑鼠右鍵，選擇【圖例】後，再讓顯示的圖例重現。

3. 集合篩選

Tableau 所提供的集合（Set）篩選機制，與集合理論略有不同。Tableau 對於集合篩選的圖示（Icon）是以具有相交的兩個小圓圈 表示，其中一者填成灰色，另一者未交集部分爲白色。它是一種彼此互斥集合概念。其實它就是爲集合理論中，集合 A 和它的餘集 A^C，$A \cup A^C = U$，且 $A \cap A^C = \phi$。第一個小圓圈是指內（被選取的元素），構成 A 集合；第二個小圓圈是指外（未被選取的元素），構成餘集 A^C。以 [子類別] 爲例，在資料窗格中，對 [子類別] 欄位按滑鼠右鍵，選擇【建立 > 集合 ...】，名稱 (N)：子類別 _ 用具 _ 用品，☑ 用具、☑ 用品，按【確定】鈕。這意指從 [子類別] 集合 U 計 17 個元素中，只勾選 2 個元素來建立子集合。「內」子集合 A = { 用具 , 用品 }，「外」子集合或餘集 A^C={ 系固件 , 信封 , …, 儲存具 , 繫結器 }。因此，Tableau 就會以子集合作爲處理單位。這種運作機制與前揭篩選條件略有不同。意即每一個集合（即欄位）總是包含內集合和外集合等兩種分類或分組。在圖 2-17 中，由 [子類別] 欄位透過【集合】所建立的 [子類別 _ 用具 _ 用品] 內外子集合，也是一種維度。意即 [子類別] 與 [子類別 _ 用具 _ 用品] 都是屬於維度層級。這項功能提供了維度元素組合的動態化，也是篩選條件的延伸，但其執行優先權低於篩選條件，意即它會受到篩選條件設定的影響。它被視成一種導出欄位，故可隨時被建立、編輯或刪除。在資料集總計 10,933 列中，圖 2-17 顯示 COUNT(內子集) =1,349（列），COUNT(外子集) =9,584（列）。

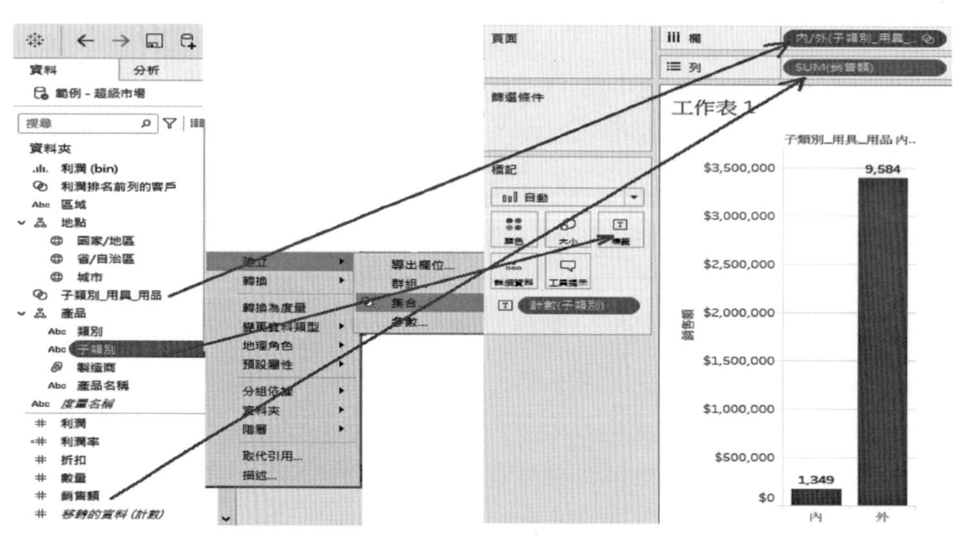

圖 2-17　由 [子類別] 所建立的內、外集合（子集合）

我們也可以透過程式設計來達到集合（Set）功能。只要以 [子類別 _ 用具 _ 用品 _ 內外子集] 欄位取代 [子類別 _ 用具 _ 用品] 欄位即可獲得相同結果。

導出欄位名稱	敘述句
子類別 _ 用具 _ 用品 _ 內外子集	IF [子類別] = ' 用具 ' OR [子類別] = ' 用品 ' THEN ' 內 ' ELSE ' 外 ' END

4. 隱藏

隱藏（Hide）係針對資料集中的欄位與其相對應行資料，或是導出／計算欄位，進行隱藏作用，使其使用者無法去操縱已隱藏欄位，同時也會影響到檢視資料（檢視表）或匯出 CSV 檔案內容。但它屬於邏輯篩選，故可在資料窗格中，將滑鼠游標移到資料集名稱「範例 – 超級市場」上，按滑鼠右鍵，選擇【編輯資料來源 (E)…】，進入連線環境，☑ 顯示隱藏欄位，選擇【取消隱藏】，使其恢復原狀。操作過程，如圖 2-18 所示。

欄位的隱藏也會影響到建立導出欄位的引用作用喪失。例如，我們將 [區域] 隱藏，則「{FIXED [區域]:SUM([銷售額])}」實際執行與回傳「{FIXED :SUM([銷售額])}」彙總結果。

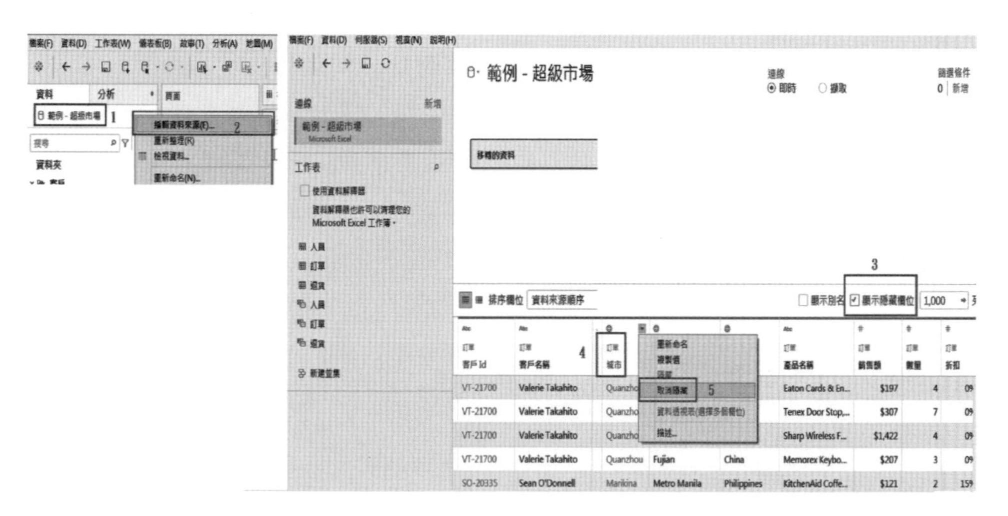

圖 2-18　取消隱藏欄位操作過程

2.8 總結

本章已詳細介紹 Tableau 理論基礎，從不同觀點去探索它的運作機制。這些運作機制將主宰著它的整體處理與分析效能。「拖放」機制提供了使用者操作的便利性，同時也制約了 Tableau 視覺化的呈現。Tableau 了解到圖形式的資料視覺化將會導致它的整體效能的降低，尤其是巨量資料。鑑此，Tableau 引進 Hyper 技術和平行化模型。它採用非常小的工作單元，稱爲微工作元（Morsels）。這些 Morsels 被有效地分配到所有可用的 CPU 多核心上，使 Hyper 能夠更有效地考慮到 CPU 核心速度的差異。這將轉化爲更有效的硬體利用和更快的性能，使 RAM 空間和 CPU 的邏輯處理器得到有效管理和利用。

此外，Tableau 也採用了 VizQL ™技術，允許使用者簡單的拖放操作，來快速建立複雜的視覺化，完全改變了資料的工作，爲一視覺化查詢語言。其基本原理是將使用者的操作轉化爲資料庫查詢，然後以圖形的方式表達出回應。故它的運作機制大致爲：使用者查詢 -> 建立相對應樹狀結構圖 -> 優化樹狀結構圖 -> 產生相對應程式碼 ->CPU 執行 -> 回傳儲存 -> 視覺化呈現。它省去從整體資料集，選擇要呈現的資料子集（Subset），將資料組織到一個二維資料表（如 VIEW 檢視表）中，然後再從該表中建立一個圖表等過程；加上硬碟暫存檔和 RAM 等資料壓縮技術，使得比傳統方法快得多，甚至快 100 倍。

總之，我們將 Tableau 定位在 Data Analytical Processing ONLY 和商業智慧，而非 Data Transactional Processing；它是建立新資料集的很好中介軟體。這意指 Tableau 必須從已建立好的 (列 , 行) 表格式檔案，匯入與進行處理、分析（含簡單的敘述統計和相關分析等）與視覺呈現（視表 / 視圖 / 圖資）等。Tableau 的處理核心基礎即採彙總形式，如 ATTR()、AGG()（僅限 Tableau 使用）、COLLECT()、SUM() 等。它在工作表上總是以彙總呈現，這是它的最大特色。

Tableau 程式設計基礎

本章概要

3.1 Tableau 程式設計考量因素

3.2 建立導出欄位

3.3 Tableau 語法結構

3.4 程式設計

3.5 程式設計實務應用

3.6 程式設計與統計分析

3.7 總結

當完成學習與上機實作後，你將可以

1. 編輯 Tableau 程式碼與執行
2. 了解 Tableau 在主記憶體運作機制
3. 學會文字採礦之字串處理
4. 撰寫程式於實務應用上
5. 學會從 Tableau 中洞察問題到統計檢定

對於初學 Tableau 的人來說，總是把 Tableau 定位在「資料視覺化」（Data Visualization），只要透過 Tableau 所提供的「範例 – 超級市場」資料集和簡單的滑鼠拖放方式，即可快速展示令他們驚奇的圖形和表格資料。因而每次操縱 Tableau 各種功能時，總是充滿著期待，並等待有著不同視圖呈現在自己眼前。但是隨著學習時間的增加，似乎有了一些變化，就是感覺到 S 形學習曲線的學習效果一直無法再往上提升；另一方面，在 Tableau 實務應用上，（公司、企業）組織內部和外部的資料組織結構不像「範例 – 超級市場」資料集那麼令人滿意、完美無缺。實際提供給 Tableau 處理、分析和呈現視覺化用的檔案資料，複雜且凌亂，空缺值（Missing Values）又多，尤其甚者，不能像微軟的 Excel 軟體一樣，可讓使用者直接變更、新增、刪除或轉換資料，學習障礙和使用挫折感接踵而至，慢慢又走回到使用 Excel。最大問題出在：對 Tableau 運作機制不甚了解和沒有導入程式設計等所致。

當我們對 Tableau 的運作機制（詳見第 2 章）有所了解後，在操縱功能和撰寫 Tableau 程式，就會相對簡單，且易讓我們如何將匯入資料集（檔案）的資料從靜態（Static）變成動態（Dynamic）的概念相連結。當有了 Tableau 程式設計基礎後，就會超乎我們的想像，也會逐漸擺脫「範例 – 超級市場」資料集的「拖放」慣性依賴與操縱。從單純的 Tableau 範例（想像層次）逐漸進入複雜多變的實務導向（應用層次）。例如，Tableau 不讓使用者針對資料集內某一資料欄位的某幾筆資料進行實體刪除（Physical Deletion）。解決之道，就是透過程式設計，建立一個導出 / 計算欄位，將這幾筆資料指派為 NULL（Missing Values），就可達到邏輯刪除（Logical Deletion）。因為 Tableau 對 NULL 資料不會納入彙總（如 SUM()）計算，這就是 Tableau 的運作機制。排序（Sort）和彙總（Aggregation）是 Tableau 運作機制的核心。在檢視資料環境中，行資料透過由大到小排序後，不論是文字或數字，就會將 Null 值排在最後面；如為由小到大排序，則會排在最前面。使經排序過行資料的彙總得以快速過濾（忽略 Null 不計）與計算。

提示：NULL 和用於識別字串結尾或計算字串長度的控制字元（ASCII 0）是不同的。例如，C 或 C++ 的 char 字元陣列最尾端必須加入 '\0'（字元形式）。故程式設計上，會將 char 陣列全部元素的初始值指派為 '\0'。有些應用軟體將數字資料類型的 NULL 值視為「無限大」（∞）。Tableau

將它視為一種特殊值，其實就是特殊符號。在排序上，它被想像成「無限小」（-∞）。任何資料類型與它結合運算，如數學運算或字串之串接（Concatenation）等，都會回傳 Null。類似「-∞ + 任何數值 = -∞」。

3.1 Tableau 程式設計考量因素

由於 Tableau 被定位為中介軟體。因此，它不能像資料庫、試算表、文書編輯或統計軟體等，可透過人工登錄建立資料。即不能使用 Tableau 將多個檔案合併成一個二維結構檔案，而是高度依賴其他應用軟體或應用程式已建好的二維表：(列 , 行) 式資料格式（類似 Excel 工作表），不論是結構化、半結構化或非結構化等資料。例如，我們想要將下載 100 個網站計 1,000 個 CSV 檔案，逐一匯入 Tableau 與合併成單一資料集，這是做不到的。又如我們希望透過迴圈（Loop）機制由程式去逐筆取出與處理資料，也是做不到的。基於此，當我們邁向 Tableau 程式設計領域之前，必須考量下列因素：

(1) 不可為空集合。所匯入檔案所形成的資料集 DS(列 , 行)=DS(M,N)，限制 M 和 N 必須≧ 1。若資料集為空集合，則無法操縱 Tableau 所提供的功能，即使可以建立導出欄位，但仍不發生作用的。
(2) 欄位名稱命名唯一性。欄位來源可為 { 資料欄位 , 導出欄位 }，兩者相互獨立或互斥，不可命名已存在的欄位名稱。
(3) 欄位取代變數。這種觀念的轉變，對有開發程式經驗者來說，短時間內較難以適應。從 Tableau 運作機制觀點，欄位（Fields）可為單一值，可為行資料（存取資料入口位址），也可以是一個以上的表示式所組成的程式碼和依存關係。實際上它就是將行資料之儲存與動態處理封裝（Encapsulation）在一起，它的運作機制比較類似物件導向電腦語言的類別（Class）與物件（Object）。只不過前者具依存（Dependency）關係，而後者具繼承（Inheritance）關係。
(4) 依存同步性。凡是具有依存關係的導出欄位，當其中有一個或一個以上程式碼變更後，只要在被變更的導出欄位按下【套用】（Apply）鈕後，其他具有依存關係的欄位（引用）或工作表（拖曳）就會同步刷新（Refresh）或更新（Update）。

(5) 分散式程式碼。程式可由一個以上的導出欄位所組成的。程式 ={ 導出欄位 #1, 導出欄位 #2, …, 導出欄位 #n}。這樣做，有個好處，就是讓撰寫程式單純化，易於除錯。這些導出欄位可為相依或獨立。

(6) 導出欄位程式化。Tableau 對導出欄位的相對應表示式，是由一堆符合 Tableau 的語彙（Lexical Words）、語法（Syntax）和引用欄位所構成的。雖然我們可由導出欄位取得回傳值，但它是儲存表示式而非回傳值。意即每一次呼叫或引用它時，Tableau 總是以該表示式重新計算，再度回傳結果。可以使用三種主要類型的計算在Tableau中建立計算 / 導出欄位：(A) 基本運算式；(B) 詳細層級（LOD）運算式；(C) 表計算。

(7) 必要回傳結果。撰寫與執行導出欄位程式碼後，Tableau 要求回傳結果（包含 Null、單值或多值）給導出欄位，否則視成錯誤或無效。例如，編輯程式區沒有任何敘述句或只有註解（// 或 /* */），則會發生「計算無效或錯誤」的警告。

(8) 依存關係。由於 Tableau 程式設計採用分散式，故就會發生引用的先後順序和依存關係。例如，[薪資] ← 50000，[健保費] ← [薪資] * 0.01，[月薪] ← [薪資] – [健保費]。那麼依存項目 ([薪資])=2，依存項目 ([健保費])=1，依存項目 ([月薪])=0（未在表示式畫面中呈現）。依存項目係指被其他導出欄位的引用次數的累加。我們可以將「依存關係」以樹狀結構圖來表示。

(9) 禁止循環引用。Tableau 的導出欄位具有單向或建立先後（或上下）順序的依存關係。若建立順序為：[薪資] ➡ [健保費] ➡ [月薪]。程式寫成 [健保費] ← [薪資] * 0.01 和 [薪資] ← 50000 + [健保費]，就會發生「循環引用」錯誤訊息。Tableau 依存關係和執行優先等級之順序性，在編程 Tableau 語法結構上很重要。

(10) 引用存在性。當引用（資料或導出）欄位不存在或者建立欄位先後次序不對時，就會發生「引用未定義的欄位」錯誤訊息。

(11) 禁止彙總與非彙總混用。這種錯誤常發生在 IF 或 IIF 子句中，混合彙總與非彙總之邏輯比較或回傳結果。這個問題大部分歸因於程式設計者導入「程序或物件」導向電腦語言（如 Java，JavaScript，R，Python，C#，VB，VBA，SQL……）的程式設計概念所致。例如，下列程式是正確的：
IF 縣市 =" 臺北市 " THEN X=SUM(銷售額) ELSE X= 0 ENDIF

SELECT SUM(銷售額) AS X FROM 超市資料 WHERE 縣市 =" 臺北市 "

若在 Tableau 環境，下列程式就會發生錯誤：

IF [縣市]=" 臺北市 " THEN SUM([銷售額]) ELSE 0 END

上述兩條 IF 敘述句，最大差別在於，前者「縣市」爲一變數名稱，持有單值；而後者 [縣市] 爲一欄位名稱，持有行資料（區塊），至少由一筆資料所組成。這就是運作機制上的差異。

(12) 先儲存後彙總。這項準則對程式設計十分重要。因爲 Tableau 存取資料最基本單位是行資料（Column Data），所以必須事先將全部要彙總的行資料準備妥當後，才能對「行儲存區」（Columnar Store Area）資料進行整批處理，一次執行，以加速處理效率。

(13) 鬆散語法結構。這是程序或物件導向電腦語言或應用軟體的手稿語言（Scripting Language）所沒有的特性。高鬆散的語法結構讓 Tableau 程式結構變得更具彈性化。例如，SUM(expression)。其中 expression 參數可爲數值型的常數、欄位名稱，或是可回傳數字型態的表示式（不論是 Null、單一值或行資料），並會忽略 Null。此外，如果匯入檔案（如 Excel）內欄位資料有數值和文字混用時，Tableau 總是將該欄位的資料類型當作「字串 / 文字」，就不適合使用 SUM()。下列程式是正確的：

SUM(IF [區域]= ' 大洋洲 ' THEN [銷售額] ELSE NULL END)

依「內含法」觀點，SUM() 已爲彙總型態，故 Tableau 不得依「外加法」再加入 SUM()，但爲了維持顯示在工作表上「彙總一致性」原則起見，Tableau 主動加上 AGG() 彙總函數。如圖 3-1 所示。這是 Tableau 運作機制。注意：AGG() 非屬語法。圖中，' 大洋洲 ' 的銷售額總和爲 1,100,185，它是採用內含法呈現。

(14) 識別資料存放區。Tableau 在主記憶體「資料記憶區」（Data Segment）提供兩種資料存放區，一者永久區，另一者暫存區。當程式設計人員引用到欄位名稱時，就必須識別它的資料存放區，即當引用欄位被執行後，會回傳非彙總的行資料，或者彙總的單一值。簡單的識別方法，就是操作【資料 (D) > 資料集名稱 > 檢視資料 (V)...】，出現導出欄位名稱者，即被存放在永久區。

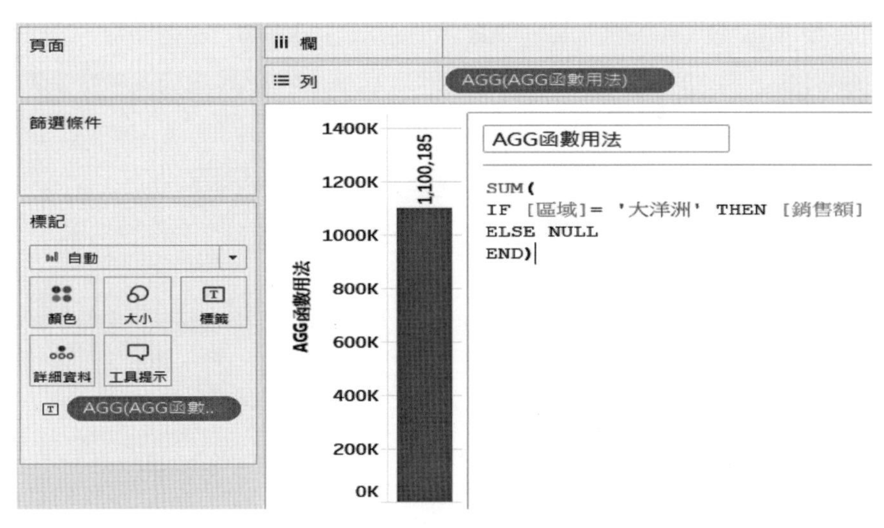

圖 3-1 AGG() 函數用法

(15) Tableau 提供編程人員用的關鍵字（Key Words），或稱保留字（Reserved Words），其數量比起其他電腦語言少許多，意即能提供給程式設計功能相對大幅減少。這是因爲大部分人機介面、資料庫連結、函數計算和視覺化展示等功能已由 Tableau 提供了。此外，Tableau 對連線檔案和連線（資料庫）伺服器之這兩者的保留字也略有差異。此外，有極少數保留字只適用於工作表上已呈現數據的進一步處理。

(16) 引用視圖和視表。程式碼除了涉及欄位之外，工作表上的視圖和視表內容，也可作爲程式用資料的引用來源。

總之，Tableau 被定位爲一種中介軟體。它的運作機制會影響到語法組織結構。例如，對於「SUM(IIF ([區域]= ' 大洋洲 ',[銷售額],NULL))」表示式，可分解成三個處理階段：

(1) 第一階段，識別優先執行順序等級，並建立一個處理用樹狀結構圖。例如，IIF() 優先於 SUM()。故在程式語法結構上，IIF() 在內部，SUM() 在外部。

(2) 第二階段，遵守「先儲存後彙總」原則。先進行 IIF() 子句，根據條件判斷逐一儲存到暫存區域內的行儲存區（Columnar Store Area）。提醒：NULL 爲一特殊值，它也會被放入行儲存區內，只是當在彙總計算時會被忽略。

(3) 第三階段，當完成儲存處理，全部準備好資料後，再對暫存區域內行儲存區進行整行資料的 SUM() 彙總。這好比所有旅客必須事先通過安檢、登機，全部到齊後，再進行飛機起飛。而不是來一位旅客，就起飛一次。做菜也是一樣程序。

3.2 建立導出欄位

要撰寫 Tableau 程式碼，就必須先建立導出欄位（Calculated Field）。有關建立和執行程式過程如下：

(1) 我們在主功能表上，選擇【分析 (A) > 建立導出欄位 (C)...】。

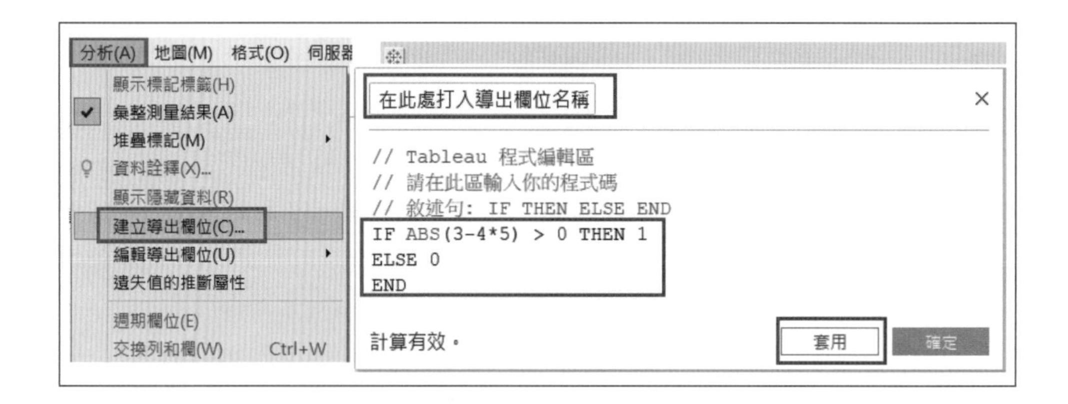

(2) 在編輯區內打入下列資料。在建立導出欄位名稱時，必須省略 [] 中括號；但在引用它時，如果欄位名稱含有半形空白字元時，一定要使用 [] 中括號；若不含空白字元，則使用或省略它均可。我們以 Tableau 所提供的【範例 – 超級市場】資料集中的「訂單」工作表爲例。

導出欄位名稱	敘述句
T_銷售額_平均_超過臨界值	IF AVG([銷售額]) > 350 THEN '銷售佳' ELSE '銷售差' END

(3) 執行程式。當編輯程式碼結束且出現「計算有效」後，務必要按【套用】鈕或【確定】鈕，以執行程式碼，才會使剛才所建立的欄位名稱生效，否則視

同放棄。

(4) 呈現結果。如圖3-2所示。我們將[銷售額]和[T_銷售額_平均_超過臨界值]等欄位拖曳到【列】架空白處。[銷售額]設定成(度量(平均值),離散)。[T_銷售額_平均_超過臨界值]不作任何設定，AGG()函數是由Tableau主動加入的。AGG非爲保留字，使用者不能引用它。這是爲了確保以彙總形式輸出的一致性。AVG([銷售額])爲一彙總形式。我們發現AVG([銷售額])=326，350爲我們設定達成目標的臨界值。Tableau的字串資料類型表示法：'字串'或"字串"（字串前後被單引號或雙引號所包圍住）。圖中「1依存項目」指被外部【列】架引用。

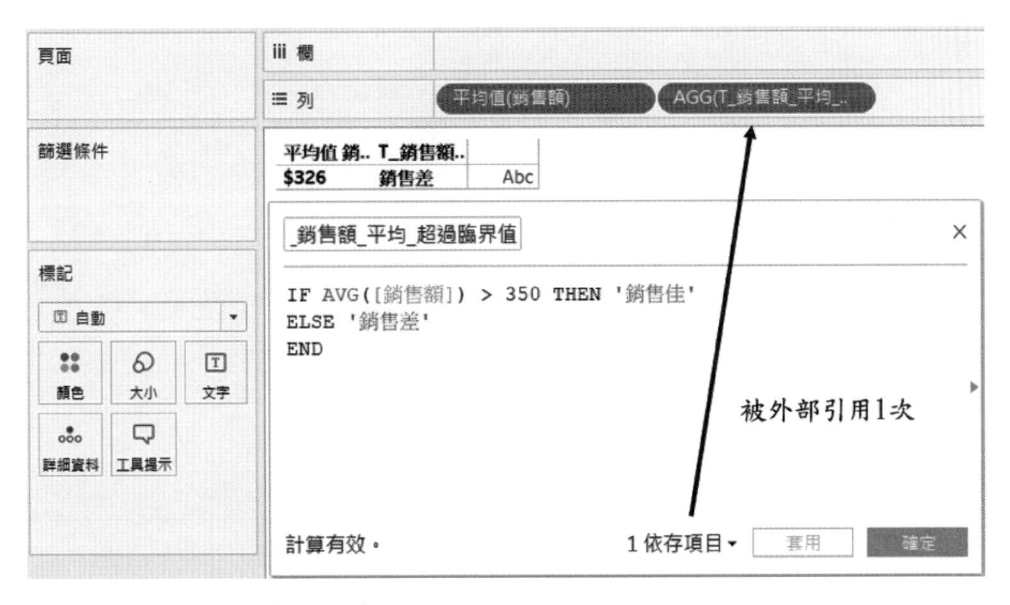

圖 3-2 導出欄位執行結果示意圖

3.3 Tableau 語法結構

雖然Tableau提供程式設計用的保留字並不多，且大都爲函數（Functions），但它的語法結構卻十分鬆散，具高度彈性。在程序或物件導向電腦語言，如Java、C#、VBA、R或Python等等，皆不允許函數內的參數（Parameters）爲一敘述句，只能爲常數、變數或表示式（Expression），但

Tableau 是允許的，因而 Tableau 不稱呼為參數（Parameters），而稱呼表示式。Tableau 比較專注在回傳結果是否符合它的資料類型。例如，SUM(expression)，任何敘述句只要能回傳表示式（expression）者，皆是計算有效的。

至於如何取得語法結構呢？首先我們必須進入建立或編輯導出欄位的編輯環境，在程式編輯區右側按 ▶ 展開後，即可找到各保留字的語法結構；按 ◀ 收回。當連擊保留字 2 下，就會將它貼到編輯區內。如圖 3-3 所示。

圖 3-3　Tableau 語法顯示區

如果我們想要計算 [子類別] 欄位中，含有 ' 紙張 ' 共有多少筆？有兩種寫法，一是「內含法」，即程式內引用了 COUNT() 函數；另一是「外加法」，COUNT() 函數是由操作環境加入的。其程式碼如下：

導出欄位名稱	敘述句
T_ 子類別 _ 紙張 _ 內含法	COUNT(IIF([子類別] =' 紙張 ',1,NULL)) // 回傳：(筆數 , 元素數) =(673, 1)，元素值 =1（不含 NULL）
T_ 子類別 _ 紙張 _ 外加法	IIF([子類別] =' 紙張 ',1,NULL)

內含法回傳彙總值，故不會影響到資料集結構。外加法屬於列層級處理，故會影響到資料集（Data Set），並成為它的新元素。它被放在變動區，我們也可以「重新命名」或「刪除」它。外加法係指欄位透過拖放到操作環境後，再外加 SUM() 或 COUNT() 等彙總函數而言。

在表 3-1 中，ATTR() 為檢測屬性用，但它也兼具彙總功能，是個相當重要的函數。我們必須導入集合概念，來說明 ATTR(欄位名稱) 回傳值。假設欄位名稱可存取到 N+ 筆（包括 NULL 在內）行資料，有三種情況會回傳不同值。

表 3-1 ATTR 屬性函數用法

情況	非 NULL 元素個數	ATTR() 回傳值	集合
1	1（單值）	元素值	{ 元素 #1, NULL* }
2	2+（2 個以上多值）	*	{ 元素 #1, 元素 #2, …, NULL* }
3	0	NULL	{NULL+}

註：NULL*、NULL+ 分別表示零個以上、一個以上的 NULL 值。

3.4 程式設計

由於受到 Tableau 運作機制和鬆散語法結構的影響，使得有經驗的程式設計人員較無法在短時間內學習如何撰寫 Tableau 程式碼。為了使初學者能逐漸了解它的寫法起見，我們就先從過去電腦語言程式設計概念切入，然後再導入相關 Tableau 運作機制。我們以 Tableau 所提供的【範例 – 超級市場】資料集內「訂單」工作表為例。注意：必先已存在非空集合的資料集後，然後在這個資料集環境下，進行程式設計與程式碼的執行，否則會失效。

1. 未引用資料集欄位

首先在主功能表上，選擇【分析 (A) > 建立導出欄位 (C)… 】。提醒：Tableau 沒有提供指派符號（=）。每建立完成一個導出欄位名稱與其表示式後，務必按【套用】鈕或【確定】鈕，這樣才會真正建立導出欄位成功。我們可以從「資料」區去拖曳已建立好的導出欄位名稱到【列】架上。當 [T_ 月存款額 _ 臨界值] 和 [T_ 月剩餘額] 拖曳完成後，在工作表上，Tableau 總是主動加入 SUM() 彙總函數。這是 Tableau 的運作機制，它必須維持彙總形式的呈現一致性。SUM(25000) = AVG(25000) = 25000。故我們也可以將它們設定成：(度量 (平均值), 離散)。這種由 Tableau 主動加入彙總函數時機相當多，只是我們常忽視它們，而只關注在圖形的呈現。

當敘述句回傳單值時，SUM()=AVG()=MAX()=MIN()=MEDIAN()=…；只要敘述句是透過彙總函數回傳單值時，Tableau 會主動加入 AGG() 彙總函數。由於這些導出欄位名稱並未引用到資料欄位名稱，故不會使資料集內容改變。

導出欄位名稱	敘述句
T_ 月家庭收入	50000
T_ 月水費	300
T_ 月電費	700
T_ 月手機通話費	400
T_ 月通勤費	1280
T_ 月生活費	6000
T_ 月房租費	8000
T_ 月額外支出	2000
T_ 月剩餘額	T_ 月家庭收入 -T_ 月水費 -T_ 月電費 -T_ 月手機通話費 -T_ 月通勤費 -T_ 月生活費 -T_ 月房租費 -T_ 月額外支出
T_ 月存款額 _ 臨界值	25000
T_ 月存款額 _ 狀況	IF [T_ 月剩餘額] >= [T_ 月存款額 _ 臨界值] THEN ' 控管良好 ' ELSE ' 減少開支 ' END

由於 Tableau 採用行資料導向儲存，故不再提供陣列（Array）、向量（Vector）、清單（List）、矩陣（Matrix）、類別（Class）或結構（Struct）等等資料集合類型；同時也不提供迴圈、行數或列數（參見表計算）等語法。

此外，由於前面範例均未引用到資料集內的「資料欄位名稱」，故不會影響到資料集結構。但是，我們想要將 [T_ 月家庭收入] 的 50000 値能加入到 10,933 列內，該如何做呢？答案，引用資料欄位名稱，如 [銷售額]。

導出欄位名稱	敘述句
T_ 月家庭收入	INT([銷售額] + 50000 - [銷售額])

這樣做的結果，除了 [T_ 月家庭收入] 成爲資料集的新元素（成員）外，根據依存關係，凡是引用到 [T_ 月家庭收入] 的導出欄位也會同步被更新，同步成爲資料集的新元素。同樣地，當我們刪除 [T_ 月家庭收入] 時，就會出現警告畫

面（如圖 3-4）。表示當刪除它時，因依存關係就會同步影響到 [T_ 月剩餘額] 和 [T_ 月存款額 _ 狀況]。這種運作機制在程序或物件導向等電腦語言所沒有的，但可在關聯資料庫之主鍵（Primary Key, PK）和外來鍵（Foreign Key, FK）的資料表關係中找到此特性。

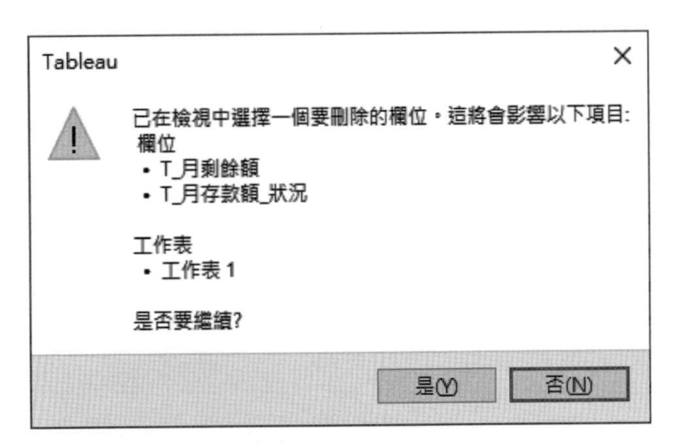

圖 3-4　刪除具有依存關係的導出欄位後警告

2. 引用資料集欄位

「導出欄位」如果獨立於「資料欄位」的實用價值並不高。相反地，程式設計絕大部分都與資料集內的資料欄位有關。現今許多有關 Tableau 之書籍、網站或 YouTube 等，都把資料集資料定位在「結構化資料」（Structured Data），且其資料組織結構最好類似【範例 – 超級市場】。有這樣的定位認知是很正常的。因爲 Tableau 具備超強的人機介面和各種視覺化功能，使用者只要透過選擇功能、拖曳欄位和一些簡易設定，即可在很短時間內滿足他們的需求。這種滿足感來自於相較操作其他應用軟體（如 Excel）所導致的。然而，Tableau 提供了處理字串資料的語法，如常用於文字採礦（Text Mining）用的規則運算式（Regular Expression）。但是，要萃取非結構化資料樣式（Data Pattern），則高度仰賴程式設計才能達到的。Tableau 的鬆散語法結構讓萃取和清洗資料更易於實現且快速；另一方面，讓程式設計人員相當讚嘆的是 Tableau 對於巨量非結構化資料之處理與分析，表現出極爲優越的超高效能（詳見第二章），非爲其他軟體或電腦語言所能及的。經驗告訴我們，Tableau 可在 64 萬多筆資料進行匹配與萃取想要的樣式內容不到 1 分鐘就完成，這正是大數據處理與分析所要追求的效能。

首先，我們先從簡單的「資料欄位」處理來進行程式設計。[T_ 利潤 _ 損益] 將成爲資料集的新元素。集合 ([T_ 利潤 _ 損益])={ 打平 , 虧本 , 賺錢 }，即爲它的維度值。COUNTD([T_ 利潤 _ 損益])=3，表示有 3 個元素。這 3 個元素的個別總列數是依維度或集合的相對計算得到的，如圖 3-5。COUNT(打平)=N(打平)=108，COUNT(虧本) = N(虧本) = 3,219，COUNT(賺錢) = N(賺錢) = 7,606。

導出欄位名稱	敘述句
T_ 利潤 _ 損益	IF [利潤] > 0 THEN ' 賺錢 ' ELSEIF [利潤] < 0 THEN ' 虧本 ' ELSE ' 打平 ' END

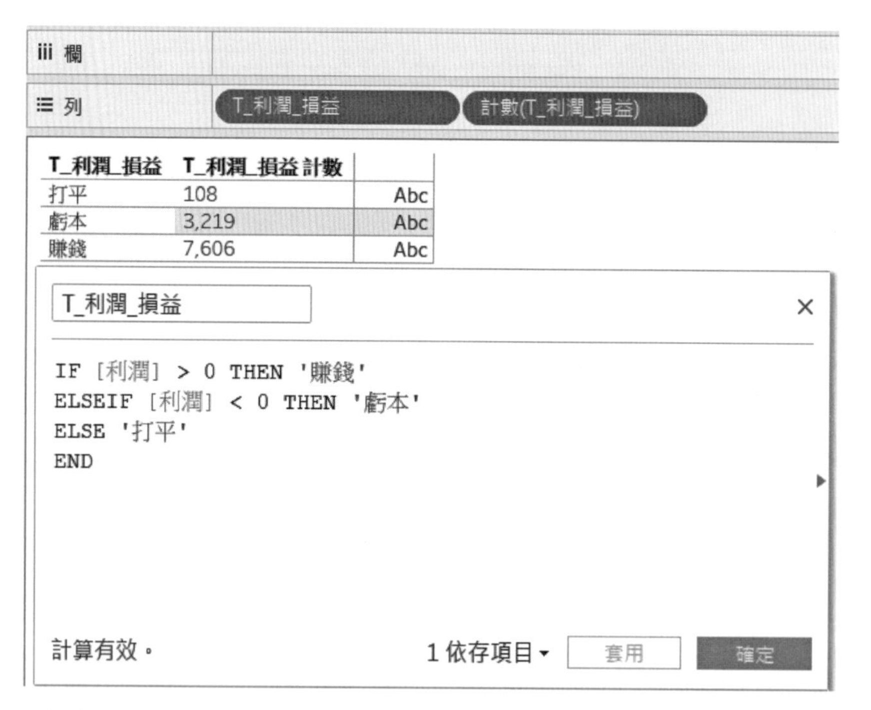

圖 3-5　集合概念導入維度示意圖

其次，我們想要找出 [客戶名稱] 有 '-'（Hyphen）字元者。下列表示式屬於「列層級」（Level of Row），故會影響到資料集結構，即 [T_ 客戶名稱 _ 特殊字元] 會成爲【範例 – 超級市場】資料集的新元素（成員），並放在主記憶體資料記憶區內的變動區。從圖 3-6 顯示，[T_ 客戶名稱 _ 特殊字元] 的相對位址為 0X00100（l-value）（假設），它指向行資料儲存區的第一個（入口）位址（Entry Address）：0XA0000（r-value）（假設）。資料集總列數為 10,933 列（筆），故這個變動區必須是 10,933 列。集合 ([T_ 客戶名稱 _ 特殊字元])={Null, Corey-Lock, Jason Fortune-, Joy Bell-}。其中 Null 為空缺值，當由小到大排序時，它會排在最前面。它是保留字。就 Tableau 而言，Null 適用於任何資料類型。我們也可經由 ATTR([T_ 客戶名稱 _ 特殊字元]) 來檢測元素狀況。它的回傳值為 *，表示除了 Null 不列入判斷外，集合 ([T_ 客戶名稱 _ 特殊字元]) 是由 2 個以上的元素所組成的。

導出欄位名稱	敘述句
T_ 客戶名稱 _ 特殊字元	IF CONTAINS([客戶名稱],'-') THEN [客戶名稱] ELSE NULL END

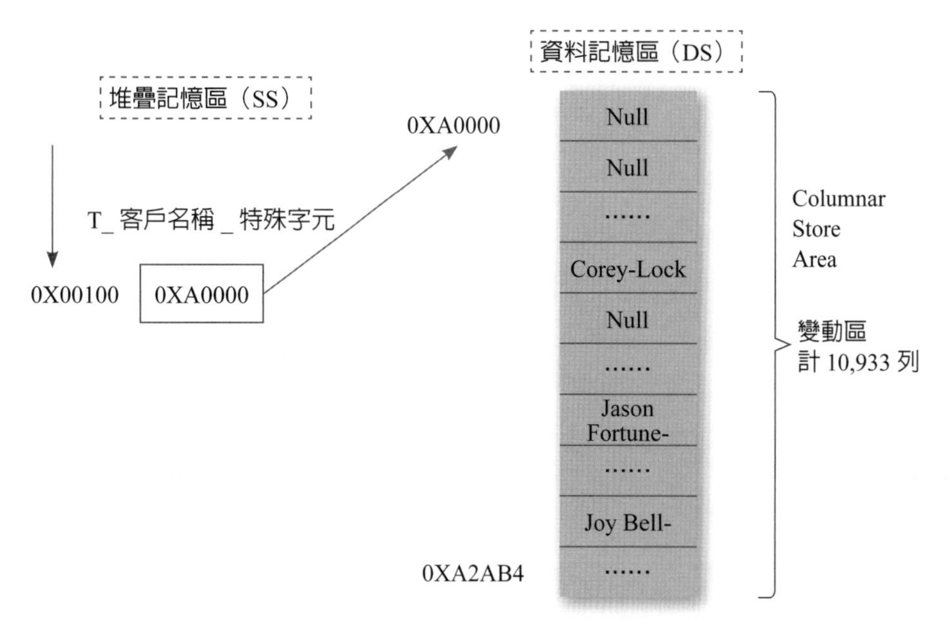

圖 3-6 當執行表示式（程式碼）後所建立的行資料儲存區（變動區）

當我們將 [T_ 客戶名稱 _ 特殊字元] 欄位拖曳到【列】架上時，前者設定：(維度)，後者設定：(度量 (計數), 離散)，結果如圖 3-7。其中 COUNT(Null)

= 0（不納入計算），COUNT(Corey-Lock) = 27，COUNT(Jason Fortune-) = 14，COUNT(Joy Bell-) = 16。我們發現到，它是以集合內的元素去做分類，然後採用 ASCII 編碼順序由小至大進行排序，Null 總是被排在最前面。有關它的運作機制如圖 3-8 所示。

圖 3-7　客戶名稱含有特殊字元的列數

在圖 3-8 中，[T_ 客戶名稱 _ 特殊字元] 欄位的位址在 0X00100，它指向 0XA0000，即爲回傳行資料入口位址。當要顯示在工作表上時，[T_ 客戶名稱 _ 特殊字元] 集合含有 {Null, Corey-Lock, Jason Fortune-, Joy Bell-}4 個元素，即形成它的維度。當要執行 COUNT([T_ 客戶名稱 _ 特殊字元]) 計數彙總之前，Tableau 總是先排序後，依維度（元素）進行分組，且儲存在個別行資料區，最後再進行 COUNT() 計數。這樣好處是 Tableau 就可依使用者變更彙總函數而快速計算，如 COUNTD([T_ 客戶名稱 _ 特殊字元]) 回傳 3（不含 Null），或是本身透過【建立 > 集合 ...】，出現 4 個元素（含 Null）供使用者勾選（篩選）。

3. 字串處理

字串處理在文字採礦（Text Mining）領域扮演著十分重要功能。Tableau 提供了一些有關字串用的語法。由於 Tableau 具有鬆散性語法結構，這是其他電腦語言所做不到的。因此，我們自當善用這種優點於相關文字採礦程式設計上。例如，我們希望在資料集內的 [子類別] 資料欄位內容中判斷是否首端或尾端有

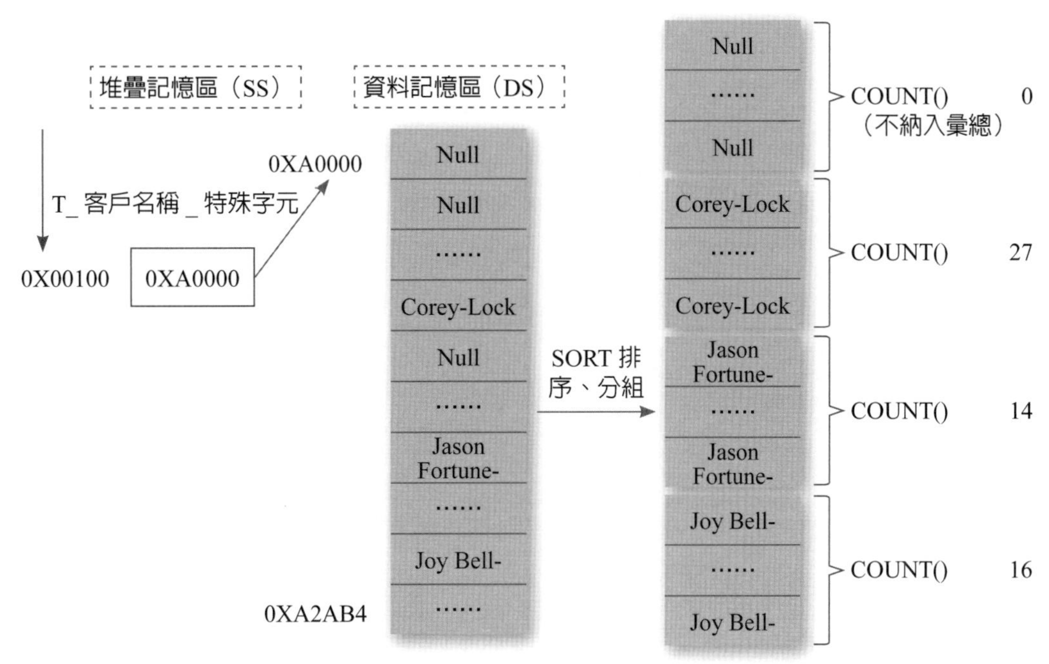

圖 3-8 為圖 **3-7** 工作表 **1** 的運作機制

' 器 ' 字者，如器具、複製器、繫結器、機器等。REGEXP_MATCH([子類別], '^ 器 ') 或 STARTSWITH([子類別], ' 器 ') 爲回傳字串第一個字元是否爲 ' 器 ' 字，REGEXP_MATCH([子類別],' 器 $') 或 ENDSWITH([子類別],' 器 ') 爲回傳最後字是否爲 ' 器 ' 字。它們回傳值：True 或 False。由於我們採用 [子類別] 作爲處理欄位，故維度就用 [子類別]。結果如圖 3-9。若單獨使用 COUNT(T_ 子類別 _ 器 _REGEXP) 回傳 2,298（列），因 COUNT(NULL)=0。若改成「IF … THEN TRUE ELSE FALSE END」，就會回傳：False 8,635、True 2,298。

導出欄位名稱	敘述句
T_ 子類別 _ 器 _REGEXP	IF REGEXP_MATCH([子類別],'^ 器 ') OR REGEXP_MATCH([子類別],' 器 $') THEN 1 ELSE NULL END
T_ 子類別 _ 器 _WITH	//STARTSWITH (string, substring)，用於字首 IF STARTSWITH ([子類別],' 器 ') OR ENDSWITH([子類別],' 器 ') THEN 1 ELSE NULL END

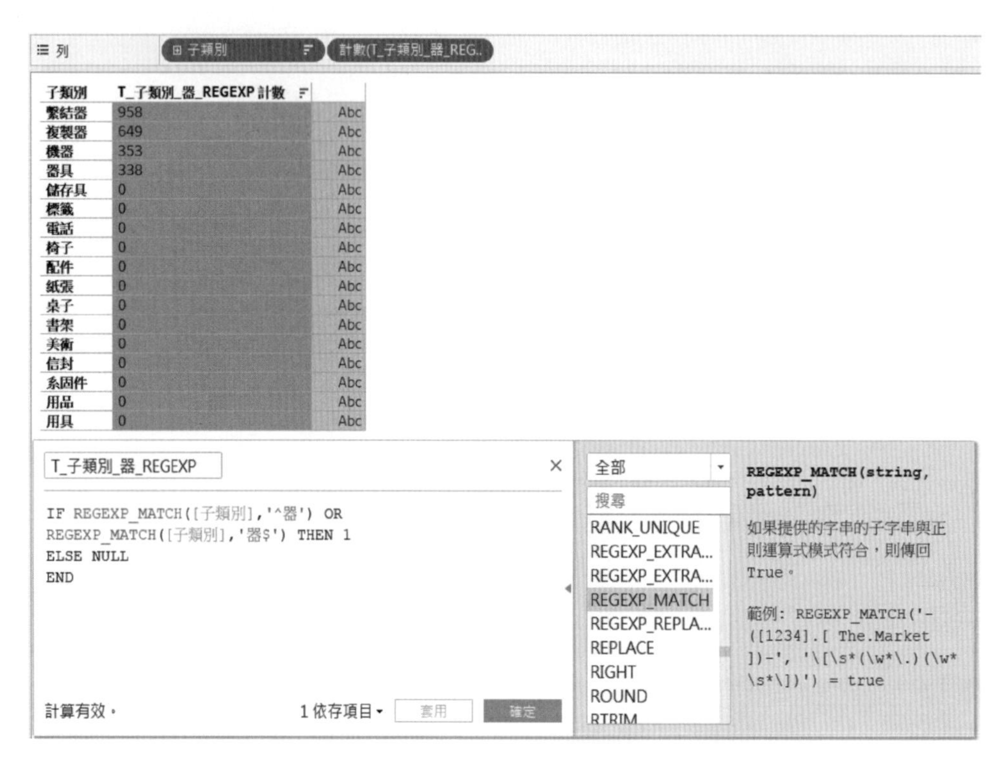

圖 3-9　字串處理與彙總

4. 容易誤用的等號

只要略有程式設計經驗的人，在撰寫程式總是會使用到單等號（=）或雙等號（= =）。前者用於指派（Assignment），後者用於判斷子句的相等邏輯判斷運算子。但對 Tableau 而言，它不提供等號指派功能，單等號（=）或雙等號（= =）用於「邏輯等號」。Tableau 遇上等號時，總是回傳 TRUE 或 FALSE。因此很容易讓程式設計人員誤用。下列是 Excel VBA 的指派（Assignment）用法：

```
Sub 巨集_指派 ()
    Rem VBA 語言用法
    x = 5
    y = 100
    If x >= 5 Then
      y = 500
```

```
    Else
      y = 300
    End If
    MsgBox "Y = " & y  ' Y = 500
End Sub
```

下列句子是不會發生語法上的錯誤，但易讓程式設計人員不太習慣它的用法。[T_ 銷售額 _FALSE] 總是回傳：FALSE；[T_ 銷售額 _TRUE] 全部回傳：TRUE。因爲當 [銷售額] < 50 時，「[銷售額] = 50」總是不成立的，故回傳值爲 FALSE；同樣地，當 [銷售額]>= 50，「[銷售額] = 3」總是回傳 FALSE。

Tableau 提供常用邏輯運算子（Logical Operators）、關係運算子（Relational Operators）或比較運算子、相等運算子（Equality Operators）和回傳布林值函數：{AND, OR, NOT, >, >=, <, <=, =, !=, ISDATE( ), ISNULL( ), ZN( ), CONTAINS( ), ENDSWITH( ), STARTSWITH(), IN}。

導出欄位名稱	敘述句
T_ 銷售額 _FALSE	IF [銷售額] < 50 THEN [銷售額] = 50 // 總是回傳：FALSE ELSE [銷售額] = 3 // 總是回傳：FALSE END
T_ 銷售額 _TRUE	IF [銷售額] < 50 THEN [銷售額] < 50 // 總是回傳：TRUE ELSE [銷售額] >=50 // 總是回傳：TRUE END

下列程式碼爲指派功能，指派 50 或 3 給 [T_ 銷售額 _ 常數值] 欄位。

導出欄位名稱	敘述句
T_ 銷售額 _ 常數值	IF [銷售額] < 50 THEN 50 // 總是回傳：50 ELSE 3 //[銷售額] >= 50, 總是回傳：3 END

此外，回傳結果的資料類型必須維持一致性，例如，[T_ 銷售額 _ 錯誤] 將會導致計算包含錯誤：「需要類型整數，找到字串。來自 IF 運算式的結果類型

必須相符。」故回傳值必須全爲數字或全爲文字（擇一），不可混用。

導出欄位名稱	敘述句
T_ 銷售額 _ 錯誤	IF [銷售額] < 50 THEN 50 // 回傳：數字 ELSE '3' // 回傳：文字 END

3.5 程式設計實務應用

我們到「政府資料開放平臺」（https://data.gov.tw/）的「原住民族委員會原住民族文化發展中心駐村藝術家」（https://data.gov.tw/dataset/137790）（引用日期：2021/07/07）網站下載 XML 檔案，它是屬於半結構化資料（Semi-Structured Data）。由於 Tableau 無法直接匯入（連線到）XML 檔案，故必須透過 Excel 軟體以 XML 表格開啓它，然後另存檔：原住民文發駐村藝術家 .XLSX，如圖 3-10 所示。

Seq	DateListed	年度	姓名	族群	類別	創作取向	作品名稱
1	2021/03/03	108	馬郁芳Aruwai · Matilin	排灣族	視覺藝術	繪畫	2018年「陶樣人生」創作個展
2	2021/03/03	108	尼誕・達給伐歷Nitjan Takivalit	排灣族	裝置藝術	貨櫃創作	被遺忘的陷阱
3	2021/03/03	108	達比烏蘭古勒勒Tapiwulan Kulele	排灣族	裝置藝術	貨櫃創作	上位
4	2021/03/03	108	陳勇昌Kaling・Deway	阿美族	裝置藝術	編織(竹籐)	Mamu的凝視
5	2021/03/03	108	磊勒丹巴瓦瓦隆 Reretan Pavavaljung	排灣族	視覺藝術	繪畫	異域色
6	2021/03/03	108	李國雄(達卡鬧)Dakanow.Pakedavai. Kapadainan	排灣族	表演藝術	音樂創作	溯根 Padain
7	2021/03/03	107	陳昭興 Apo'	阿美族	裝置藝術	漂流木、金屬、線性構造、浮球彩繪、石頭	等待漲潮－永恆與希望
8	2021/03/03	107	謝皓成Lapaka Taru	太魯閣族	表演藝術	音樂創作	紀錄祖靈的路途
9	2021/03/03	107	宜德思・盧信Idas Losin	太魯閣族	視覺藝術	繪畫	泡泡塔
10	2021/03/03	107	雷斌Masiswagger Zingrur	排灣族	裝置藝術	傳統工藝	智者的記憶
11	2021/03/03	107	桑梅絹Seredau tariyaljan	排灣族	表演藝術	音樂創作	記憶中的搖籃

圖 3-10 XML 檔案匯入 Excel 後轉成結構化資料

首先，我們想要洞察 [族群] 和 [類別] 狀況，由圖 3-11 得知，排灣族對藝術表現十分活躍。阿美族偏好裝置藝術。在總計 11 個著作物（作品）中，排灣族就占了 7 個（63.6%）。

圖 3-11 原住民對藝術創作表現

其次，想要得知 [創作取向] 資料欄位的「創作」和「非創作」表現，此時我們就無法採用欄位「拖放」方式來完成了。它須採用程式設計。CONTAINS(string, substring) 語法提供這種功能。如果字串包含子字串，則回傳 True，否則回傳 False。[T_ 創作取向 _ 創作類] 處理屬於列層級，故它會影響到資料集。其中 1 表示含有「創作」用語，0 表示否。

導出欄位名稱	敘述句
T_ 創作取向 _ 創作類	IIF(CONTAINS([創作取向],' 創作 '),1,0)

由圖 3-12 得知，我們可以視表或視圖方式去呈現在工作表上。發現沒有「創作」用語計 6 件，有者計 5 件。其相對應樹狀結構 T(根 , T_ 創作取向 _ 創作類 ; T_ 創作取向 _ 創作類)。後面的 [T_ 創作取向 _ 創作類] 欄位作爲彙總之用。

圖 3-12 創作取向的「創作」用語統計

如想要萃取作者 [姓名] 的英文名字，就須採用 REGEXP_EXTRACT(string, pattern) 語法。在表示式中，+ 表示匹配（Match）一次以上，* 表示匹配零次以上。當我們萃取出想要的資料時，一定要括弧 () 起來，格式：'(萃取資料的正規表示式)'，用法很重要。採用 UPPER (string) 語法，可簡化表示式的複雜度。有關萃取樣式結果，如圖 3-13 所示。

<table>
<tr><th>導出欄位名稱</th><th>敘述句</th></tr>
<tr><td>T_ 作者 _ 萃取英文姓名</td><td>REGEXP_EXTRACT([姓名],
'(([A-Z]|[a-z])+(· | | · |.|')+([A-Z]|[a-z])*)')</td></tr>
</table>

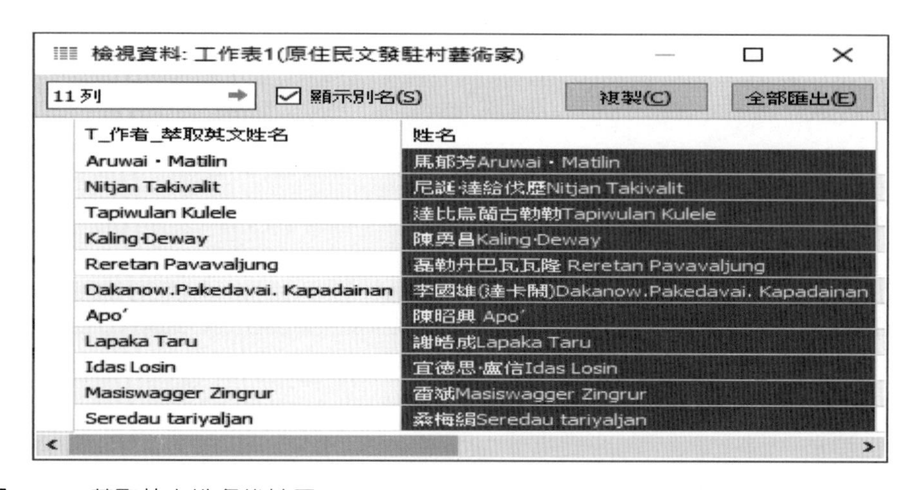

T_作者_萃取英文姓名	姓名
Aruwai · Matilin	馬郁芳Aruwai · Matilin
Nitjan Takivalit	尼誕·達給伐歷Nitjan Takivalit
Tapiwulan Kulele	達比烏蘭古勒勒Tapiwulan Kulele
Kaling·Deway	陳勇昌Kaling·Deway
Reretan Pavavaljung	蕭勒丹巴瓦瓦隆 Reretan Pavavaljung
Dakanow.Pakedavai. Kapadainan	李國雄(達卡鬧)Dakanow.Pakedavai. Kapadainan
Apo'	陳昭興 Apo'
Lapaka Taru	謝皓成Lapaka Taru
Idas Losin	宜德思·盧信Idas Losin
Masiswagger Zingrur	雷斌Masiswagger Zingrur
Seredau tariyaljan	森梅絹Seredau tariyaljan

圖 3-13　萃取英文姓名後結果

如果萃取 [姓名] 的中文名字，那麼就採用 REGEXP_REPLACE (string, pattern, replacement) 語法。[T_ 作者 _ 萃取中文姓名] 表示式處理過程說明如下：

(1) 先移除 '([A-Z])|(·)|(')'。格式：(移除字元)，務必左右括弧 () 起來。

(2) 由於 '(\u2027)'（Unicode_LE(·) = 2027）在姓名中，有位於姓與名之間，也有位於字串尾端。故採用將 '(\u2027)' 以 '\u0020' 替換，即由半形空白字元取代 · 字元。然後採用 TRIM()，會將姓名首、尾端有半形空白字元者，全部被移除。

(3) 然後姓與名之間有空白字元者，以 '\u2027' 取代 '\u0020'，即再還原回來。

(4) 最後，移除姓名尾端有 .. 者。其結果如圖 3-14 所示。

<table>
<tr><th>導出欄位名稱</th><th>敘述句</th></tr>
<tr><td>T_作者_萃取中文姓名</td><td>REPLACE(
REGEXP_REPLACE(
TRIM(REGEXP_REPLACE (REGEXP_REPLACE (
UPPER ([姓名]), '([A-Z])|(·)|(')',''), // 先移除 ( ) 內容
'(\u2027)','\u0020')), // 把 \u2027 變成空白字元
'\u0020','\u2027'), // 經由 TRIM() 將前後空白字元移除
'..', '') // 然後再將空白字元變回 \u2027</td></tr>
</table>

檢視資料: 工作表1(原住民文發駐村藝術家)

11 列 ☑ 顯示別名(S) 複製(C) 全部匯出(E)

Date Listed	T_作者_萃取中文姓名	姓名
2021/03/03	馬郁芳	馬郁芳Aruwai · Matilin
2021/03/03	尼誕·達給伐歷	尼誕·達給伐歷Nitjan Takivalit
2021/03/03	達比烏蘭古勒勒	達比烏蘭古勒勒Tapiwulan Kulele
2021/03/03	陳勇昌	陳勇昌Kaling·Deway
2021/03/03	磊勒丹巴瓦瓦隆	磊勒丹巴瓦瓦隆 Reretan Pavavaljung
2021/03/03	李國雄(達卡鬧)	李國雄(達卡鬧)Dakanow.Pakedavai. Kapadainan
2021/03/03	陳昭興	陳昭興 Apo'
2021/03/03	謝皓成	謝皓成Lapaka Taru
2021/03/03	宜德思·盧信	宜德思·盧信Idas Losin
2021/03/03	雷斌	雷斌Masiswagger Zingrur
2021/03/03	粢梅絹	粢梅絹Seredau tariyaljan

圖 3-14　萃取中文姓名後結果

SPLIT() 在文字採礦上是個相當重要的函數。它比正規表示式處理速度要快許多。主要用於資料萃取。其語法：SPLIT(string, delimiter, token number)。例如，SPLIT(' 生物族群 ', ' 族 ',1) =' 生物 '；SPLIT(' 生物族群 ', ' 族 ',2) =' 群 '；分割字元（Delimiter）為 ' 族 '。也可以 SPLIT(' 生物族群 ', ' 物族 ',1) 回傳：生；SPLIT(' 生物族群 ', ' 物族 ',2) 回傳：群。有些應用軟體對分割字元只限用半形之空白或標點符號；或者只限制一個字元，但 Tableau 無此限制。由此可知，Tableau 很適合文字採礦應用。

3.6 程式設計與統計分析

我們再度到「政府資料開放平臺」（https://data.gov.tw/），下載政府資料開放授權檔案。除了要知道它們的檔案類型外，也要知道所採用的編碼系統。（檔案類型 , 編碼系統）是檔案匯入到任何應用軟體或電腦語言是否被正常處理的考量因素。當編碼無法匹配時，就會出現亂碼（全形或中文）、拒絕匯入或匯入過程當機等現象。如果是少量的亂碼發生，如中文造字（如 BIG5），可以透過資料清洗加以解決，解決策略就是以空字串（'' 或 ""）取代之。

現以該平臺所提供的「110 年 3 月份台中市 10 大高肇事路口 .CSV」檔案作爲實務範例。做法上，在一開始連線至檔案畫面上，選擇【文字檔】，開啓該 CSV 檔案，在右上角處有個「篩選條件」，按【新增 > 新增 ...】，點擊 [編號] 欄位 2 次，值範圍：1 到 10。按【確定】，再按【確定】。它屬於邏輯移除，並不會影響到硬碟檔案內容。完後點擊畫面左下方的【工作表 1】。[主要肇因] 集合 = { 未依規定讓車 , 未注意車前狀態 , 未保持行車安全間隔 , 違反特定標誌（線）禁制 , 違反號誌管制 }。我們必須將 [主要肇因] 欄位轉換成連續型資料，以便可作爲統計或資料採礦（Data Mining）建模之用。做法上，先在 Excel 內建立一個「交通肇事詞表」：（肇事用語 , 對照用語）。故而我們即可建立交通肇事詞表（未依規定讓車 , 讓車）、（未注意車前狀態 , 車前）、（未保持行車安全間隔 , 安全）、（違反特定標誌（線）禁制 , 標誌）、（違反號誌管制 , 號誌）。依照集合概念，它們不得有重複或重疊現象。其次，撰寫程式碼，讓對照用語變成導出欄位名稱，並指派 {0, 1} 的擇一値。再來，進行樣式匹配（Pattern Matching）工作。最後這些回傳値的總和必須大於等於 1，否則就要進行資料清洗。如要了解欲被清洗的資料，可以對 [主要肇因] 欄位拖曳到【列】架上即可，它是以維度，由小至大排序呈現，即可找到未在「交通肇事詞表」內的對照用語。這種程式設計技巧有個優點，就是可處理 [主要肇因] 的多個肇因，如「未注意車前狀態且違反號誌管制」。

導出欄位名稱	敘述句
主要肇因 _ 讓車	IIF(CONTAINS([主要肇因],' 讓車 '),1,0)
主要肇因 _ 車前	IIF(CONTAINS([主要肇因],' 車前 '),1,0)

導出欄位名稱	敘述句
主要肇因 _ 安全	IIF(CONTAINS([主要肇因],' 安全 '),1,0)
主要肇因 _ 標誌	IIF(CONTAINS([主要肇因],' 標誌 '),1,0)
主要肇因 _ 號誌	IIF(CONTAINS([主要肇因],' 號誌 '),1,0)
主要肇因 _ 錯誤總筆數	SUM(IF [主要肇因 _ 安全]+[主要肇因 _ 標誌]+[主要肇因 _ 號誌]+[主要肇因 _ 讓車]+[主要肇因 _ 車前] = 0 THEN 1 ELSE 0 END)
主要肇因 _ 錯誤列	//【資料 > 資料集名稱 > 檢視資料】SORT 與 1 進行檢視 IF [主要肇因 _ 安全]+[主要肇因 _ 標誌]+[主要肇因 _ 號誌]+ [主要肇因 _ 讓車]+[主要肇因 _ 車前] = 0 THEN 1 ELSE 0 END

依我國《道路交通事故處理辦法》第二條明定「道路交通事故，指車輛或動力機械在道路上行駛，致有人受傷或死亡，或致車輛、動力機械、財物損壞之事故」。交通事故區分爲 A1、A2、A3 類等三種：

(1) A1 類指造成人員當場或二十四小時內死亡之交通事故；

(2) A2 類指造成人員受傷或超過二十四小時死亡之交通事故；

(3) A3 類指僅有車輛財物受損之交通事故。

從工作表顯示結果發現，因 A2 類受傷和發生件數呈現同步變化，因此合理假設它們可能存在相關：

H_0：[A2 受傷] 和 [發生件數] 不相關

H_1：[A2 受傷] 和 [發生件數] 相關

我們由 Tableau 的 CORR() 函數來初步洞察它們的相關強度和方向。當按【套用】或【確定】鈕，以執行 [主要肇因 _ 相關分析] 程式。

導出欄位名稱	敘述句
主要肇因 _ 相關分析	CORR([A2 受傷],[發生件數])

從圖 3-15 得知，r([A2 受傷],[發生件數]) 相關係數值為 0.825326727。它們彼此正相關，且強度高達 0.825。

圖 3-15 [A2 受傷] 和 [發生件數] 相關分析結果

最後，進行資料匯出。在主功能表上，選擇【資料 (D) > 資料集名稱 > 檢視資料 (V)...】，按【全部匯出 (E)】鈕，將檢視資料全部匯出到「D:\ 台中市 2021 年 3 月肇因統計表 .CSV」後，即可提供給 Excel、SAS、IBM SPSS、STATA、Tanagra……等軟體做進一步分析。如圖 3-16 所示。

檢視資料: 台中市2021年3月肇因統計表

10 列 ☑ 顯示別名(S) 複製(C) 全部匯出(E)

主要肇因	A2件數	A2受傷	A3	主要肇因 安全	主要肇因 標誌	主要肇因 號誌	主要肇因 讓車	主要肇[
違反特定標誌(線)禁制	13	19	9	0	1	0	0	
未注意車前狀態	7	9	4	0	0	0	0	
違反號誌管制或指揮	5	5	6	0	0	1	0	
違反特定標誌(線)禁制	10	14	1	0	1	0	0	
未保持行車安全間隔	4	4	6	1	0	0	0	
未注意車前狀態	2	2	8	0	0	0	0	
未依規定讓車	6	6	4	0	0	0	1	
違反號誌管制行	4	7	6	0	0	1	0	
未依規定讓車	3	4	6	0	0	0	1	
違反特定標誌(線)禁制	3	5	5	0	1	0	0	

圖 3-16 處理 [主要肇因] 後的結果

啓動 STATA 統計軟體，匯入「D:\ 台中市 2021 年 3 月肇因統計表 .CSV」檔案。首先進行敘述統計分析，在指令列（Command）輸入下列指令：

summarize A1 A2 件數 A3, detail

其次，進行皮爾森相關分析。在指令列輸入配對相關（Pairwise Correlations, pwcorr）指令：

pwcorr A2 件數 A2 受傷 A3 主要肇因 _ 安全 主要肇因 _ 標誌 主要肇因 _ 號誌 主要肇因 _ 讓車 主要肇因 _ 車前 發生件數 , sig star (5)

或者簡潔輸入：

pwcorr A2 件數 - 發生件數 , sig star (5)

從表 3-2 統計結果顯示，相關係數機率值低於 0.05 顯著水準者如下：

(1) 從敘述統計分析結果得知，台中市 2021 年 3 月份車禍案件數，A2 > A3 > A1 。可見台中市 10 大高肇事路口大部分發生於 A2 案件。
(2) 相關強度最高爲 r(A2 件數 , A2 受傷)=+0.971，表示屬於 A2 車禍案件數愈多，會造成人體傷害等級爲 A2 的人數就愈多。
(3) 相關強度次高者，r(發生件數 , A2 受傷)=+0.8253，發生件數 =A1+A2+A3（件數）。表示台中市高肇事路口仍以 A2 案件最多，且 A2 受傷最爲顯著。如果台中市高肇事路口發生件數愈多，則 A2 類受傷人數就明顯增加。這項結果與先前我們在 Tableau 所洞察的 CORR() 是相同的，即拒絕 H_0 。
(4) 相關強度排名第三者，r(發生件數 , A2 件數)=+0.8249，發生件數主要來自 A2 件數。
(5) 相關強度排名第四者，r(發生件數 , 主要肇因 _ 標誌)=+0.6813，A2 受傷大部分來自「違反特定標誌（線）禁制」肇事所致。

研究結論，(1) 假設檢定推翻 H_0 無相關，即 A2 受傷和發生件數存在相關；台中市 2021 年 3 月高肇事路口案件以 A2 居多，車禍造成人體傷害也以 A2 受傷人數最多，大都由「違反特定標誌（線）禁制」所引起。故台中市政府應著手改善肇事路口道路標誌（線）和道路環境再設計，以降低違反禁制。

表 3-2　台中市 **2021** 年 **3** 月高肇事路口相關分析結果

	A2 件數	A2 受傷	A3	主要肇因 _ 安全	主要肇因 _ 標誌	主要肇因 _ 號誌	主要肇因 _ 讓車	主要肇因 _ 車前
A2 件數	1							
A2 受傷	0.9710***	1						
A3	–0.1081	–0.0621	1					
主要肇因 _ 安全	–0.1724	–0.235	0.079	1				
主要肇因 _ 標誌	0.5907	0.6813*	–0.1552	–0.2182	1			
主要肇因 _ 號誌	–0.1825	–0.1511	0.1185	–0.1667	–0.3273	1		
主要肇因 _ 讓車	–0.1825	–0.2518	–0.1185	–0.1667	–0.3273	–0.25	1	
主要肇因 _ 車前	–0.1825	–0.2014	0.1185	–0.1667	–0.3273	–0.25	–0.25	1
發生件數	0.8249**	0.8253**	0.4728	–0.1078	0.4353	–0.0944	–0.2291	–0.094

註：機率值—— *** < 0.001；** < 0.01；* < 0.05。

3.7 總結

本章主要從 Tableau 初學者角度，來介紹如何在 Tableau 環境中設計和執行程式。雖然設計程式是朝向 Tableau 靈活運用的重要基石，但是由於許多人機介面功能已由 Tableau 來完成，且高度仰賴。意即使用者透過程式碼來達到資料動態需求時，仍然離不開輸出結果的呈現（包括視覺化），無法擺脫「欄位拖放模式」。因此，「運作機制 + 設計程式 + 拖放模式」三者並用才能使 Tableau 功能發揮到淋漓盡致。此外，Tableau 對巨量資料之處理效能超出我們的想像，即便在個人電腦等級普通的硬體配備下，Tableau 仍能展現超高效能而受到使用者的青睞，尤其想要成爲資料科學家們。他們可透過撰寫 Tableau 程式碼來進行巨量資料的清洗、處理與分析，洞察問題和尋找可能答案。

現今 Tableau 被 IT 市場定位爲商業智慧（Business Intelligence, BI）領域的應用軟體，主要應用在事實資料的視覺化。這種事實資料如果沒有透過程式設計去萃取出更有潛在價值的事實（即爲 Patterns），仍將使 Tableau「資料視覺化」作用受到限制，畢竟資料來源與其內容具多樣性與變異性。另一方面 Tableau 是一種中介軟體，它無法去建立原始巨量資料，以形成一個新的檔案，並提供資料來源給其他應用軟體或電腦語言使用，但可透過工作表匯出彙總過的資料表或新增過的作用資料集（.CSV）。因此，當 Tableau 作爲一種中介角色時，(1) 當未導入 Tableau 前，處理與分析模式：資料來源→統計軟體（處理與分析）。這種模式在巨量資料條件下，必須花上相當多的時間用於處理這些大量資料；(2) 當導入 Tableau 後，處理與分析模式：資料來源→ Tableau（處理）→統計軟體分析。意即我們可把需耗時相當多的處理階段，交由 Tableau 來完成。但這項工作只能仰賴程式設計來達成；(3) Tableau 匯出結果爲 CSV 檔案類型和 UTF-8 編碼，幾乎各種分析軟體或電腦語言皆可匯入的。如果有發生亂碼現象，可由【記事本】軟體協助我們轉碼（如轉成 ANSI）事宜。但是，任何軟體或電腦語言，只要可匯出（Export）CSV 檔案者，皆會遭遇到文字或字串資料類型欄位內容長度至多 32K-1 個字元的限制，超過部分會被放到下一列去，而發生存取資料異常問題。因此，當產生 CSV 檔案後，必須到 Microsoft Excel 去檢視各列資料或儲存格是否有異常。

基本計算

本章概要

4.1 計算類型

4.2 認識維度和度量

4.3 連續和離散

4.4 資料與視覺化

4.5 基本計算與程式設計

4.6 基本計算與統計分析

4.7 基本計算在金融機構放款應用

4.8 總結

當完成學習與上機實作後，你將可以

1. 了解維度、度量和連續、離散概念
2. 透過維度和度量去完成資料視覺效果
3. 知道基本計算函數和在導出欄位中引用它們
4. 透過程式設計的資料轉換以完成統計分析
5. 清洗和轉換政府資料並使用在資料採礦上
6. 了解 Tableau 如何與相關應用軟體交互使用

計算是 Tableau 的特色。Tableau 所提供的函數大部分與計算有關，尤其是彙總函數，例如，SUM()。維度結合度量用以展現出令人吸引的資料視覺效果。當然這個背後都是高度仰賴計算所致。然而，維度組織層級的多寡將會影響到計算的複雜度，進而影響到 CPU 處理的效能。本章將探討 Tableau 的計算類型，包括它們的特性和運作機制，並且以【範例 – 超級市場】爲範例，來導入計算的基本概念，如何對資料的深入洞察與進行統計分析，最後以政府機關的開放資料（Open Data）爲例，如何將基本計算與實務的結合應用。

4.1 計算類型

建立導出或計算欄位（Calculated Fields）所引用的資料來源，可分成二種，一是引用資料集欄位（含原有與新增），另一是引用非屬行資料（如彙總函數值或現成值）的導出欄位資料。不同的引用資料來源將決定是否影響到資料集的資料結構；同時也會影響到工作表的視覺效果或資訊內容的呈現。

Tableau 提供使用者在導出欄位或欄架、列架、標記卡等使用的計算類型，可分成三種：

(1) 基本計算：透過自訂數學公式或由 Tableau 所提供的統計函數，如 COS()、SUM()、CORR()、3.0*PI() 等等。

(2) 表計算（又稱表層級計算）：針對目前工作表內儲存格或圖形之資料進行計算，如 RUNNING_SUM()、WINDOW_SUM()、複合成長率等等。這些函數或計算公式可自訂或由 Tableau 所提供。

(3) 詳細資料層級（Level of Detail, LOD）運算式（又稱資料層級計算）：希望獲取視覺效果的不同資料細微層級。例如，增加維度的資料細微層級（INCLUDE）、縮減維度的資料細微層級（EXCLUDE），或完全獨立維度的資料細微層級（FIXED）。LOD 的表達式會被 {} 所包圍起來。提醒：{} 可用於 LOD，也可用於非 LOD。

在這三種計算類型中，基本計算常涉及到「列資料層級」（Level of Row, LOR）計算，且只有 LOR 才會對現有資料集（Dataset）建立新的欄位與其資料，故基本計算對資料集作用乃是充分而非必要的。意即當建立導出或計算欄位如有引用到資料集內的資料欄位時，才會影響到資料集。例如，導出欄位名稱「目標值」的敘述句為 1000，為一常數值，這對資料集不發生作用；但如為 INT(ROUND(1000+[銷售額]-[銷售額],2)) 時，雖然回傳給導出欄位 [目標值] 的所有值也是 1000，ATTR(目標值)=1000，但是它因引用到資料欄位（[銷售額]），故會導致 [目標值] 變成資料集新的欄位。提醒：導出欄位可由使用者建立與刪除（如 [目標值]）；但資料欄位處於唯讀狀況，故不能被異動或刪除的（如 [銷售額]）。

導出欄位名稱	敘述句	對資料集資料結構影響
目標值	1000	不會
目標值	INT(ROUND(1000+[銷售額]-[銷售額],2))	會

由於 Tableau 提供計算類型的多樣化，使得程式設計變得更富靈活與彈性，豐富了工作表上的外顯和內隱資訊（Explicit and Implicit Information）。此外，Tableau 也提供了不同於其他電腦語言（如 R、Python、JAVA 等）或應用軟體語言（如SAS、IBM SPSS、STATA、關聯資料庫SQL等）的程式結構和運作機制。另一方面，Tableau 已經解決相當複雜的人機介面功能，使得使用者在 Tableau 程式設計和引用計算功能上，顯得單純許多，簡化了撰寫程式碼的困難度和複雜度。因此，我們應該更加專注在 Tableau 運作機制的了解。例如，有 5 個導出欄位具有依存關係，只要有一個導出欄位變更程式碼或欄位名稱與按【套用】鈕執行它後，其餘 4 個依存的導出欄位也會同步被執行或名稱變更，且在工作上的輸出畫面，以及資料集內的資料，也會立即被刷新（Refresh）。但這種立即被刷新運作機制，和 Excel 一樣，都會面臨到巨量資料的處理和顯示等效能的高度挑戰。關於這一挑戰的克服，Tableau 顯然比 Excel 作出更好的表現，因為 Excel 本來就不定位在巨量資料之處理與分析層級上。

4.2 認識維度和度量

當我們將一個檔案匯入 Tableau 並作為資料來源後，這個資料來源即為資料集。但是當我們先後匯入多個檔案時，就會出現多個資料集，而目前被處理對象稱爲「作用資料集」（Active Dataset）。在匯入過程中 Tableau 會事先預設好每一個資料欄位（Data Fields）歸類爲維度（Dimension）或度量（Measure）。例如，在 Excel 內的欄位資料含有數值與字串混合情況，那麼 Tableau 就會自動認定它全部爲字串，並以維度表示之。不過維度或度量可由人爲去變更它。意即這兩者之間處於相對狀態。例如，我們可將 [年齡] 欄位設定成「度量」，但亦可變更爲「維度」，又可再變回「度量」。這種變更的決定，取決於使用者對 [年齡] 欄位的不同需求或視覺效果。不過，對於區分這兩種分類的最好方法是：維度是類別（樹枝），分類用；度量是解析（樹葉），數學運算用。

資料類型（Data Type）在結構化資料（Structured Data）處理與分析上相當重要。每一種電腦語言或應用軟體專屬語言，絕大部分相同，如數值、文字（字串）、日期、布林（邏輯）值、空缺值等等，當然也會涉及到編碼系統。有些採用儲存和處理的編碼是一致的，但有些則分開的。例如，R 語言和 STATA 軟體的儲存編碼採用 UTF-8，但處理是採用 Unicode Little-Endian。Tableau 在主記憶體和輔助記憶體內採取資料壓縮，處理是採用 Unicode Little-Endian，匯出檔案或在工作表顯示等，則採用 UTF-8（Code Page: 65001）。Tableau 的資料類型包括數字（十進制）（Float）、數字（整數）、日期和時間、日期、字串、布林值等。提醒：數字（十進制）在邏輯運算式的相等運算子（=）比較上要特別小心，因它採用浮點數（Floating-Point Number）和精確度（Single/Double Precision）來進行數值運算或邏輯比較的。例如，我們在檢視資料中看到 [X] 欄位持有值：1.23，那麼「IF [X]=1.23 THEN 1 ELSE 0 END」將可能回傳 0 而非 1 結果。這是因爲 Tableau 對於檢視資料環境的度量類型欄位如爲數字（十進制），即爲浮點數，則採用近似值；但是整數則採用眞正值。

1. 維度

維度是指可透過它來分組資料（Group Data），或者透過它來下鑽（Drill Down）或上捲（Roll Up）資料的。它通常是類別，如城市、產品名稱或顏色等，並且它們可以被分組爲字串、日期或地理（Geographic）（如郵遞區號）等欄位。常用於維度彙總函數爲 COUNT() 計數、COUNTD() 計數（不同）。前者計算列數（Rows or Frequency），後者計算欄位的維度 / 集合元素（Element）。

2. 度量

度量通常是數值性資料。只要能讓 Tableau 計算（如數學或統計函數）並得到彙總值者，即為度量；否則即為維度。例如，SUM()、AVG()、MAX()、MIN() 等等。然而，將一個欄位設定為度量或維度，取決於使用者的需求（想要回傳的結果）。這種轉換方式有二，一是從資料窗格（Data Pane）的欄位名稱上，透過點擊【轉換為維度】；另一是透過撰寫程式碼。下列為度量（連續）資料轉成維度（離散）資料，並可作為維度之用。轉換結果如圖 4-1 所示。

導出欄位名稱	敘述句
銷售額 _ 轉成維度	IF [銷售額] >= 4000 THEN 'A 等級 ' ELSEIF [銷售額] >= 3000 THEN 'B 等級 ' ELSEIF [銷售額] >= 2000 THEN 'C 等級 ' ELSEIF [銷售額] >= 1000 THEN 'D 等級 ' ELSE 'E 等級 ' END

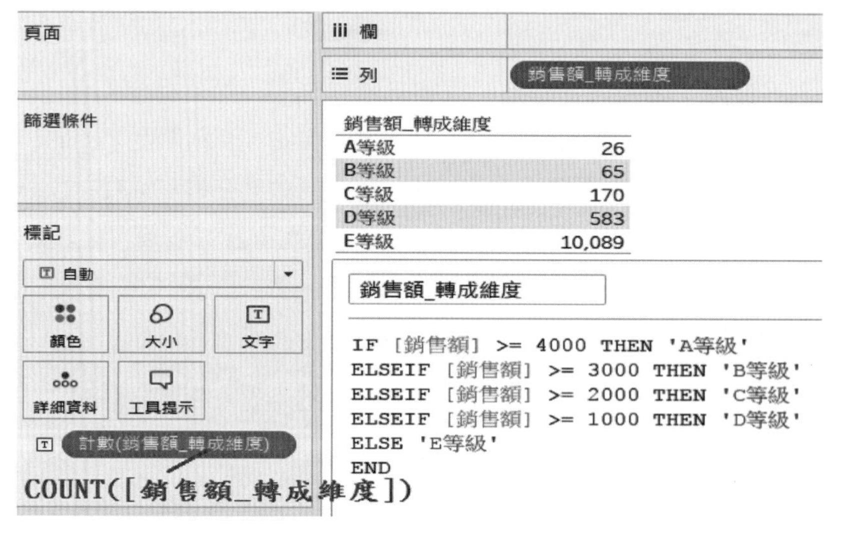

圖 4-1　度量資料轉成維度資料結果

4.3 連續和離散

一般來說，維度是離散的（Discrete），度量是連續的（Continuous）。但這種分法，是基於相對概念。我們可以將它們進一步細分為四種測量類型：名義、順序、等距和比率等級。高層等級可降到低層等級，但低層等級不可升到高層等級。例如，比率等級可以降級到等距、順序、名義之等級，但是名義等級不可以升級到其他等級。

對 Tableau 來說，度量（Measure）就是數字，是連續的。在下列四種測量水平（Level of Measurement）可為文數字表達的，如 1、'1'、' 是 '。至於採用文字或數字，取決於統計、資料採礦或其他領域等應用軟體的資料表示法。例如，Tanagra 資料採礦軟體就明定文字內容為「離散」。有關分類準則如下：

(1) 名義尺度（Nominal Scale），為一種離散的、區隔的、代碼的或分類的。當為文字表達時，可為贊成 / 反對，眞 / 假，是 / 否，男 / 女，或身分證字號等；當為數字表達時，可為 { 男 =0, 女 =1}，{ 佛教 =1, 天主教 =2；道教 =3} 等等。它不能作為算術運算、比較大小或大小排序之用。我們不會說宗教平均值 =2.4。

(2) 順序尺度（Ordinal Scale），為一種有區別的，先後順序或大小排序之分，但無法做等值判斷。例如，排名：2-1 ≠ 3-2，但 3>2>1。順序度量具有 SORT 或 RANK 等特性。一般電腦無法分辨出：很喜歡 > 喜歡 > 不喜歡等排序，故我們都會先賦予它們代表值（編碼）與其實質意義。「男女平等」是名義概念，「重男輕女」是順序概念。排序是 Tableau 運作機制核心之一。例如，在視圖、視表或檢視資料上，中文資料常依筆劃多寡、數字資料採數值大小、英文資料採用 ASCII 編碼值等順序呈現之。

(3) 區間或等距尺度（Interval Scale），有區別、順序的，可做算術運算或比較大小，但沒有絕對參考值，即零值並非指眞正的零點。例如，攝氏溫度為 0 度，並不表示眞正沒有溫度；對一個人的正負評價，0 非指沒有評價。一般問卷調查設計所採用的 5 等分 Likert 量表，資料輸入：最不同意（=1）到最同意（=5），而非採最不同意（=0）到最同意（=4），就是一種將心理認知或感覺劃分成 5 個等值區間或相等間距（Interval）的量表。不過在統計分析上，等距尺度常以比率尺度進行統計分析。

(4) 比率尺度（Ratio Scale），具有等距特性測量，或說它不會受到等距的限制，且有一個絕對參考值，即具有眞正的零點。如考試成績、長度、重量、時間間隔、F 統計量、機率值、距離等。體重如爲 -50 公斤，顯然輸入錯誤。

在 Tableau 中，連續性質欄位產生軸（Axes），而離散性質欄位產生標題（Headers）。連續意味著「形成一個不間斷的整體，沒有中斷」，它只能以數字（含 $、逗號、%、小數點、正負符號、括弧或科學表示法等）形式表示。兩個資料之間的數值是有意義的，例如，在資料集內甲體重爲 70 公斤，乙體重爲 80 公斤，那麼 75 公斤雖非爲資料集內的資料，但仍具有意義的。相反地，離散的意思是指「列舉的、獨立的和不連續的」，它可以文字或數字等形式表示。例如，我們不能在「天主教」和「佛教」之間找到另一個宗教，使這三者具不中斷的特性。

文字和類別（Text and Categories）（維度）本質上是離散的。數値爲連續，但也可以被轉換成離散的；但文字或離散不能充當數字計算之。數字，包括日期時間在內，如果它們可在某個範圍內取得任何値的話，即可視爲連續的。注意：NULL 爲一特殊値，其實爲特殊符號。它可存在於連續或離散資料內，以解決當資料是空缺情況。其表示法取決於欄位的資料特性。一般情況下，統計軟體或 Tableau 在資料處理上是不將 NULL 納入的。例如，SUM([銷售額])，就不會將 NULL 納入計算。在統計分析上，NULL 即指空缺値（Missing Value）。在實務應用上，它是具有存在意義的，因爲我們無法總是可取得或永久等待完整的資料。在巨量資料處理與分析上，NULL 影響甚微；但在樣本很少（微量資料量）情況下，NULL 的多寡就會影響到統計推論、檢定値、代表性或解釋效果。（請參考統計學的中央極限定理）

面對不同資料類型、欄位類型、角色、維度和度量等，Tableau 採用色彩斑斕的圖示（Icon）和膠囊（Pill）供使用者易於識別。當一個資料或導出（計算）欄位從資料窗格（Data Pane）中被我們拖放到欄架或列架，或是標記卡各功能項目（如【顏色】或【文字】）上時，Tableau 就會主動建立一個橢圓形狀的「膠囊」。這些膠囊是按顏色編碼的。藍色膠囊（Blue Pills），如 ，代表離散和數字顯示；而綠色膠囊（Green Pills），如 ，表示連續和圖形呈現。資料窗格上各欄位的資料類型圖示（Data Type Icons）也反映了這些顏色編碼，如 # 銷售額 和 Abc 客戶名稱。提醒：由使用者所建立的導出（計算）欄位名稱，其圖示前面會冠上等號（=），如 =Abc 銷售額_轉成維度。

4.4 資料與視覺化

就維度資料，Tableau 是以集合概念來對外表示。例如，[區域] 欄位是一維度資料，COUNT([區域])=10,933，它表示這個資料集 [區域] 欄位的有效總列數（NULL 被排除）。COUNTD([區域])=4，表示它擁有 4 個元素（NULL 被排除）。因此，我們可以將這個維度資料表示成：集合（[區域]）={ 大洋洲 , 中亞 , 北亞 , 東南亞 }。當以視覺化呈現時，如圖 4-2 所示。我們可以發現，【欄】架上，元素是以逐行（水平伸展）方式呈現；【列】架上，元素是以逐列（垂直伸展）方式呈現；而且元素是以筆劃由小至大先後順序逐行或逐列呈現，例如，大 < 中 < 北 < 東。Tableau 提供了工具列的【交換列和行（Crtl+W）】功能，這對於複雜的欄、列資料呈現交換，提供十分便捷的人機介面操縱。如圖 4-2。

欄
列 ⊞ 區域

大洋洲	Abc
中亞	Abc
北亞	Abc
東南亞	Abc

欄 ⊞ 區域
列

大洋洲	中亞	北亞	東南亞
Abc	Abc	Abc	Abc

圖 4-2 維度資料之欄和列視覺化呈現方式

註：⊞表示 [區域] 具組織層級特性，可供下鑽（Drill Down）至下一層級。

就度量資料，Tableau 預設是以長條圖和 SUM() 彙總方式呈現。例如，[銷售額] 欄位是一度量資料，COUNT([銷售額])=10,933，它表示這個資料集 [銷售額] 欄位的有效總列數（NULL 被排除），即 COUNT(Null of [銷售額])=0。但它是屬於連續性資料，故 COUNTD([銷售額]) 的實用性就顯得較低。當以視覺化呈現時，如圖 4-3 所示，【欄】架上的數值是以逐行、由小到大與由左至右方式呈現；【列】架上的數值是以逐列、由大到小與由上而下方式呈現。

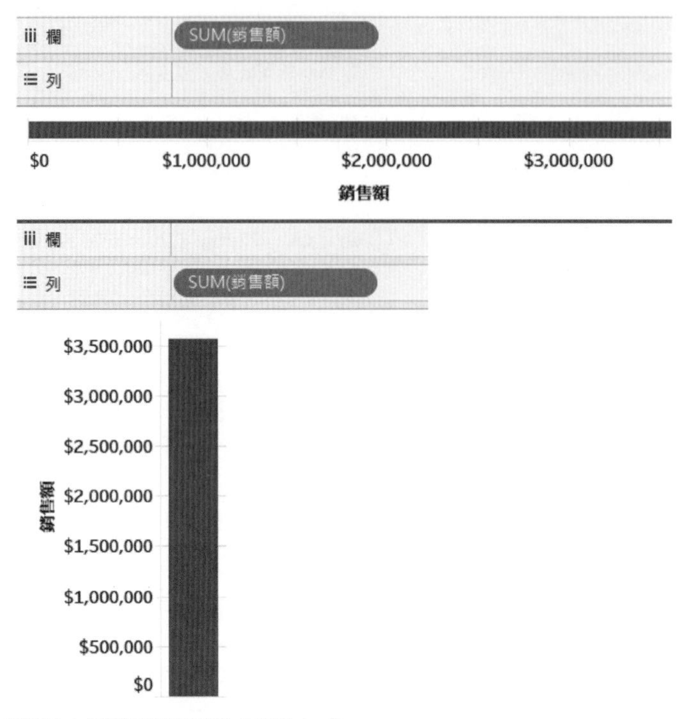

圖 4-3　度量資料之欄和列視覺化呈現方式

上述單獨使用維度或度量資料，對於我們洞察問題或理解事實較無價值。因此，將維度和度量資料混搭一起使用，就會變得很有實務價值，如圖 4-4 所示。其實 Tableau 之目的在於將複雜的事實資料，以適當方式來呈現資料視覺效果，使我們更容易在很短時間內洞察問題之所在，擷取 / 匯出潛在而有價值的資訊，並且快速分析與回應。故而 Tableau 也可說是一個很好的「問題解決」工具，適合 SARA（Scanning, Analysis, Response and Assessment）模式：掃描、分析、反應和評估等問題解決方法上。例如，由圖 4-4 得知，大洋洲在各類別銷售額總和表現上十分突出，但中亞就顯得市場疲軟不振。然而，以單一的總和來看各地區表現是否客觀呢？則有待我們去深入洞察。經驗告訴我們，欲了解問題之所在，必須從微觀和巨觀等兩個角度去探討。商業智慧（如 Tableau）、統計（如 STATA）和資料採礦（如 Tanagra）等軟體，將可以協助我們去了解問題所在或獲取潛在有價值的知識。

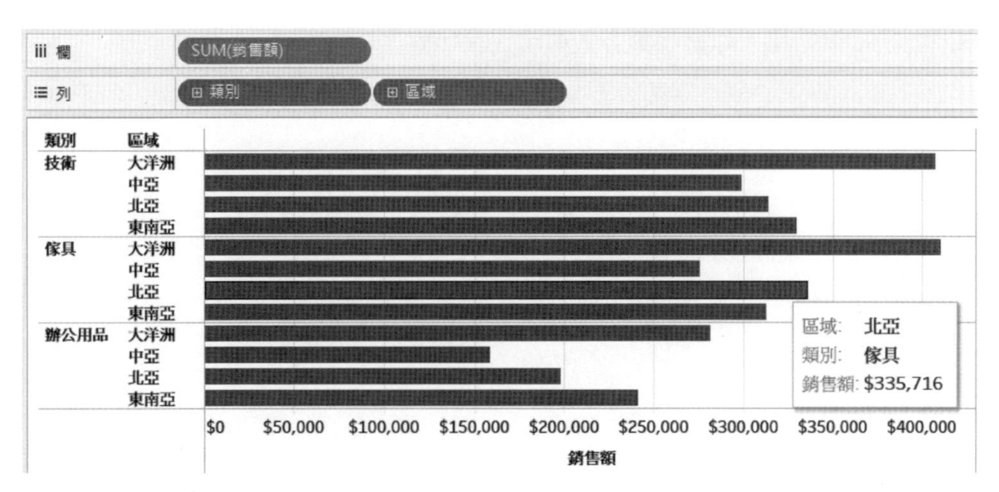

圖 4-4 維度和度量資料混搭所產生的資料視覺效果

至於到底 Tableau 對維度和度量資料混搭並呈現視覺效果，在主記憶體 RAM 內部是如何運作呢？以圖 4-5 說明其運作機制如下：

(1) 在堆疊記憶區（Stack Segment, SS）建立一個暫存變數（如 TempVar），它的入口位址：0X11100（假設值），它持有值（r-value）爲 0XB0000（假設值），它指向 [類別] 欄位的入口位址。

(2) Tableau 透過 [類別] 欄資料計算（含排序、分組）後，r-value(技術)=0XC0000，r-value(傢具)=0XD0000，r-value(辦公用品)=0XE0000。每一個分組（元素）指向 [區域] 欄資料的入口位址。例如，r-value(技術) 指向大洋洲的第 1 筆資料入口位址。

(3) Tableau 透過 [區域] 欄資料計算（含排序、分組）後，即可對應到 [類別]= ' 技術 ' 且 [區域]=' 大洋洲 ' 的 [銷售額]。從圖 4-5 得知，計有 784 筆符合這種條件，因此它們會連續儲存在資料記憶區（Data Segment, DS）內；同樣地，符合 [類別]=' 辦公用品 ' 且 [區域]=' 東南亞 ' 的 [銷售額] 條件者，計 1,772 筆。

(4) 當要計算的資料已準備妥當後，Tableau 立即針對個別儲存的 [銷售額] 資料記憶區進行 SUM([銷售額]) 計算，並回傳結果存入 DS 暫存區內，計 12 筆（3×4）資料。這樣處理機制的好處是，使用者可隨時變更，如 AVG([銷售額]) 計算。因個別行資料早已準備好了，故可立即計算這 12 筆的平均值。

(5) 將這 12 筆結果，以長條圖方式顯示在工作表上。

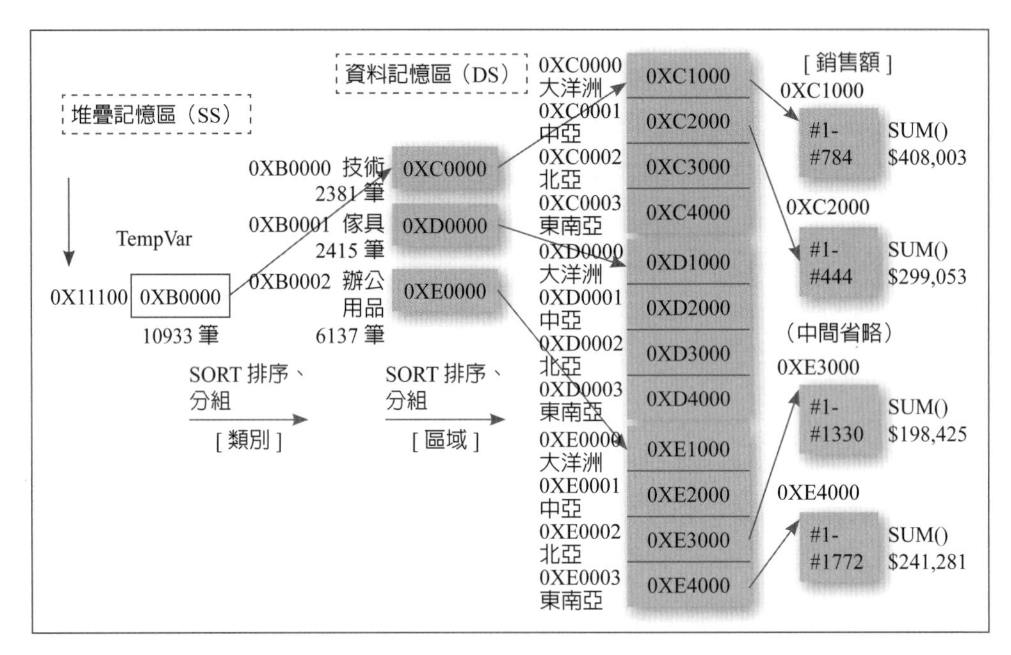

圖 4-5　Tableau 對圖 4-4 資料視覺化的運作機制

從前揭圖 4-5 得知，Tableau 在運作機制上，必須事先將要處理的資料全部準備好後，然後以批次式呼叫 SUM() 彙總函數與執行，這種計算方式即為相對計算。因為這些 SUM() 值是受到維度的影響。例如，我們移除 [區域] 維度後，其 SUM() 就會即時變更。Tableau 的表計算大都採用相對計算。另一種計算方式為絕對計算，它是以 {FIXED} 來獲得，即不會受到維度的增減或篩選條件的設定而影響其結果。這當然會涉及到 Tableau 執行優先權或順序（Order of Operation, OOO）議題。例如，設定【篩選條件】的執行順序（OOO）優先於相對計算，但低於絕對計算。我們以 [類別] 為例，當【篩選條件】僅設定成（選擇）' 技術 '，那麼 Tableau 只會進行 [類別]=' 技術 ' 的計算，工作表上的視圖或視表呈現也會隨之改變，但是 SUM({FIXED :SUM([銷售額])})（= 3,566,440.06），則不會受到影響。

4.5 基本計算與程式設計

透過程式設計將可產生更深層洞察問題所在，且可在短時間內滿足實務需求。本節將深入探討程式設計對基本計算的重要性。有關過程如下：

1. 拖放資料欄位與設定

對 Tableau 初學者而言，進行欄位一連串拖放動作是最熟悉不過了。這是資料視覺化的起步。它的特點就是一個以上的維度（Dimensions）（子節點）和一個度量（Measure）（葉節點）所組成的。它的樹狀結構表示法：T(根,[類別],[區域];[銷售額])，它與 T(根,[區域],[類別];[銷售額]) 所得結果是一樣的。在 Tableau 樹狀結構表示上，也可省略根節點（Root Node），它代表著整體。S1 = f(A∧B; C)；S2 = f(B∧A; C)。其中 f 爲 Tableau 的彙總函數。若滿足 S1=S2，則維度具有交換特性（Commutative Property of Dimensions），即維度滿足交換律。例如，S1：SUM(IF [類別] ='x' AND [區域]='y' THEN [銷售額])；S2：SUM(IF [區域]='y' AND [類別] ='x' THEN [銷售額])，S1 和 S2 所得結果是相同。

操作環境	在架中編輯	設定
【列】架	[類別]	(維度)
【列】架	[區域]	(維度)
【欄】架	SUM([銷售額])	(度量(總和), 連續)
標記卡【顏色】	SUM([銷售額])	(度量(總和), 連續)
標記卡【詳細資料】	COUNT([區域])	(度量(計數), 連續)

有關「在架中編輯」之操作，如圖 4-6 所示。此處的「架中」係指【欄】架、【列】架或標記卡等環境；「編輯」即指使用者可透過它來編輯程式碼而言。例如，【欄】架所顯示「總和(銷售額)」其相對應「在架中編輯」之程式碼爲：SUM([銷售額])。我們也可以「在架中編輯」打入：SUM(100+200+300)，它會回傳：600。因此，當我們拖放某個欄位到【列】架上後，就可選擇「在架中編輯」來增修程式碼，如：[銷售額] * [折扣]。

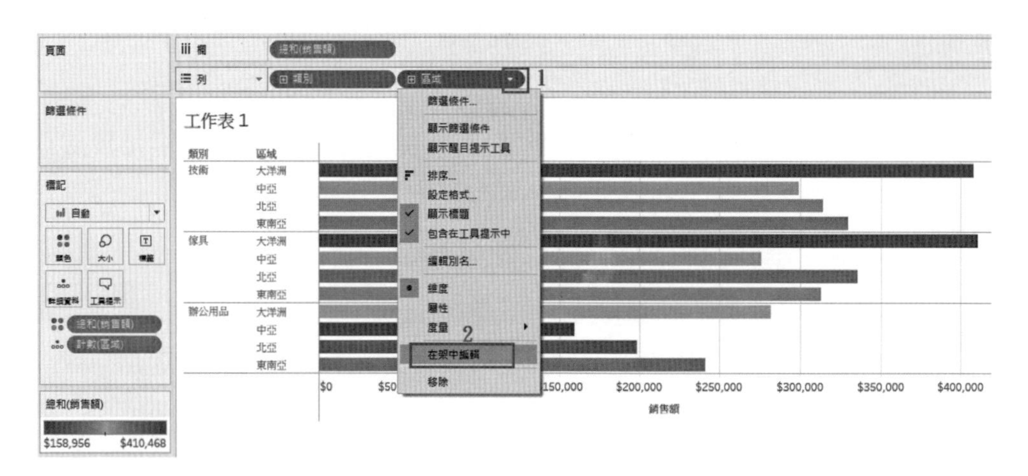

圖 4-6 「在架中編輯」 操作畫面

2. 建立導出欄位

當我們透過滑鼠左鍵拖放（資料或導出）欄位方式，將資料視覺化，如長條圖呈現和移動滑鼠所產出資訊的獲取等，使我們可在極短時間內洞察到各類別和各區域的銷售額表現。不過，我們不能慣性依賴 Tableau 所提供的拖放、操縱功能來產出資訊。尤其是當我們想要滿足實務需求之時。解決方式，就是撰寫程式碼。下列是我們想要根據輸入不同類別和區域（如表內的 '傢具 - 中亞'），去計算出它的筆數。同時採用 {FIXED} 去進行絕對計算，以得到各類別的筆數與全部銷售額總和。（有關 FIXED 用法，請參見第 6 章）

導出欄位名稱	敘述句
類別 _ 區域 _ 輸入	'傢具 - 中亞'
類別 _ 區域 _ 計數	// 計數：COUNT(NULL) 回傳 0 筆（0 列） COUNT(IIF([類別]= SPLIT([類別 _ 區域 _ 輸入],'-',1) AND [區域]= SPLIT([類別 _ 區域 _ 輸入],'-',2), 1, NULL))
類別 _ 計數	SUM({FIXED [類別]:COUNT([類別])})
FIXED_ 銷售額	SUM({FIXED :SUM([銷售額])})

3. 拖放欄位

當我們執行上述程式碼以建立好各導出欄位後，即可透過滑鼠左鍵拖放這些欄位，來產出工作表結果。有關操作與設定如下：

操作環境	在架中編輯	設定
【列】架	[類別]	(維度)
【列】架	[區域]	(維度)
【欄】架	SUM([銷售額])	(度量 (總和), 連續)
標記卡【顏色】	SUM([銷售額])	(度量 (總和), 連續)
標記卡【詳細資料】	COUNT([區域])	(度量 (計數), 連續)
標記卡【詳細資料】	[類別 _ 區域 _ 計數]	(連續)（註 1）
標記卡【詳細資料】	[類別 _ 計數]	(連續)（註 1）
標記卡【詳細資料】	[FIXED_ 銷售額]	(連續)（註 1）

註 1：我們在工作環境中，將會看到「AGG(COUNT([區域]))」、「AGG([類別 _ 區域 _ 計數])」等之彙總形式表示，這是因為 Tableau 對於內含彙總欄位，必須在工作環境內維持「彙總一致性」的表示，故而主動加入 AGG() 彙總函數的。使用者不可使用 AGG() 函數。

4. 產出視覺效果

經過執行碼後，我們即可在視圖中獲取更多有價值的資訊。其實標記卡（Mark Cards）中的【顏色】、【標籤 / 文字】、【詳細資料】或【工具提示】等四個選項，均可讓我們在工作表中直接或間接顯示更多資訊。凡是必須依賴移動滑鼠游標方能得知資訊者，稱爲內隱資訊（Covered/Implicit Information）；而在工作表中直接顯示資訊，即由我們眼睛直接看到的資訊，稱爲外顯資訊（Uncovered/Explicit Information）。在圖 4-7 中，全部爲內隱資訊，並必須移動游標方能得知資訊。如爲 ' 傢具 - 中亞 ' 的 [類別 _ 區域 _ 計數]=465（列），而其他均爲 0（COUNT(Null) = 0）。這是我們透過程式來觸發篩選條件的。同時，我們在 SUM([銷售額]) 圖例上，按下滑鼠右鍵，選擇【編輯顏色 ...】，在「色板 (P)」內去挑選想要的顏色。不論是內隱或外顯資訊，皆可透過【檢視資料】將全部的資料匯出。

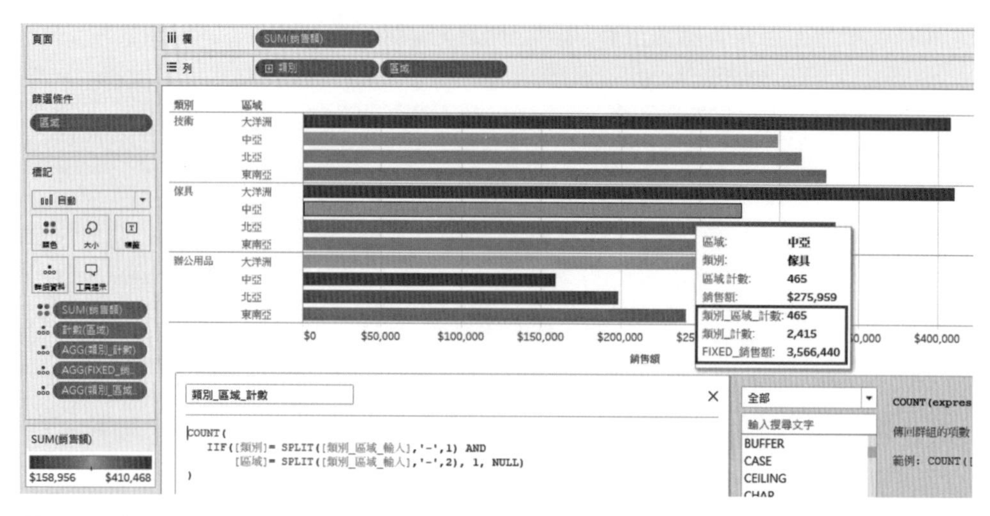

圖 4-7　產出視覺效果示意圖

4.6 基本計算與統計分析

在前揭圖 4-7 中，技術類的銷售額較佳（傾向綠色），而辦公用品類則表現不甚理想（傾向紅色）。大洋洲表現比其他地區來得出色。但這是初步從圖形狀況去了解，仍有待我們更深入去洞察它們的銷售額和利潤表現爲何。

由於 Tableau 主要從商業智慧（Business Intelligence, BI）角度，透過各種呈現方式和彙總函數，試圖將事實資料以視覺化呈現，以讓我們在極短時間內，從複雜資料中去洞察事實、輔助決策等。然而，有些問題的了解與決策卻帶來一些決策風險，或是無法確定它們彼此間的相關性或關聯性與其解釋效果。解決之道，就是透過統計檢定。

現在我們想要了解類別、區域、利潤、銷售額的關聯強度爲何？那麼我們就必須將利潤和銷售額從比率度量降級到順序度量（數字或文字表示）。做法上，將利潤分成 4 個水平值，銷售額分成 5 個水平值。在百分位數 PERCENTILE(expression, number) 語法中，number 須爲立即值，它介於 [0.0, 1.0] 之間，且不可引用導出欄位或資料欄位名稱取代。此外，由於 Tableau 的中文字元是採用筆劃多寡來決定它們的排列（Permutation）順序，但有時必須配合實務應用或統計分析等不同需求而變更它。例如，在下列程式設計實例中，'1- 利潤差'、'2- 利潤尚可' 就是要讓 1 總是在 2 的前面。我們根據百分位數作爲分割點，以區隔市場利潤和銷售之優劣等級。當然眞正做法是採用資料採礦的決策樹（如ID3 或 C4.5 等演算法）來分割節點。

導出欄位名稱	敘述句

利潤 _ 百分位數	// 回傳：單值
	//PERCENTILE([利潤],1) 最大值
	//PERCENTILE([利潤],0.80) //68.34
	//PERCENTILE([利潤],0.60) //19.44
	PERCENTILE([利潤],0.40) //4.44

銷售額 _ 百分位數	//PERCENTILE([銷售額],0.80) //453.55
	//PERCENTILE([銷售額],0.60) //177.89
	//PERCENTILE([銷售額],0.40) //84.66
	PERCENTILE([銷售額],0.20) //38.46

利潤 _ 轉成維度	// 一定要冠上數字，否則無法按強弱順序排列 IF [利潤]>=68.34 THEN '4- 利潤甚佳 ' ELSEIF [利潤]>=19.44 THEN '3- 利潤佳 ' ELSEIF [利潤]>=4.44 THEN '2- 利潤尚可 ' ELSE '1- 利潤差 ' END
銷售額 _ 轉成維度	// 一定要冠上數字，否則無法按強弱順序排列 IF [銷售額]>=453.55 THEN '5- 銷售甚佳 ' ELSEIF [銷售額]>=177.89 THEN '4- 銷售佳 ' ELSEIF [銷售額]>=84.66 THEN '3- 銷售尚可 ' ELSEIF [銷售額]>=38.46 THEN '2- 銷售不佳 ' ELSE '1- 銷售甚差 ' END
類別 _ 特定排序	// 按編號排列 IF [類別] = ' 技術 ' THEN '1- 技術 ' ELSEIF [類別] = ' 傢具 ' THEN '2- 傢具 ' ELSE '3- 辦公用品 ' END
區域 _ 特定排序	// 按編號排列 IF [區域] = ' 中亞 ' THEN '1- 中亞 ' ELSEIF [區域] = ' 北亞 ' THEN '2- 北亞 ' ELSEIF [區域] = ' 大洋洲 ' THEN '3- 大洋洲 ' ELSE '4- 東南亞 ' END

從圖 4-8 得知，我們可以洞察到：(1) 在銷售額甚差和不佳方面，顯然大洋洲和東南亞的利潤表現傾向不好（藍色居多）；(2) 在銷售額佳方面，地區和類別較沒顯著差異；(3) 在銷售額甚佳方面，中亞和北亞的利潤表現較好（綠色居多）；(4) 就整體而言，中亞地區和技術類這兩個特徵，其利潤和銷售額均表現較佳。故我們可以進行假設檢定：

〔假設一〕H_0：銷售額和利潤無關聯，H_1：銷售額和利潤可能存在關聯

〔假設二〕H_0：產品類別與銷售額無關聯，H_1：產品類別與銷售額可能存在關聯

〔假設三〕H_0：利潤與區域無關聯，H_1：利潤與區域可能存在關聯

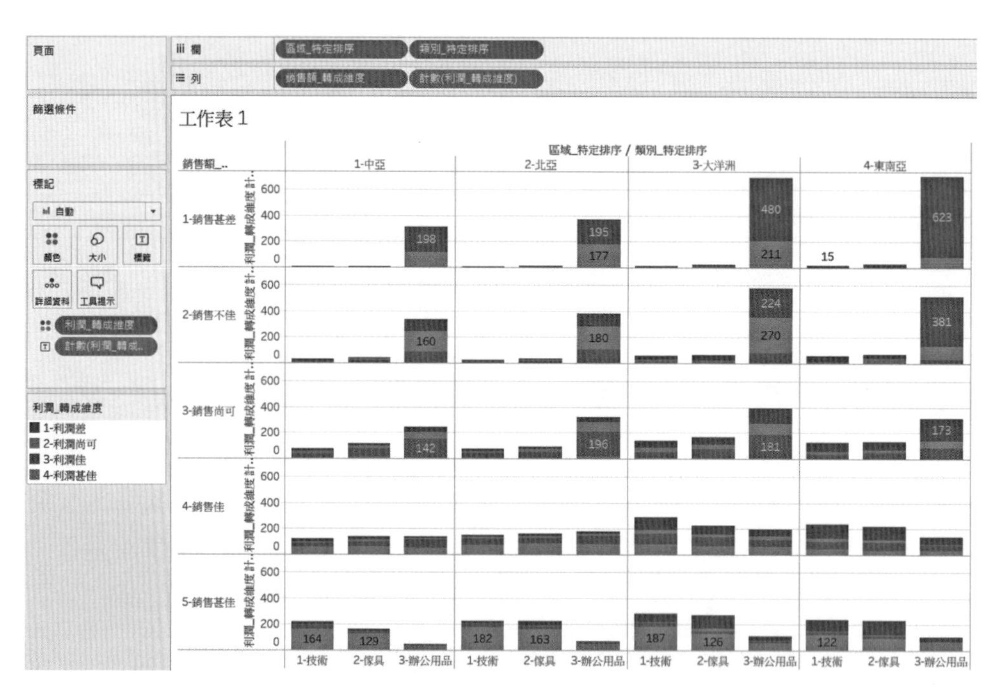

圖 4-8　區域、類別、銷售額對利潤表現之資料視覺效果

註：由圖例和各長條圖中，分成 4 個層級，愈下（上）層級利潤表現愈佳（差）。

最後，在主功能表上，選擇【資料 (D) > 資料集名稱 > 檢視資料 (V)...】，選擇「訂單」資料表，按【全部匯出 (E)】，將資料集另存檔：超級市場 _ 關聯分析資料 .csv。結束 Tableau 後，將它匯入（Import）至 STATA 統計軟體內。在指令列輸入：

tabulate 利潤 _ 轉成維度 銷售額 _ 轉成維度 , chi2 gamma V

由表 4-1 關聯統計結果顯示，卡方機率值 < 0.0001，表示銷售額愈佳，獲得利潤也會愈好。Gamma 統計量顯示正關聯，其關聯強度高達 0.595。

表 4-1 利潤與銷售額之關聯分析結果

利潤 _ 轉成維度	銷售額 _ 轉成維度					
	1- 銷售甚差	2- 銷售不佳	3- 銷售尚可	4- 銷售佳	5- 銷售甚佳	Total
1- 利潤差	1,574	978	694	596	535	4,377
2- 利潤尚可	613	848	454	205	57	2,177
3- 利潤佳	0	360	973	639	219	2,191
4- 利潤甚佳	0	0	66	746	1,376	2,188
Total	2,187	2,186	2,187	2,186	2,187	10,933

Pearson chi2(12) = 6.5e+03 Pr = 0.000, Cramér's V = 0.4441, gamma = 0.5951 ASE = 0.008

我們到指令列輸入：

tabulate 類別 _ 特定排序 銷售額 _ 轉成維度 , chi2 gamma V

從表 4-2 結果顯示，產品類別與銷售額呈現強烈的負關聯（卡方機率值 <0.001，gamma = -0.6949）。技術類銷售良好，而辦公用品類銷售額最差。

表 4-2 產品類別與銷售額之關聯分析結果

類別 _ 特定排序	銷售額 _ 轉成維度					
	1- 銷售甚差	2- 銷售不佳	3- 銷售尚可	4- 銷售佳	5- 銷售甚佳	Total
1- 技術	36	170	414	798	963	2,381
2- 傢具	73	209	506	737	890	2,415
3- 辦公用品	2,078	1,807	1,267	651	334	6,137
Total	2,187	2,186	2,187	2,186	2,187	10,933

Pearson chi2(8) = 4.1e+03 Pr = 0.000, Cramér's V = 0.4327, gamma = -0.6949 ASE = 0.007

最後，我們想要知道區域和利潤的關聯為何？輸入下列指令：

tabulate 區域 _ 特定排序 利潤 _ 轉成維度 , chi2 gamma V

從表 4-3 統計結果發現，中亞利潤表現平平，北亞利潤略微好些，但大洋洲表現就不理想，東南亞可說在整體利潤最差地區，相對地，它的銷售額也不是很好的。利潤與區域呈現負關聯，gamma = -0.3277，強度沒超過 0.5。

表 4-3　利潤與區域之關聯分析結果

區域 _ 特定排序	利潤 _ 轉成維度				
	1- 利潤差	2- 利潤尚可	3- 利潤佳	4- 利潤甚佳	Total
1- 中亞	498	449	510	526	1,983
2- 北亞	497	569	606	664	2,336
3- 大洋洲	1,451	771	667	598	3,487
4- 東南亞	1,931	388	408	400	3,127
Total	4,377	2,177	2,191	2,188	10,933

Pearson chi2(9) = 1.2e+03　Pr = 0.000, Cramér’s V = 0.1900, gamma = -0.3277 ASE = 0.010

當我們已經初步了解它們的關聯（Association）強度後，即可進一步去探索它們的相關（Correlation）強度。但問題是 [區域] 和 [類別] 皆屬於名目尺度，分類的維度，故無法直接進行相關統計分析。解決方式，將 [區域] 和 [類別] 的元素值變成欄位（變數）名稱，其持有值只有 {0, 1} 數字。這種技術常見於文字採礦（Text Mining），將字詞（Words）或樣式（Patterns）變成「變數」或「欄位」名稱，以及有無出現在文件（檔案）內，出現在文件的頻次，或者兩個字詞之間距離多遠（即相差多少個字元）（用於購物籃分析或社會網絡分析）等，都是文字轉成數字十分重要的技巧。當我們將文字轉成數字後，就可進入分析階段，進行統計分析或資料採礦（Data Mining）。提醒：語意分析不適合巨量資料或大數據分析（Big Data Analysis），相反地，建立關鍵詞表（Keywords Table），以找出潛在價值知識較實用。現今，用於翻譯各國語言的翻譯器（如 Google、DeepL、百度、有道）文件長度仍限制 5,000 個字元數以內。複雜的語意分析是個主因，它會造成翻譯品質下降和所需處理時間大幅增加；另一主因是電腦語言儲存語意用資料容器（Container）（如陣列或矩陣）可用數量或長度受到限制的問題。例如，Excel 的選取不連續列範圍「Range("1:1, 3000:3000,

100:100, 4:4").Select」子句中，字串長度就受到極大的限制，如選取字串長度平均超過 20 列時，就會出現錯誤。這種限制也常見於專業統計軟體，例如，SAS 或 IBM SPSS，對於線性迴歸分析所投入變數的數量，不得超過 420 個左右。這也是 SAS EM（Enterprise Miner）的 Text Miner（文字採礦器）採用文字篩選和文字歸類（Cluster）來解決過多 Terms 的主因。

在資料類型表示上，'$' 和 ',' 爲特殊字元，然 Tableau 將這些特殊字元視成數字類型的表示法，但在其他應用軟體或電腦語言則視爲文字。例如，【範例 – 超級市場】資料集內的欄位名稱：[利潤] 和 [銷售額] 皆屬於含有特殊字元的「數字（十進制）」資料類型。故當在檢視資料視窗中要【全部匯出】並儲存成 CSV 檔案類型時，就必須將 '$' 和 ',' 爲特殊字元給予刪除掉。做法上，先將這些「數字（十進制）」資料類型欄位轉成字串型態，去除 '$' 和 ',' 後，再轉成 FLOAT 數值。註：在匯出過程中 Tableau 會主動移除 '$'，故只要去除 ',' 字元即可。

如何將名目尺度（維度）轉換成比率尺度（度量）呢？做法上就是讓這些維度欄位的元素變成欄位名稱，持有值爲 {0, 1}。即將元素變成集合。有關程式設計如下：

導出欄位名稱	敘述句
技術	// 技術 傢具 辦公用品 IIF([類別]=' 技術 ',1,0) // 2,381 列
傢具	IIF([類別]=' 傢具 ',1,0) // 2,415 列
辦公用品	IIF([類別]=' 辦公用品 ',1,0) // 6,137 列
大洋洲	// 大洋洲 中亞 北亞 東南亞 IIF([區域]=' 大洋洲 ',1,0) // 3,487 列
中亞	IIF([區域]=' 中亞 ',1,0) // 1,983 列
北亞	IIF([區域]=' 北亞 ',1,0) // 2,336 列
東南亞	IIF([區域]=' 東南亞 ',1,0) // 3,127 列

利潤 _ 去除特殊字元	// 特殊字元：$3,215.32990
	//'$' 和 ',' 為特殊字元，
	// 當匯入 STATA 後，[利潤] 會被轉成字串類型
	// 若寫成：ROUND([利潤],2) 是不發生作用的，
	// 即不會只取小數點 2 位。
	ROUND(FLOAT(
	REPLACE(LEFT(STR([利潤]),8)
	,',','')),2)

導出欄位名稱	敘述句
銷售額 _ 去除特殊字元	// 特殊字元：$6,998.64 //'$' 和 ',' 為特殊字元，在其他軟體視為文字 ROUND(FLOAT(REPLACE(LEFT(STR([銷售額]),10) ',',''')),2)
利潤 _ 技術 _CORR	CORR([利潤], [技術])// 0.1412
利潤 _ 傢具 _CORR	CORR(利潤 , [傢具]) // 0.0374
利潤 _ 辦公用品 _CORR	CORR([利潤] , [辦公用品]) // -0.1487
銷售額 _ 中亞 _CORR	CORR([銷售額], [中亞]) // 0.03744
銷售額 _ 北亞 _CORR	CORR([銷售額], [北亞]) // 0.03481
銷售額 _ 大洋洲 _CORR	CORR([銷售額], [大洋洲]) // -0.01326
銷售額 _ 東南亞 _CORR	CORR([銷售額], [東南亞]) // -0.04982

當逐一執行（按【套用】或【確定】鈕）上述程式後，將它們以拖放方式拖曳到【列】架上，如圖 4-9 所示。在圖中：(1) 左半部爲 [利潤] 和 [類別] 元素的皮爾森相關分析結果。我們洞察到技術類對利潤獲利最佳（+0.1412），其次爲傢具類仍有 +0.0374 的獲利貢獻，但辦公用品類則呈現虧損（-0.1487），它與技術（+0.1412）的相關係數絕對值相當。可見技術產品比傳統產品有著獲利表現。(2) 右半部爲 [銷售額] 和 [區域] 元素的皮爾森相關係數。我們洞察到中亞地區對銷售額表現最佳（+0.03744），其次爲北亞地區仍有 +0.03481 的貢獻，但大洋洲則銷售額表現呈現下滑（-0.01326），表現最差的是東南亞地區，銷售動能十分疲弱（-0.04983）。可見中亞和北亞等地區銷售金額較爲突出，大洋洲和東南亞等地區銷售金額不如預期，有待透過 SARA 模式找出問題所在，擬定策略與評估其可能成效。

最後，在主功能表上，選擇【資料 (D) > 資料集名稱 > 檢視資料 (V)...】，選擇「訂單」資料表，按【全部匯出 (E)】，將資料集另存檔：超級市場 _ 迴歸分析資料 .csv。結束 Tableau 後，將它匯入（Import）至 STATA 統計軟體內，進行迴歸建模。在指令列輸入：

regress 利潤 _ 去除特殊字元 技術 傢具 辦公用品 , beta

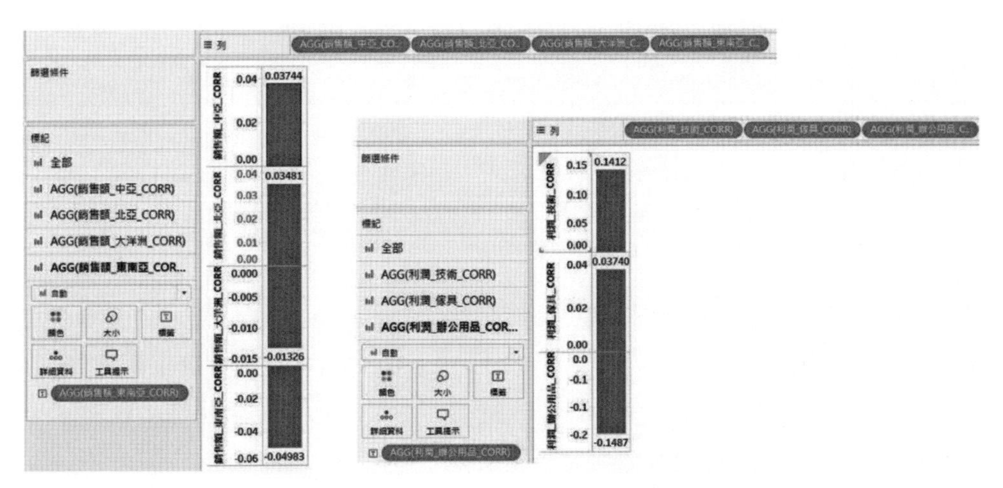

圖 4-9 [區域]、 [類別] 與 [利潤]、 [銷售額] 的皮爾森相關結果

註：由於版面關係，圖中右下方部分係由人為編輯結果。

從表 4-4 統計結果發現，「技術」變數有共線（Collinearity）現象。當深入分析後，技術變數的係數值 =68.14241，標準誤 =4.066641，t 統計量 =16.76（未表列）。辦公用品變數的係數值 =-68.18212，標準誤 =4.070764，t 統計量 =-16.75。表示「技術」和「辦公用品」變數這兩者的統計量或參數值相當接近，而發生彼此共線。因此，我們只能擇一去做線性迴歸。在指令列內輸入下列指令後，即可獲得 VIF（Variance Inflation Factors for the Independent Variables）值。

```
estat vif, uncentered
avplots
```

「技術」變數的 VIF 值因超過 10，故被省略掉（Omitted）。

表 4-4 產品類別對利潤的迴歸分析結果（N=10,933）

Source	SS	df	MS	
Model	8421159.74	2	4210579.87	F(2, 19939) = 148.12
Residual	310706227	10,930	28426.9192	Prob > F = 0.0000
Total	319127387	10,932	29192.0405	R-squared = 0.0264
				Adj R-squared = 0.0262
				Root MSE = 168.6

利潤_去除特殊字元	Coef.	Std. Err.	t	P>|t|	Beta
技術	0	(omitted)			0

表 4-4　產品類別對利潤的迴歸分析結果（N=10,933）（續）

利潤_去除特殊字元	Coef.	Std. Err.	t	P>|t|	Beta
傢具	-33.7209	4.869296	-6.93	0	-0.08188
辦公用品	-68.18212	4.070764	-16.75	0	-0.19803
_cons	85.23956	3.455296	24.67	0	.

從前揭表 4-4 結果顯示，每當「辦公用品」變化 +1 個單位時，就會使利潤下滑近兩成，銷售這類產品只會嚴重虧損。此外，每當「技術」變化 +1 個單位時，就會使利潤上升一成六或 +0.16 個單位（表未呈現），銷售技術類產品的獲利相當好，它們爲利潤帶來一成六的增長。傢具對利潤影響很小。如果傢具和辦公用品一起銷售，傢具對利潤是小虧的（-0.08）；然而，如果傢具和技術產品一起銷售，傢具對利潤是小賺的（+0.08）（表未呈現）。（註：讀者可由「regress 利潤_去除特殊字元 技術 傢具 , beta」指令獲得結果）

我們以同樣做法，輸入「regress 銷售額_去除特殊字元 大洋洲 中亞 北亞 東南亞 , beta」指令，進行銷售地區對銷售額的線性迴歸建模。同樣，發現「大洋洲」和「中亞」兩者發生共線現象（VIF>10）。(1) 當排除「中亞」變數後，銷售金額表現最差地區爲東南亞（-.072 單位），其次是大洋洲（-.046 單位），表現平平的是北亞（-.005 單位）。這 3 個地區對銷售額貢獻是負的。(2) 當排除「大洋洲」變數後，銷售金額表現最差地區爲東南亞（-.027 單位），北亞（.035 單位）對銷售額轉正，表現最好是中亞（.038 單位）。總之，東南亞對銷售額是負向貢獻，而中亞對銷售額是正向貢獻。這個統計結果與前揭圖 4-4 單從銷售額總和角度所洞察結果不甚相同，這顯示從不同角度去洞察所呈現的差異性。

4.7 基本計算在金融機構放款應用

本範例資料來源爲「行政院金融監督管理委員會」（簡稱金管會）所提供的，從「政府資料開放平臺」網址：https://data.gov.tw/dataset/104090 下載。檔案名稱：每月_104090_B03_三.金融機構國內總、分行放款餘額(1)按對象別_.csv。

啓動 Tableau 軟體，連線到文字檔，選擇本範例 CSV 檔案，在連線檔案畫面，進行資料清洗工作。(1) 逐一在 [EndofPeriod…]、[年月…] 和 [公告日期]

等 6 個欄位上，以滑鼠左鍵按下【Abc ▼】，選擇【隱藏】項目。因爲這些欄位資料與 [年月] 欄位重複。(2) 在右上方處，連線◉擷取、按【編輯】，按【新增 ...】，選擇 [年月] 欄位，按【特殊值】項目，◉非 Null 值（O），按【確定】，再按【確定】。移除最後一列全部爲 Null 的資料，完後，在連線畫面左下角，按【工作表 1】，將擷取另成新檔爲：每月 _104090_B03_ 三 . 金融機構國內總、分行放款餘額 (1) 按對象別 _.hyper，爲一資料壓縮檔案。註：我們也可以在 Excel 內直接將最後一列全部爲 Null 刪除掉。這是人爲輸入過程，在最後一列的某一儲存格按下 <Enter> 換行鍵所造成的錯誤，但是在 Excel 儲存格內人眼是看不到的。

其次，進行資料轉換工作。原始 [年月] 欄位的資料類型爲數字（整數），必須轉換成日期。選擇主功能表的【分析 (A) > 建立導出欄位 (C)...】，輸入下列名稱和轉換用程式：

導出欄位名稱	敘述句

日期	//MAKEDATE(year, month, day)
	MAKEDATE(INT(LEFT(STR([年月]),4)), //year
	INT(RIGHT(STR([年月]),2)), //month
	1) //day

本範例以基本計算的 SUM() 彙總函數，來洞察我國金融機構的放款走勢。從圖 4-10 得知，我國本國銀行、農漁會信用部和信用合作社之放款餘額隨著時間推進（2007/1-2021/6）而發生顯著的變化，(1) 銀行從 2007/1 起至 2021/6 止，一直處於線形上升走勢；(2) 農漁會信用部在 2007-2008 年上升，2009 年下降，然後再一直往上爬升；(3) 信用合作社在 2007-2010 年從高點往下滑，再從 2011 年起上升走勢。整體來說，這三類金融機構都是以一定的線形比例快速上升。不知金管會是否有每年對這三類機構進行財務稽核。此外，信託投資公司放款餘額爲何只紀錄 2007/1-2008/11，其餘空白。可見我國政府資料開放平臺主管機關——國家發展委員會對於政府資料規範仍不明確和缺乏有力的審查機制，使得 Null（空缺值）問題一直存在著，對外開放資料成效或作用有限，也是國人對數據不甚關心所致。這種現象在其他開放資料國家是少見的。

爲能深入了解這三類金融機構的上升斜率爲何？我們必須從 2007/1 起至

2021/6 止，以 2007 年 1 月作爲時間相對參考點，採用 DATEDIFF(date_part, start_date, end_date, [start_of_week]) 日期差函數，使用 [日期] 欄位建立 [相對時間] 欄位，然後去進行線性迴歸，試圖去獲得正負斜率變化。

到「資料窗格」（畫面左邊）上，將滑鼠游標移到 [相對時間] 欄位，按滑鼠右鍵，選擇【預設屬性 > 數字格式 ... > 數字 (自訂)】，小數位數 (E):0，取消□包括千位分隔符號 (I)，按【確定】。因爲逗號（,）會被 STATA 軟體視爲字串資料類型。完後，在主功能表上，選擇【資料 (D) > 資料集名稱 > 檢視資料 (V)...】，去檢視資料是否正確，最後，按【全部匯出 (E)】，檔案名稱：金融機構放款餘額 _ 迴歸資料 .csv。結束 Tableau。

導出欄位名稱	敘述句
相對時間	// 以 2007 年 1 月作為時間相對參考點 //2007 年 1 月參考基準訂為 1, 2007 年 2 月訂為 2, //2021 年 6 月訂為 174 DATEDIFF('month',#2007-01-01#, [日期]) + 1

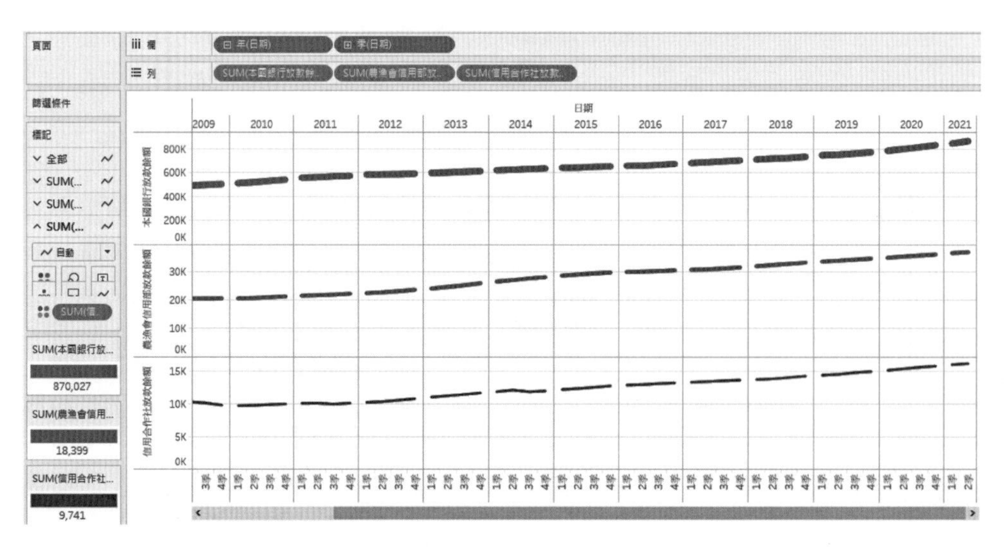

圖 4-10　本國銀行、農漁會信用部和信用合作社等放款餘額的時間變化

將「金融機構放款餘額 _ 迴歸資料 .csv」匯入 STATA 內。輸入下列指令：

regress 本國銀行放款餘額 相對時間 , beta

regress 農漁會信用部放款餘額 相對時間 , beta

regress 信用合作社放款餘額 相對時間 , beta

由於我們只想要了解這些金融機構放款餘額的上升速率爲何，故關注點集中在它們的 Beta 值。從表 4-5 線性迴歸結果顯示，上升速率排名：農漁會信用部（+0.9879）> 本國銀行（+0.9868）> 信用合作社（+0.9470）。其中農漁會信用部和本國銀行成長速率十分接近，每增長一年（時間單位：年），它們放款餘額（資料單位：億元）就會以 0.98 個單位的速率作線性成長。透過 Tableau「ATAN2 (y number, x number)」語法，計算「180/PI() * ATAN2(0.9879, 1)」，得到 +44.65 度角之斜率發展。這可能會加速某些銀行和農漁會的資金快速流失與呆帳，最後倒閉，政府再去收爛攤子，全民買單。因此，金管稽查工作很重要，可有效杜絕假帳、呆帳或洗錢。

表 4-5 本國銀行、農漁會信用部和信用合作社等放款餘額迴歸結果

金融機構	Coef.	Std. Err.	t	P>|t|	Beta	Adj R-squared
本國銀行	700.6624	8.754987	80.03	0.000	0.9868	0.9737
農漁會信用部	37.26535	0.445056	83.73	0.000	0.9879	0.9759
信用合作社	12.21698	0.315776	38.69	0.000	0.9470	0.8963

由於本國銀行的放款餘額成長速率極快，加上它的迴歸係數值高達 700.66，故可作爲目標來進行「微觀」的資料採礦分析。

結束 STATA，回到 Tableau 環境，匯入「金融機構放款餘額 _ 迴歸資料 .CSV」。建立 [本國銀行放款級別] 欄位，然後按【套用】或【確定】鈕執行程式。

導出欄位名稱	敘述句

本國銀行放款級別	//PERCENTILE([本國銀行放款餘額],0.25) //178,198
	//PERCENTILE([本國銀行放款餘額],0.50) //208,850
	//PERCENTILE([本國銀行放款餘額],0.75) //236,029
	IF [本國銀行放款餘額] >= 236029 THEN ' 第 4 級 '
	ELSEIF [本國銀行放款餘額] >= 208850 THEN ' 第 3 級 '
	ELSEIF [本國銀行放款餘額] >= 178198 THEN ' 第 2 級 '
	ELSE ' 第 1 級 '
	END

透過檢視資料，全部匯出存檔至「本國銀行放款餘額等級 _ 資料採礦 .CSV」。再以 Microsoft Excel 開啓這個檔案。刪除含有空缺值的「信託投資公司放款餘額」和「信託投資公司放款餘額占有率」這兩個欄位。另儲存至「本國銀行放款餘額等級 _ 資料採礦 .xls」檔案，記得關閉此檔案或結束 Excel。

啓動資料採礦用 Tanagra 軟體（有關軟體可由官方網站下載使用，http://eric.univ-lyon2.fr/~ricco/tanagra/en/tanagra.html），選擇主功能表上的【File > New...】，【Dataset > Excel File > 檔案類型 (T): .xls】，找到「本國銀行放款餘額等級 _ 資料採礦 .xls」檔案，按【OK】。當匯入成功後，計 17 attribute(s) 和 174 example(s)。這表示 17 個變數和 174 筆不含 Null 的資料。

在畫面左上方，按 工具列，準備對這些變數設定參數（Parameters），包括 Input 和 Target。除了將「年月」、「日期」和「本國銀行放款餘額」這 3 個變數排除外，其餘連續變數作爲 Input；Target 選擇「本國銀行放款級別」，按【OK】鈕。在畫面下方，按【Spv learning】，它爲監督式學習。點一下【C4.5】，它爲決策樹演算法（Decision Tree Algorithm）（Quinlan, 1993）。將 C4.5 拖曳到【Define status 1】上。然後在【Supervised Learning 1 (C4.5)】上按滑鼠右鍵，選擇【View】立即執行程式與產出結果。操作完成畫面如圖 4-11 所示。

提示：進行資料採礦用資料必須爲結構化資料。在 Tanagra 軟體只有兩種資料類型，連續（數字）和離散（文字）。凡是非結構化或半結構化資料都必須透過軟體或文字採礦來轉換成結構化資料。聲音、影像和地理資料一律以結構化且連續來表示。

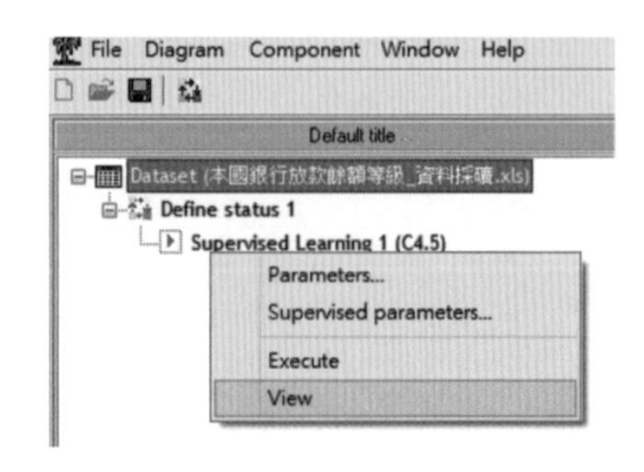

圖 4-11　操作資料採礦 C4.5 決策樹過程

分類器效能（Classifier Performances）指標爲 {Error rate, Confusion matrix, Values prediction}，其中 Values prediction 由 {Recall, 1-Precision} 表示。一般而言，當樣本數愈大，整體的誤判率（Error Rate）就會變大。樹葉節點最小值（Min Size of Leaves）和信賴水準（Confidence Level）等參數的大小值設定，也會直接影響到誤判率高低。混淆矩陣用來了解誤判情形。召回率（Recall）可由混淆矩陣水平邊際來計算；精確率（Precision）可由混淆矩陣垂直邊際獲得。

由於資料採礦的決策樹並非如統計分析以機率檢定爲基礎的，故我們都以整體的誤判率的主觀識別是否可容忍這樣的誤判結果值。如果無法容忍（如 ER ≧ 0.1），則表示這個資料集不適合這種演算法，就必須尋找其他的適配演算法。另一種做法，就是採用多個演算法，並去計算它們的增益值（Lift）。例如，取樣本總數的 20% 去作比較，看那個演算法的增益值（曲線）最高與使用它來建模。

從表 4-6 的分類器效能結果顯示，它是相當理想的效能。整體的誤判率爲 0.000。經驗告訴我們，這是極爲罕見的現象。不過，我們比較感興趣的是，那些變數（或稱決策因子）會去影響到「本國銀行放款級別」的結果。

表 4-6 本國銀行放款級別的分類器效能結果

Error rate			0.0000					
Values prediction			Confusion matrix					
Value	Recall	1-Precision		第 4 級	第 1 級	第 2 級	第 3 級	Sum
第 4 級	1,0000	0.0000	第 4 級	44	0	0	0	44
第 1 級	1,0000	0.0000	第 1 級	0	44	0	0	44
第 2 級	1,0000	0.0000	第 2 級	0	0	43	0	43
第 3 級	1,0000	0.0000	第 3 級	0	0	0	43	43
			Sum	44	44	43	43	174

從圖 4-12 結果顯示，「本國銀行放款級別」是由「放款餘額總計按對象別」和「信用合作社放款餘額」等兩個決策因子所決定的。共通法則是當決策因子值愈高（低），則將導致本國銀行放款餘額也跟著愈高（低）。有關決策法則分析如下：

(1) 當「放款餘額總計按對象別」小於 193,578.5 億元時，「本國銀行放款級別」為第 1 級，即小於 178,198 億元。

(2) 當「放款餘額總計按對象別」介於 193,578.5-227,858.5（不等）億元之間，「本國銀行放款級別」為第 2 級，介於 178,198-208,850（不等）億元之間。

(3) 當「放款餘額總計按對象別」227,858.5 億元以上且「信用合作社放款餘額」小於 4,535.5 億元時，「本國銀行放款級別」為第 3 級，即介於 208,850-236,029（不等）億元之間。

(4) 當「放款餘額總計按對象別」227,858.5 億元以上且「信用合作社放款餘額」4,535.5 億元以上時，「本國銀行放款級別」為第 4 級，即 236,029 億元以上。

```
Decision tree
·放款餘額總計 按對象別 < 227858.5000
  ·放款餘額總計 按對象別 < 193578.5000 then 本國銀行放款級別 = 第 1 級 (100% of 44
   examples)
  ·放款餘額總計 按對象別 >= 193578.5000 then 本國銀行放款級別 = 第 2 級 (100% of 43
   examples)
·放款餘額總計 按對象別 >= 227858.5000
  ·信用合作社放款餘額 < 4535.5000 then 本國銀行放款級別 = 第 3 級 (100% of 43
   examples)
  ·信用合作社放款餘額 >= 4535.5000 then 本國銀行放款級別 = 第 4 級 (100% of 44
   examples)
```

圖 4-12　本國銀行放款級別的決策法則

4.8 總結

本章先從認識維度和度量導讀，這對初學者或使用過 Microsoft Excel 而言，熟知想要用來處理的資料類型是相當重要的，否則任意行使「拖放」操作模式，將會導致學習資料視覺的挫折或放棄。導入程式設計和使用簡單的基本計算函數，以符合資料處理的實務需求，是絕對必要的。由於 Tableau 的語法數量不像 R 或 Python 等套件和語法來得多且複雜，故讀者只要學會如何建立導出／計算欄位，即可克服程式設計上的障礙。

在第 1 章已提到，Tableau 將會與其他應用軟體交互使用。這些軟體，包括 STATA、Microsoft Excel 或 Tanagra 等，已結合應用在本章各範例中。在這些範例所採用的資料來源上，實務資料集不可能像【範例 – 超級市場】那麼完整和完美，因此，資料清洗和轉換成為提供給 Tableau 資料視覺化的必要過程。如果我們無法解決這些問題，那麼 Tableau 對我們在洞察問題上是十分有限的。因為我們不可能常去告知提供資料來源機關或公司要求改善資料的品質。

最後，問題導向與問題解決所採行的 SARA 模式，Tableau 是實踐它的很好工具。總之，相同資料集，不同軟體功能，將可能得到不同的洞察結果。統計分析將使 Tableau 的商業智慧得到有力支持和驗證洞察問題的很好方法。巨觀和微觀對從事資料科學工作的人在洞察問題是很重要，設計程式是必備要素。

第05章 表計算

本章概要

5.1 認識表計算

5.2 操作表計算

5.3 計算類型與公式

5.4 表計算在交通違規應用

5.5 總結

當完成學習與上機實作後，你將可以

1. 知道表計算功能和 Microsoft Excel 差異
2. 學會操作與設定表計算
3. 能撰寫程式完成進階表計算
4. 使用表計算於洞察交通違規案件上

表計算（Table Calculation）是指針對工作表上的儲存格數字提供進階計算的功能。它的資料格式類似 Microsoft Excel 的工作表，但它們在運作機制上則有所差異。Tableau 特別爲工作表儲存格計算提供專屬的函數（Functions）、語法（Syntax）和風格（Style）。包括計算方向，儲存格絕對位址和相對位址等。其目的可爲每一個儲存格提供更多隱藏式的資訊，類似標記卡上的各項功能（如【顏色】、【詳細資料】）。這種功能是 Microsoft Excel 所不具備的。由於表計算涉及到數學運算，且較偏向經濟和財務方面，故對初學者來說較難了解，不過我們可將它想像成 Microsoft Excel 的儲存格，可以輸入立即值、公式（絕對或相對位址）、函數，或插入註解，只是表計算比 Excel 複雜多了。雖然表計算對使用者來說，存在著高複雜度，但卻帶來極爲豐富的隱藏式資訊，尤其是導入程式設計所帶來的好處更爲明顯。它很像去撰寫 Excel VBA 程式碼。

5.1 認識表計算

表計算主要針對工作表內容（含圖和表）如何進一步去處理與分析。有關內容探討如下：

1. 表計算功能

Tableau 對於「表計算」（Table Calculation）提供六項操作功能供使用者選擇，表計算操作 = { 表計算函數 , 計算依據 , 新增表計算 , 編輯表計算 , 清除表計算 , 快速表計算 }。計算依據（Computing Using）={ 表方向 , 窗格方向 , 儲存格位置 , 維度 }。圖 5-1 即爲計算依據設定選項。

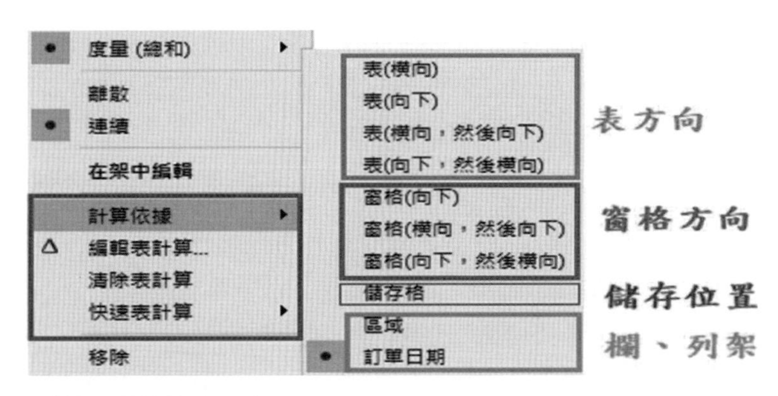

圖 5-1　表計算的計算依據設定

在 Tableau 預設（Default）方向爲表（橫向）（Table(Across)）（即依橫向變化）情況下，分別設定：INDEX()（由左而右，大於等於 1）、FIRST()（由左而右，小於等於 0）、LAST()（由右而左，大於等於 0）和 SIZE()（維度分類或分割的資料區橫向列數），這些函數回傳結果均與計算依據（存取方向）有關。我們可以將引用這些函數的導出欄位之計算依據設定成一致性（Consistency）。例如，全部爲窗格（向下）（Pane（down）），但也可個別去設定它們，不同的設定會引發 LOOKUP(expression, [offset]) 回傳值的差異，複雜度也會增加。因此，採用不同的計算依據將導致回傳這些函數的不同結果。

然而，Tableau 對這些表計算函數的語法使用說明是以「表（橫向）」的列方向作爲計算依據參考，容易讓使用者誤導或誤用，以爲只適用到表（橫向），而不適用於其他方向。例如，依 Tableau 中文說明 LOOKUP(expression, [offset]) 傳回目標列（指定爲與目前列的相對偏移量）中指定運算式的值，但這樣說明只能適用到 Table(n,1)，n 列數 ×1 行數。問題出在「目標列」、「目前列」是指什麼呢？概念上的不清楚將帶來引用上的錯誤。「目前」係指「作用」之意；「列」（Row）或稱資料列（Tuple），係指至少由一個欄位資料所組成的值，資料以水平方向展開或呈現（→）；在統計學上常以樣本（Sample）稱呼，有些統計軟體則稱案例（Case）；在資料庫領域，即指實體（Entity）、紀錄（Record）或筆。「目前列」指在工作表的儲存格區域中目前滑鼠游標所在列之意。

我們會質疑爲何 Tableau 的表計算要這麼繁瑣呢？因爲 Tableau 可在儲存格內提供更多外顯資訊和內隱資訊。類似 Excel 的儲存格中之外顯資訊和插入註解的內隱資訊，只是呈現資訊項目就不如 Tableau 這麼多而已。外顯資訊係指在工作表上，人眼立即看到的資訊，而內隱資訊則需藉由使用者移動滑鼠到某一儲存格上時才會顯示資訊者。Tableau 的表計算是經由處理與運算後的結果呈現，來體現應用於商業智慧領域上。

例如，LOOKUP(SUM([利潤]),0) 指將 SUM([利潤]) 的相對計算回傳給導出欄位，再呈現在游標位置的「作用儲存格」（Active Cell）內。Tableau 作用儲存格觀念來自 Excel。它是指使用者透過滑鼠或 VBA 程式碼選取某一個或某一區域內的儲存格，並且即將對選取範圍採取一連串行爲之意。其運作機制爲「選取→行動→執行→回傳→儲存」之程序。例如，Excel VBA 計算選取總和程序之程式碼如下：

```
Sub 計算選取總和 ()
  [A1]=100
  [B1]=200
  [A2]=" 總和 = "
  [A1:B1].Select '[1] 選取 :A1 到 B1 儲存格範圍
  [B2]=Application.Sum(Selection)'[2] 行動 : 呼叫；[3] 執行 :SUM；[4] 回傳 :
  300 給 B2
  Selection.Delete '[2] 行動 : 呼叫 ;[3] 執行 :Delete；[4] 回傳 : 刪除 A1:B1 範
  圍 ( 刪除 #1 列 )
End Sub
```

2. 表計算特色

Tableau 表計算的主要特色如下：

(1) △ 標記。當我們在操作環境（包括【欄】架、【列】架或標記卡等）內的資料或導出欄位出現 △ 標記時，表示該欄位已使用到表計算功能。不論是來自人爲操作或執行程式的結果。△ 標記類似 Excel 對儲存格【插入註解】後右上角所呈現的紅色三角形標記。

(2) 環境。表計算只能在操作環境去設定與計算。

(3) 方向。係指計算依據。依據類型可爲 { 表 , 窗格 , 儲存格 , 特定維度 }。其中特定維度可爲資料欄位或導出欄位，但限用於已放在【欄】架與【列】架的欄位。表和窗格方向可爲 { 橫向 , 向下 , 橫向向下 , 向下橫向 }。計算單位可爲 { 列範圍 , 行範圍 , 列行範圍 , 分區 , 整體 }。分區指定義表計算分組或資料分割方式計算；整體採所有儲存格數據計算。

(4) 作用儲存格。指目前滑鼠游標位於工作表某一儲存格上。在所有儲存格中，只會有一個作用儲存格顯示，但可同時選取多個作用儲存格來檢視資料或匯出。

(5) 計算。表計算提供有兩種計算方式，定維計算和不定維計算。例如，

「{FIXED [區域]:AVG([銷售額])}」（計算類型：差異 , 計算依據：表 (橫向)），對 [訂單日期] 元素值不變，爲不定維計算；但對 [區域] 元素不同而改變，爲定維計算。特例情況，Table(1, n) 或 Table(n,1)。

(6) 重計算。當對表計算重新設定後，如變更計算類型或計算依據，則 Tableau 會立即重新計算。

(7) 函數。Tableau 提供相關表計算函數，供例行性工作的自動化執行，以節省處理時間，及減少人爲操作上的錯誤。

(8) 應用。表計算適合於經濟和財務（會計）的商業智慧應用上，尤其跟時間有關表現的占比、差異或比較。

(9) 匯出。表計算結果可直接匯出並儲存成 CSV 檔案類型。

(10) 圖表。表計算適用於工作表上的圖或表。如圖 5-2 表計算之銷售額 (計算類型：合計百分比 , 計算依據：表 (橫向))，以長條圖呈現。[國家 / 地區]='Taiwan'，銷售額的總計 (%): 0.21（=7,648/3,566,440 * 100）。

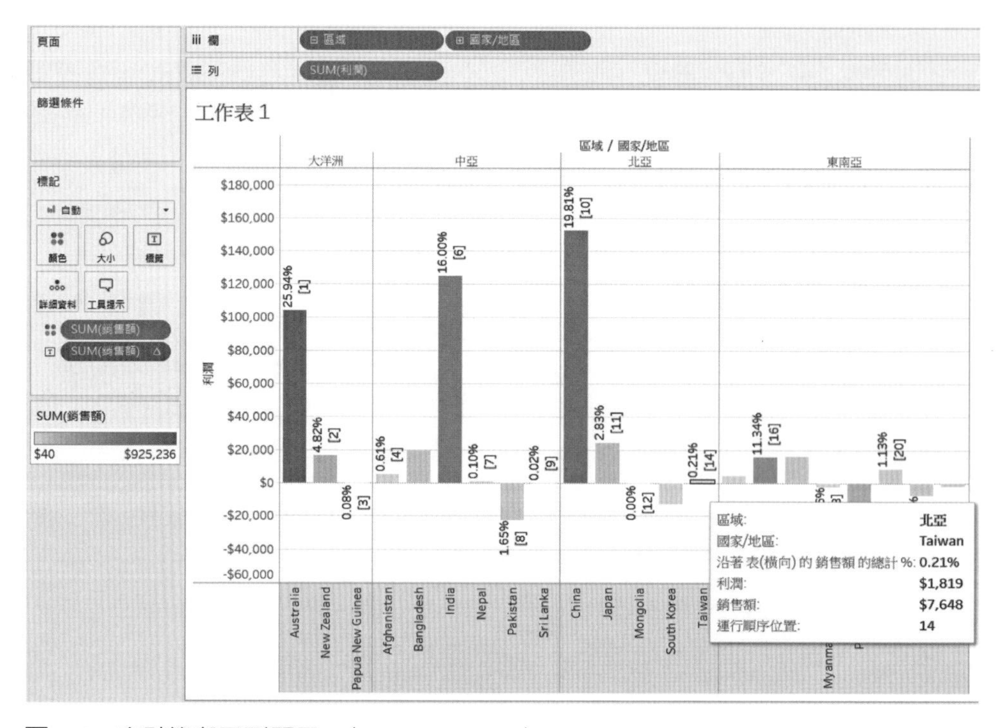

圖 5-2　表計算與圖形顯示　（Tableau 2021.2）

註：此圖中 [指標值]（如 [2]、[3]）即指「運行順序位置」值；也可在開啓【編輯表計算】期間得知。關閉它，就會消失。

3. 相對偏移量概念

對初學者來說，「相對」和「絕對」概念較難理解。「絕對」就是只有唯一的絕對參考點或基準點，「相對」則否。圖 5-3 即採相對參考點概念，當滑鼠移到儲存格 A1 時，它的相對偏移量 =0；移到儲存格 E1 時，就會變成 E1 相對偏移量 =0。意即每一個儲存皆可作為參考點。如果採用絕對做法時，A1=0，B1=1，…，E1=4，那麼 A1 就是絕對參考點。但它是由計算依據和函數來決定的。當初學者慣用拖曳方式來完成表計算時，若不了解它們，則所得計算結果可能是錯誤的，尤其在製作財務報表時。解決之道，就是去看各儲存格內「運行順序位置」值是否我們想要的排序。若不是，則去檢視一下財務報表需求，重新設定計算依據。注意：當我們去變更工作表中的維度後，建議先移除表計算，而後再將該欄位拖曳到操作環境上，否則可能發生不正確的表計算值。

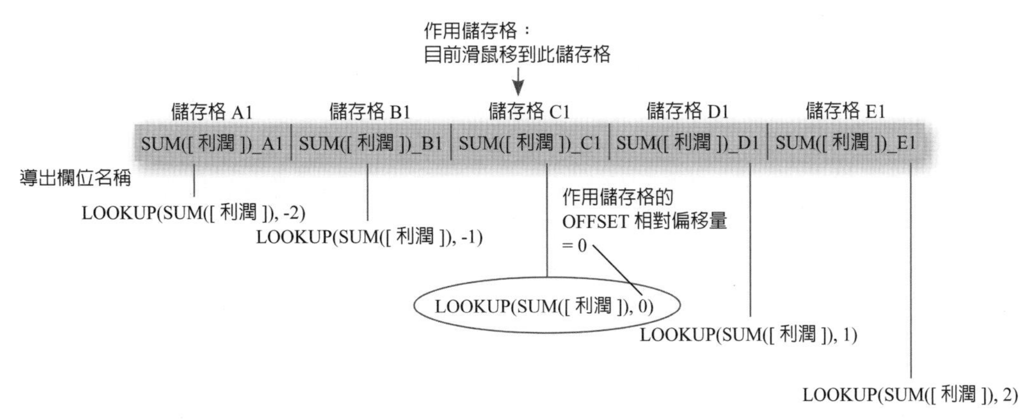

圖 5-3 以儲存格 **C1** 作為參考點的相對偏移量示意圖

5.2 操作表計算

啓動 Tableau 且匯入「範例 – 超級市場」檔案後，在畫面左側的「資料」窗格上，滑鼠左鍵拖曳 [訂單日期] 欄位到【列】架上，在 年(訂單日期) （膠囊狀）按 + 以展開成「季 (訂單日期)」，或者再拖曳 [訂單日期] 到【列】架上；將 [區域] 欄位拖曳到【欄】架上；[利潤] 欄位拖曳到標記卡【顏色】上，在 SUM(利潤) 按 ▽，選擇【新增表計算 ...】，設定計算類型 : 差異，計算依據 : 表

(橫向)。其餘依照下列程序操作之。

操作環境	在架中編輯	設定
【列】架	DATEPART('year', [訂單日期])	(年 , 離散)
【列】架	DATEPART('quarter', [訂單日期])	(季 (第 2 季), 離散)
【欄】架	[區域]	(維度)
標記卡【標籤 / 文字】	SUM([銷售額])	(度量 (總和), 連續)
標記卡【顏色】△	SUM([利潤])	(計算類型 : 差異 , 計算依據 : 表 (橫向))
標記卡【詳細資料】	SUM([利潤])	(度量 (總和), 連續)
標記卡標記類型 ▼	N/A	方形（Square）

說明：△係指表計算的圖示。

在圖 5-4 中，作用儲存格即為目前滑鼠游標所在位置，內隱資訊為「利潤的差異 :-$2,930」，係為差異公式：這一個儲存格減去上一個儲存格之計算結果，故差異 =$4,359 - $7,289=-$2,930。「這一個」和「上一個」由計算依據的方向（表 (橫向)）所決定的。而 $25,774 為銷售額，它是由標記卡【標籤】所產生的，屬於外顯資訊。

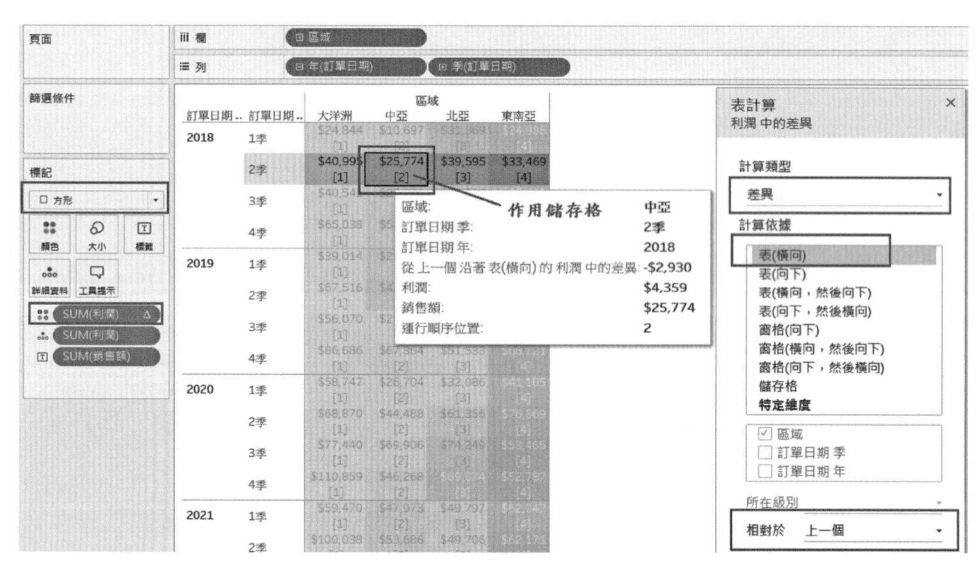

圖 5-4　[利潤] 欄位表計算差異的結果（Tableau 2021.2）

爲了增加儲存格的內隱資訊或匯出，可透過畫面最上端的主功能表【分析(A) > 建立導出欄位 (C)⋯】，來建立新的欄位。按【套用】鈕（Apply）以執行敘述句。

導出欄位名稱	敘述句
LOOKUP_ 回傳值	IF LOOKUP(SUM([利潤]),0) > 10000 THEN ' 利潤優 ' ELSEIF LOOKUP(SUM([利潤]),0) > 5000 THEN ' 利潤佳 ' ELSEIF LOOKUP(SUM([利潤]),0) > 3000 THEN ' 利潤可 ' ELSE ' 表現差 ' END

將 [LOOKUP_ 回傳值] 欄位拖曳到標記卡【詳細資料】後。當滑鼠游標停留在「東南亞 -2018-1 季」儲存格時，此即爲作用儲存格，它的 [利潤]=-$280，透過表計算函數 LOOKUP(SUM([利潤]),0) 函數取得 -280，再經由 IF 子句回傳給 [LOOKUP_ 回傳值] 欄位值爲 ' 表現差 '，並顯示在作用儲存格內，或全部匯出至 CSV 檔案。如圖 5-5 所示。

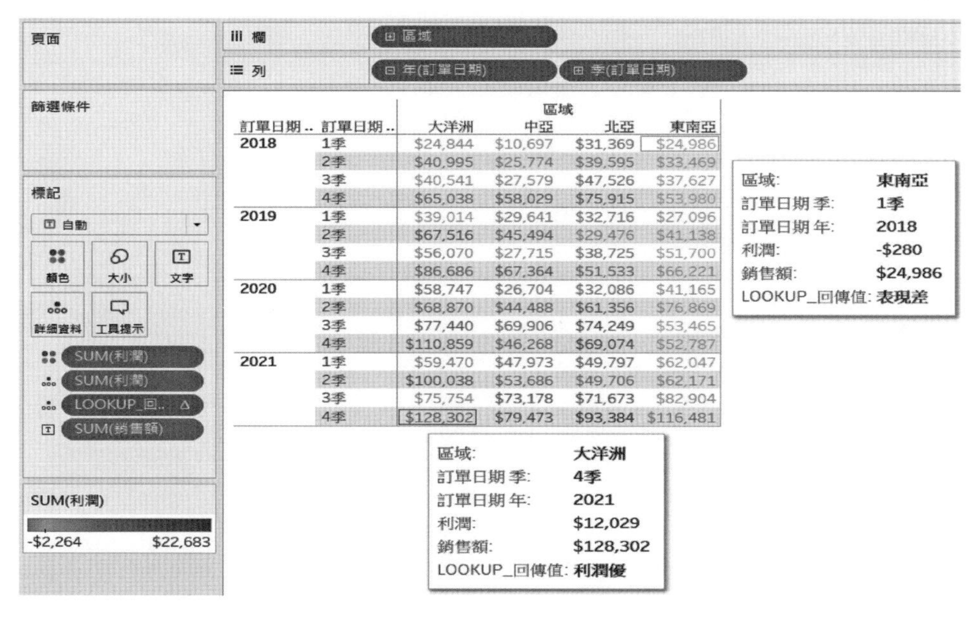

圖 5-5 [LOOKUP_ 回傳值] 欄位表計算結果（Tableau 2021.2）

提示：作用儲存格內的利潤值爲一 SUM([利潤])（以標記卡【詳細資料】表示），故 LOOKUP(expression, offset) 的 expression 必須爲 SUM([利潤]) 彙總形式。當我們移動滑鼠游標，即可在工作表上任何儲存格上顯示 LOOKUP(SUM([銷售額]),0)[相對計算] 銷售額總和。

如果我們想要只顯示特定儲存格的表計算值，那麼就須依賴程式設計和建立參數了。其操作程序如下：

1. 建立參數

在「資料」窗格「表」或「參數」區上，滑鼠游標移到任何一個欄位上，按滑鼠右鍵，選擇【建立 > 參數 ...】，名稱 (N): 銷售額 _ 參數 _ 表計算指標，資料類型 (T): 整數，當前值 (V): 1，允許的值：⦿ 範圍，最小值 : 1，最大值 : 64。按【確定】。因爲工作表內的儲存格共計 64 格，故 INDEX() 會從 1 到 64。

2. 建立導出欄位

我們可以採用三種方法來獲得特定儲存格的 [銷售額] 欄位表計算值，並讓其他儲存格爲 NULL。

導出欄位名稱	敘述句

銷售額 _ 表計算 _ 特定儲存格 _1	// 公式：FIRST()+INDEX()-1 = 0; FIRST() = 1 - INDEX()
	// [方法一] 採 INDEX() 判斷
	IF INDEX() =[銷售額 _ 參數 _ 表計算指標] THEN
	LOOKUP(AVG([銷售額]),FIRST()+INDEX()-1)
	ELSE NULL
	END

銷售額 _ 表計算 _ 特定儲存格 _2	// [方法二] 採 INDEX() 判斷 IF INDEX() = [銷售額 _ 參數 _ 表計算指標] THEN WINDOW_SUM(AVG ([銷售額]),0,0) ELSE NULL END

銷售額 _ 表計算 _ 特定儲存格 _3	// [方法三] 採 FIRST () 判斷。
	// 如 INDEX()=61，相當於 FIRST() = -60 = 1 - INDEX()
	IF FIRST() = 1- [銷售額 _ 參數 _ 表計算指標] THEN
	LOOKUP(AVG ([銷售額]),0)
	ELSE NULL
	END

3. 拖放與設定

拖放相關欄位與設定之操作程序如下：

操作環境	在架中編輯	設定
【欄】架	[區域]	(維度)
【列】架	DATEPART('year', [訂單日期])	(年 , 離散)
【列】架	DATEPART(quarter, [訂單日期])	(季 , 離散)
標記卡【顏色】	SUM([利潤])	(度量 (總和), 連續)
標記卡【文字】	SUM([銷售額])	(度量 (總和), 連續)
標記卡【詳細資料】	SUM([利潤])	(度量 (總和), 連續)
標記卡【詳細資料】	[銷售額 _ 表計算 _ 特定儲存格 _1]	(連續 , 計算依據 : 表 (向下，然後橫向)

然後，我們即可到 [銷售額 _ 參數 _ 表計算指標] 欄位去選擇【編輯 ...】，去調整參數的當前值（1-64）。然後移動滑鼠游標至指定的儲存格，是否有顯示 [銷售額] 平均值，且其餘儲存格均顯示空白（NULL）。若否，重新去設定計算依據。例如，設定成：表 (橫向 , 然後向下)。當然，我們也可以透過「IIF (INDEX()=1 OR INDEX()=17 OR INDEX()=33 OR INDEX()=49, WINDOW_SUM(AVG ([銷售額]),0,0), NULL)」同時取得指標值爲 1、17、33、49 等多個儲存格的表計算結果。

5.3 計算類型與公式

關於快速表計算的計算類型名稱上，Tableau 2020.3.10 版和 Tableau 2021.2.0 版唯一差異在於，前者採用「年度同比成長」一詞，後者爲「年增率」。

Tableau 提供「表計算」之計算類型，包括 { 差異 , 百分比差異 , 百分比 , 合計百分比 , 排序 , 百分位數 , 匯總 , 移動計算 } 等 8 種類型；提供「快速表計算」之計算類型，包括 { 匯總 , 差異 , 百分比差異 , 合計百分比 , 排序 , 百分位數 , 移動平均 , YTD 總計 , 複合成長率 , 年增率 , YTD 成長 } 等 11 種類型。其中有部分與「表計算」執行相同功能。前者提供較基本的功能，而後者則亦提供了進階功能。其中匯總提供絕對參考點的計算，即爲一種「累進」方法。例如，從那一個時間點開始計算。

1. 計算類型

有關表計算之計算類型之引用函數或公式如下：

中文名稱	英文名稱	函數或公式
匯總	Running Total	RUNNING_SUM(SUM([利潤]))
差異	Difference	ZN(SUM([利潤])) - LOOKUP(ZN(SUM([利潤])), -1)
		SUM([利潤]) - LOOKUP(SUM([利潤]), -1)
		LOOKUP(SUM([利潤]), 0) - LOOKUP(SUM([利潤]), -1) // 本期 – 上期
百分比差異	Percent Difference	STR(ROUND((ZN(SUM([利潤]))-LOOKUP(ZN(SUM([利潤])), -1))/ABS(LOOKUP(ZN(SUM([利潤])),-1)) * 100,2)) + ' %'
		STR(ROUND((SUM([利潤])-LOOKUP(SUM([利潤]), -1))/ ABS(LOOKUP(SUM([利潤]),-1)) * 100,2)) + ' %'
合計百分比	Percent of Total	STR(ROUND(SUM([利潤])/TOTAL(SUM([利潤]))*100,2))+' %'
		STR(ROUND(WINDOW_SUM(SUM([利]),FIRST()+INDEX()-1,FIRST()+INDEX()-1)/WINDOW_SUM(SUM([利潤]),FIRST()+ 0, FIRST() + SIZE()) * 100 ,2)) + ' %'
排序	Rank	RANK(SUM([利潤]))
百分位數	Percentile	STR(ROUND(RANK_PERCENTILE(SUM([利潤]))*100,2))+' %'
移動平均	Moving Average	WINDOW_AVG(SUM([利潤]), -2, 0) //（註 1）
YTD 總計	YTD Total	RUNNING_SUM (SUM ([利潤]))
複合成長率	Compound Growth Rate	POWER (ZN (SUM ([利潤])) /LOOKUP (ZN (SUM [利潤])) ,FIRST ()) ,ZN (1/ (INDEX () -1))) -1
年增率	Year Over Year Growth	(SUM ([利潤]) -LOOKUP (SUM ([利潤]) ,-1)) /ABS (LOOKUP (SUM ([利潤]) ,-1))
YTD 成長	YTD Growth	N/A

註 1：Average, prev 2, next 0（平均值，回推 2 期，後進 0 期），AVG(利潤 $_{t-2}$, 利潤 $_{t-1}$, 利潤 $_{t}$)。

2. YTD 成長（YTD Growth）

YTD 成長（Year To Date Growth），一般從該年的年初至今增長百分率，它分爲兩種計算公式：

(1) 時間點

$$\text{YTD 成長} = \frac{X_t - X_{t0}}{ABS(X_{t0})} * 100\% \qquad (5\text{-}1)$$

爲計算日與去年底相比的變動率。例如，2020 年 12 月 31 日的甲公司營收淨值爲 120，2021 年 6 月 30 日的營收淨值爲 159，則 2021/6/30 當日的營收淨值 YTD 爲 (159-120)/120 * 100%=32.5%，表示該公司截至 2021 年 6 月底止（年初至今），YTD 增長（Growth）了 +32.5%。這是相對於 2020 年 12 月底，或以 2020 年 12 月底作爲基準，來看某一時間點的成長或增長百比率。註：*100（%）爲百分率，當它爲每 100 時增減（變化）多少；*1000（‰）爲千分率，表示爲每 1000 時增減（變化）多少。

(2) 期間（Tableau 採此公式）

$$\text{YTD 成長} = \frac{\Sigma_i^n Y_{t_i} - \Sigma_i^n X_{t_i}}{ABS(\Sigma_i^n X_{t_i})} * 100\% \qquad (5\text{-}2)$$

例如，利潤 _YTD 成長 (2019 年前 3 季對 2018 年前 3 季) =

$$\frac{\text{（2019年第1季+2019年第2季+2019年第3季）–（2018年第1季+2018年第2季+2018年第3季）}}{\text{ABS（2018 年第 1 季 +2018 年第 2 季 +2018 年第 3 季）}}$$

3. 年增率（Year Over Year Growth）

$$\text{年增率} = \text{年度同比成長} = \frac{\text{（本期 – 上期）}}{\text{ABS（上期）}} * 100\% \qquad (5\text{-}3)$$

例如，我們以 [區域]= 東南亞，[利潤] 度量來計算出「期別：年 - 季」。本期爲 2018 年第 4 季，上期爲 2017 年第 4 季。利潤 _ 年度同比成長 (東南亞：2018 年第 4 季對 2017 年第 4 季) = 利潤 _ 年增率 (東南亞：2018 年第 4 季對 2017 年第 4 季)

$$=\frac{-1532.34-883.47}{ABS(883.47)}*100\%=-273.45\%$$

如果我們想要取得東南亞：2021 年第 1 季（本期）的 SUM([利潤]) 年增率，則必須與 2020 年第 1 季（上期）來作百分比差異的計算。其計算如下：

利潤 _ 年增率 (東南亞：2021 年第 1 季對 2020 年第 1 季)

$$=\frac{797-(-986)}{ABS(-986)}*100\%=180.80\%$$

我們可以透過程式設計，來計算個別年增率。有關範例如下：

導出欄位名稱	敘述句
利潤 _ 個別年增率 _ 區域別	' 東南亞 '
利潤 _ 個別年增率 _ 年季別	'2021-1'
利潤 _ 個別年增率 _ 本期	SUM(IIF([區域] = [利潤 _ 個別年增率 _ 區域別] AND YEAR([訂單日期]) = INT(SPLIT([利潤 _ 個別年增率 _ 年季別],'-',1)) AND QUARTER([訂單日期]) = INT(SPLIT([利潤 _ 個別年增率 _ 年季別],'-',2)), [利潤], NULL))
利潤 _ 個別年增率 _ 上期	SUM(IIF ([區域] = [利潤 _ 個別年增率 _ 區域別] AND YEAR([訂單日期]) = INT(SPLIT([利潤 _ 個別年增率 _ 年季別],'-',1))-1 AND QUARTER([訂單日期]) = INT(SPLIT([利潤 _ 個別年增率 _ 年季別],'-',2)) , [利潤], NULL))
利潤 _ 個別年增率	LEFT(STR(ROUND((([利潤 _ 個別年增率 _ 本期] - [利潤 _ 個別年增率 _ 上期])/ABS([利潤 _ 個別年增率 _ 上期]),4) * 100) ,6) + ' %'
利潤 _ 個別年增率 _ 結果	IF [區域] = [利潤 _ 個別年增率 _ 區域別] AND YEAR([訂單日期]) = INT(SPLIT([利潤 _ 個別年增率 _ 年季別],'-',1)) AND QUARTER([訂單日期]) = INT(SPLIT([利潤 _ 個別年增率 _ 年季別],'-',2)) THEN {[利潤 _ 個別年增率]} // 用 {}，否則發生彙總與非彙總混用 ELSE NULL END
利潤 _ 年增率	STR(ROUND((LOOKUP(SUM([利潤]),0) - LOOKUP(SUM([利潤]), -1))/ABS(LOOKUP(SUM([利潤]),-1)) * 100, 2)) + ' (%)'

在標記卡【詳細資料】的 [利潤 _ 年增率] 欄位上，選擇【編輯表計算… 】，計算依據：特定維度（訂單日期 季，訂單日期 年），所在級別（At the level）：最深（Deepest）或訂單日期 年（Year of Order Date）（擇一），排序順序（Sort Order）：特定維度（Specific Dimensions）。這些人爲設定值，必須與 [利潤 _ 年增率] 欄位的【快速表計算 > 年增率】操作後的設定（可由【編輯表計算… 】得知）相同。這點對程式設計而言，十分重要。

4. 複合成長率（Compound Growth Rate）

$$\text{複合成長率} = \text{年度總增長率} = \text{CAGR} = \left(\frac{EV}{BV}\right)^{1/n} - 1 \quad (5\text{-}4)$$

複合成長率即指年度總增長率（Compound Annual Growth Rate, CAGR）。其中 BV：起始價值，EV：終止價值，n：期數。例如，若你投資股票，在過去 5 年中從 10 萬元增加到 25 萬元，那麼每年增長率爲 +20.11%。CAGR=(250000/100000)^(1/5)-1 = 0.2011 = 20.11%。我們必須確保在 n 爲偶數值時，EV/BV 要大於等於 0。下列爲透過程式設計來計算 CAGR 值的範例。

導出欄位名稱	敘述句
利潤 _ 複合成長率 _ 區域別	' 中亞 '
利潤 _ 複合成長率 _ 年季別	'2018-1'
利潤 _ 複合成長率 _ 本期	SUM(IIF([區域] = [利潤 _ 複合成長率 _ 區域別] AND YEAR([訂單日期]) = INT(SPLIT([利潤 _ 複合成長率 _ 年季別],'-',1)) AND QUARTER([訂單日期]) = INT(SPLIT([利潤 _ 複合成長率 _ 年季別],'-',2)), [利潤], NULL))

利潤 _ 複合成長率 _ 首期	// 相對於首期：2017 年第 1 季，BV=2017 年第 1 季
	SUM(IIF ([區域] = [利潤 _ 複合成長率 _ 區域別] AND YEAR([訂單日期]) = 2017 AND QUARTER([訂單日期]) = 1, [利潤], NULL))

利潤 _ 複合成長率	LEFT(STR(ROUND((POWER([利潤 _ 複合成長率 _ 本期] / [利潤 _ 複合成長率 _ 首期], 1/((INT(SPLIT([利潤 _ 複合成長率 _ 年季別],'-',1)) -2017)*4+ INT(SPLIT([利潤 _ 複合成長率 _ 年季別],'-',2)) -1))- 1) * 100 ,6)),6) + ' %'

導出欄位名稱	敘述句
利潤 _ 複合成長率 _ 最終結果	IIF ([區域] = [利潤 _ 複合成長率 _ 區域別] AND YEAR([訂單日期]) = INT(SPLIT([利潤 _ 複合成長率 _ 年季別],'-',1)) AND QUARTER([訂單日期]) = INT(SPLIT([利潤 _ 複合成長率 _ 年季別],'-',2)) , {[利潤 _ 複合成長率]}, NULL)

5. 百分比差異

當我們選擇 [利潤] 欄位的【快速表計算 > 百分比差異】後即可得到隱藏結果，公式：

百分比差異 =（本期 – 上期）/ 上期 * 100%　　（5-5）

例如，百分比差異 = (740 – 8062.15)/8062.15 * 100% = –90.82%。

6. 合計百分比

我們選擇 [利潤] 欄位的【快速表計算 > 合計百分比】得到結果，公式如下：

合計百分比 = 本期 _ 利潤 / 本列全部 _ 利潤總和 * 100%
= 本期 _ 利潤 / RUNNING_SUM(SUM([利潤])) * 100 %　　（5-6）

例如，合計百分比 =-279.99/11958 * 100 % = -2.34 %。其程式碼：

```
STR(ROUND(WINDOW_SUM(SUM([ 利潤 ]),FIRST()+INDEX()-1,FIRST()+INDEX()-1)
/WINDOW_SUM(SUM([ 利潤 ]),FIRST()+ 0, FIRST() + 3) * 100,2) ) + ' %'
```

7. 移動平均

移動平均法（Moving Average, MA）是一種與時間有關的簡單平滑預測方法（SMA）。Tableau 移動平均的預設移動單位：以年為單位，以三年為一週期。它運作原理類似一個固定 □□□ 窗格工具，由左到右平移，每往右移動一格（即碰到一個時間性數據），就會去計算一次與產出結果；直到它碰到終止年就停止移動，即發生最右的窗格沒有數據。其運作原理如圖 5-6。其公式如下：

$$移動平均 = \frac{x_{t1} + x_{t2} + ... + x_{tk}}{k}$$
$$= \frac{\sum_{i=1}^{k} x_{ti}}{k} \quad (5\text{-}7)$$

其中，n 爲週期，k 爲可移動的時間窗格數；$k \leqq n$，且 k 和 n 均爲正整數。

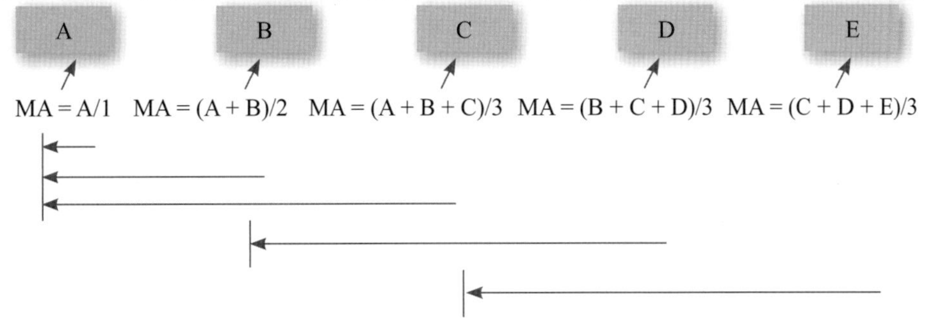

圖 5-6 以 **3** 年（**n**）為一週期的移動平均計算過程

8. 取得二維表資料

我們可以透過程式設計，取得二維表內的儲存格內容。例如，想要取得東南亞在 2020 年第 3 季銷售額的總和，[銷售額 _ 總和 _ 區域 _ 年季別 _ 輸入]: ' 東南亞 -2020-3'。有關程式設計範例如下：

導出欄位名稱	敘述句
銷售額 _ 總和 _ 區域 _ 年季別 _ 輸入	' 東南亞 -2020-3'
銷售額 _ 表計算	WINDOW_SUM(SUM(IIF (YEAR([訂單日期]) = INT(SPLIT([銷售額 _ 總和 _ 區域 _ 年季別 _ 輸入],'-',2)) AND QUARTER([訂單日期]) = INT(SPLIT([銷售額 _ 總和 _ 區域 _ 年季別 _ 輸入],'-',3)), [銷售額],NULL)), CASE SPLIT([銷售額 _ 總和 _ 區域 _ 年季別 _ 輸入],'-',1)

導出欄位名稱	敘述句
	WHEN '大洋洲' THEN FIRST()+ 0 WHEN '中亞' THEN FIRST()+ 1 WHEN '北亞' THEN FIRST()+ 2 WHEN '東南亞' THEN FIRST()+ 3 ELSE NULL END, CASE SPLIT([銷售額 _ 總和 _ 區域 _ 年季別 _ 輸入],'-',1) WHEN '大洋洲' THEN FIRST()+ 0 WHEN '中亞' THEN FIRST()+ 1 WHEN '北亞' THEN FIRST()+ 2 WHEN '東南亞' THEN FIRST()+ 3 ELSE NULL END)
銷售額 _ 非表計算	SUM(IIF ([區域] = SPLIT([銷售額 _ 總和 _ 區域 _ 年季別 _ 輸入],'-',1) AND YEAR([訂單日期]) = INT(SPLIT([銷售額 _ 總和 _ 區域 _ 年季別 _ 輸入],'-',2)) AND QUARTER([訂單日期]) = INT(SPLIT([銷售額 _ 總和 _ 區域 _ 年季別 _ 輸入],'-',3)), [銷售額], NULL))

9. 表計算函數

Tableau 提供的表計算函數可分成 {RUNNING_, WINDOW_, TOTAL, PREVIOUS_VALUE, SIZE, RANK, RANK_, LOOKUP, MODEL_}。其中以 LOOKUP(expression, [offset]) 函數最重要。MODEL_PERCENTILE (target_expression, predictor_expression(s)) 傳回預期值的機率（介於 0 和 1 之間）小於或等於目標運算式和其他預測值定義的觀測標記。這是後驗預測分布函數，也稱爲累積分布函數（CDF）。此函數是 MODEL_QUANTILE 的反函數。注意：Tableau 2020.3 系列版本，每執行 PREVIOUS_VALUE() 函數後，必須重新拖曳到標記卡【詳細資料】上，否則它不會主動更新（Refresh）。

RUNNING 函數是 WINDOW 函數的特例。前者針對整體，後者可進行整體或個別，即 WINDOW 有選項，但 RUNNING 則否。語法：RUNNING_AVG(expression)，和 WINDOW_AVG(expression , [start, end])。例如，【欄】架：[區域]、【列】架：DATEPART('year', [訂單日期]) 和 DATEPART('quarter', [訂

單日期]) 情況下，標記卡【文字】：WINDOW_AVG(SUM([銷售額]),-3, 0)，跟標記卡【文字】：RUNNING_AVG(SUM([銷售額])) 的表計算值是相同的。這用法取決於不同需求。注意：WINDOW_AVG(SUM([銷售額]))，如計算依據：表 (橫向)，所有儲存格值回傳 [區域]=' 東南亞 '，即回傳最後一行的值。

5.4 表計算在交通違規應用

我們到「政府資料開放平臺」（https://data.gov.tw/）「交通及通訊」項目中，下載 104 年至 109 年新北市交通違規取締統計 .csv 等 6 個檔案。經由檔案合併處理後，原始資料共計 7 個變數（欄位）和 55,700 筆資料。經過刪除「案件數=0」計 35,089 筆後，有效樣本數爲 20,611 筆，占全部的 37%，表示新北市政府警察局所提供的資料有 63% 是無效或無作用的，人工輸入、儲存空間和處理時間等效能問題有待改善。這個問題可能出在這些資料非以資料庫儲存與處理導致的，也可能出於資料統計上的考量。儘管如此，這些有效樣本仍具有實用價值的。本節希望從 Tableau 的表計算觀點，來了解交通違規取締狀況，然後再透過 STATA、IBM SPSS 或 SAS EG 等去進一步統計分析。

1. 檔案合併

Tableau 被定位爲一種中介軟體，它無法進行多個檔案合併處理，以提供資料處理與分析用的資料來源。因此，我們必須透過 R、Python、STATA 或 Excel VBA 等電腦語言或應用軟體的專屬語言，來進行多檔案合併工作。其中以 Excel VBA 處理效能最差，這也是 Excel VBA 不適合大數據處理與分析的主因，另一主因是匯入檔案大小至多 512MB，這對中文資料的 UTF-8 編碼系統，是個很大實用限制。其實匯入檔案以 STATA 最佳。下列爲採用 Excel VBA 的做法：

```
Sub 政府開放資料_CSV 檔案合併 ()
    Dim 建立物件 FSO As Object
    Dim 設定資料夾 As Object
    Dim 檔案物件 As Object
    Dim 路徑檔名 As String
```

```
Dim 最尾列數 , 最尾行數 , 總最尾列數 As Long
Set 建立物件 FSO = CreateObject("Scripting.FileSystemObject")
Set 設定資料夾 = 建立物件 FSO.GetFolder("D:\Tableau\ 資料集 \ 政府開
放資料 \")
Windows("2015-2020 年新北市交通違規取締統計 .xlsm").Activate
Cells.Select
Selection.Delete Shift:=xlUp
[A1] = " 年度 "
[B1] = " 月份 "
[C1] = " 舉發種類 "
[D1] = " 適用條例 "
[E1] = " 車種 "
[F1] = " 舉發方式 "
[G1] = " 案件數 "
[A1].Select
總最尾列數 = 2
For Each 檔案物件 In 設定資料夾 .Files
    路徑檔名 = "D:\Tableau\ 資料集 \ 政府開放資料 \" + 檔案物件 .Name
    Workbooks.OpenText Filename:= 路徑檔名 , Origin:=65001,
    DataType:=xlDelimited, comma:=True  'UTF-8
    'Cells(i + 1, 1) = 路徑檔名
    ActiveCell.SpecialCells(xlLastCell).Select
    'MsgBox Selection.Row & "  " & Selection.Column
    最尾列數 = Selection.Row
    最尾行數 = Selection.Column
    Range(Cells(2, 1), Cells( 最尾列數 , 最尾行數 )).Select  ' 選取全部內容
    Selection.Copy
    Windows("2015-2020 年新北市交通違規取締統計 .xlsm").Activate
    Cells( 總最尾列數 , 1).Select
    ActiveSheet.Paste
```

```
        Windows( 檔案物件 .Name).Activate
        Application.DisplayAlerts = False
        ActiveWindow.Close
        Application.DisplayAlerts = True
        總最尾列數 = 總最尾列數 + 最尾列數 - 1
    Next 檔案物件
    [A1].Select
    Beep
    Beep
    MsgBox "【政府開放資料 _CSV 檔案合併】已執行完畢！"
End Sub
```

執行完上述程式後，將它另存成：D:\【原始】2015-2020 年新北市交通違規取締統計 .xlsm。

2. 刪除無效資料

我們提供三種方法，來進行刪除無用資料。分別採用逐列法、批次法和排序法等。它們皆採 Excel VBA 程式撰寫的。其中以排序法效能最佳。有關程式碼如下：

```
Sub 逐列法刪除無用資料 ()
    REM 方法一：逐列法
     ActiveWorkbook.Worksheets(" 逐列法 ").Activate
     行 = 7
     列 = 2
     Do While Cells( 列 , 行 ) <> ""
         If Cells( 列 , 行 ) = 0 Then
             刪除此列 = Trim(Str( 列 )) & ":" & Trim(Str( 列 ))
             Rows( 刪除此列 ).Select
             Selection.Delete Shift:=xlUp
```

```
        Else
            列 = 列 + 1
        End If
    Loop
    [A1].Select
    Beep
    Beep
    MsgBox "【逐列式刪除無用資料】已執行完畢！"
End Sub
```

```
Sub 批次法刪除無用資料 ()
    REM 方法二：批次法
    Dim 刪除列陣列 (), i, 計數 , 列 As Long
    Dim 刪除串列 As Variant
    Dim 行 As Integer
    ActiveWorkbook.Worksheets(" 批次法 ").Activate
繼續做 :
    行 = 7
    列 = 2
    計數 = 0
    最大處理量 = 20
    Do While Cells( 列 , 行 ) <> "" And 計數 <= 最大處理量
        If Cells( 列 , 行 ) = 0 Then
            計數 = 計數 + 1
            ReDim Preserve 刪除列陣列 ( 計數 )
            刪除列陣列 ( 計數 ) = 列
        End If
        列 = 列 + 1
    Loop
    If 計數 = 0 Then
```

```
        GoTo 結束
    End If
    刪除串列 = ""
    'For i = 1 To UBound( 刪除列陣列 )
    'For i = 1 To 計數
    ' Range( 字串 ).Select 子句中，字串處理量只能 20 列
    For i = 1 To 計數
        刪除串列 = 刪除串列 & Trim(Str( 刪除列陣列 (i))) & “:” &
Trim(Str( 刪除列陣列 (i))) & ","
        Range(Trim(Str( 刪除列陣列 (i))) & ":" & Trim(Str( 刪除列陣列 (i)))).
Select
    Next
    'Range("2:2,6:6,7:7,9:9,11:11,12:12").Select
    'Rows( 刪除此列 ).Select
    Range(Left( 刪除串列 , Len( 刪除串列 ) - 1)).Select
    Selection.Delete Shift:=xlUp
    GoTo 繼續做
結束 :
    [A1].Select
    Beep
    Beep
    MsgBox "【批次式刪除無用資料】已執行完畢！"
End Sub
```

```
Sub 排序刪除法 ()
    REM 方法三：排序法
    ' 處理程序：(1) 先對 案件數 欄位進行由小到大排序；(2) 將案件數 =0 列
數刪除
    ' 效能：可在 60 秒內完成，比批次式或逐列式刪除，效能提升 100 倍以
上。
```

```
    '
ActiveWorkbook.Worksheets(" 排序法 ").Activate
    列 = 2
    Do While Cells( 列 , 1) <> ""
        列 = 列 + 1
    Loop
    KEY 範圍 = "G2:G" & ( 列 - 1)
    排序範圍 = "A1:G" & ( 列 - 1)
    ActiveWorkbook.Worksheets(" 排序法 ").Sort.SortFields.Clear
    ActiveWorkbook.Worksheets(" 排序法 ").Sort.SortFields.Add
        Key:=Range(KEY 範圍 ) _
        , SortOn:=xlSortOnValues, Order:=xlAscending,
        DataOption:=xlSortNormal
    With ActiveWorkbook.Worksheets(" 排序法 ").Sort
        .SetRange Range( 排序範圍 )
        .Header = xlYes
        .MatchCase = False
        .Orientation = xlTopToBottom
        .SortMethod = xlPinYin
        .Apply
    End With
    列 = 2
    Do While Cells( 列 , 7) = 0
        列 = 列 + 1
    Loop

    刪除範圍 = "2:" & ( 列 - 1)
    Range( 刪除範圍 ).Select
    Selection.Delete Shift:=xlUp
結束 :
```

```
    [A1].Select
    Beep
    Beep
    MsgBox "【排序刪除法】已執行完畢！"
End Sub
```

由於 EXCEL VBA 對於刪除無效資料處理時間仍太久，故建議改採用 STATA。STATA 處理時間：大約 1 秒鐘。它只需要一條「drop if 案件數 == 0」的批次式處理敘述句，簡潔又效能佳。最後匯出到：D:\【STATA】2015-2020 年新北市交通違規取締統計 .xlsx。

```
import excel "D:\【原始】2015-2020 年新北市交通違規取締統計 .xlsm",
sheet(" 交通違規資料 ") firstrow
drop if 案件數 == 0  // (35,089 observations deleted)
display _N //20611
export excel using "D:\【STATA】2015-2020 年新北市交通違規取締統計 .xlsx",
firstrow(variables)
```

3. 表計算分析

我們將 STATA 所匯出（Export）的「D:\【STATA】2015-2020 年新北市交通違規取締統計 .xlsx」檔案匯入到 Tableau 環境。由於原始資料，[年度] 和 [月份] 資料欄位是數值且連續，故我們必須透過MAKEDATE() 函數來轉換成日期格式。

導出欄位名稱	敘述句

T_ 舉發日期	// 將民國年月轉換成日期型態：2015/01/01
	MAKEDATE([年度]+1911,[月份],1)

案件數 _WINDOW_MAX	// 取得各車種的最大值
	// 使用表計算
	WINDOW_MAX(SUM([案件數]))

案件數 _WINDOW_MIN	// 取得各車種的最小值
	// 使用表計算
	WINDOW_MIN(SUM([案件數]))

其次，我們透過 DATETRUNC('quarter', [T_ 舉發日期])、案件數總和，以及車種（「其他」未列入），並導入表計算，可以發現在 2018 年是整個交通違規案件數達到高峰期，然後再急速往下滑。其中汽車案件數最大值發生在 2018 年第 2 季的 566,082 件；機車最大值發生在 2018 年第 4 季的 532,612 件。從 2017 年第 4 季起，汽車案件數大部分都比機車來得高。除了汽車和機車外，重型機車案件數也逐漸突出。發生數最高點在 2018 年第 2 季的 16,204 件。我們將圖 5-7 表計算結果匯出到：D:\ 交通違規 _ 表計算 .CSV。

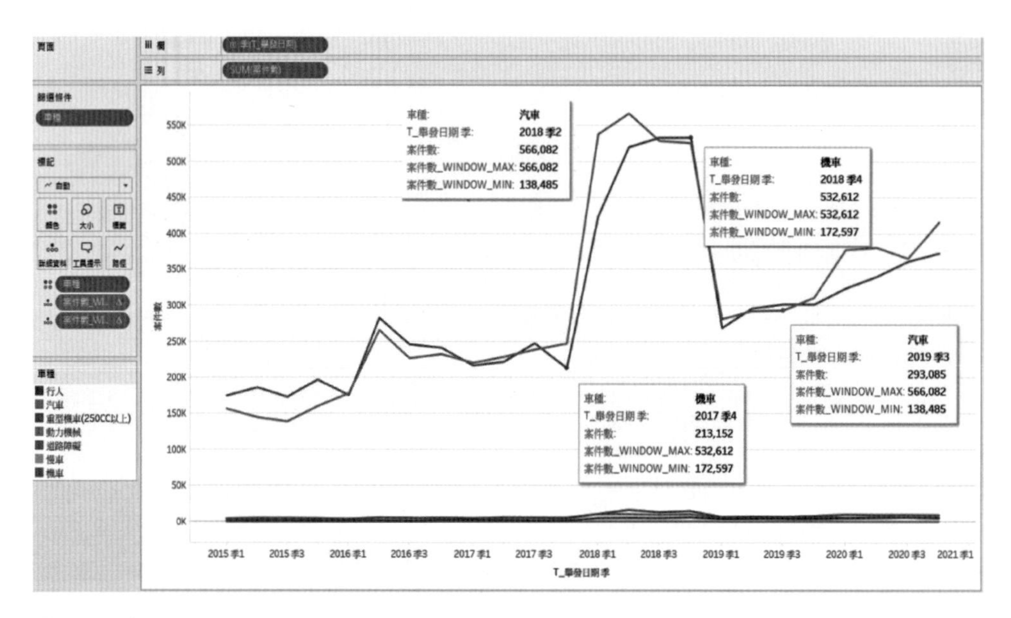

圖 5-7　各種車種交通違規數量依時間變化曲線圖

進入 STATA 環境，匯入「D:\ 交通違規 _ 表計算 .CSV」檔案。輸入下列指令：

oneway 案件數 車種 , scheffe

從表 5-1 單因子變異數分析得知，Bartlett's test for equal variances: chi2(6) = 953.6175，Prob > chi2 = 0.000，表示它們之間的變異數不相等，即有對照（Constrast）關係存在。整體變異數存在極爲顯著的差異，意指不同車種和路障等，對於它們發生案件數有高低之分。另從表 5-2 Scheffe 平均差檢定結果顯示，汽車與機車沒有顯著差異；動力機械、慢車、行人、道路障礙等彼此之間的案件平均數差異也都不顯著。因此，我們可以說新北市交通違規明顯分成兩個群組，一者稱汽機車組，另一者稱慢速路障組。

表 5-1　案件數與車種等變異數分析結果

Analysis of Variance					
Source	SS	df	MS	F	Prob > F
Between groups	3.0393e+12	6	5.0655e+11	119.91	0.0000
Within groups	6.8015e+11	161	4.2245e+09		
Total	3.7195e+12	167	2.2272e+10		

表 5-2　車種路障等發生案件數的 **scheffe** 平均差檢定結果

	動力機械	慢車	機車	汽車	行人	道路障礙
慢車	350.417 1.000					
機車	297621 0.000	297271 0.000				
汽車	304426 0.000	304076 0.000	6805 1.000			
行人	3133.96 1.000	2783.54 1.000	−294487 0.000	−301292 0.000		
道路障礙	6230.88 1.000	5880.46 1.000	−291390 0.000	−298195 0.000	3096.92 1.000	
重型機車	7108.88 1.000	6758.46 1.000	−290512 0.000	−297317 0.000	3974.92 1.000	878 1.000

在 STATA 指令列輸入：

generate 車速分類 = cond(車種 ==" 汽車 " | 車種 ==" 機車 ",1,0)

以建立新的變數名稱：車速分類，汽機車組指派 1 值，慢速路障組指派 0 值。然後在指令列輸入：

regress 車速分類 案件數 , beta

從表 5-3 線性迴歸分析得知，案件數對車速分類具有極顯著的解釋效果，意指在新北市每發生一件交通違規案件，就會有九成（90%）是來自速度較快的汽機車，約有一成是來自其他慢速車輛或路障。

表 5-3　車速分類與案件數線性迴歸分析結果 (N=168)

Source	SS	df	MS	
Model	28.00	1	28.00	F(1, 166) = 739.69
Residual	6.28	166	.03785	Prob > F = 0.0000
Total	34.28	167	.20531	R-squared = 0.8167
				Adj R-squared = 0.8156
				Root MSE = .19457

車速分類	Coef.	Std. Err.	t	P>|t|	Beta
案件數	2.74e-06	1.01e-07	27.20	0.000	. 9037
_cons	.0429	.0174	2.46	0.015	

由於統計軟體無法讓我們去洞察（Insight）車種違規案件數對時間變化分布爲何？故我們必須回到 Tableau 環境，首先，建立導出欄位 [車速分類]，而後將它拖曳到標記卡【詳細資料】（Detail）上，設定爲（屬性 , 連續）。

導出欄位名稱	敘述句
車速分類	IIF ([車種] = ' 汽車 ' OR [車種] = ' 機車 ', 1, 0)

從圖 5-8 新北市各種車種隨時間發生交通違規案件數變化情形得知，機車和汽車兩者幾乎同步變化。它們占了新北市交通違規案件數的絕大部分，這驗證了交通違規案件數九成來自汽機車，一成來自其他車種和行人、路障等。

由前揭圖 5-8 得知，機車和汽車兩者隨著時間幾乎同步變化，但是我們想要知道那些或那個時間點，它們會有所顯著變化。此時，必須使用到表計算。做法上，在【列】架上，將 [案件數] 欄位設定【快速表計算：匯總 (總和)】，【計算依據：表 (橫向)】。【欄】架：季 (T_ 舉發日期)。標記卡【顏色】：車種。標記卡【詳細資料】：車速分類。

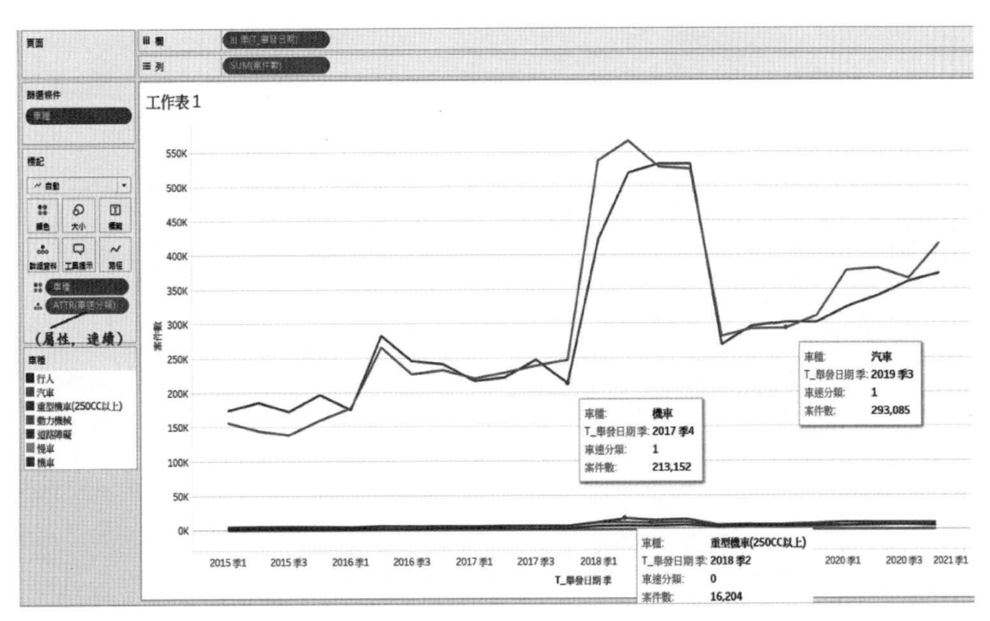

圖 5-8 新北市各種車種隨時間發生交通違規案件數的曲線變化

以車輛交通違規案件數依時間累進來深入洞察問題。圖 5-9 顯示了：(1) 2018 年第 1 季以前（含），汽車交通違規案件累進數低於機車，自 2018 年第 2 季起，汽車交通違規案件累進數（3,538,877 件）首度超越機車累進數（3,515,097 件），而且差距明顯隨著時間推進而拉大。(2) 從 2018 年第 4 季起，重型機車 (250CC 以上) 的交通違規案件累進數（104,736 件）首度超越道路障礙累進數（101,596 件），而且隨時間而拉大，這表示重型機車應納入警方取締交通違規的重點。這些發現，對於深入了解新北市交通違規情況很有幫助，並可供新北市政府在交通違規問題擬定政策的重要參考。

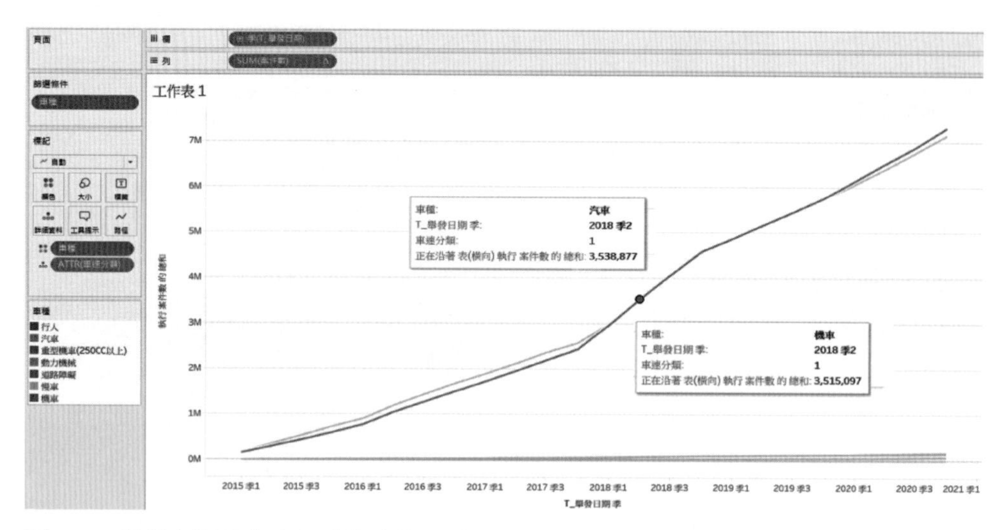

圖 5-9　各種車輛發生交通違規案件數依時間累進分布曲線圖

5.5 總結

表計算或快速表計算可說在商業智慧上提供很好功能，Tableau 可說突破過去試算表軟體的固定計算功能和操作模式，而是以更具有創新思維和高技術水平來展現它與其他軟體運作機制上的不同。有關表計算重點總結如下：

(1) 使用表計算或快速表計算的先前條件（Precondition），必須在目前工作表上已存在視圖或視表，且必須含有度量類型欄位。

(2) 表計算函數內的 expression 必須以彙總形式（如 SUM、AVG 等）表示，否則會發生錯誤。這是有別於其他函數 expression 的使用。

(3) 將表計算或快速表計算的「資料或導出欄位」拖曳到標記卡【顏色】、【詳細資料】或【工具提示】上，其目的在於對視圖或視表內提供更多具有價值的內隱資訊，並可匯出至 CSV 檔案類型，提供其他統計軟體進一步分析。

(4) 由表計算或快速表計算所提供的隱藏資訊，須藉由滑鼠游標對工作表上的圖或表的指定，才能對外顯示該資訊內容。

(5) 表計算可由 Tableau 的語法（彙總函數）與搭配使用者操縱而得；快速表計算只能由使用者透過 Tableau 所提供的【快速表計算】功能選項操縱而得的。

(6) 可對視圖或視表中的數字或文字資料類型欄位執行表計算和快速表計算。

(7) 當導出欄位引用到表計算彙總函數後，即可操縱【計算依據】或【編輯表計算⋯】功能。

(8) 快速表計算不適用已「彙總」的欄位名稱（如敘述句含有 SUM 函數）。即只能適用於目前存在資料集內的 (資料或導出) 欄位名稱（可透過【資料 > 資料集名稱 > 檢視資料 ...】得知）。

(9) 快速表計算用來填補表計算的彙總函數語法和功能選項的不足。即它為表計算的計算類型，提供了較為複雜計算功能。尤其是經濟或財務應用上。

資料層級 FIXED 計算

本章概要

6.1 LOD 的重要特性

6.2 LOD 的細微概念

6.3 LOD 的執行順序

6.4 LOD 函數差異探討

6.5 FIXED 範例

6.6 FIXED 與表計算結合應用

6.7 FIXED 在海域觀光亮點應用

6.8 總結

當完成學習與上機實作後，你將可以

1. 知道 {LOD} 函數與其運作機制
2. 學會 {LOD} 使用時機
3. 知道 Tableau 的執行優先權
4. 從 {FIXED} 與統計分析來洞察現象
5. 學會撰寫文字採礦資料清洗程式
6. 了解 {FIXED} 與累計曲線變化的意涵
7. 使用 {FIXED} 於金門觀光景點圖資應用

詳細層級運算式（Level of Detail Expressions），也稱爲 LOD 運算式，簡單表示成 {LOD}，允許我們在資料來源層級（Data Source Level）和視覺化層級（Visualization Level）上來計算與回傳度量彙總結果。LOD 運算式主要可讓我們在不同的細微層級（Level of Granularity）上給予更多的駕馭與實務需求，包括可以在更細微層級（INCLUDE）（更多結構層級）、更粗略層級（EXCLUDE）（更少結構層級）或完全獨立於層級（FIXED）上，進行不同需求的運算。這三種函數運算最大差別在於回傳詳細層級彙總運算結果的不同。這些結果將可提供給其他軟體或電腦語言的進一步處理與分析，其重要性不可言喻。因此，使用者必須弄清楚 {LOD} 是在那一個詳細層級來運算的。而樹狀結構圖和運作機制可以協助我們了解這些細微層級。

6.1 LOD 的重要特性

一般對 {LOD} 彙總運算結果顯示，並非以工作表已存在視圖或視表爲必要條件，同時也無法直接透過人爲操縱 Tableau 所提供的功能選項來完成。意即必須透過程式設計和拖放才能呈現結果。它的重要特性如下：

(1) {LOD} 必須由程式碼來達成；不像表計算可直接由人爲拖放來完成。

(2) {LOD} 是針對維度如何處理，此涉及到度量欄位經彙總計算後如何回傳至視圖或視表問題；而表計算是針對已存在的工作表上視圖或視表（儲存格）資料如何進一步被處理。

(3) {LOD} 提供使用者在當前視圖內增加資訊（資訊豐富化）。用以呈現 {LOD} 結果資訊的操縱環境包括：(A)【欄】架、【列】架、標記卡（Marks Card）中的【顏色】、【文字 / 標籤】、【詳細資料】或【工具提示】等；(B) 用以顯示 {LOD} 資訊載體環境爲工作表上的視圖、視表，及檢視資料表。

(4) {LOD} 可藉由樹狀結構、資料行儲存區（Columnar Store Areas）和關聯式資料庫的 SQL 語法等，來解釋它的運作機制。

(5) FIXED 回傳結果不會受當前視圖 / 視表限制，即與工作表上的維度無關，因此依據維度欄位回傳彙總結果來自絕對計算（Absolute Computing）所得，故謂之維度被固定住（Fixed）。所謂「絕對」意涵有二，一者是有絕對參考點或位址，另一者是除與本身維度外，與當前視圖或視表的維度無關。語法結構：{FIXED [< 維度 >, < 維度 >, …]: 彙總函數 (表示式)}，這個彙總是根據 FIXED 內的維度計算，而非依工作表上維度。引用 FIXED 的導出／計算欄位可讓使用者設定成「維度」或「度量」。當沒有引用維度欄位時，表示引用到資料集的整體，即位於根節點（Root Node）層級進行彙總。

(6) INCLUDE 和 EXCLUDE 能在「當前視圖／視表」維度的各元素來個別進行度量運算。但它們並非以工作表上已存在「當前視圖」為事前條件（Precondition）。當導出欄位名稱（Calculated Fields）引用了 {INCLUDE} 或 {EXCLUDE} 運算式時，其回傳彙總結果來自：(A) 若載體（如 Columns/Rows Self）有維度存在時，則採用相對計算（Relative Computing）；(B) 若載體不存在任何維度時，則採用絕對計算。所謂「相對」意涵有二，一者是存在相對參考點或位址，另一者回傳彙總值隨著當前視圖或視表的維度與其元素不同而變化，同時也會隨著維度欄位名稱的改變而變更回傳彙總結果。語法結構：{<INCLUDE|EXCLUDE> [< 維度 >, < 維度 >, …]: 彙總函數 (表示式)}。當拖放含有 INCLUDE 或 EXCLUDE 的導出欄位到工作環境時，只能讓使用者設定成「度量」，不會出現「維度」選項。例如，【欄】架：[區域]，【列】架：[銷售額]，標記卡【標籤】：SUM({INCLUDE :COUNT([類別])}) 或 SUM({ EXCLUDE :COUNT([類別])})，則回傳這些彙總值是依 [區域] 維度的元素個別去計數而得，其與不引用 {LOD}，直接寫成：COUNT([類別]) 的結果是相同的；但是，如果改成 SUM({FIXED : COUNT([類別])})，則 [區域] 維度內各元素所持有的計數值全部皆相同，為 10,933（列）。若改成 SUM({FIXED [區域] :COUNT([區域])})，則回傳結果會與 SUM ({INCLUDE :COUNT([類別])}) 或 SUM ({ EXCLUDE : COUNT([類別])}) 相同。若移除工作表上的維度（[區域]）後，這四種計數結果均相同。

(7) 當導出欄位有引用 {LOD} 時，不會變更作用資料集的欄位與其內容。意即 {LOD} 輸出結果與資料集無關，它主要在工作表上提供更多資訊或檢視資料表的匯出（Export）。

(8) 當【欄】架或【列】架維度名稱和數量，跟 { INCLUDE < 維度 >} 和 { FIXED < 維度 >} 三者均相同時，{ INCLUDE} 和 { FIXED} 兩者作用是一樣的。例如，當它們的維度均為 [區域]，【欄】架維度也是 [區域] 時，回

傳彙總 [銷售額] 對 [區域 _ 銷售額 _INCLUDE] 和 [區域 _ 銷售額 _FIXED] 是相同。如圖 6-1 所示。做法上，在主功能表上選擇【分析 (A) > 建立導出欄位 (C)...】，輸入下列欄位名稱與敘述句後，按【套用】或【確定】鈕執行程式。再由這些欄位透過滑鼠左鍵拖放到操作環境內。

導出欄位名稱	敘述句
區域 _ 銷售額 _INCLUDE	{ INCLUDE [區域]: SUM([銷售額]) }
區域 _ 銷售額 _FIXED	{ FIXED [區域]: SUM([銷售額]) }

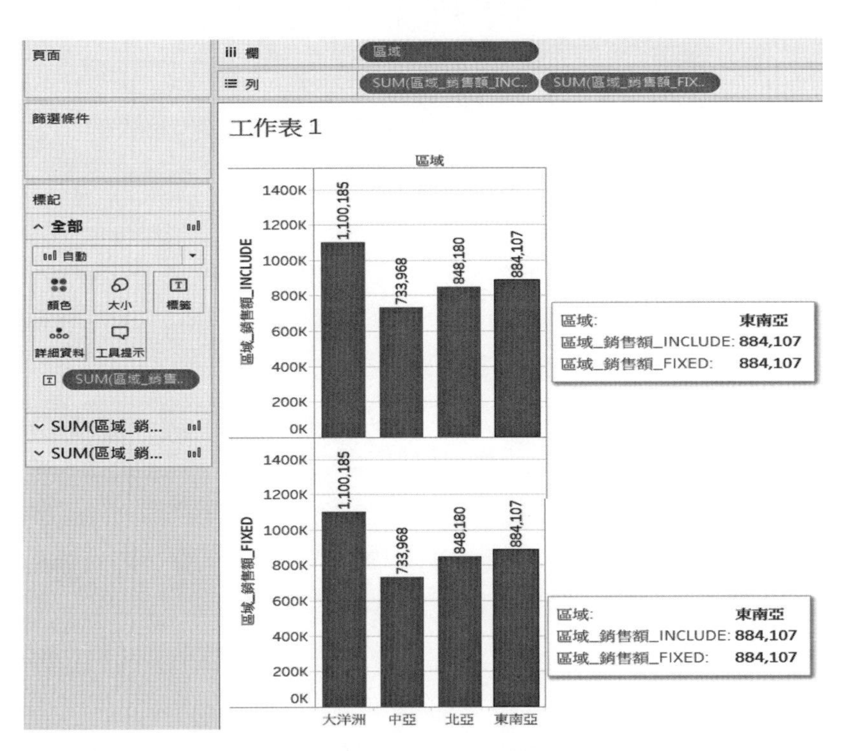

圖 6-1 在相同維度下 {FIXED} 和 {INCLUDE} 的結果值

6.2 LOD 的細微概念

在 {LOD} 運作機制上，有三個重要概念，一是細微度，二是執行或運作順序（Order of Operation, OOO），三是樹狀結構。細微度（Degree of

Granularity）的反向即為聚合度（Degree of Aggregation）。細微概念在資料倉儲（Data Warehouse, DW）中很重要，因為下鑽（Drill Down）或上捲（Roll Up）動作都必須使用到細微度（或稱細粒度或顆粒度）的處理。上捲結果顆粒變大（Less Granularity），愈往資料樹狀結構層的上層獲取更摘要資訊；下鑽結果顆粒變小（More Granularity），愈往資料樹狀結構層的底層獲取更詳細資訊或資料。

就 Tableau 視圖或視表觀點，細微度和聚合度的作用是相反的，但均與維度及其數量多寡有關。例如，在 Tableau 中，當我們把維度和度量拖曳到【欄】架和【列】架後，在工作表中立即呈現視圖，此時度量會被視圖中的任何維度之所含有的元素所彙總。當我們在架上移除（或添加）更多維度時，就會減少（或增加）細微度。視圖上如果使用到的維度或層級數（Dimensions/Details）越多（或越少）的話，則細粒度就會朝向越細（或越粗）方向來呈現彙總資訊。然要理解這種運作原理，可由樹狀結構概念探討之。

樹狀結構愈底層：Granularity ↑（More）→ Aggregation ↓（Less）；樹狀結構愈上層：Aggregation ↑（More）→ Granularity ↓（Less）。資料結構組織的最底層就是未被處理過的最底層或原始的資料。圖 6-2 中，可以看到聚合度和細微度是如何相互作用的。當我們把事情彙總得越多，它的細粒度就越少，即降低它的細粒度（Less Granular）；而當我們增加細粒度（往細方向發展）時，就會減少彙總，因為我們在更多地下鑽我們的資料，這使我們更接近於最低的詳細層級（LOD）。當我們不斷增加維度時，最終會達到資料的列層級，在這一點上，我們將沒有聚合，其相對應的視圖將是最低層級。

就樹狀結構圖而言，維度好比節點。越低層級節點數愈多，細粒度就會增加（愈細）。

(1) 視圖維度↑→ 細粒度↑→ 顆粒愈小。（樹長愈茂盛，節點數愈多）
(2) 聚合度↑→ 細粒度↓→ 顆粒愈大。（樹長愈光禿，節點數愈少）
(3) 資料層級數↑（愈底層，愈詳細）→聚合度↓→ 細粒度↑→ 顆粒愈小。
(4) 聚合度最聚合發生在資料集整體彙總（根節點），細粒度最細（顆粒最小）發生在資料集的原始個別資料。例如，在【範例 – 超級市場】資料集中，最聚合發生在彙總計算是 10,933 筆計算而得時；細粒度最細發生在彙總計算只 1 筆計算而得之時。聚合度最聚合發生在沒有維度情況時；在細粒度最細情況下，SUM()=AVG()=MAX()=MIN()=MEDIAN()。開發 Tableau 軟體的初步設計思維是，大多數的行資料是具有聚合特性。這可能是來自經驗法則，而非論理法則。使得使用者拖放連續性欄位（含 # 資料或 =# 導出）到工作環境後，總是以 SUM()、AGG() 或 ATTR() 彙總形式呈現的原因。

(5) 對 Tableau 彙總處理效能而言，細粒度愈細情況下，CPU 處理所需時間愈多。就 Tableau 運作機制觀點，須先將分支出來的各維度加以展開，建構出樹狀結構圖後，再將所相對應度量欄位的行資料事先全部準備好了，才去進行批次式彙總計算（如 SUM()）與儲存，最後回傳結果與呈現。

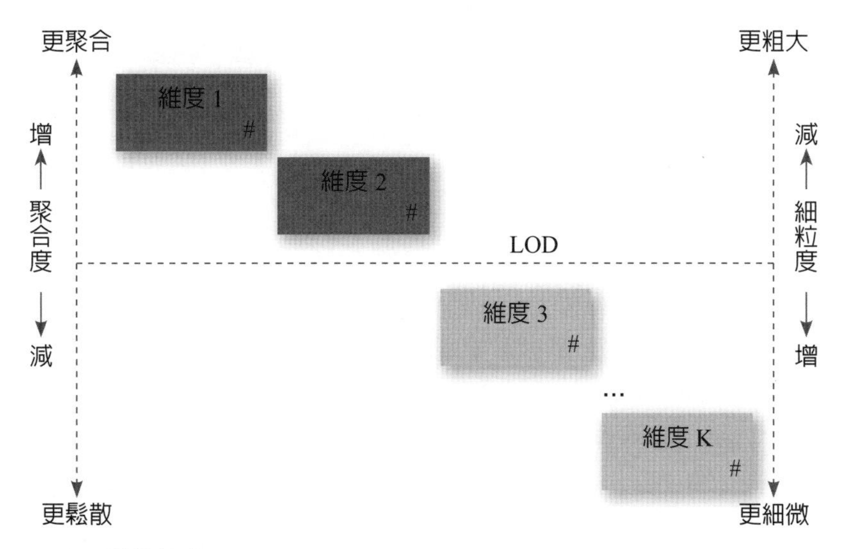

圖 6-2　LOD 與細粒度

有關 {LOD} 運作特性如下：

(1) 細粒度（Granularity），指在工作表上資訊的粗細程度。細微愈細，顆粒愈小，樹狀結構圖的越下層；細微愈粗，顆粒愈大，樹狀結構圖的越上層。這種細微程度取決於維度的數量。維度數量由 0 到 K。維度愈多，細粒度就愈細，即被分類出來的維度所持有度量數量（個別筆數）就愈少，那麼每一個維度元素相對應的行資料數量相對也就少。例如，總計 100 筆（列）的資料集，「維度 1」有 2 個元素，「維度 2」有 5 個元素，它就被展開成 2×5 = 10 個行資料儲存空間數（指個數而非空間大小）和配置 10 個儲存空間，它比單獨「維度 1」的 2 個多，即細粒度就增加。因而，造成主記憶體和 CPU

等的處理複雜度增加，所需處理時間也相對增加。當然，這樣做有個優點，就是使用者可依實務需求，從不同角度來自由操作與洞察問題所在。

(2) Tableau {LOD} 的運作原理，涉及到樹狀結構（Data Structure）和關聯式資料庫的結構化查詢語言（SQL）的運作等概念的引用。

(3) 維度（Dimensions）視成字串（只能用於頻次計數，如 COUNT 或 COUNTD）；度量（Measures）視成數值（用於各種彙總計算），很少用於中間節點。除非透過程式轉換成順序尺度。

(4) 資料集的 { 欄位名稱 , 行資料 } 加上 { 維度 , 度量 }、{ 離散 , 連續 } 後，方能發揮 {LOD} 和資料視覺化功能。

(5) 屬性（ATTR 函數）用來檢視 {LOD} 後各維度集合是 { 單值 , * 多值 , Null}。

(6) 在敘述句或工作環境中使用 { } 者，包括 {LOD}，不會影響到資料集結構。

6.3 LOD 的執行順序

在 Tableau 運作機制方面，對於了解各種功能的執行優先權或操縱順序（Order of Operation, OOO）是相當重要的。圖 6-3 顯示，擷取（Extract）是所有執行優先權等級中最高的（請參考第 2 章）。而篩選條件（Conditional Filters）優先於集合（Set）。維度篩選器優先於表計算。在此所謂優先權，係指可輸出結果到工作表或資料集的先後順序。高優先權會直接影響或限制到低者。例如，在【範例 – 超級市場】資料集中，若去選擇【擷取】[區域] 欄位的 { 東南亞 , 大洋洲 } 後，資料來源的 [區域] 欄位，只剩下這兩個元素，其餘將被遺棄（Drop），並使資料集筆數減少，無法去計算 [區域] 為 ' 北亞 ' 或 ' 中亞 ' 的彙總了。注意：擷取資料欄位，若勾選排除所有，即沒有任何元素，該欄位變成空集合（ϕ），則將導致資料集的所有資料全部被遺棄掉，只剩下資料欄位名稱，即列數 =0，行數≧ 1，違反資料集 (列數≧ 1, 行數≧ 1) 的限制，導致操縱各項功能或執行導出欄位程式均毫無作用，而必須被迫結束 Tableau。

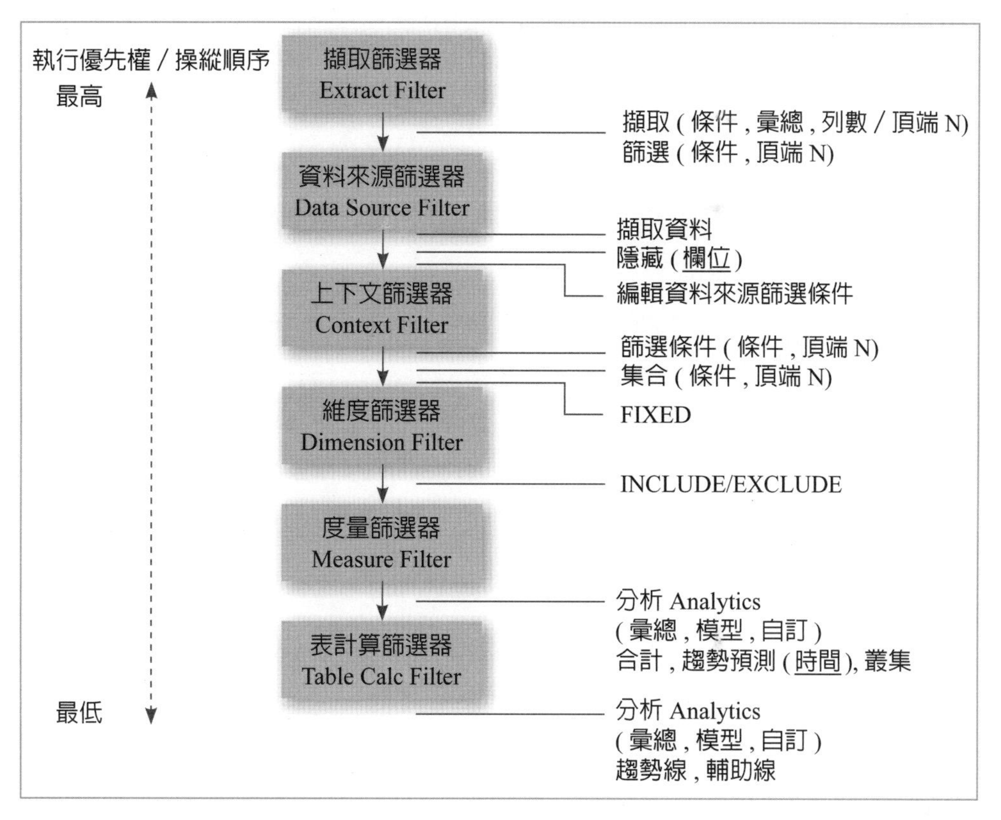

圖 6-3 Tableau 優先權等級

6.4 LOD 函數差異探討

Tableau 對於 {LOD} 三個函數彙總結果的差異性，乃根據實務應用上不同需求而設計的。為能了解它們之間的差異起見，擬由下列幾種情況來探討：

1. 沒有引用維度

如果要在【範例 – 超級市場】資料集計算 [銷售額] 總平均（為 $326.2）的話，可以透過程式設計來完成之。例如，【欄】架：[區域]，【列】架：SUM([銷售額])，並將下列所建立的導出欄位拖曳到標記卡的【詳細資料】上，如圖 6-4。顯然 [銷售額 _ 總平均]、[銷售額 _INCLUDE_ 總平均] 和 [銷售額 _ EXCLUDE_ 總平均] 等欄位彙總結果受到 [區域] 維度的影響，它們均會隨著維度內元素值不同而變化，但是 [銷售額 _ 總平均 _ 大括弧] 和 [銷售額 _FIXED_ 總平均] 則不受影響。因此，到底要採用相對計算或絕對計算，完全取決於分析目的。因此，{FIXED} LOD 很類似其他電腦語言或應用軟體的數值類型變數。

導出欄位名稱	敘述句	[區域]=' 大洋洲 ' 的回傳值
銷售額 _ 總平均 _ 立即值	326.2	326.2
銷售額 _ 總平均	AVG([銷售額])	315.51
銷售額 _ 總平均 _ 大括弧	{AVG([銷售額])}	326.2
銷售額 _FIXED_ 總平均	{FIXED :AVG([銷售額])}	326.2
銷售額 _INCLUDE_ 總平均	{INCLUDE :AVG([銷售額])}	315.51
銷售額 _EXCLUDE_ 總平均	{EXCLUDE:AVG([銷售額])}	315.51

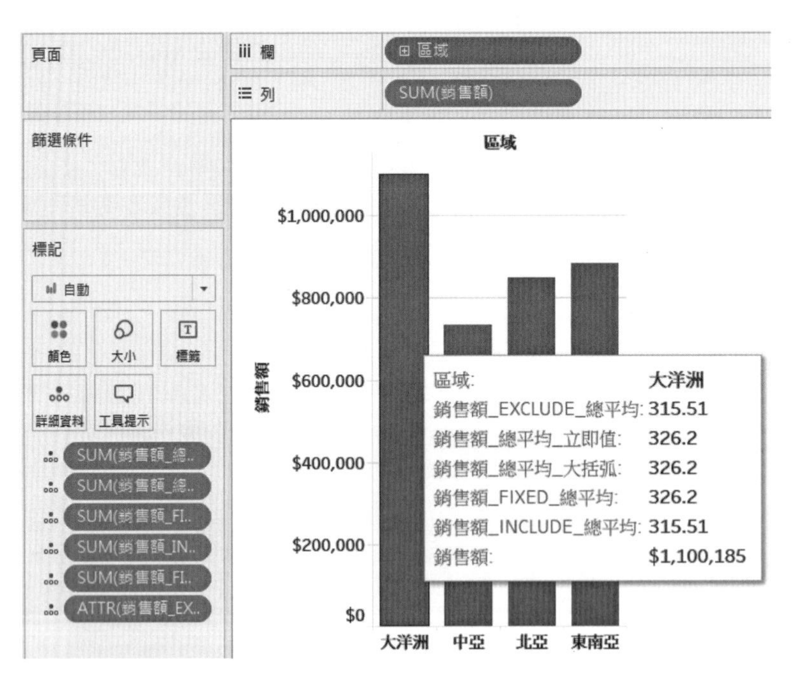

圖 6-4 {LOD} 與相對計算、絕對計算的結果

2. 樹狀結構相同情況

當工作表（視圖或視表）存在維度欄位情況時，FIXED 與 INCLUDE 引用和目前工作表維度相同時，則其兩者對度量欄位彙總結果是相同的。例如，工

作表只有 [區域] 維度時，圖 6-5 所示係對 FIXED、INCLUDE 和 EXCLUDE 三個 {LOD} 函數引用 [區域] 維度下的彙總結果。我們發現：(1) 因為 FIXED 的樹狀結構與工作表的樹狀結構剛好相同，使得 FIXED 和 INCLUDE 彙總結果是相同的。(2)EXCLUDE 用於排除引用維度，並回到它的父層節點；故它會退回到 [區域] 維度所隸屬的上一層（父層）維度，即回到根節點層級，因此它的 AVG([銷售額]) 回傳值即為 10,933 列的整體平均值：326.2。

導出欄位名稱	敘述句	樹狀結構 T(根 ,[區域]; [銷售額]) 彙總 [銷售額] 的維度層級
區域 _FIXED	{FIXED [區域]: AVG([銷售額])}	[區域] 節點
區域 _INCLUDE	{INCLUDE [區域]: AVG([銷售額])}	[區域] 節點
區域 _EXCLUDE	{EXCLUDE [區域]: AVG([銷售額])}	根節點（整體）

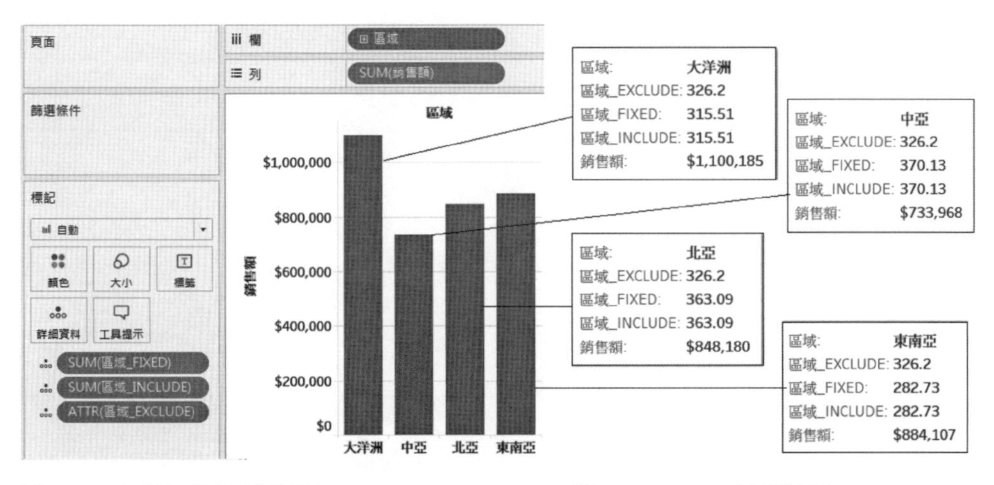

圖 6-5 在引用相同維度下 **FIXED**、 **INCLUDE** 和 **EXCLUDE** 彙總結果

3. 無維度的 **IF** 判斷子句

我們如想要計算大於等於 [銷售額] 總平均值（326.2）的筆數時，可透過程式設計來達成。下表各導出欄位經由按下【套用】或【確定】鈕後的結果，(1) 只有 [銷售額 _ 判斷 2] 發生錯誤訊息：無法將彙總和非彙總參數與此函數混合。這是彙總（AVG([銷售額])）和非彙總（[銷售額]）同時出現在 IF 子句所造成的。(2) 只要有 {} 者，就不會發生錯誤。(3) 在沒有任何維度出現在工作表上時，

{LOD} 三種函數均回傳 2,939（列）。這是因爲工作表上的樹狀結構爲 T（根），沒有任何維度，故它們均以根節點（全部）層級來計算的。同樣地，在 T（根）情況下，{AVG([銷售額])} = {FIXED :AVG([銷售額])} = {INCLUDE : AVG([銷售額])} = { EXCLUDE :AVG([銷售額])} = 326.2。

導出欄位名稱	敘述句	回傳彙總結果
銷售額 _ 判斷 1	COUNT(IIF ([銷售額] >= 326.2, 1, NULL))	2,939
銷售額 _ 判斷 2	COUNT(IIF ([銷售額] >= AVG([銷售額]), 1, NULL))	計算錯誤
銷售額 _ 判斷 3	COUNT(IIF ([銷售額] >= {AVG([銷售額])}, 1, NULL))	2,939
銷售額 _ 判斷 4	COUNT(IIF ([銷售額] >= {FIXED :AVG([銷售額])}, 1, NULL))	2,939
銷售額 _ 判斷 5	COUNT(IIF ([銷售額] >= {INCLUDE :AVG([銷售額])}, 1, NULL))	2,939
銷售額 _ 判斷 6	COUNT(IIF ([銷售額] >= {EXCLUDE :AVG([銷售額])}, 1, NULL))	2,939

4. 有維度的 **IF** 判斷子句

假設當前工作表的樹狀結構爲 T(根 ,[類別];[銷售額]) 時，我們去建立與執行下列導出欄位。

導出欄位名稱	敘述句
銷售額 _FIXED_ 計數	COUNT(IIF ([銷售額] >= {FIXED [區域] :AVG([銷售額])}, 1, NULL))
銷售額 _INCLUDE_ 計數	COUNT(IIF ([銷售額] >= {INCLUDE [區域] :AVG([銷售額])}, 1, NULL))
銷售額 _EXCLUDE_ 計數	COUNT(IIF ([銷售額] >= {EXCLUDE [區域] :AVG([銷售額])}, 1, NULL))
銷售額 _FIXED_ 區域 _ 平均值	ROUND({FIXED [區域] :AVG([銷售額])},0)
銷售額 _INCLUDE_ 區域 _ 平均值	ROUND({INCLUDE [區域] :AVG([銷售額])},0)
銷售額 _EXCLUDE_ 區域 _ 平均值	ROUND({EXCLUDE [區域] :AVG([銷售額])},0)

若將上述導出欄位拖放到當前工作環境後，如圖 6-6 所示。發現：

(1) [銷售額 _EXCLUDE_ 區域 _ 平均值] 和 AVG([銷售額]) 彙總結果相同。

(2) {LOD} 三種函數（Functions）的彙總結果均不相同。

(3) 就 FIXED 而言，[銷售額 _FIXED_ 區域 _ 平均值] 對於 [類別] 的三個元素 { 技術 , 傢具 , 辦公用品 } 均相同（1,332），即與 [類別] 維度無關；然而，[銷售額 _FIXED_ 計數] 則呈現不同結果，原因是什麼？要了解這個差異性，必須從樹狀結構圖和運作機制方能得知。主要差異在於 {LOD} 或 {} 以外是否引用到任何欄位。當計算平均值時，{FIXED} 範圍以外並未引用到欄位名稱；當計算計數時，在 IIF 子句引用到 {} 以外的 [銷售額] 欄位。這個 [銷售額] 欄位就會受到【列】架的影響。例如，當在 [類別]=' 技術 ' 時，這個 [銷售額] 儲存格值只有在 [類別]=' 技術 ' 限制下才會去做 IF 比較大小。「ATTR({FIXED [區域] :AVG([銷售額])})」回傳：*，表示它是多值（即多個元素）。當我們移除 {FIXED} 以外的 [銷售額] 欄位時，例如，「COUNT({FIXED [區域] :AVG([銷售額])})」回傳：4，這表示 [銷售額] 會依 [區域] 的 4 個元素分別儲存行資料，然後再個別執行這 4 個 AVG([銷售額])。此時，回傳給 [類別] 的 { 技術 , 傢具 , 辦公用品 } 均相同：4，因為 {LOD} 以外沒有欄位存在，故不會受到 [類別] 維度的影響。

(4) [銷售額_EXCLUDE_計數]就是要去排除[區域]維度，但是【欄】架、【列】架所形成的樹狀結構圖 T(根 ,[類別];[銷售額]) 中並沒有 [區域] 維度，故它仍以 T(根 ,[類別];[銷售額]) 來計數之。有關圖 6-6[銷售額 _EXCLUDE_ 計數] 結果相當於執行下列個別計數程式：

導出欄位名稱	敘述句
類別 _ 技術 _ 計數	COUNT(IF [銷售額] >= {AVG(IF [類別]=' 技術 ' THEN [銷售額] ELSE NULL END)} THEN 1 ELSE NULL END)

導出欄位名稱	敘述句
類別 _ 傢具 _ 計數	COUNT(IF [銷售額] >= {AVG(IF [類別]=' 傢具 ' THEN [銷售額] ELSE NULL END)} THEN 1 ELSE NULL END)
類別 _ 辦公用品 _ 計數	COUNT(IF [銷售額] >= {AVG(IF [類別]=' 辦公用品 ' THEN [銷售額] ELSE NULL END)} THEN 1 ELSE NULL END)

(5) [銷售額 _INCLUDE_ 計數] 將原有樹狀結構 T(根 ,[類別];[銷售額]) 去包含或新增一個 [區域] 維度，故就 INCLUDE 觀點，它會變成新的樹狀結構 $T_{INCLUDE}$ (根 ,[類別],[區域];[銷售額])。

(6) 有關運作細節，如圖 6-7 的 T 樹狀結構圖。

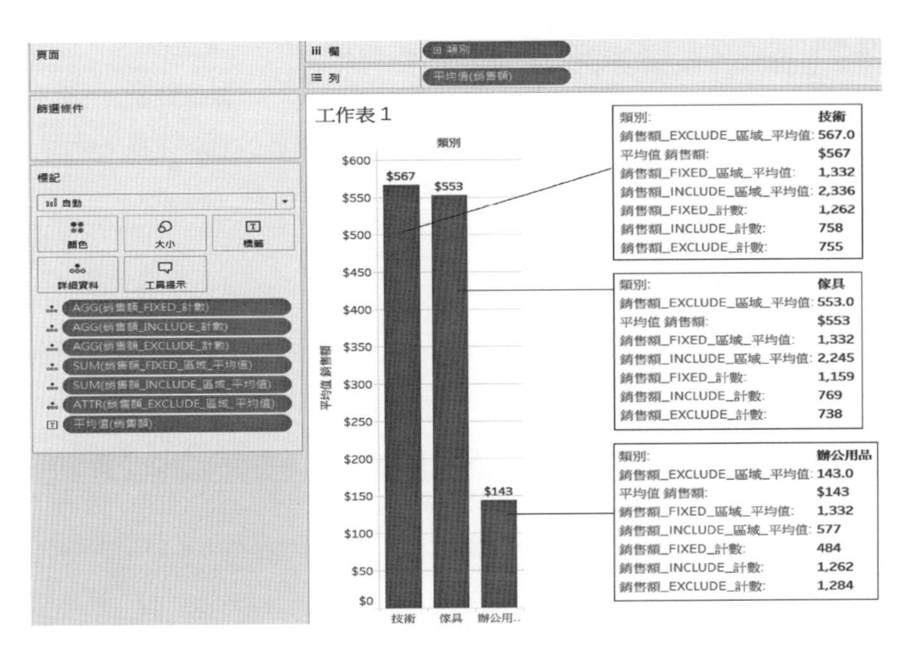

圖 6-6　依當前工作表 **T(** 根 **,[** 類別 **];[** 銷售額 **])** 結構下執行 **{LOD}** 結果

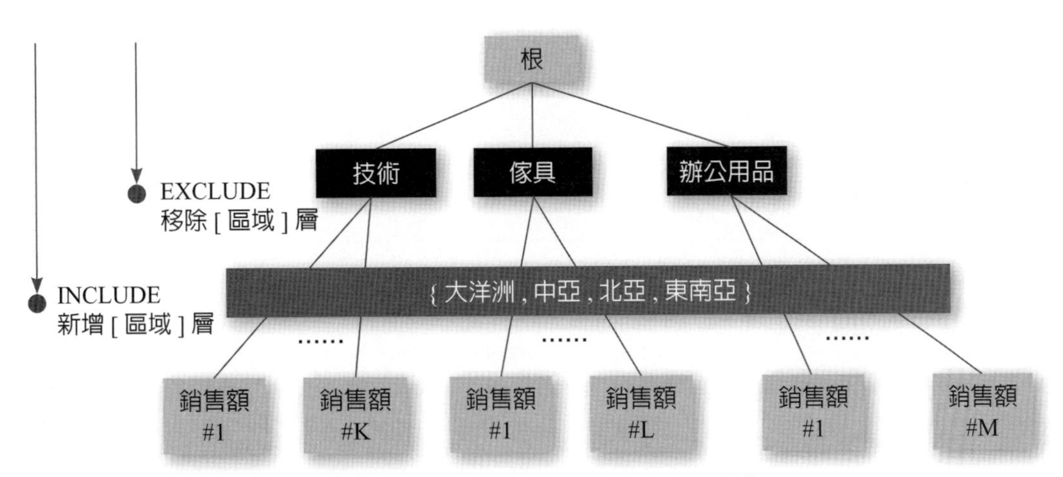

圖 6-7　**T(** 根 **,[** 類別 **];[** 銷售額 **])** 與 **{INCLUDE|EXCLUDE}** 運作

6.5 FIXED 範例

爲了進一步了解 FIXED 函數功能起見，我們可以經由實作途徑來達成。

1. 建立資料來源

首先以 Microsoft Excel 建立下列學生修課成績表（表 6-1），另存檔案名稱：FIXED 函數範例 1.xlsx。

表 6-1　學生修課成績表

學號	姓名	科目名稱	成績	曠課時數
MIS001	張英明	計算機概論	56	12
MIS001	張英明	巨量資料分析	48	10
MIS002	李布朗	巨量資料分析	57	6
MIS001	張英明	網頁設計	68	4
MIS002	李布朗	資料庫管理	88	0
MIS005	陳大明	資料庫管理	43	4
MIS005	陳大明	巨量資料分析	67	2
MIS007	林大名	網頁設計	90	0
MIS007	林大名	資料庫管理	92	0
MIS008	張大千	網頁設計	58	2

2. 匯入檔案

啓動 Tableau desktop 軟體，連線到檔案 Microsoft Excel，檔案名稱：FIXED 函數範例 1.xlsx。

3. 資料分析

我們想要依據 [學號] 來找出所修習科目最低成績的話，就要去固定 [學號] 維度。有關程式碼如下：

導出欄位名稱	敘述句
學號 _FIXED_ 最小成績	{FIXED [學號]:MIN([成績])}

當透過拖放相關欄位後，即可獲得圖 6-8 的結果。其中【列】架上的欄位被設定成 (維度 , 離散)。當然，我們對於它如何去運作比較感興趣。

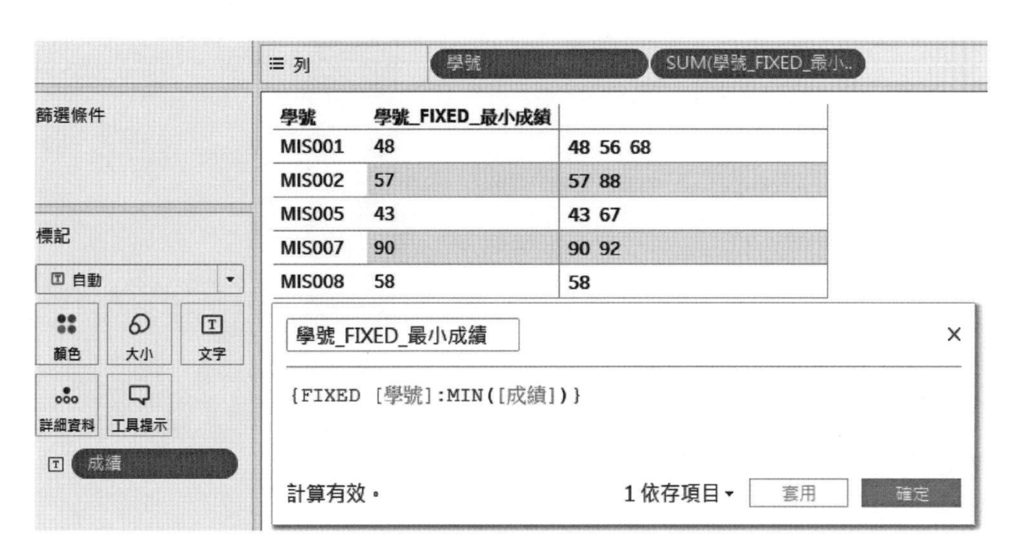

圖 6-8 [學號 _**FIXED**_ 最小成績] 呈現結果

有關圖 6-9 之 {FIXED [學號]:MIN([成績])} 運作機制說明如下：

(1) 資料欄位 [學號] 被配置在堆疊記憶區 0X0001 位址。

(2) 對 [學號] 由小到大進行排序（Sort），並分別配置到 0XF000 到 0XF004 位址內。每一個位址均持有存取 [成績] 入口位址，分別為 0XDA00、0XDA10、0XDA20、0XDA30、0XDA40。[學號] 集合的元素被配置在 0XEA00 到 0XEA04 位址，並持有各元素的學號值（字串）。

(3) 再來對 [成績] 由小到大進行排序。然後分別配置到相對應的 RAM 資料記憶區的行資料儲存區（Columnar Store Area）內。Null 值將被視成最小值。

(4) 呼叫 MIN() 彙總函數，對每一個行資料儲存區內的成績計算最小值，並分別配置 0XA000 到 0XA004 位址內。

(5) 導出／計算欄位名稱 [學號 _FIXED_ 最小成績] 被配置在 0X0002，它持有值指向存取最小位址值的入口位址 0XA000。

(6) 將這些彙總（MIN()）結果顯示在工作表上。即為前揭圖 6-8 所示。

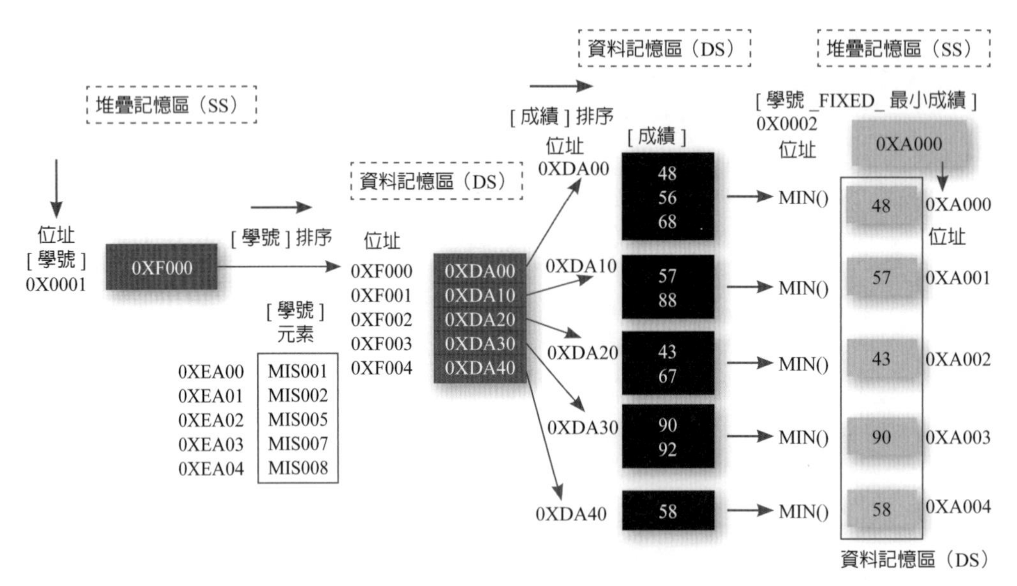

圖 6-9 {FIXED [學號]:MIN([成績])} 在主記憶體的運作過程

註：圖內的位址是假設值，僅供解說之用。

在標記卡【文字 / 標籤】上的 [成績] 欄位，因採用列舉（Enumeration）或清單（List）呈現，故須設定成維度（離散）；若要以彙總形式呈現，則須採用度量（離散或連續）。當然我們也可使用MAX()、AVG()等函數。如圖6-10所示。

導出欄位名稱	敘述句
學號 _FIXED_ 平均成績	ROUND({FIXED [學號]:AVG([成績])}, 2)
學號 _FIXED_ 最高成績	{FIXED [學號]:MAX([成績])}

列：學號 ｜ SUM(學號_FIXED_最小... ｜ 學號_FIXED_平均成績 ｜ 學號_FIXED_最高成績

篩選條件

標記：自動 ｜ 顏色 ｜ 大小 ｜ 文字 ｜ 詳細資料 ｜ 工具提示 ｜ 成績

學號	學號_FIXED_最小成績	學號_FIXED_平均成績	學號_FIXED_最高成績	
MIS001	48	57.33	68	48 56 68
MIS002	57	72.5	88	57 88
MIS005	43	55	67	43 67
MIS007	90	91	92	90 92
MIS008	58	58	58	58

圖 6-10 新增 AVG() 和 MAX() 等彙總函數結果

下列是計算全部科目總平均後，再去比較每一位學生的平均成績。圖 6-11 爲執行程式與拖放它們之後的結果。

導出欄位名稱	敘述句
成績 _FIXED_ 總平均	ROUND({FIXED :AVG([成績])}, 2)
平均成績 _ 優劣比較	IF [學號 _FIXED_ 平均成績] >= [成績 _FIXED_ 總平均] THEN ' 成績佳 ' ELSE ' 加油 ' END

學號	學號_FIXED_最小成績	學號_FIXED_平均成績	學號_FIXED_最高成績	成績_FIXED_總平均	平均成績_優劣比較	
MIS001	48	57.33	68	66.7	加油	48 56 68
MIS002	57	72.5	88	66.7	成績佳	57 88
MIS005	43	55	67	66.7	加油	43 67
MIS007	90	91	92	66.7	成績佳	90 92
MIS008	58	58	58	66.7	加油	58

圖 6-11　加入總平均與比較後結果

最後，我們希望將 [曠課時數] 輸出到工作表上，此時將資料窗格上的 [曠課時數] 欄位拖曳到標記卡的【詳細資料】卡上即可。

4. 匯出資料

在前面已提到，當建立導出欄位之程式碼如有使用到 { }（大括號），包括 {LOD} 函數在內，就不會涉及到資料集結構問題。意即我們無法從【資料 (D) > 資料集名稱 > 檢視資料 (V)...】，去取得上述執行結果的資料。如要取得這些資料的話，只能從工作表著手。做法上，(1) 首先，將 [曠課時數] 欄位拖放到標記卡【詳細資料】上，其次將滑鼠游標移到工作表的 [學號] 的左上角處，按一下它，即可進行全部選取內容，並出現 ▦；(2) 滑鼠左鍵按一下 ▦【檢視資料 ...】；(3) 按【摘要】（也可選擇【完整資料】），再按【全部匯出 (E)】鈕，儲存到：學生成績表現 .CSV。它採用 UTF-8 編碼系統。操作程序如圖 6-12。

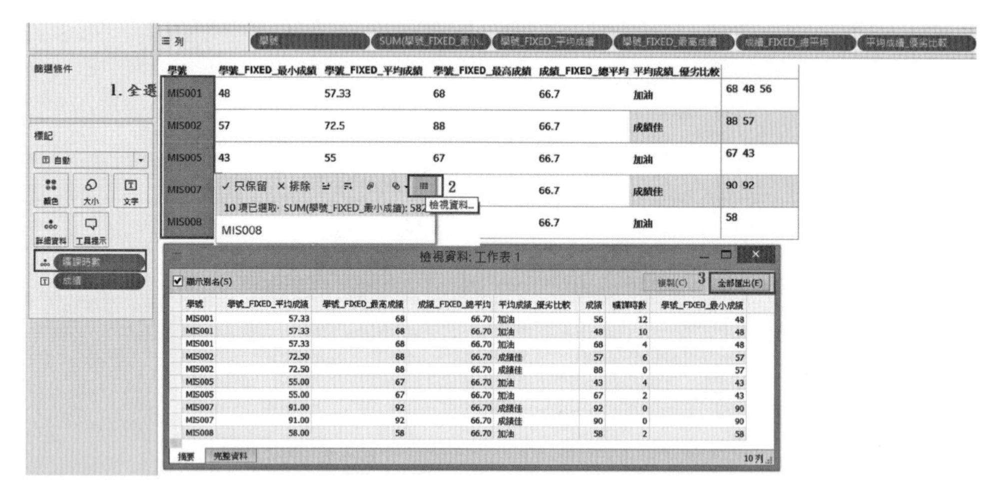

圖 6-12　工作表內容匯出程序

5. 統計分析

啟動 STATA 統計軟體，匯入「學生成績表現 .CSV」檔案。輸入指令：

tabulate 平均成績 _ 優劣比較

透過 One-Way Frequency Table 即可得到 [平均成績 _ 優劣比較] 的單維頻次表。從表 6-2 統計得知，就全班整體成績觀之，有 3/5 學生成績表現欠佳，2/5 表現佳。這可能來自學生曠課導致。

表 6-2　平均成績優劣頻次統計

平均成績 _ 優劣比較	Freq.	Percent	Cum.
加油	6	60	60
成績佳	4	40	100
Total	10	100	

其次，採用線性迴歸模型，以「成績」爲依變數（Y），「曠課時數」爲自變數（X）。輸入下列指令：

regress 成績 曠課時數

由表 6-3 統計結果得知，成績與曠課時數呈現負相關，且機率值已達顯著水準（<0.05）。當學生曠課時數減少（增加）時，其成績表現愈佳（愈差）。

表 6-3　成績與曠課時數線性迴歸分析結果

Source	SS	df	MS	Number of obs	=	10
				F(1, 8)	=	8.26
Model	1440	1	1440	Prob > F	=	0.0207
Residual	1394.1	8	174.2625	R-squared	=	0.5081
				Adj R-squared	=	0.4466
Total	2834.1	9	314.9	Root MSE	=	13.201

成績	Coef.	Std. Err.	t	P>|t|	[95% Conf.	Interval]
曠課時數	-3	1.043619	-2.87	0.021	-5.40659	-0.59341
_cons	78.7	5.903601	13.33	0	65.08627	92.31373

6.6 FIXED 與表計算結合應用

本範例資料來源：範例 – 超級市場。分析目的：計算每位客戶第一次購買日期與以後再去購買之間隔天數，然後以累進方式之曲線圖呈現，並由曲線陡度去洞察銷售額與時間的變化。在單位或固定時間（天數）內（X 軸），陡度愈大（斜率），表示銷售額變化愈大（上升或下降）（Y 軸）。曲線長度愈長者，表示客戶訂單發生時間愈早期。有關操作過程如下：

1. 計算間隔天數

首先取得客戶第一次購買日期，其次計算日後購買天數。

導出欄位名稱	敘述句
第一次購買日期	{FIXED [客戶名稱] : MIN([訂單日期])}

自第一次購買後的天數	// DATETRUNC (date_part , date , start_of_week])
	// DATETRUNC ('quarter', #2021-08-02#)
	// 回傳：2021-07-01 12:00:00 AM
	// 第 1 季：1-3 月，第 2 季：4-6 月，
	// 第 3 季：7-9 月，第 4 季：10-12 月
	// 回傳每一季的起始年 - 月 - 日 12:00:00 AM
	DATETRUNC('day', [訂單日期]) -
	DATETRUNC('day', [第一次購買日期])

在資料集內總共 10,933 筆資料，如以 [客戶名稱] 來分類，可分爲 795 組不同的客戶名單。處理過程如下：

(1) 事先 SORT([客戶名稱])，根據 [客戶名稱] 排序後來分類。
(2) 判斷 [客戶名稱] 是否爲多值。將它拖曳到【欄架】上。選擇【屬性】或輸入：ATTR([客戶名稱])。回傳值：*（多值）；[客戶名稱] 共有 795 個客戶。
(3) 建立 795 個行資料儲存區，以便可以去分別儲存 [訂單日期]。
(4) 對每一個行資料儲存區進行 MIN() 計算，以得到行資料儲存區的 MIN([訂單日期]) 最小日期。
(5) 回傳 795 筆日期值給 [第一次購買日期] 欄位。
(6) 測試 [第一次購買日期] 爲單值或多值？ATTR([第一次購買日期])，回傳：*。表示它爲多值（795 個元素值）。

有關 {FIXED [客戶名稱] : MIN([訂單日期])} 運作過程之範例，如圖 6-13 和圖 6-14 所示。

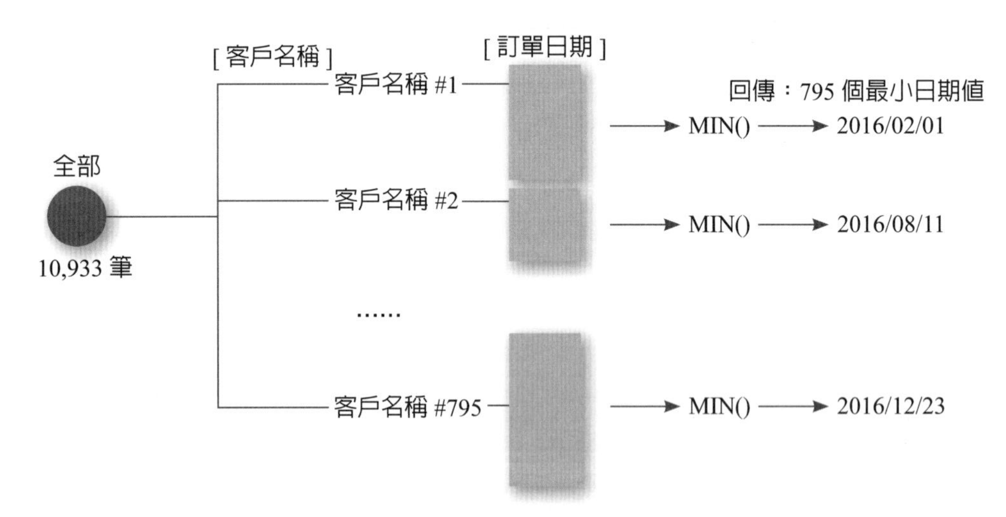

圖 6-13 {FIXED} 產生 MIN([訂單日期])} 運作過程

註：不同 Tableau Desktop 系列和版本會有所差異。

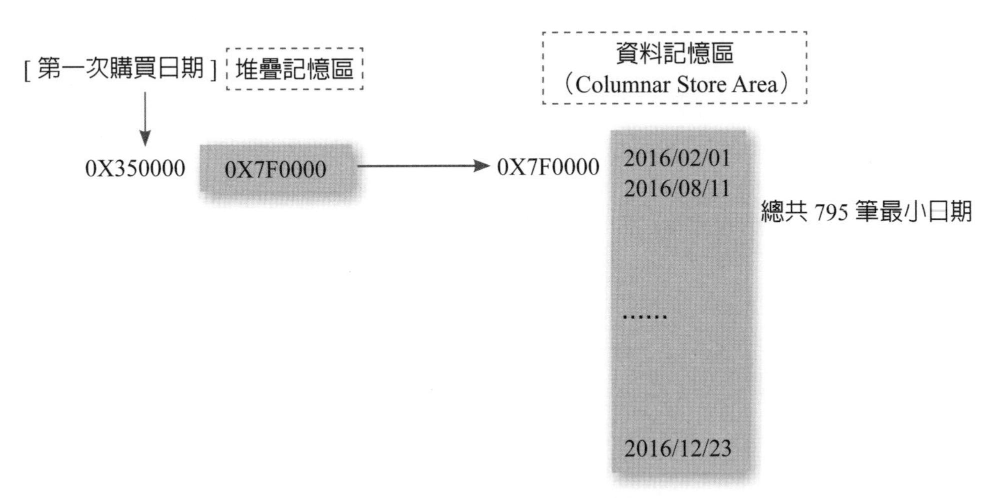

圖 6-14　RAM 儲存 795 筆 MIN([訂單日期]) 運作過程

2. 建立工作表內容

以滑鼠拖放欄位方式，依下列操作過程來建立工作表內容。

操作環境	在架中編輯	設定
【欄】架	[自第一次購買後的天數]	(維度 , 連續)
【列】架	AVG([銷售額])	(度量 (平均值), 連續) 快速表計算：匯總（Running Total）
標記卡【顏色】	[第一次購買日期]	✝ 年 (第一次購買日期)，按 [✝]。 年 (第一次購買日期) (年 , 離散) 季 (第一次購買日期) (季 , 離散)

最後結果如圖 6-15 所示。由於本範例是採用 Tableau 2020.3.X 系列版本，故 2020 年只呈現第 1 季曲線而已。圖中可以看出它們的時差累進情況：(1)2017 年第 1 季曲線長度最長（天數最多），2020 第 1 季最短。(2) 在某些天數差異內，2019 年在銷售額平均累進表現比 2018 年來得好些，因爲 2019 年部分曲線和 2018 年有交叉現象，尤其是 2019 年第 2 季表現很好，曲線出現在 2018 年範圍內。(3)2017 年在各季中的銷售額平均累進曲線表現出現相互交叉，表示它們有時表現佳，另有些時間又表現不佳。(4)2018 和 2019 年的第 2 季累進表現比同年其他季來得好。總之，(1) 從 2017 年第 1 季到 2020 年第 1 季，依天數差距整

體表現，例如，取單位天數 =300 天，仍以 2017 年的平均銷售額最佳。它們曲線分布在最上面，且高過其他年份許多。(2) 如只考慮年份和平均銷售額排名：2019 年（$336.0）> 2017 年（$331.0）> 2018 年（$322.0）> 2020 年（$319.0）。

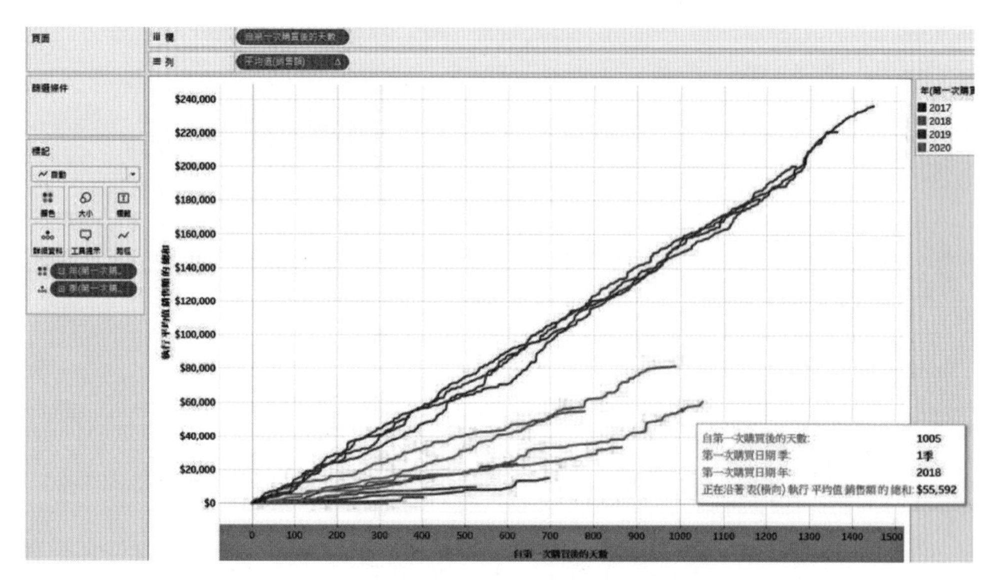

圖 6-15　客戶第一次購買日期與其日後購買天數差異對銷售額表現（季）

3. 匯出資料

為了要進行變異數分析（ANOVA）起見，我們必須將 [區域] 和 [類別] 之文字轉成數字，並將 [自第一次購買後的天數] 轉成整數。

導出欄位名稱	敘述句
第一次購買日期	{FIXED [客戶名稱] : MIN([訂單日期])} // 計 795 位客戶
自第一次購買後的天數	INT(DATETRUNC('day', [訂單日期]) - DATETRUNC('day', [第一次購買日期]))
區域 _ 轉數字	CASE [區域] WHEN ' 大洋洲 ' THEN 1 WHEN ' 中亞 ' THEN 2 WHEN ' 北亞 ' THEN 3 WHEN ' 東南亞 ' THEN 4 ELSE NULL END

導出欄位名稱	敘述句
類別 _ 轉數字	CASE [類別] WHEN '技術' THEN 1 WHEN '傢具' THEN 2 WHEN '辦公用品' THEN 3 ELSE NULL END

將 [區域 _ 轉數字]、[類別 _ 轉數字] 和 [自第一次購買後的天數] 等 3 個欄位拖放到【列】架上，並設定成 (維度 , 離散)。然後選取全部資料，透過檢視資料，將它們全部匯出至：購買天數間隔分析 .CSV。如圖 6-16 所示。

圖 6-16 匯出 [訂單日期] 時間差距資料

4. 變異數分析

啓動 STATA 軟體，匯入「購買天數間隔分析 .CSV」檔案，輸入下列指令：

anova 自第一次購買後的天數 區域 _ 轉數字 ## 類別 _ 轉數字

從表 6-4 統計得知，購買天數間隔對不同區域和不同類別均無顯著差異，且也沒有交互作用。意指購買天數間隔現象，是很普遍的事，且也反映出在市場中，客戶在訂單日期分布狀態都是如此，不會因不同區域或類別而有所差異的。

表 6-4　區域、類別對購買天數間隔變異數分析結果

Source	Partial SS	df	MS	F	Prob>F
Model	770069.4	11	70006.31	0.5	0.9071
區域 _ 轉數字	115949.6	3	38649.86	0.27	0.8444
類別 _ 轉數字	44363.55	2	22181.77	0.16	0.8546
區域 _ 轉數字 # 類別 _ 轉數字	450104.7	6	75017.45	0.53	0.7849
Residual	7.52E+08	5,326	141184.9		
Total	7.53E+08	5,337	141038.2		

6.7 FIXED 在海域觀光亮點應用

本範例資料來源，是從「政府資料開放平臺」的「金門縣海域觀光亮點資訊開放計畫」（網址：https://data.gov.tw/datasets/search?p=1&size=10&rct=253）（存取日期：2021 年 8 月 2 日）去下載金門各鄉鎮著名觀光景點的 CSV 檔案，包括烈嶼鄉及大膽島、金寧鄉、金沙鎮、金湖鎮和金城鎮等五個地方。將下載的 5 個 CSV 檔案儲存到「D:\ 金門縣海域觀光亮點資訊開放計畫」資料夾內。

1. 檔案合併

由於 Tableau 無法對多個檔案進行合併，故我們可透過 Microsoft Excel VBA 來完成之。(1) 首先，選擇主功能表【檢視 > 巨集 > 檢視巨集 (V)...】，巨集名稱：金門縣海域觀光 _CSV 檔案合併。(2) 將下列程式貼上。(3) 另儲存檔案：D:\ 金門縣海域觀光亮點 .xlsm。(4) 在 Excel VBA 檢視環境的程式編輯區內，按 <F5> 鍵執行巨集程式。(5) 再度存回：D:\ 金門縣海域觀光亮點 .xlsm。

```
Sub 金門縣海域觀光 _CSV 檔案合併 ()
        Dim 建立物件 FSO As Object
        Dim 設定資料夾 As Object
        Dim 檔案物件 As Object
        Dim 路徑檔名 As String
        Dim 最尾列數 , 最尾行數 , 總最尾列數 As Long
        Set 建立物件 FSO = CreateObject("Scripting.FileSystemObject")
        Set 設定資料夾 = 建立物件 FSO.GetFolder("D:\ 金門縣海域觀光亮
    點資訊開放計畫 ")
        Windows(" 金門縣海域觀光亮點 .xlsm").Activate
        Cells.Select
        Selection.Delete Shift:=xlUp
        [A1] = " 中文景點名稱 "
        [B1] = " 英文景點名稱 "
        [C1] = " 中文敘述 "
        [D1] = " 英文敘述 "
        [E1] = " 海域活動 "
        [F1] = " 圖示標號 "
        [G1] = " 經度 "
        [H1] = " 緯度 "
        [I1] = " 電話 "
        [J1] = " 中文地址 "
        [K1] = " 英文地址 "
        [L1] = " 開放時間 "
        [M1] = " 官網 "
        [N1] = " 門票費用 "
        [A1].Select
        'Exit Sub
        總最尾列數 = 2
        For Each 檔案物件 In 設定資料夾 .Files
```

```
            路徑檔名 = "D:\金門縣海域觀光亮點資訊開放計畫\" + 檔案物件.Name
            Workbooks.OpenText Filename:= 路徑檔名 , Origin:=950,
    DataType:=xlDelimited, comma:=True  'UTF-8=65001, ANSI/BIG5=950
            Columns("M:T").Select
            Selection.Delete Shift:=xlToLeft
            'Cells(i + 1, 1) = 路徑檔名
            ActiveCell.SpecialCells(xlLastCell).Select
            'MsgBox Selection.Row & "  " & Selection.Column
            最尾列數 = Selection.Row
            最尾行數 = Selection.Column
            Range(Cells(3, 1), Cells( 最尾列數 , 最尾行數 )).Select
            Selection.Copy
            Windows(" 金門縣海域觀光亮點 .xlsm").Activate
            Cells( 總最尾列數 , 1).Select
            ActiveSheet.Paste
            Windows( 檔案物件 .Name).Activate
            Application.DisplayAlerts = False
            ActiveWindow.Close
            Application.DisplayAlerts = True
            總最尾列數 = 總最尾列數 + 最尾列數 - 2
        Next 檔案物件
        Columns("O:T").Select
        Selection.Delete Shift:=xlToLeft
        [A1].Select
        Beep
        Beep
        MsgBox "【金門縣海域觀光 _CSV 檔案合併】已執行完畢！"
End Sub
```

2. 資料清洗

由於原始檔案資料有些錯誤或多餘字元，英文景點名稱內容的單字與單字之間沒有空白字元相隔，網址出現全形斜線字元。首先，開啟「D:\ 金門縣海域觀光亮點 .xlsm」檔案，透過 Excel VBA 巨集程式來進行資料清洗。將下列程式碼貼到 Excel 檢視巨集程式編輯區內，按 <F5> 鍵執行完後，仍存回到「D:\ 金門縣海域觀光亮點 .xlsm」。

```
Sub 資料清洗 ()
    列 = 2
    行 = 2
    Do While Cells( 列 , 行 - 1) <> ""
        Cells( 列 , 行 ) = Replace(Cells( 列 , 行 ), "Park", " Park ")
        Cells( 列 , 行 ) = Replace(Cells( 列 , 行 ), "Seashore", " Seashore")
        Cells( 列 , 行 ) = Replace(Cells( 列 , 行 ), "Lake", " Lake")
        Cells( 列 , 行 ) = Replace(Cells( 列 , 行 ), "TriangleFortress", " Triangle Fortress")
        Cells( 列 , 行 ) = Replace(Cells( 列 , 行 ), "Seashore", " Seashore")
        Cells( 列 , 行 ) = Replace(Cells( 列 , 行 ), "/", "/")
        Cells( 列 , 行 ) = Replace(Cells( 列 , 行 ), "WetlandsNatureCenter", "  Wet
Lands Nature Center")
        Cells( 列 , 行 ) = Replace(Cells( 列 , 行 ), "Temple", " Temple ")
        Cells( 列 , 行 ) = Replace(Cells( 列 , 行 ), "ancientplacewithwaterlotus",
" Ancient Place with Water Lotus")
        Cells( 列 , 行 ) = Replace(Cells( 列 , 行 ), "Recreation", " Recreation ")
        Cells( 列 , 行 ) = Replace(Cells( 列 , 行 ), "Cliff", " Cliff")
        Cells( 列 , 行 ) = Replace(Cells( 列 , 行 ), "ancientplacewithwaterlotus",
" Ancient Place with Water Lotus")
        'BeishanOldhouse
        Cells( 列 , 行 ) = Replace(Cells( 列 , 行 ), "Old", "  Old ")
        Cells(列, 行) = Replace(Cells(列, 行), "Western-style", " Western-Style ")
        Cells( 列 , 行 ) = Replace(Cells( 列 , 行 ), "Memorial", " Memorial ")
```

```
'Park(LincuoFortress)
Cells( 列 , 行 ) = Replace(Cells( 列 , 行 ), "Fortress", "  Fortress")
Cells( 列 , 行 ) = Replace(Cells( 列 , 行 ), "Front", " Front")
Cells( 列 , 行 ) = Replace(Cells( 列 , 行 ), "Liquor", " Liquor ")
Cells( 列 , 行 ) = Replace(Cells( 列 , 行 ), "Salt", " Salt ")
Cells( 列 , 行 ) = Replace(Cells( 列 , 行 ), "City", " City ")
Cells( 列 , 行 ) = Replace(Cells( 列 , 行 ), "Fort", " Fort")
Cells( 列 , 行 ) = Replace(Cells( 列 , 行 ), "Seaside", " Seaside")
Cells( 列 , 行 ) = Replace(Cells( 列 , 行 ), "Museum", " Museum ")
Cells( 列 , 行 ) = Replace(Cells( 列 , 行 ), "Flag", " Flag ")
Cells( 列 , 行 ) = Replace(Cells( 列 , 行 ), "Mountain", " Mountain ")
Cells( 列 , 行 ) = Replace(Cells( 列 , 行 ), "Reef", " Reef ")
Cells( 列 , 行 ) = Replace(Cells( 列 , 行 ), "Island", " Island")
Cells(列, 行) = Replace(Cells(列, 行), "Broadcasting", " Broadcasting ")
Cells(列, 行) = Replace(Cells(列, 行), "Psychological", " Psychological ")
Cells( 列 , 行 ) = Replace(Cells( 列 , 行 ), "Wall", " Wall ")
Cells( 列 , 行 ) = Replace(Cells( 列 , 行 ), "Tunnel", " Tunnel ")
Cells( 列 , 行 ) = Replace(Cells( 列 , 行 ), "Station", " Station ")
Cells( 列 , 行 ) = Replace(Cells( 列 , 行 ), "County", " County ")
Cells( 列 , 行 ) = Replace(Cells( 列 , 行 ), "Story", " Story ")
Cells( 列 , 行 ) = Replace(Cells( 列 , 行 ), "Military", " Military ")
Cells( 列 , 行 ) = Replace(Cells( 列 , 行 ), "Elementary", " Elementary ")
Cells( 列 , 行 ) = Replace(Cells( 列 , 行 ), "Isl and ", "Island")
Cells( 列 , 行 ) = Replace(Cells( 列 , 行 ), "Battle", " Battle ")
Cells( 列 , 行 ) = Replace(Cells( 列 , 行 ), "Simulator", "Simulator ")
Cells( 列 , 行 ) = Replace(Cells( 列 , 行 ), "August", " August ")
Cells( 列 , 行 ) = Replace(Cells( 列 , 行 ), "Scenic", " Scenic ")
Cells( 列 , 行 ) = Trim(Replace(Cells( 列 , 行 ), "  ", " "))
Cells( 列 , 3) = Replace(Cells( 列 , 3), "?", "")
Cells( 列 , 4) = Trim(Replace(Cells( 列 , 4), " ， ", ", "))
```

```
        Cells(列, 4) = Replace(Cells(列, 4), ChrW(&H2019), Chr(&H20) + "'")
        Cells(列, 4) = Replace(Cells(列, 4), ChrW(&H201D), Chr(&H20) + Chr(&H22))
        Cells(列, 4) = Replace(Cells(列, 4), ChrW(&H201C), Chr(&H20) + Chr(&H22))
        Cells(列, 4) = Replace(Cells(列, 4), "?", "")
        Cells(列, 10) = Replace(Cells(列, 10), "?", "")
        Cells(列, 11) = Trim(Replace(Cells(列, 11), "，", ","))
        Cells(列, 11) = Trim(Replace(Cells(列, 11), "?", ""))
        Cells(列, 13) = Trim(Replace(Cells(列, 13), "／", "/"))
        列 = 列 + 1
    Loop
    [A1].Select
    Beep
    Beep
    MsgBox "【資料清洗】已執行完畢！"
End Sub
```

當然我們也可以在 Tableau 進行資料清洗工作。在資料清洗時，Tableau 不提供迴圈語法，且須額外建立導出欄位，因爲原始資料來源是唯讀的。下列程式碼使用了 REGEXP_REPLACE (string, pattern, replacement) 和 REPLACE(string, substring, replacement) 等兩個重要語法結構，其中 <string> 參數扮演著重要角色。只要確保執行某個函數後回傳值爲字串類型即可。這種「洋蔥式」設計技巧常用於文字採礦的樣式萃取（Pattern Extraction）。它的執行優先權：由內而外。

導出欄位名稱	敘述句
中文敘述_清洗	REPLACE(//#1 REPLACE(//#2 REPLACE(//#3 REPLACE(//#4 REPLACE(//#5 REPLACE(//#6

導出欄位名稱	敘述句

	REGEXP_REPLACE([中文敘述] //#7
	,' 監 | 塩 ',' 鹽 ')　//#7
	,' 夏候鳥 - 栗喉蜂虎 ',' 夏候鳥——栗喉蜂虎 ') //#6
	,' 廛 ',' 禪 ')　//#5
	,'\u201C', '「')　//#4
	,'\u201D', '」')　//#3
	,' 廛 ',' 禪 ')　//#2　\u5EDB
	,' 驚惶 ',' 艱困生活。') //#1

3. 地理圖資處理

當完成資料清洗後，即可將「金門縣海域觀光亮點 .xlsm」檔案匯入 Tableau 環境，進行資料處理，然後再做資料分析。首先針對中文景點名稱進行分類。這種做法，即爲 Tableau 所提供人爲操作的【建立群組】（Group）。只是程式比它更具效率。

導出欄位名稱	敘述句
中文景點名稱 _ 分類	IF CONTAINS([中文景點名稱],' 館 ') THEN ' 館類 ' ELSEIF CONTAINS([中文景點名稱],' 園 ') THEN ' 園類 ' ELSEIF (CONTAINS([中文景點名稱],' 廟 ') OR CONTAINS([中文景點名稱],' 祠 ')) AND NOT CONTAINS([中文景點名稱],' 李將軍廟 ') THEN ' 廟類 ' ELSEIF CONTAINS([中文景點名稱],' 坑 ') THEN ' 坑類 ' ELSEIF CONTAINS([中文景點名稱],' 堡 ') THEN ' 堡類 ' ELSEIF CONTAINS([中文景點名稱],' 站 ') THEN ' 站類 ' ELSEIF CONTAINS([中文景點名稱],' 碑 ') THEN ' 碑類 ' ELSE ' 他類 ' END

經過「金門縣海域觀光亮點 .xlsm」的資料分析，[中文景點名稱] 分類和計數後，園類 29 處、館類 9 處、廟類 7 處、坑類 6 處、堡類 5 處、站類 2 處、碑類 2 處。

當確認電腦網路已連線後，根據下列處理程序來完成金門縣海域觀光景點的地理圖資。其中原始資料已提供 [經度] 和 [緯度] 等兩個欄位，它們的資料類型：數字(十進制)，還必須將它們的地理角色分別設定成：經度、緯度。例如，$P_{\text{北山洋樓—古寧頭戰役遺跡}}$(緯度, 經度) = P(24.47921, 118.31256)。電腦網路連線，並依下列操作程序與其設定後，其輸出金門地理圖，如圖 6-17 所示。

操作環境	在架中編輯	設定
資料窗格 [經度]欄位	無	地理角色(經度)
資料窗格 [緯度]欄位	無	地理角色(緯度)
【欄】架	AVG([經度])	(度量(平均值), 連續)
【列】架	AVG([緯度)]	(度量(平均值), 連續)
標記卡【顏色】	[中文景點名稱_分類]	無
標記卡【標籤】	[中文地址]	無

從圖 6-17 得知，金門景點大部分分布在金門和小金門的沿海，這可能與經歷戰爭和早期中國大陸沿海居民遷移至金門定居等歷史發展有關。

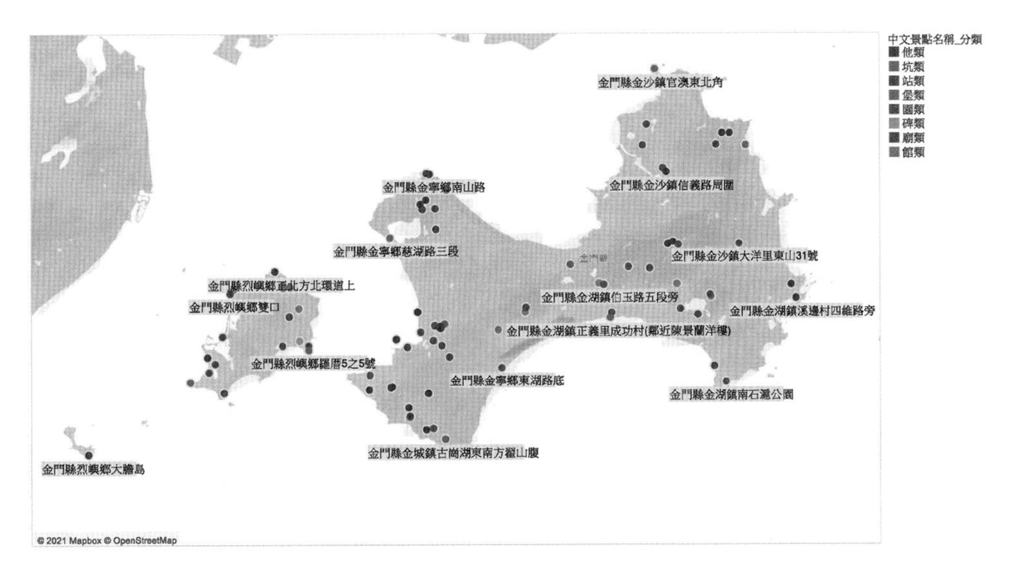

圖 6-17　金門縣海域觀光亮點地圖分布

註：若事前未取得網路連線，將無法取得圖資。請在開啓網路連線後，再重做一次。

4. 文字採礦處理

我們必須萃取出相關關鍵字詞或樣式（Patterns）與計數。

導出欄位名稱	敘述句
中文敘述 _ 金門 _ 計數	COUNT(IIF (CONTAINS([中文敘述],' 金門 '), 1, NULL)) //73
中文敘述 _ 軍事 _ 計數	COUNT(IIF (CONTAINS([中文敘述],' 軍事 '), 1, NULL)) //19
中文敘述 _ 公園 _ 計數	COUNT(IIF (CONTAINS([中文敘述],' 公園 '), 1, NULL)) //17
中文敘述 _ 海岸 _ 計數	COUNT(IIF (CONTAINS([中文敘述],' 海岸 '), 1, NULL)) //14
中文敘述 _ 坑道 _ 計數	COUNT(IIF (CONTAINS([中文敘述],' 坑道 '), 1, NULL)) //14

我們想要在前揭字詞表 { 金門 , 軍事 , 公園 , 海岸 , 坑道 } 中，僅在長條圖上提供「園類」和「坑類」的個別筆數資訊，其餘類別不呈現（NULL）的話，就須使用到 {FIXED}。建立導出欄位程式碼如下：

導出欄位名稱	敘述句
景點分類 _FIXED	{FIXED [中文景點名稱 _ 分類]: SUM(IIF([中文景點名稱 _ 分類]=' 園類 ' OR [中文景點名稱 _ 分類]=' 坑類 ' , 1,NULL))}

在圖 6-18 中，(1) 將 [中文景點名稱 _ 分類] 欄位拖曳到【欄】架上，它為維度（藍色）。(2) 將上述 5 個字詞欄位拖曳到【列】架上，它們皆為連續（綠色）。(3) 將 [景點分類 _FIXED] 欄位拖曳到標記卡【詳細資料】上，它為連續（綠色）。我們發現，只有 [中文景點名稱 _ 分類]=' 園類 ' 或 [中文景點名稱 _ 分類]=' 坑類 ' 時，[景點分類 _FIXED] 才出現它們的計數值，其餘均為空白。(4) ATTR([景點分類 _FIXED]) 回傳：*（多值）。若將它設定成 (維度 , 離散)，則在工作表上呈現 NULL、6、29。

由於 {FIXED} [中文景點名稱 _ 分類] 維度與【欄】架的維度名稱相同，故回傳 SUM 彙總結果值給 [景點分類 _FIXED] 欄位會隨著 [中文景點名稱 _ 分類] 元素不同而呈現變化。有關它在主記憶體內部運作機制，如圖 6-19 所示。其中（89 列）指資料集總列數；NULL 是 IIF 判斷子句過濾的；[中文敘述 _ 金門 _ 計數] 等五個欄位，顯然不會影響到 [景點分類 _FIXED] 值，故在圖中未出現。

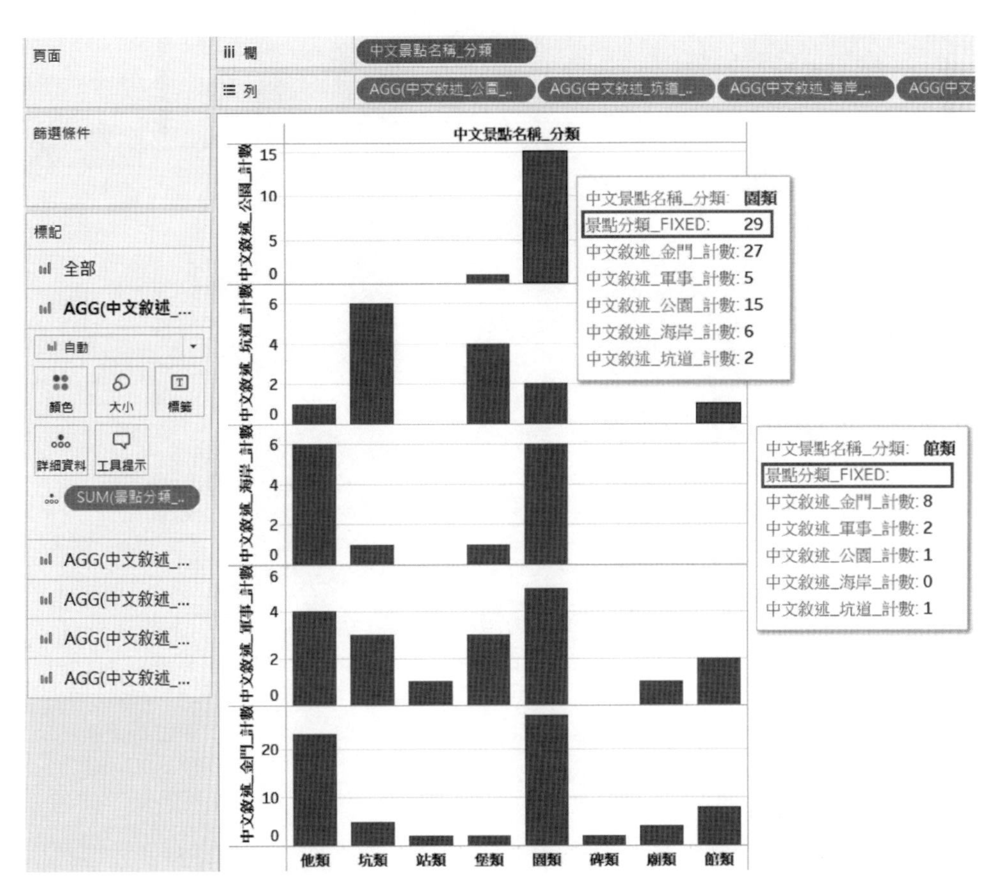

圖 6-18 [中文景點名稱 _ 分類] 對字詞的頻次統計

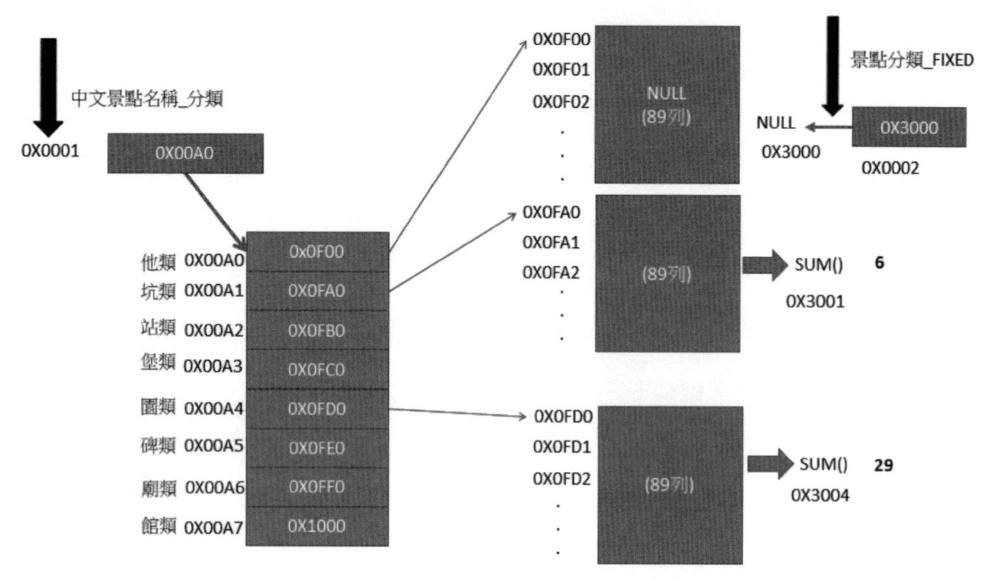

圖 6-19 [中文景點名稱 _ 分類] 在主記憶體內部的運作機制

6.8 總結

面對不同使用者實務需求的差異性，Tableau 對工作表上的資料表內容提供了「表計算」功能；同樣地，對工作表上的維度提供了「LOD」運算功能。只是，前者可由人爲操作完成，但後者必須撰寫程式方能達成。

本章花了很多篇幅來探討 {LOD} 的運作機制，處理的優先權，及其在主記憶體內是如何運作的。儘管如此，初學者最大困擾，來自於不知道如何撰寫 {LOD} 程式碼，以及如何判斷在那一個詳細層級來運算的。此外，不知道如何進行文字採礦的資料清洗，以及如何建立關鍵詞表、萃取有用的樣本成分等等。現今，我們看到一些使用者，採用「文字雲」來解決這些問題。其實這樣做的結果，實用價值是很低的。因爲文字雲所萃取出來的樣式或關鍵字，大都不是我們想要的。文字採礦一定要導入「領域知識」（Domain Knowledge）。例如，在毒品犯罪領域上，「妹妹」、「交通」是重要的詞語。前者是毒品名稱的黑話，後者是指販運毒品的人。「數位人文」（Digital Humanities）領域也是如此。它是指「人文」數位化。如果研究人員對人文「佛教」教義和精髓不了解，那麼就無法對它進行數位人文研究。同理，商業智慧不是只用來呈現令人吸引的彩色圖形而已，而是在於圖形能讓我們易於洞察現象本質，及如何去輔助決策。因此，本章從文字採礦觀點，儘可能在「金門縣海域觀光亮點資訊開放計畫」官方有限的資料中，試圖找出有價值的知識。當然這對學習者來說，領域知識和資訊技術的提升，無疑是個挑戰，也是個機會。

資料層級 INCLUDE 計算

本章概要

7.1 INCLUDE 運作機制

7.2 INCLUDE 範例

7.3 INCLUDE 在火災傷亡應用

7.4 總結

當完成學習與上機實作後，你將可以

1. 知道 INCLUDE 運作機制
2. 知道拖放與 INCLUDE 有關
3. 從範例中知道 INCLUDE 使用時機
4. 學會撰寫 INCLUDE 程式
5. 利用 INCLUDE 洞察火災傷亡問題
6. 知道 INCLUDE 與統計分析的結合應用

我們在前面第 6 章裡已初步認識 INCLUDE 運作機制，本章將深入探討它，並且也介紹它的實務應用。INCLUDE 主要功能乃在現有工作表上新增維度，並對工作表內容提供更為細粒維度的度量彙總資訊。

7.1 INCLUDE 運作機制

欲了解 {INCLUDE} 運作機制，則須導入樹狀結構 T(根 [,< 維度 1>,< 維度 2>,…;< 度量 >]) 概念，畫出 T 的相對應樹狀結構圖，以及繪圖並了解它在主記憶體是如何去運作的。本節將針對它的運作機制來詳細介紹。

相信用過 Tableau 的人，最常使用到的操作，就是以滑鼠拖放方式在工作表上產出資料視覺化。例如，以【範例 – 超級市場】資料集為例，從畫面左側的「資料」窗格（Data Pane），透過滑鼠左鍵，將 [區域] 欄位拖放到【欄】架上，將 [銷售額] 欄位拖放到【列】架上，Tableau 就會很快在工作表（顯示區）上產生長條圖，如圖 7-1 所示。

然而，透過人機介面（Human Machine Interface）的操作，是不能直接交由電腦中央處理單元（CPU）執行的，而是須被轉換成一堆相對應程式碼後，再交由 CPU 處理。但是，很少人會產生疑問？Tableau 在使用者完成拖放這些欄位後，就會立即去轉換成相對應程式碼與執行的。那麼，到底相對應程式碼是指什麼？下面將解開這個謎。

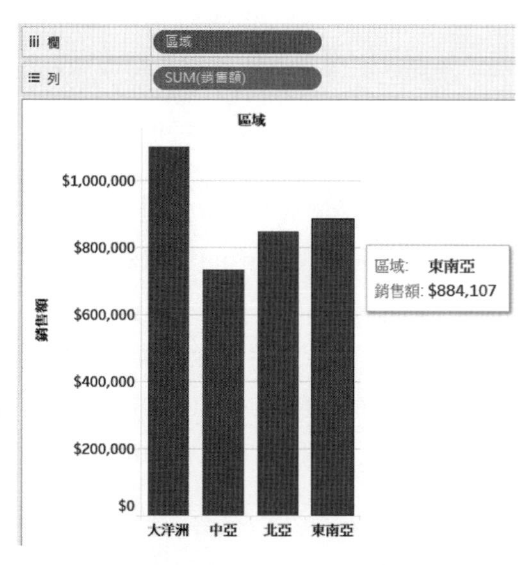

圖 7-1　以拖放方式產出區域銷售額總和

首先以 Tableau Desktop 2020.3 版本預設的【範例 – 超級市場】作爲資料集。茲以前揭圖 7-1 爲例，假設它的相對應程式碼爲 {INCLUDE [區域]: SUM([銷售額]) }，建立導出欄位名稱：區域 _INCLUDE；其相對應樹狀結構表示式：T(根 ,[區域]; [銷售額])。

建立導出欄位名稱	敘述句
區域 _INCLUDE	{INCLUDE [區域]: SUM([銷售額])}

它的運作機制過程如下：

(1) 排序。進行 [區域] 由小到大排序。類似 SORT [區域] ORDER BY Ascending。中文依筆劃多寡排序：筆劃 (大) < 筆劃 (中) < 筆劃 (北) < 筆劃 (東)。

(2) 配置。在主記憶體資料記憶區（Data Segment, DS）內找到 4 塊行資料儲存區（Columnar Store Area, CSA）。

(3) 鏈結。將 [區域] 內 4 個元素指向存取 CSA 的入口位址（Entry Address）。

(4) 儲存。將資料集內的每一列 [銷售額] 值依 [區域] 欄位元素去依序儲存它。

(5) 計算。當完成全部資料放入 CSA 後，分別對這 4 塊 CSA 進行 SUM() 彙總計算。

(6) 記錄。將 4 筆彙總結果回傳給導出欄位名稱。R-value（導出欄位名稱）即爲指向存取這 4 筆結果的入口位址（Entry Address）。

(7) 呈現。以拖放方式，將欄位拖曳到工作環境，如【欄】架、【列】架或標記卡，然後將結果呈現在工作表上。

當執行 [區域 _INCLUDE] 程式碼後，(1) 透過 COUNT([區域 _INCLUDE]) 回傳 4，表示它是由 4 個不同區域所取得的 4 筆彙總結果。即 Tableau 分別對 4 個不同區域進行不同彙總函數計算，且各自儲存在自己的 DS 內。(2) 由於這 4 個回傳值均屬（彙總 , 單值）型態，故在操作環境的「在架中編輯」的 SUM([區域 _INCLUDE]) = AVG([區域 _INCLUDE]) = MAX([區域 _INCLUDE]) = MIN([區域 _INCLUDE]) 特性。這好比 SUM(100) = AVG(100) = MAX(100) = MIN(100)。(3) 檢驗它的屬性，ATTR([區域 _INCLUDE]) 回傳 *，表示它是多值的，為 {1100185, 738568, 848180, 884107} 等四個不同值所組成的。(4) 將 [區域] 欄位拖放到【欄】（或【列】）架上，[區域 _INCLUDE] 欄位拖放到【列】（或【欄】）架上，即可在工作表上呈現多值分布。

其次，為了要了解相對應樹狀結構圖的運作機制為何？首先，我們必須事先知道 [區域]4 個地區的列數。當依據下列操作程序後，將會得到：列數 (大洋洲) = 3,487、列數 (中亞) =1,983、列數 (北亞) =2,336、列數 (東南亞) =3,127。{FIXED :COUNTD([區域])} 回傳 4，即指 4 個地區（元素）。

操作環境	在架中編輯	設定
【列】架	[區域]	(維度)
【列】架	[區域]	(度量 (計數), 離散)
【列】架	{FIXED :COUNTD([區域])}	(維度 , 離散)

最後，根據上述的資訊，即可畫出樹狀結構圖 TINCLUDE，如圖 7-2 所示。當執行 [區域 _INCLUDE] 欄位後，即為圖 7-2 的結果，這個結果與前揭圖 7-1 相同。我們終於解開這個謎，原來圖 7-1 的人為拖放結果，就是 Tableau 主動產生相對應的「{INCLUDE [區域]: SUM([銷售額])}」程式碼與執行而得的。其實，任何應用軟體，只要提供人機介面功能者，不論是功能操作或程式編輯器，都須產生相對應程式碼。目的在於將程式設計細節封裝起來，以簡化程式設計人員的程式設計複雜度，及縮短操作程序或開發程式的時間。

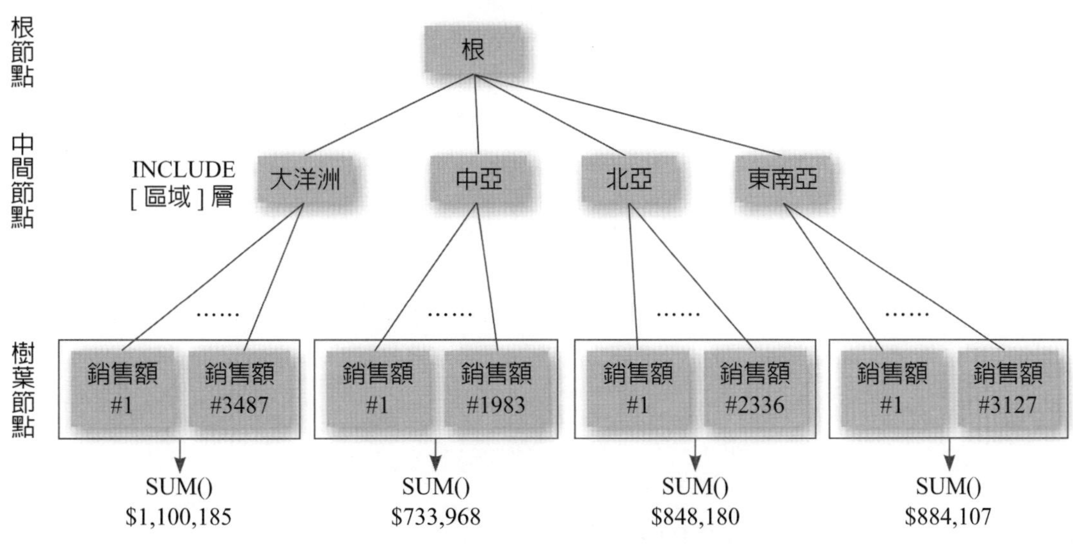

圖 7-2　{INCLUDE [區域]: SUM([銷售額])} 的 T 樹狀結構圖

讓我們繼續深入討論樹狀結構與 INCLUDE 的運作機制。

1. 相同樹狀結構

當由人為拖放欄位至【欄】架和【列】架所構成的樹狀結構 T_{View} (根 ,< 維度 1>,< 維度 2>,…;< 度量 >) 和由 INCLUDE 所構成的樹狀結構 $T_{INCLUDE}$ (根 ,< 維度 1>,< 維度 2>,…;< 度量 >) 完全相同時，這兩者輸出至工作表結果是相同的。下列是由人為操作後與其相對應的樹狀結構 T_{View} (根 ,[區域], [類別]; [銷售額]) 表示。

操作環境	在架中編輯	設定
【欄】架	[區域]	(維度)
【列】架	[類別]	(維度)
【列】架	SUM([銷售額])	(度量 (總和), 連續)

再來，我們以 {INCLUDE [區域],[類別]:SUM([銷售額])} 去建構一個樹狀結構 $T_{INCLUDE}$ (根 , [區域], [類別]; [銷售額])。即可得到：$T_{View} = T_{INCLUDE}$，即這兩者回傳 SUM([銷售額]) 結果是相同的。如圖 7-3 所示。

導出欄位名稱	敘述句
INCLUDE_ 區域 _ 類別 _ 銷售額 _ 總和	{INCLUDE [區域],[類別]:SUM([銷售額])}

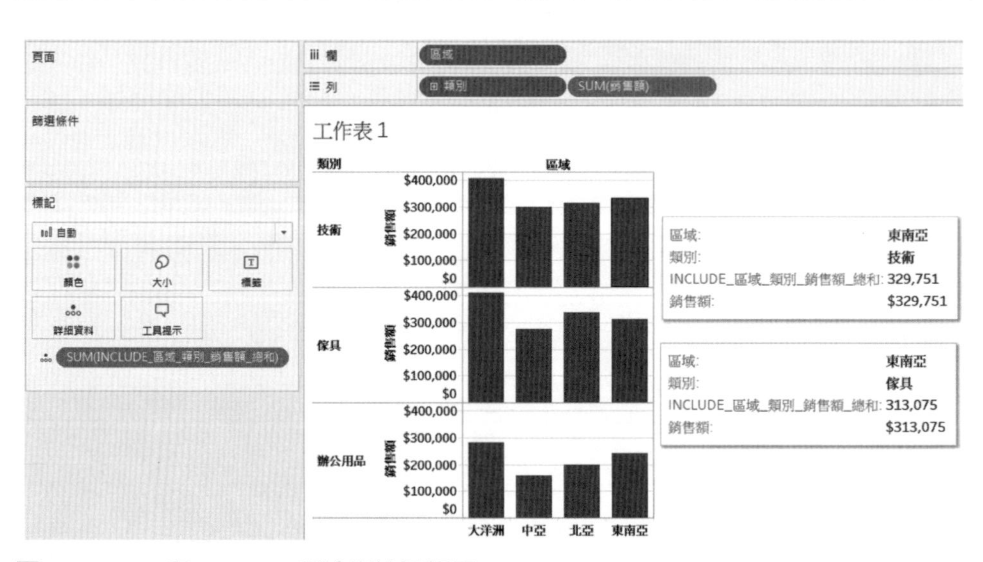

圖 7-3 T_{View} 和 $T_{INCLUDE}$ 所輸出結果相同

在實務應用上，我們不會在工作表上去重複顯示 T_{View} 和 $T_{INCLUDE}$ 輸出相同的 SUM() 彙總值，而是想要透過標記卡（Marks Card）（如【標籤 / 文字】）來獲得其他彙總函數資訊。下列爲常見 INCLUDE 用法：

(1) {INCLUDE [區域],[類別]:AVG([銷售額])}

(2) {INCLUDE [區域],[類別]:MEDIAN([銷售額])}

(3) {INCLUDE [區域],[類別]:MAX([銷售額])}

(4) {INCLUDE [區域],[類別]:PERCENTILE([銷售額],0.8)} //80% 的百分位數值

(5) LOOKUP(SUM({INCLUDE [區域],[類別]:AVG([銷售額])}), FIRST()+2) // 取得相對儲存格值

從圖 7-4 中發現，經由人爲拖放方式所建立的 T_{View}(根 , 年 (訂單日期), 月 (訂單日期); [銷售額]) 所得結果，是與 $T_{INCLUDE\_年月}$、$T_{INCLUDE}$ 均相同。但與 $T_{INCLUDE_日期}$不同（未在圖中呈現）。因此，當在 {INCLUDE} 表示式中維度被省略時，表示其引用維度與 T_{View} 的既有維度是相同的。

導出欄位名稱	敘述句	樹狀結構 T 表示式
INCLUDE_ 銷售額 _ 平均值	{INCLUDE YEAR([訂單日期]), QUARTER([訂單日期]) : AVG([銷售額]) }	$T_{INCLUDE\_年月}$(根 , YEAR([訂單日期]), QUARTER([訂單日期]); [銷售額])
INCLUDE_ 無維度 _ 銷售額 _ 平均值	{INCLUDE : AVG([銷售額]) }	$T_{INCLUDE}$ (根 ; [銷售額])
INCLUDE_ 訂單日期 _ 平均值	{ INCLUDE [訂單日期]: AVG([銷售額]) }	$T_{INCLUDE\_日期}$(根 , [訂單日期]; [銷售額])

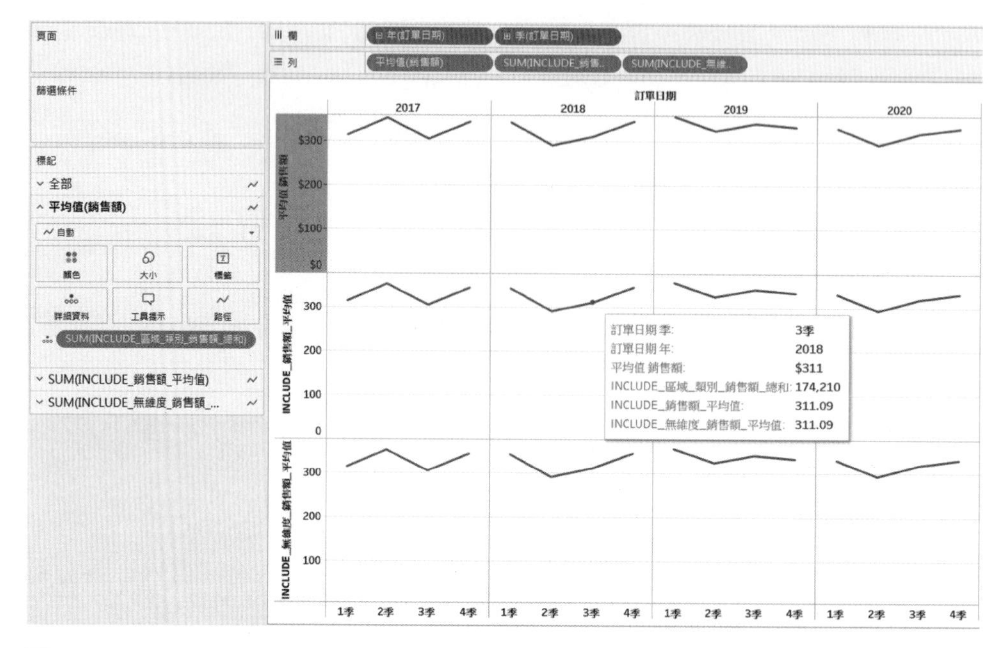

圖 7-4　{INCLUDE} 有無引用維度的 AVG([銷售額]) 結果相同

我們可以善用無維度的 INCLUDE 特性，將它使用在 IF 判斷子句上。這種技巧常用於想要獲取額外有用的資訊或更深入洞察問題，也可全部匯出存檔。

導出欄位名稱	敘述句
INCLUDE_ 區域 _ 類別 _ 銷售表現	IF SUM({INCLUDE :SUM([銷售額])}) > 400000 THEN ' 銷售佳 ' ELSEIF SUM({INCLUDE :SUM([銷售額])}) > 300000 THEN ' 銷售尚佳 ' ELSE ' 銷售差 ' END

當我們執行 [INCLUDE_ 區域 _ 類別 _ 銷售表現] 程式後，將它拖放到標記卡【詳細資料】上，即可獲得圖 7-5 結果。並可將滑鼠游標移到工作表中各儲存格，去檢視它們的銷售表現。圖中的 AGG() 函數是 Tableau 主動加入的，它非爲函數語法，故不可由使用者引用。它主要目的：確保呈現的「彙總一致性」。

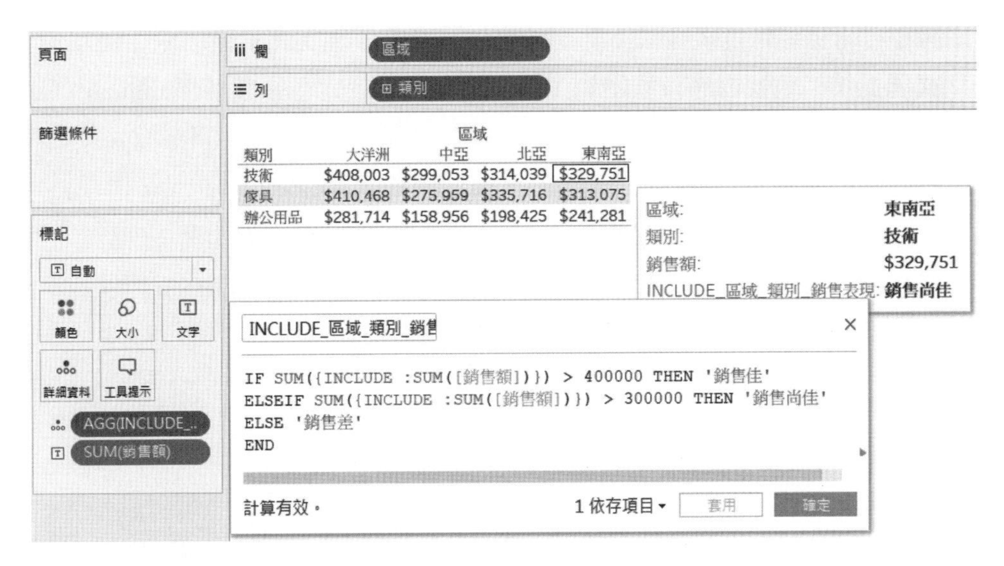

圖 7-5　無維度的 **INCLUDE** 與 **IF** 結合應用

我們將 {INCLUDE} 特點摘要描述如下：

(1) 雖然 {LOD} 是回傳行資料的彙總結果，但如果沒有透過使用者去建立好 T_{View}，則無法展現 {LOD} 的眞正目的，即讓使用者依據維度增減或獨立來致使度量彙總發生變化。由人爲去拖放引用到 {LOD} 表示式所建立的導出 / 計算欄位至【欄】架、【列】架或標記卡內各功能卡上，即可立即改變度量彙總的結果。如果我們沒有事先建立好 T_{View}，那麼去拖曳它們時，則只回傳根節點彙總結果，非爲 {LOD} 功能目的。

(2) 當導出欄位被拖放至工作環境（架或卡）時，如引用到 {FIXED} 者，可被設定成維度或度量；但 {INCLUDE} 和 {EXCLUDE} 則只能被設定成度量。

(3) 當「$T_{View}=T_{INCLUDE}$」成立時，可以推定「$T_{INCLUDE}=T_{FIXED}$」亦成立。

(4) 只要是度量類型，Tableau 總是以彙總形式對外呈現。即 Tableau 會主動額外附加彙總（如 SUM({LOD}) 或 AGG({LOD})）對外呈現，即使我們將 SUM({LOD}) 變更成 AVG({LOD}) 或 MAX({LOD}) 時，工作表上的結果仍不會被變更。

(5) 當 $T_{INCLUDE}$ 省略維度時，表示它的維度是引用了 T_{View} 維度。

(6) Tableau 的資料視覺化產出方式，常見於使用者以滑鼠左鍵拖曳資料窗格上的欄位並放置到【欄】架或【列】架上。當使用者建立好維度和度量（連續）

欄位（藍色和綠色膠囊狀）後，Tableau 即會自動產出相對應 {INCLUDE} 程式碼並加以執行，然後輸出到工作表上。圖形使用者介面（Graphical User Interface, GUI）是提供給人操作的，但終究必須被轉換成相對應程式碼以供電腦中央處理單元（CPU）來執行，否則無法產出結果的。這點可由「$T_{View} = T_{INCLUDE}$」獲得證明。例如，人爲操作【列】架 ={[區域](維度), [區域](度量 (計數))} 後，Tableau 會自動產生「{INCLUDE [區域]: COUNT([區域])}」程式碼並立即執行，最後以視覺化呈現在工作表上。

2. 不同樹狀結構

當 T_{View} 與 $T_{INCLUDE}$ 不相同時，表示使用 INCLUDE 想要達到下列目的：

(1) 欲在當前視圖 / 視表維度下，去額外增加維度，以獲取更多彙總資訊。

(2) 在固定（同一個）維度情況下，去比較 T_{View} 與 $T_{INCLUDE}$ 之間的差異。

(3) 透過 IF 判斷子句產出更多資訊。

例如，在相同的 [區域] 維度下，4 個地區銷售額平均值，來跟 INCLUDE 所得到的 4 個地區的客戶（計 795 位）和類別（計 3 類）等銷售額總和之平均值，作一比較。由圖 7-6 得知，T_{View}(根 ,[區域];[銷售額]) 與 $T_{INCLUDE1}$(根 ,[區域],[客戶名稱];[銷售額]) 和 $T_{INCLUDE2}$(根 ,[區域],[類別];[銷售額]) 之間存在著差異性。圖 7-7 顯示了 T_{View} 和 $T_{INCLUDE}$ 彙總結果的差異。

在當前視圖（Current View）存在 [區域] 維度下，「AVG({INCLUDE [客戶名稱] : SUM([銷售額]) })」和「AVG({ INCLUDE [區域],[客戶名稱] : SUM([銷售額]) })」兩者輸出結果是相同的；但如果當前視圖沒有維度時，後者會出現錯誤。若當前視圖沒有維度時，「AVG({ INCLUDE [客戶名稱] : SUM([銷售額]) })」和「AVG({ FIXED [客戶名稱] : SUM([銷售額]) })」輸出結果相同。此外，在 {INCLUDE} 中若省略維度，則 Tableau 會預設它爲當前視圖的維度。

導出欄位名稱	敘述句
INCLUDE_ 客戶 _ 銷售額總和平均	AVG({ INCLUDE [客戶名稱] : SUM([銷售額]) }) // 或 AVG({INCLUDE [區域],[客戶名稱]:SUM([銷售額])})
INCLUDE_ 類別 _ 銷售額總和平均	AVG({ INCLUDE [類別] : SUM([銷售額]) }) // 或 AVG({ INCLUDE [區域],[類別] : SUM([銷售額]) })

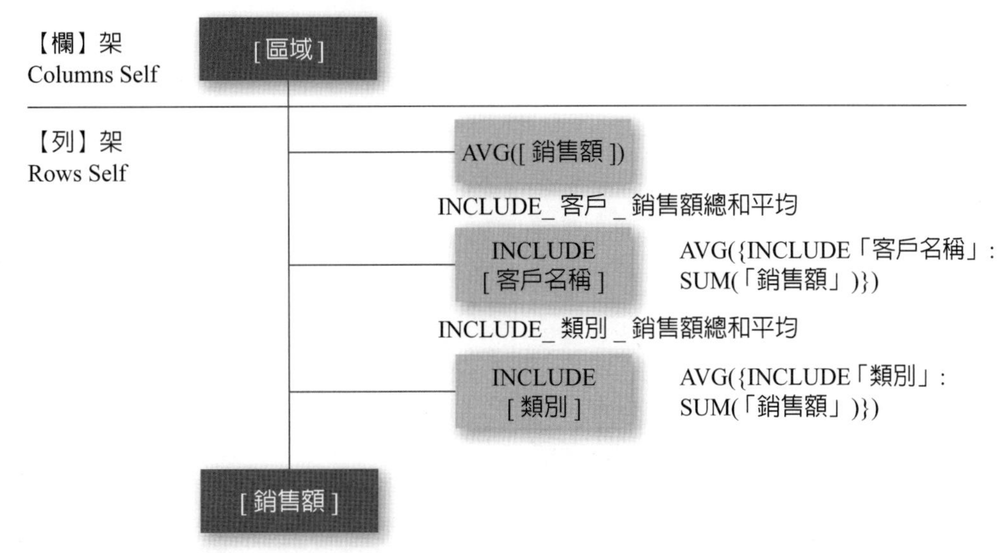

圖 7-6　在當前視圖有 [區域] 維度下新增不同維度示意圖

在圖 7-7 中，在相同的 [區域] 維度下，透過 {INCLUDE} 來洞察 [銷售額] 的整體平均、依客戶名稱和類別之表現，顯然 [類別] > [客戶名稱] > 總體。這樣結果乃受到各維度所持有的元素數量多寡影響所致。(1) 在類別和客戶表現上，大洋洲表現突出，中亞表現最差；(2) 整體表現則以中亞最佳，東南亞最差；(3) 應進一步去洞察中亞，試圖找出它的最佳和最差原因。

當然，我們必須去驗證上述導出計算結果是否正確？首先了解「AVG({FIXED [客戶名稱]: SUM([銷售額])})」的運作機制（如圖 7-8 所示）：

(1) 排序。在資料集總列數為 10,933 列中，每一位客戶擁有 1 列（筆）以上的 [銷售額] 資料。透過 SORT([客戶名稱]) 由小至大（中文按筆畫、英文按 ASCII、數字按數值）排序後，可得到 [客戶名稱] 是由 795 位不同客戶所組成的，即會有 795 組行資料，客戶名稱 ={ 客戶 #1, 客戶 #2, ⋯, 客戶 #795}。
(2) 配置。找到準備儲存這 795 組行資料的資料記憶區（Data Segments）空間。
(3) 儲存。根據資料集的 [客戶名稱] 內容來儲存相對應的 [銷售額] 資料。即先把全部 [銷售額] 資料儲存妥當。
(4) 彙總（個別總和）。依 [客戶名稱] 由小至大順序，以逐行方式對 795 組行資料進行 SUM([銷售額]) 計算，以得到 795 個總和值。
(5) 彙總（總平均）。最後將這 795 個總和值進行總平均 AVG（$= \Sigma_{i=1}^{795}$ SUM $_{客戶\ i}$ ([銷售額])÷795），並回傳單一結果值：4,486。

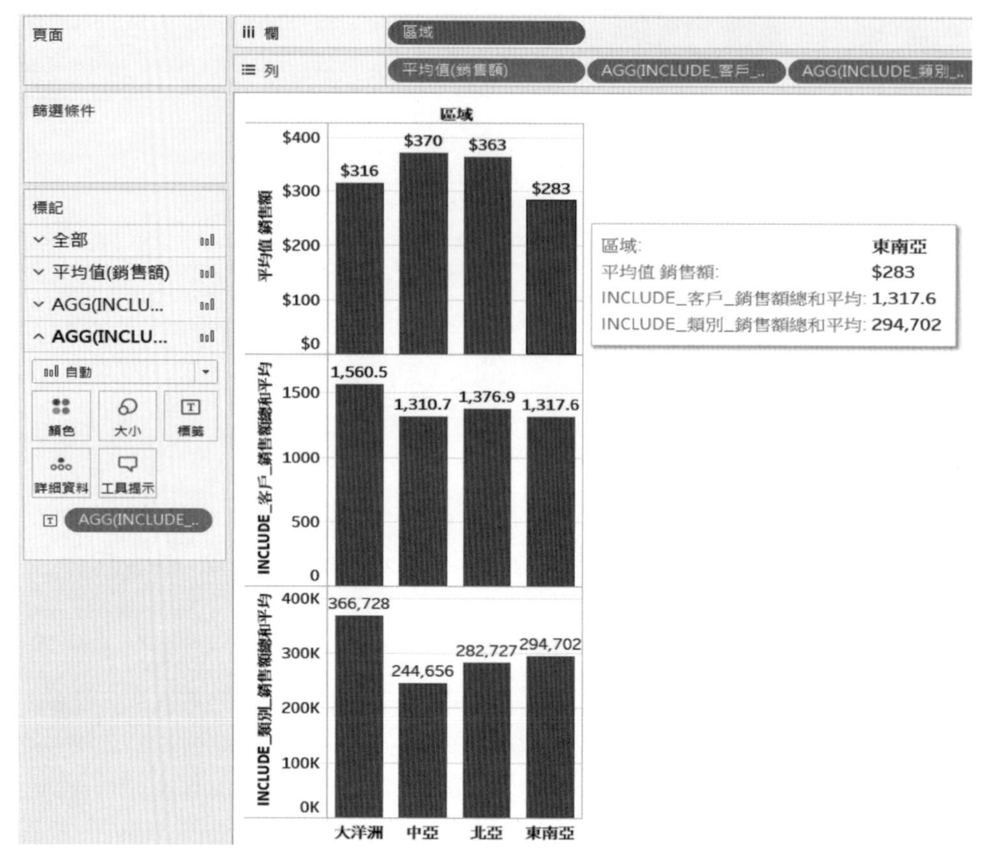

圖 7-7　T_{View} 和 $T_{INCLUDE}$ 所輸出的彙總結果

註：長條圖上方的數據，乃透過滑鼠左鍵點一下各圖最左處標題（軸）後（選取它），再將相對應欄位名稱拖曳到標記卡【標籤】上而得的。

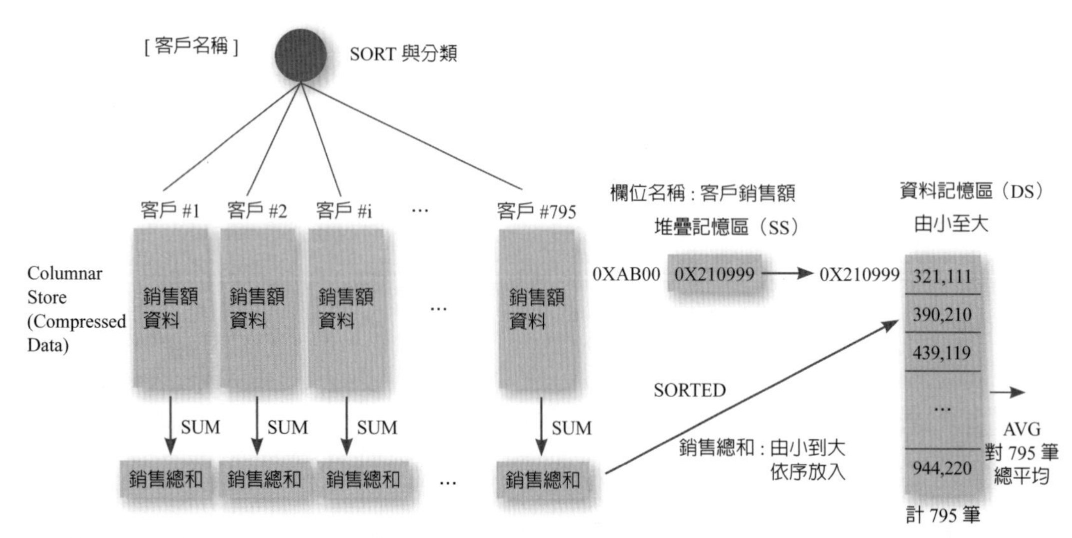

圖 7-8　「AVG({FIXED [客戶名稱]: SUM([銷售額])})」 的運作機制

現以 T(根 , [區域]= ' 東南亞 ', [客戶]; [銷售額]) 爲例，來模擬 [INCLUDE_ 客戶 _ 銷售額總和平均] 回傳值爲 1,317.60。我們可透過程式設計來驗證其結果是否正確？(1)[驗證 _INCLUDE_ 東南亞 _ 客戶 _1] 回傳值爲 1,317.60，但它會隨維度的元素不同而改變。(2)[驗證 _INCLUDE_ 東南亞 _ 客戶 _2] 和 [驗證 _INCLUDE_ 東南亞 _ 客戶 _3] 回傳值均不正確。這是初學者最常犯的錯誤。(3)[驗證 _INCLUDE_ 東南亞 _ 客戶 _4] 回傳值爲 1,318，但對 [區域] 維度的不同元素均回傳 1,318，因它使用到表計算。(4)[驗證 _INCLUDE_ 東南亞 _ 客戶 _5] 回傳值爲 1,318。它的好處是當視圖有 [區域] 維度時，除了 [區域]= ' 東南亞 ' 會顯示 1,318 外，其他區域則顯示空白（NULL），這比較符合我們的需求。(5) 敘述句內的 AVG() 也可改成 MAX()、MIN() 或 MEDIAN() 不同彙總，但不可寫成 SUM()，因它會回傳不正確結果（變得相當大），可能是 Tableau 的 Bug。這些範例讓我們體會到，若改使用 {INCLUDE} 就可省下撰寫程式的複雜度。請參考圖 7-7、圖 7-9。

導出欄位名稱	敘述句	回傳結果
驗證 _INCLUDE_ 東南亞 _ 客戶 _1	AVG ({FIXED [客戶名稱]: SUM(IF [區域]= '東南亞' THEN [銷售額] ELSE NULL END)})	工作表無維度和度量存在時，回傳：1317.60。當有維度和度量時，除了[區域]='東南亞'回傳：1317.60 正確外，其他都不正確。
驗證 _INCLUDE_ 東南亞 _ 客戶 _2	AVG (IF [區域] = ' 東南亞 ' THEN {FIXED [客戶名稱]:SUM([銷售額])} ELSE NULL END)	回傳：5256，不正確。
驗證 _INCLUDE_ 東南亞 _ 客戶 _3	AVG (IF [區域] = ' 東南亞 ' THEN {FIXED [區域],[客戶名稱]: SUM([銷售額])} ELSE NULL END)	回傳：1903，不正確。
驗證 _INCLUDE_ 東南亞 _ 客戶 _4	LOOKUP(AVG ({FIXED [客戶名稱]: SUM(IF [區域] = ' 東南亞 ' THEN [銷售額] ELSE NULL END)}), FIRST()+3)	回傳值：1318（為 1317.60 四捨五入），正確。但其他區域均為 1318。
驗證 _INCLUDE_ 東南亞 _ 客戶 _5	AVG(IF [區域] = ' 東南亞 ' THEN {FIXED :AVG ({FIXED [客戶名稱]: SUM(IF [區域] = ' 東南亞 ' THEN [銷售額] ELSE NULL END)})} ELSE NULL END)	除了 [區域] = ' 東南亞 ' 顯示 1318 外，其他區域不顯示。

最後，我們想要存取工作表內的資訊，並透過 IF 判斷子句，來洞察各區域在不同維度下的銷售業績好壞。其結果如圖 7-9 所示。

導出欄位名稱	敘述句
INCLUDE_ 區域 _ 客戶 _ 銷售表現	IF [INCLUDE_ 客戶 _ 銷售額總和平均] > 1500 THEN '客戶銷售滿意' ELSEIF [INCLUDE_ 客戶 _ 銷售額總和平均] > 1350 THEN '客戶銷售尚可' ELSE '客戶銷售不佳' END
INCLUDE_ 區域 _ 類別 _ 銷售表現	IF [INCLUDE_ 類別 _ 銷售額總和平均] > 300000 THEN '類別銷售良好' ELSEIF [INCLUDE_ 類別 _ 銷售額總和平均] > 250000 THEN '類別銷售普通' ELSE '類別銷售不良' END

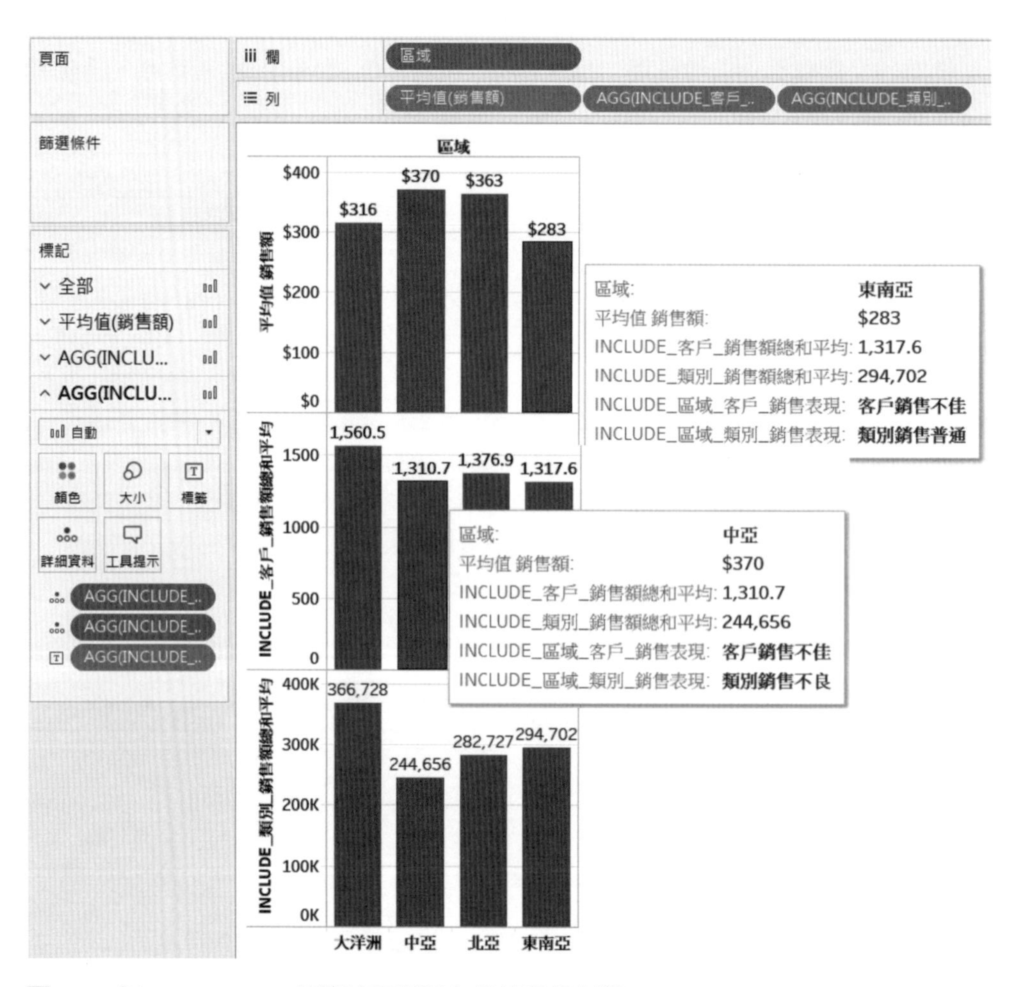

圖 7-9　以 {INCLUDE} 彙總結果對儲存格值進行判斷

7.2 INCLUDE 範例

現在我們以範例，來探討 INCLUDE 的作用，較易了解它的運作機制。

1. 建立資料來源

首先在 Microsoft Excel 建立表 7-1 資料內容，儲存檔名：CH7_INCLUDE 範例 .xlsx。

表 7-1 資料內容

學號	姓名	性別	科目名稱	成績	曠課時數
MIS001	張英明	男	計算機概論	56	12
MIS001	張英明	男	巨量資料分析	48	10
MIS002	李布朗	男	巨量資料分析	57	6
MIS001	張英明	男	網頁設計	68	4
MIS002	李布朗	男	資料庫管理	88	0
MIS005	陳大明	男	資料庫管理	43	4
MIS005	陳大明	男	巨量資料分析	67	2
MIS007	林大名	男	網頁設計	90	0
MIS007	林大名	男	資料庫管理	92	0
MIS008	張大千	男	網頁設計	58	2
MIS008	張大千	男	資料庫管理	58	4
MIS002	李布朗	男	網頁設計	57	6
MIS008	張大千	男	巨量資料分析	90	0
MIS010	吳美麗	女	巨量資料分析	87	0
MIS010	吳美麗	女	網頁設計	77	2
MIS002	李布朗	男	數位鑑識	88	0
MIS010	吳美麗	女	數位鑑識	76	2
MIS010	吳美麗	女	資料庫管理	92	0
MIS001	張英明	男	數位鑑識	56	6
MIS008	張大千	男	數位鑑識	66	2
MIS007	林大名	男	數位鑑識	93	0

表 7-1　資料內容　（續）

學號	姓名	性別	科目名稱	成績	曠課時數
MIS007	林大名	男	統計學	94	0
MIS010	吳美麗	女	統計學	65	2
MIS001	張英明	男	統計學	45	4

2. 匯入檔案

啓動 Tableau，連線到檔案 Microsoft Excel，檔案名稱：CH7_INCLUDE 範例.xlsx。

3. 資料處理

現考慮樹狀結構 T_{View}(根 , [科目名稱],[性別];[成績]) 與回傳平均成績。經由滑鼠左鍵的拖放方式，依下列欄位進行拖曳與設定。結果如圖 7-10 所示。

操作環境	在架中編輯	設定
【欄】架	[科目名稱]	(維度)
【欄】架	[性別]	(維度)
【列】架	AVG([成績])	(度量 (平均值), 連續)
標記卡【標籤】	AVG([成績])	(度量 (平均值), 連續) 或 (度量 (平均值), 離散)(註 1)

註 1：這兩者呈現小數的有效位數些許不同。選擇：(1)「連續」，固定顯示小數 2 位；(2)「離散」，則將小數點後面由右至左有 0 者移除掉。

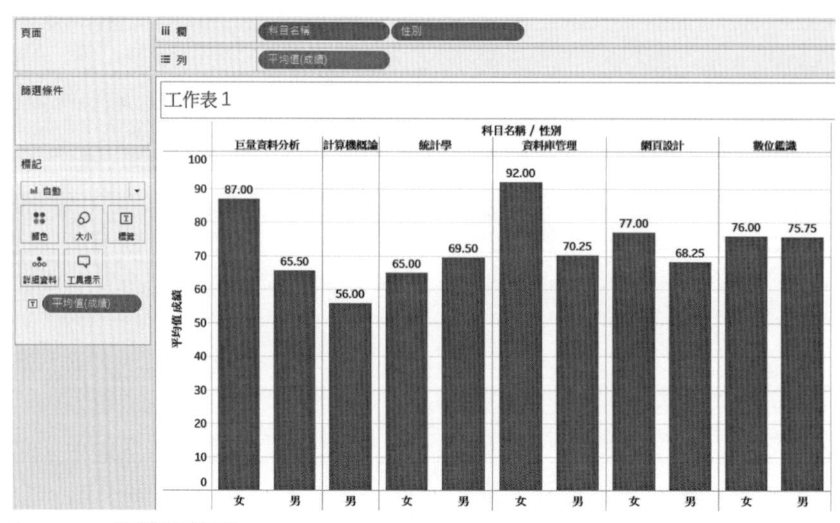

圖 7-10　T_{View} 的輸出結果

然後採用 $T_{INCLUDE}$=T_{View}，來模擬圖 7-10 輸出結果。有關程式碼如下：

導出欄位名稱	敘述句
INCLUDE_ 科目 _ 性別 _ 成績平均	{INCLUDE [科目名稱],[性別]: AVG([成績])} // 或 {INCLUDE : AVG([成績])}

有關 $T_{INCLUDE}$：{INCLUDE [科目名稱],[性別]: AVG([成績])} 運作機制如下：

(1) [科目名稱]=' 計算機概論 ' 時，只有 ' 男性 '，故 Tableau 在建立 Columnar Store 空間時，就不會去建立女性，以節省儲存空間。

(2) {INCLUDE [科目名稱],[性別]: AVG([成績])} 結果會產生 11 個 Columnar Store 配置空間，各自獨立處理。各行資料空間位址也不一定會被配置緊鄰在一塊兒。

(3) 如果使用到百分位數 PERCENTILE() 函數時，將以 10 個等分來解釋運作。

由於這 11 個 Columnar Store 配置空間的行資料，透過 AVG() 函數運算後，會產生 11 組單值（平均值）。因此，SUM(各組單值) = AVG(各組單值) = MAX(各組單值) =MIN(各組單值)。不會影響視圖結果，如圖 7-11。

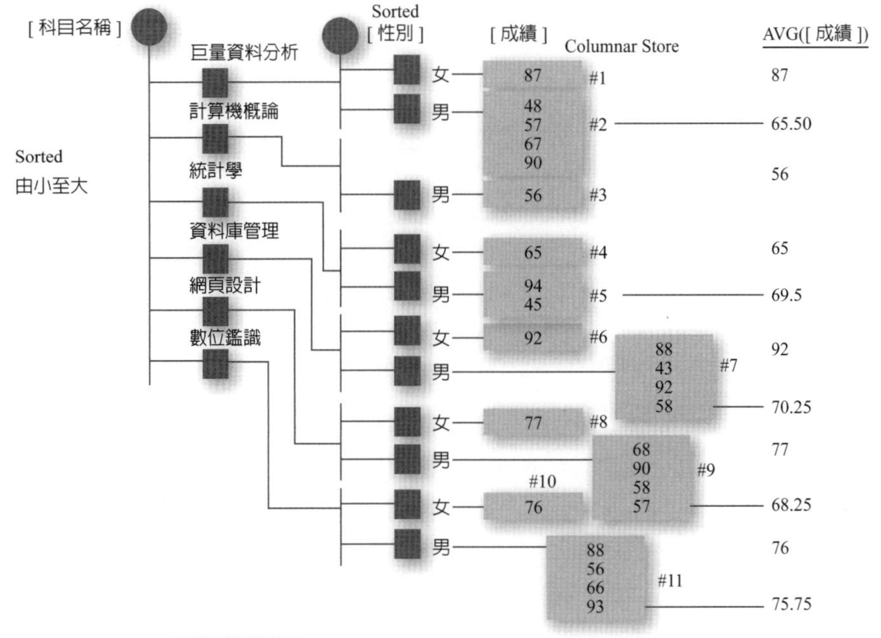

圖 7-11　$T_{INCLUDE}$ 運作機制圖

爲何 Tableau 會主動加入「SUM({LOD})」的 SUM 函數呢？因爲對於「連續」資料（視圖中的【欄】或【列】呈現綠色）者，在工作表上呈現時，一定要以函數形式表達之。這是 Tableau 的運作機制。如果對於每一塊行資料儲存區（Columnar Store Area）運算結果均爲單值時，則採用「SUM({LOD})」、「AVG({LOD})」、「MIN({LOD})」等函數，結果都是一樣的。{ } 表示要對每一塊行資料儲存區個別去執行運算、儲存與鏈結。

問題是，我們如何從主記憶體資料記憶區中去取得這 11 個平均值呢？解決之道，使用百分位數函數。本範例共計 11 組平均值，故可被切割成 10 等分，每一等分爲 0.1（10%）。這種做法將有助於對 INCLUDE 運作機制的了解。有關 PERCENTILE() 運算式與其回傳結果。顯然這 11 組平均值必須事先由小至大被排序過，而後再進行 PERCENTILE() 計算。

敘述句	回傳結果
PERCENTILE({INCLUDE [科目名稱],[性別]: AVG([成績])},0.0)	56（最低）
PERCENTILE({INCLUDE [科目名稱],[性別]: AVG([成績])},0.1)	65
PERCENTILE({INCLUDE [科目名稱],[性別]: AVG([成績])},0.2)	65.5
PERCENTILE({INCLUDE [科目名稱],[性別]: AVG([成績])},0.3)	68.25
PERCENTILE({INCLUDE [科目名稱],[性別]: AVG([成績])},0.4)	69.5
PERCENTILE({INCLUDE [科目名稱],[性別]: AVG([成績])},0.5)	70.25
PERCENTILE({INCLUDE [科目名稱],[性別]: AVG([成績])},0.6)	75.75
PERCENTILE({INCLUDE [科目名稱],[性別]: AVG([成績])},0.7)	76
PERCENTILE({INCLUDE [科目名稱],[性別]: AVG([成績])},0.8)	77
PERCENTILE({INCLUDE [科目名稱],[性別]: AVG([成績])},0.9)	87
PERCENTILE({INCLUDE [科目名稱],[性別]: AVG([成績])},1.0)	92（最高）

當然也可使用於 IF 判斷。例如，在修課 6 門科目和 6 位同學中，計 24 人次（列數）去必選修這 6 門科目與其成績。當執行學生成績判斷程式後，在考量科目與性別下，顯示 [成績] 達 70.25 分以上者計 11 人次（列數），它占全部 24 人次（列數）的 45.83%，顯示這班學生成績表現不甚很好。

導出欄位名稱	敘述句
INCLUDE_ 學生 _ 成績判斷	SUM(IF [成績] >={PERCENTILE({INCLUDE [科目名稱],[性別]: AVG([成績])},0.5)} THEN 1 // [成績] >= 70.25 ELSE 0 END)

再來，我們想要準備對 [成績]、[性別] 和 [曠課時數] 加以轉換，以作爲列聯表的關聯統計分析之用。現在，須先建立下列導出欄位與其程式碼，然後執行它們。最後以資料集匯出資料並儲存成「INCLUDE_ 關聯統計分析 .CSV」檔案。

導出欄位名稱	敘述句

T 性別	// 注意：請勿寫成 '1- 女 '，因 STATA 輸出結果 COPY Table 到 Excel 時，
	// 表格（儲存格）無法對齊
	IF 性別 = ' 女 ' THEN '1：女 '
	ELSEIF 性別 = ' 男 ' THEN '2：男 '
	ELSE NULL
	END

T 曠課時數	// 注意：請勿寫成 '5-10 小時以上 '，因 STATA 輸出結果
	//COPY Table 到 Excel 時，表格無法對齊
	IF [曠課時數] >= 10 THEN '5：10 小時以上 '
	ELSEIF [曠課時數] >= 6 THEN '4：6 小時以上 '
	ELSEIF [曠課時數] >= 4 THEN '3：4 小時以上 '
	ELSEIF [曠課時數] >= 2 THEN '2：2 小時以上 '
	ELSE '1：0 小時以上 '
	END

T 成績	// 不可使用 { }，否則無法變更資料集內容
	// 注意：請勿寫成 '5-90% 以上 '，因 STATA 輸出結果
	//COPY Table 到 Excel 時，表格無法對齊
	IF [成績] >= 87.0 THEN '5：90% 以上 '
	ELSEIF [成績] >= 76.0 THEN '4：70% 以上 '
	ELSEIF [成績] >= 70.25 THEN '3：50% 以上 '
	ELSEIF [成績] >= 68.25 THEN '2：30% 以上 '
	ELSE '1：0% 以上 '
	END

4. 統計分析

啓動 STATA 統計軟體，匯入「INCLUDE_ 關聯統計分析 .CSV」檔案。輸入 import 指令：

import delimited "INCLUDE_ 關聯統計分析 .csv", encoding(UTF-8)

輸入 tabulate 指令：

tabulate t 成績 t 性別 , chi2 gamma V

得到統計結果，如表 7-2。我們發現皮爾森卡方檢定機率值小於 0.05，表示成績和性別有關聯，它們的關聯程度達到 0.6114；其關聯方向爲負（Gamma=-0.3913），表示男性成績表現比女性來得差。我們也發現「T 成績」變數未出現 '2：30% 以上 '、'3：50% 以上 '，故可以將「T 成績」分成兩群：'0：低於 70%'、'1：70% 以上 '。

表 7-2　性別與成績關聯分析結果

	T 性別		
T 成績	**1：女**	**2：男**	**Total**
1：0% 以上	1	12	13
4：70% 以上	2	0	2
5：90% 以上	2	7	9
Total	5	19	24

Pearson chi2(2) = 8.9717　Pr = 0.011　Cramér’s V = 0.6114　Gamma = -0.3913　ASE = .292

輸入 tabulate 指令：

tabulate t 曠課時數 t 成績 , chi2 gamma V

得到統計結果，如表 7-3。我們發現皮爾森卡方檢定機率值小於 0.0001，表示成績和曠課時數有極爲顯著的相關聯，它們的關聯程度高達到 0.7845；其關聯方向爲完全負關聯（Gamma=-1.0），表示曠課時數愈多學生，其成績表現愈差。

表 7-3　曠課時數與成績關聯分析

	T 成績			
T 曠課時數	**1：0% 以上**	**4：70% 以上**	**5：90% 以上**	**Total**
1：0 小時以上	0	0	9	9
2：2 小時以上	4	2	0	6
3：4 小時以上	4	0	0	4
4：6 小時以上	3	0	0	3
5：10 小時以上	2	0	0	2
Total	13	2	9	24

Pearson chi2(8)=29.5385 Pr = 0.000, Cramér's V=0.7845 Gamma=-1.0000 ASE = 0.000

最後，我們透過控制性別，來了解成績和曠課時數的關聯度爲何？

(1) 控制女性

輸入 tabulate 指令：

tabulate t 曠課時數 t 成績 if t 性別 =="1：女 ", chi2 gamma V

從表 7-4 得知，當我們控制性別爲女性時，發現皮爾森卡方檢定機率值大於 0.05（Pr = 0.082），表示當爲女性情況下，成績和曠課時數沒有關聯的。

表 7-4　當為女性之成績和曠課時數的關聯分析

	T 成績			
T 曠課時數	**1：0% 以上**	**4：70% 以上**	**5：90% 以上**	**Total**
1：0 小時以上	0	0	2	2
2：2 小時以上	1	2	0	3
Total	1	2	2	5

Pearson chi2(2) = 5.0000 Pr = 0.082, Cramér's V = 1.0000 Gamma = -1.0000 ASE = 0.000

(2) 控制男性

輸入指令：

tabulate t 曠課時數 t 成績 if t 性別 =="2：男 ", chi2 gamma V

從表 7-5 得知，當我們控制性別為男性時，發現皮爾森卡方檢定機率值為 0.001，表示當為男性情況下，成績和曠課時數關聯強度達到 1.0；關聯方向為完全負關聯。其統計意義：(A) 如果成績和曠課時數存在關聯，那麼它是來自男性所引起的。(B) 時常曠課的男生成績表現十分差，但反之則成績表現十分優異，且比女生來得好。

表 7-5　當為男性之成績和曠課時數的關聯分析

	T 成績		
T 曠課時數	1：0% 以上	5：90% 以上	Total
1：0 小時以上	0	7	7
2：2 小時以上	3	0	3
3：4 小時以上	4	0	4
4：6 小時以上	3	0	3
5：10 小時以上	2	0	2
Total	12	7	19

Pearson chi2(4)=19.0000 Pr=0.001, Cramér's V=1.0000 Gamma= -1.0000 ASE = 0.000

7.3 INCLUDE 在火災傷亡應用

首先到「政府資料開放平臺」首頁（https://data.gov.tw/），點選「生活安全及品質」項目，逐一下載檔案：100-108 年（缺 109 年）的高雄市火災死傷、財物損失 .csv，並儲存至：「D:\政府開放資料\高雄市火災損害統計」資料夾內。

1. 檔案轉碼

由於 Excel 開啓 UTF-8 編碼資料會出現亂碼，故必須事先透過「記事本」軟體將下載檔案的 UTF-8（Code Page 65001）轉成 ANSI（Code Page 950）。

2. 檔案合併

因「自殺」欄位自 105 年起納入新增項目。故在 100-104 年的檔案必須插入「自殺」欄位，並留下 Null 空缺值（Missing Value）。此外，有些欄位儲存格必須填入 0，但原始檔案卻以空缺值呈現。當在 Excel 巨集程式編輯區輸入下列

Excel VBA 程式後，另存檔成：高雄市火災損害統計 .xlsm。然後按 <F5> 鍵，執行巨集程式，將 9 個檔案合併成一個檔案。完成後，再儲存它。

```
Sub 高雄市火災損傷 _CSV 檔案合併 ()
    Dim 建立物件 FSO As Object
    Dim 設定資料夾 As Object
    Dim 檔案物件 As Object
    Dim 路徑檔名 As String
    Dim 欄位陣列 () As String  ' 不可寫成 欄位陣列 (1 TO 22)
    Dim 最尾列數 , 最尾行數 , 總最尾列數 , 先前最尾列數 As Long
    Set 建立物件 FSO = CreateObject("Scripting.FileSystemObject")
    路徑 = "D:\ 政府開放資料 \ 高雄市火災損害統計 \"
    Set 設定資料夾 = 建立物件 FSO.GetFolder( 路徑 )
    Windows(" 高雄市火災損害統計 .xlsm").Activate
    Sheets(" 原始資料 ").Select
    Cells.Select
    Selection.Delete Shift:=xlUp
     欄位名稱 = " 行政區 , 男性死亡人數 , 女性死亡人數 , 男性受傷人數 , 女
性受傷人數 , 自殺 , 火焰灼燒 , 有害氣體 , 跳樓 , 外物擊中 , 倒塌物壓到 , 其
他人員 , 不明因素 , 毀損房間數 ," & _
        " 大型車 , 小型車 , 特種車 , 機車 , 其他設備 , 房屋損失千元 , 財物損
     失千元 , 保險戶數 , 保險金額千元 "
    欄位名稱 = Replace( 欄位名稱 , Chr(32), "")
    欄位陣列 = Split( 欄位名稱 , ",")
    [A1] = " 年別 "
    For i = 0 To UBound( 欄位陣列 )
        Cells(1, i + 2) = 欄位陣列 (i)
    Next
    [A1].Select
    總最尾列數 = 2
```

```
年份 = 1911 + 99
先前最尾列數 = 2
For Each 檔案物件 In 設定資料夾 .Files
    'MsgBox 檔案物件 .Name '100 年高雄市火災死傷、財物損失 .csv
    If Right( 檔案物件 .Name, 4) = ".csv" Then
        路徑檔名 = 路徑 + 檔案物件 .Name
        Workbooks.OpenText Filename:= 路徑檔名 , Origin:=950,
    DataType:=xlDelimited, comma:=True
        ActiveCell.SpecialCells(xlLastCell).Select
        最尾列數 = Selection.Row
        最尾行數 = Selection.Column
        Range(Cells(2, 1), Cells( 最尾列數 , 最尾行數 )).Select ' 選取全部內容
        Selection.Copy
        Windows(" 高雄市火災損害統計 .xlsm").Activate
        Cells( 總最尾列數 , 2).Select ' 資料從第 2 行開始貼上
        ActiveSheet.Paste
        Windows( 檔案物件 .Name).Activate
        Application.DisplayAlerts = False
        ActiveWindow.Close
        Application.DisplayAlerts = True
        總最尾列數 = 總最尾列數 + 最尾列數 - 1
        Windows(" 高雄市火災損害統計 .xlsm").Activate
        年份 = 年份 + 1
        For i = 先前最尾列數 To 總最尾列數 - 1
            Cells(i, 1) = 年份
        Next
    End If
Next 檔案物件
列 = 2
Do While Cells( 列 , 1) <> ""
```

```
        If Cells( 列 , 24) = "" Then
            Cells( 列 , 24) = 0
        End If
        列 = 列 + 1
    Loop
    [A1].Select
    ActiveWorkbook.Save
    Beep
    Beep
    MsgBox "【高雄市火災損傷 _CSV 檔案合併】已執行完畢！"
End Sub
```

3. 資料處理

啓動 Tableau，匯入 Excel 的「高雄市火災損害統計 .xlsm」檔案。透過主功能表的【分析 > 建立導出欄位…】，去建立與執行（【套用】）下列各欄位名稱。

導出欄位名稱	敘述句
房屋 _ 損失金額	[房屋損失千元] * 1000
財物 _ 損失金額	[財物損失千元] * 1000
女性 _ 男性 _ 死亡相關	{INCLUDE : CORR([女性死亡人數],[男性死亡人數])}
房屋 _ 財物 _ 損失相關	{INCLUDE : CORR([房屋 _ 損失金額],[財物 _ 損失金額])}
整體 _ 女性 _ 男性 _ 死亡相關	{FIXED :CORR([女性死亡人數],[男性死亡人數])}
整體 _ 房屋 _ 財物 _ 損失相關	{FIXED :CORR([房屋 _ 損失金額],[財物 _ 損失金額])}

其次，建立工作表上的視圖。經由人爲滑鼠左鍵拖曳欄位到各操作環境後，便可產出圖 7-12 的結果。

操作環境	在架中編輯	設定
【欄】架	[年別]	(維度)
【列】架	SUM([女性死亡人數])	(度量 (總和), 連續)

操作環境	在架中編輯	設定
【列】架	SUM([男性死亡人數])	(度量 (總和), 連續)
標記卡【標籤】	SUM([女性死亡人數])	(度量 (總和), 連續)
標記卡【詳細資料】	SUM([女性 _ 男性 _ 死亡相關])	(度量 (總和), 連續)
標記卡【詳細資料】	SUM([整體 _ 女性 _ 男性 _ 死亡相關])	(度量 (總和), 連續)
標記卡【詳細資料】	SUM([房屋 _ 財物 _ 損失相關])	(度量 (總和), 連續)
標記卡【詳細資料】	SUM([整體 _ 房屋 _ 財物 _ 損失相關])	(度量 (總和), 連續)

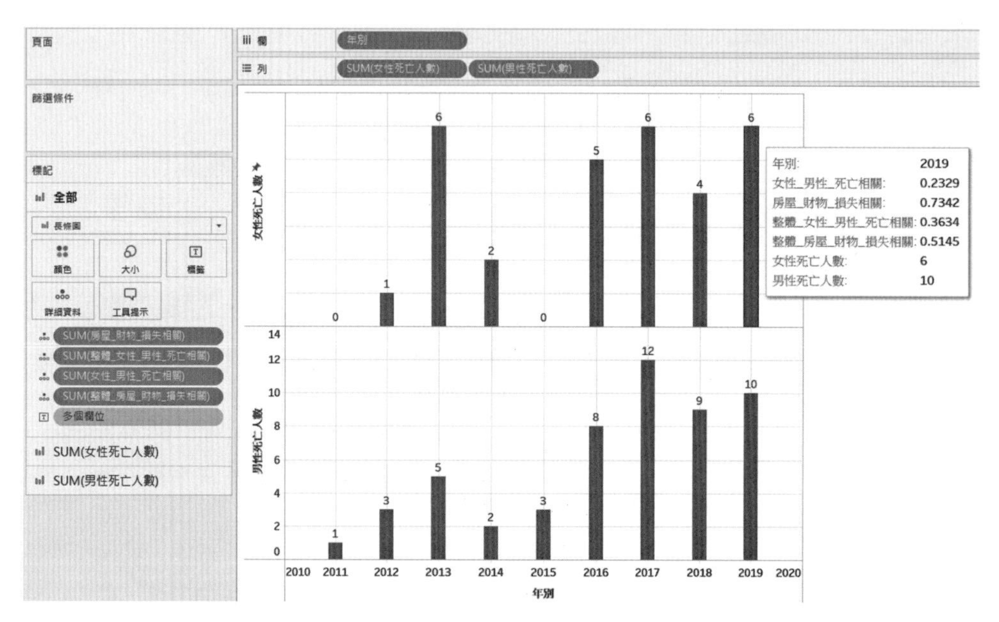

圖 7-12　性別死亡與房財損失等年份和整體相關統計分析

4. 相關分析統計檢定

啓動 STATA 統計軟體，輸入下列 import 指令：

import excel " 高雄市火災損害統計 .xlsm", sheet(" 原始資料 ") firstrow

(1) 性別相關統計分析

透過「Pairwise correlations」來計算整體的性別皮爾森相關係數。輸入下列 pwcorr 指令：

pwcorr 男性死亡人數 女性死亡人數 **, sig star(5)**

從表 7-6 相關分析結果得知，男性與女性因火災死亡呈現極爲正相關（機率值 <0.0001），相關強度爲 +0.3634。此數據（0.3634）與前揭圖 7-12 內 [整體 _ 女性 _ 男性 _ 死亡相關] 相同。

表 7-6　整體性別死亡相關分析結果

	男性死亡人數	女性死亡人數
男性死亡人數	1	
女性死亡人數	0.3634* 0.0000	1

再來，我們想要去了解各年度的皮爾森相關係數爲何？以 2019 年爲例，輸入下列 pwcorr 指令：

pwcorr 男性死亡人數 女性死亡人數 if 年別 ==2019 , sig star(5)

從表 7-7 相關分析結果得知，2019 年的男性與女性因火災死亡沒有顯著相關（機率值 =0.1594 >= 0.05），相關強度爲 +0.2329。此數據（0.2329）與前揭圖 7-12 內 [女性 _ 男性 _ 死亡相關] 相同。

表 7-7　2019 年性別死亡相關分析結果

	男性死亡人數	女性死亡人數
男性死亡人數	1	
女性死亡人數	0.2329 0.1594	1

(2) 火災房屋和財物損失相關統計

首先新增兩個新變數，輸入下列 generate 指令：

generate 房屋 _ 損失金額 = 房屋損失千元 * 1000

generate 財物 _ 損失金額 = 財物損失千元 * 1000

然後，輸入下列 pwcorr 指令：

pwcorr 房屋 _ 損失金額 財物 _ 損失金額 , sig star(5)

從表 7-8 相關分析結果得知，房屋和財物因火災所造成損失極為正相關（機率值 <0.0001），相關強度為 0.5145，比起性別相關強度來得強烈。可見火災會伴隨著房屋和財物的重大損失。此數據（0.5145）與前揭圖 7-12 內 [整體 _ 房屋 _ 財物 _ 損失相關] 相同。

表 7-8　整體房屋和財物損失相關分析結果

	房屋 _ 損失金額	財物 _ 損失金額
房屋 _ 損失金額	1	
財物 _ 損失金額	0.5145* 0.0000	1

再來，我們想要去了解各年度的皮爾森相關係數為何？以 2019 年為例，輸入下列 pwcorr 指令：

pwcorr 房屋 _ 損失金額 財物 _ 損失金額 if 年別 ==2019 , sig star(5)

從表 7-9 相關分析結果得知，2019 年因火災所引起的房屋和財物損失金額有極為顯著相關（機率值 <0.0001），相關強度高達 +0.7342。此數據（0.7342）與前揭圖 7-12 內 [房屋 _ 財物 _ 損失相關] 相同。

表 7-9　2019 年房屋和財物損失相關分析結果

	房屋 _ 損失金額	財物 _ 損失金額
房屋 _ 損失金額	1	
財物 _ 損失金額	0.7342* 0.0000	1

(3) 火災車輛燒毀相關統計

我們透過 {INCLUDE} 和 {FIXED} 特性，來分別取得個別和整體由火災所釀成的車輛燒毀數量之皮爾森相關分析。總共有 5 個採用 {INCLUDE} 依年份不同而顯示不同的相關值；4 個採用 {FIXED} 整體固定（不依年份）的相關值。

導出欄位名稱	敘述句
大型車 _ 小型車 _ 燒毀相關	{INCLUDE : CORR([大型車],[小型車])}
大型車 _ 特種車 _ 燒毀相關	{INCLUDE : CORR([大型車],[特種車])}
機車 _ 大型車 _ 燒毀相關	{INCLUDE : CORR([機車],[大型車])}
機車 _ 小型車 _ 燒毀相關	{INCLUDE : CORR([機車],[小型車])}
機車 _ 特種車 _ 燒毀相關	{INCLUDE : CORR([機車],[特種車])}
整體 _ 大型車 _ 小型車 _ 燒毀相關	{FIXED : CORR([大型車],[小型車])}
整體 _ 大型車 _ 特種車 _ 燒毀相關	{FIXED : CORR([大型車],[特種車])}
整體 _ 小型車 _ 特種車 _ 燒毀相關	{FIXED : CORR([小型車],[特種車])}
整體 _ 小型車 _ 機車 _ 燒毀相關	{FIXED : CORR([小型車],[機車])}

當我們撰寫與執行完程式碼後，即可透過滑鼠左鍵逐一對這些欄位進行拖曳和設定動作。

操作環境	在架中編輯	設定
【欄】架	[年別]	(維度)
【列】架	SUM([大型車])	(度量 (總和), 連續)
【列】架	SUM([小型車])	(度量 (總和), 連續)
【列】架	SUM([機車])	(度量 (總和), 連續)
【列】架	SUM([特種車])	(度量 (總和), 連續)
標記卡【標籤】	SUM([大型車])	(度量 (總和), 連續)
標記卡【標籤】	SUM([小型車])	(度量 (總和), 連續)
標記卡【標籤】	SUM([機車])	(度量 (總和), 連續)
標記卡【標籤】	SUM([特種車])	(度量 (總和), 連續)
標記卡【詳細資料】	SUM([大型車 _ 小型車 _ 燒毀相關])	(度量 (總和), 連續)
標記卡【詳細資料】	SUM([大型車 _ 特種車 _ 燒毀相關])	(度量 (總和), 連續)
標記卡【詳細資料】	SUM([機車 _ 大型車 _ 燒毀相關])	(度量 (總和), 連續)
標記卡【詳細資料】	SUM([機車 _ 小型車 _ 燒毀相關])	(度量 (總和), 連續)
標記卡【詳細資料】	SUM([機車 _ 特種車 _ 燒毀相關])	(度量 (總和), 連續)

操作環境	在架中編輯	設定
標記卡【詳細資料】	SUM([整體 _ 大型車 _ 小型車 _ 燒毀相關])	(度量 (總和), 連續)
標記卡【詳細資料】	SUM([整體 _ 大型車 _ 特種車 _ 燒毀相關])	(度量 (總和), 連續)
標記卡【詳細資料】	SUM([整體 _ 小型車 _ 特種車 _ 燒毀相關])	(度量 (總和), 連續)
標記卡【詳細資料】	SUM([整體 _ 小型車 _ 機車 _ 燒毀相關])	(度量 (總和), 連續)

當完成人為操縱後，即可產出有用的資訊，如圖 7-13 所示。(A) 就整體而言，CORR ([整體 _ 大型車 _ 小型車 _ 燒毀相關]) = +0.3566；CORR([整體 _ 大型車 _ 特種車 _ 燒毀相關]) = +0.2264；CORR([整體 _ 小型車 _ 特種車 _ 燒毀相關]) = +0.2516；CORR([整體 _ 小型車 _ 機車 _ 燒毀相關]) = +0.2293。(B) 就 2018 年個別而言，CORR ([大型車 _ 小型車 _ 燒毀相關]) = +0.3529；CORR([大型車 _ 特種車 _ 燒毀相關]) = +0.2251；CORR([機車 _ 大型車 _ 燒毀相關]) = +0.3534；CORR([機車 _ 小型車 _ 燒毀相關]) = +0.4574；CORR([機車 _ 特種車 _ 燒毀相關]) = +0.3994。

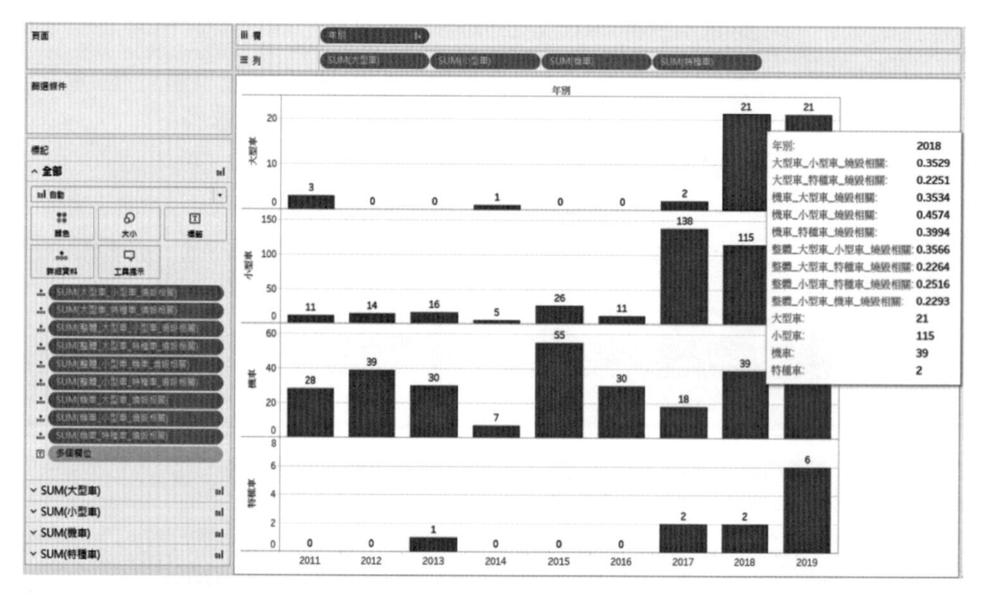

圖 7-13 整體和年別火災車輛燒毀數皮爾森相關統計結果

最後，啓動 STATA 統計軟體，匯入：高雄市火災損害統計 .xlsm。進行皮爾森相關分析，以檢驗它們之間是否具有達到小於 0.05 的顯著水準。輸入下列

pwcorr 指令：

pwcorr 大型車 小型車 特種車 機車 , sig star(5)

就整體相關分析，由表 7-10 結果顯示，CORR(大型車 , 小型車) = +0.3566 (機率值 < 0.0001)，CORR(大型車 , 特種車) = +0.2264 (機率值 < 0.0001)；CORR(特種車 , 小型車) = +0.2516 (機率值 < 0.0001)；CORR(機車 , 小型車) = +0.2293 (機率值 < 0.0001)。這些統計結果與前面圖 7-13（Tableau）相同。其統計意義：(A) 小型車對其他車種均具正相關；(B) 大型車對小型車、特種車均具正相關；(C) 大型車與小型車的相關強度最大（+0.3566），即當小型車燒毀數增加，則大型車燒毀數也跟著增加。因此，高雄市政府應找出小型車火燒車原因，並設法提出預防因火燒車所帶來的人員傷亡和財物損失。

表 7-10 整體火災車輛燒毀數之皮爾森相關統計結果

	大型車	小型車	特種車	機車
大型車	1			
小型車	0.3566* 0.0000	1		
特種車	0.2264* 0.0000	0.2516* 0.0000	1	
機車	0.0663 0.2216	0.2293* 0.0000	0.0417 0.4416	1

就個別相關分析，以 2018 年爲例，輸入 pwcorr 指令：

pwcorr 大型車 小型車 特種車 機車 if 年別 ==2018 , sig star(5)

從表 7-11 相關分析結果顯示，CORR(大型車 , 小型車) = +0.3529 (機率值 < 0.05)；CORR(機車 , 大型車) = +0.3534 (機率值 < 0.05)，CORR(機車 , 小型車) = +0.4574 (機率值 < 0.005)，CORR(機車 , 特種車) = +0. 3994 (機率值 < 0.05)。這些統計結果與圖 7-13（Tableau）相同。

表 7-11　2018 年火災車輛燒毀數之皮爾森相關統計結果

	大型車	小型車	特種車	機車
大型車	1			
小型車	0.3529* 0.0298	1		
特種車	0.2251 0.1742	0.0350 0.8348	1	
機車	0.3534* 0.0295	0.4574* 0.0039	0.3994* 0.0130	1

(4) 火災線性迴歸分析

我們希望以年別總和為單位，以火災人員傷亡人數為依變數，其他變數為自變數。首先在 Tableau 建立統計用的資料來源。故須分別建立欄位、拖放和設定。

導出欄位名稱	敘述句
T_ 傷亡人數	[女性死亡人數]+[女性受傷人數]+[男性死亡人數]+[男性受傷人數]
房屋 _ 損失金額	[房屋損失千元]*1000
財物 _ 損失金額	[財物損失千元]*1000

操作環境	在架中編輯	設定
【列】架	[年別]	(維度)
【列】架	SUM([T_ 傷亡人數])	(度量 (總和), 離散)
【列】架	SUM([大型車])	(度量 (總和), 離散)
【列】架	SUM([小型車])	(度量 (總和), 離散)
【列】架	SUM([機車])	(度量 (總和), 離散)
【列】架	SUM([特種車])	(度量 (總和), 離散)
標記卡【詳細資料】	SUM([房屋 _ 損失金額])	(度量 (總和), 離散)
標記卡【詳細資料】	SUM([財物 _ 損失金額])	(度量 (總和), 離散)
標記卡【詳細資料】	SUM([其他設備])	(度量 (總和), 離散)

操作環境	在架中編輯	設定
標記卡【詳細資料】	SUM([毀損房間數])	(度量 (總和), 離散)
標記卡【詳細資料】	SUM([火焰灼燒])	(度量 (總和), 離散)
標記卡【詳細資料】	SUM([有害氣體])	(度量 (總和), 離散)

當完成上述工作後，可選取 [年別]（2011-2019）欄位與選擇【檢視資料 ...】項目，呈現線性迴歸用資料集。按【全部匯出 (E)】鈕，檔案名稱：高雄火災 _ 線性迴歸 .csv。

啓動 STATA 統計軟體，匯入「高雄火災 _ 線性迴歸 .csv」後，輸入 generate 指令：

generate 損失金額 = 房屋 _ 損失金額 + 財物 _ 損失金額

generate 車輛 = 大型車 + 小型車 + 機車 + 特種車

新增兩個變數後，再輸入線性迴歸 regress 指令：

regress t_ 傷亡人數 其他設備 損失金額 車輛 , noconst beta

從表 7-12 統計結果顯示，影響人員傷亡的最重要因子是車輛，表示因車輛所發生火災造成人員傷亡爲正相關，且影響強度比約爲 1:1.26，表示車輛每變化一個單位，將對人員傷亡造成 +1.26 個單位；即只要有一部車輛發生火燒車，將會造成 1.26 人的傷亡。調整後的決定係數 R^2 約爲 0.94，顯示以其他設備和車輛這兩個變數，來解釋高雄火災傷亡人數具有很好的效果，意即高雄市只要控制好其他設備和車輛這兩項因子後，將可大幅降低傷亡人數。總之，在高雄地區應儘量避免火燒車事件發生，否則將帶來嚴重的人員傷亡。尤其是大型車和小型車。或許設法在車內加裝小型安全滅火器。

表 7-12　2011-2019 年高雄影響火災傷亡線性迴歸統計結果

Source	SS	df	MS			
				F(3, 6)	=	47.44
Model	5363.87367	3	1787.95789	Prob > F	=	0.0001
Residual	226.126326	6	37.687721	R-squared	=	0.9595
				Adj R-squared	=	0.9393
Total	5590	9	621.111111	Root MSE	=	6.139
t_ 傷亡人數	**Coef.**	**Std. Err.**	**t**	**P>|t|**		**Beta**
其他設備	0.0059549	0.0019336	3.08	0.022		0.468874
損失金額	-3.23E-07	5.79E-07	-0.56	0.596		-0.10688
車輛	0.2207742	0.0357986	6.17	0.001		1.257941

7.4　總結

本章試圖從拖放、樹狀結構和主記憶體內部處理等角度，來了解 INCLUDE 的運作機制。但是要了解它的運作，對初學者來說較為困難。因此，建議讀者一邊上機實作，一邊對照本章內容，將有助於對 INCLUDE 的活用。只要記住，它就是拖放動作的相對應程式碼。我們只要將 INCLUDE 和拖放聯想在一起，就比較容易靈活應用於各種領域知識上。

第08章

資料層級 EXCLUDE 計算

本章概要

8.1 EXCLUDE 運作機制

8.2 回傳 {LOD} 彙總結果

8.3 EXCLUDE 與微觀、巨觀分析

8.4 EXCLUDE 與 COVID-19 應用

8.5 總結

當完成學習與上機實作後，你將可以

1. 知道 EXCLUDE 運作機制
2. 知道回傳 {LOD} 結果細節
3. 學會撰寫 EXCLUDE 程式
4. 學會文字採礦與資料採礦的結合應用
5. 學會如何將 EXCLUDE 導入實務上

在前面第6章已稍微提到EXCLUDE的特性，本章將更深入探討這個議題。此外，希望藉由簡單範例來認識EXCLUDE如何運作，最後以政府開放資料平臺內的政府機關實際資料集作爲範例，如何導入EXCLUDE於實務應用上。

8.1 EXCLUDE運作機制

EXCLUDE就是排除維度；而INCLUDE新增度量的維度。Tableau爲了洞察事件的本質，找出問題所在，故必須提供更多彙總的運作機制，以滿足迷你世界中不同資料來源與其潛在的特性，{LOD}就是個範例。本節將從EXCLUDE運作機制開始探索它的作用，使用時機，及如何運用這些機制來獲取有價值的知識。

1. 樹狀結構

Tableau的EXCLUDE語法結構爲{ EXCLUDE [維度1[, 維度2]...] : 彙總函數(表示式)}。因此，我們將目前的工作表（視圖或視表）的樹狀結構表達成：T_{view}(根, [維度1, [維度2, [⋯, 維度K]]]; 度量)，同時將EXCLUDE樹狀結構表達成：$T_{EXCLUDE}$(根, [維度1[, 維度2]...]; 度量)。它可能情況討論如下：

(1) 當前檢視（工作表）有維度存在且EXCLUDE沒有指定任何維度情況時，因沒有可被移除的維度，故仍停留在當前工作表維度節點層級上，它的相對應樹狀結構：$T_{EXCLUDE}$(根; 度量)。例如，{EXCLUDE :SUM(銷售額)}。這樣的$T_{EXCLUDE}$回傳結果與T_{view}相同。

(2) 當檢視（工作表）中沒有維度存在時，不論EXCLUDE是否有指定維度，它回傳T_{view}(根; 度量)。例如，{EXCLUDE :SUM([銷售額])}和{EXCLUDE [區域],[類別]:SUM([銷售額])}回傳結果均爲3,566,440。

(3) 當檢視和EXCLUDE均有維度時，假設維度(T_{view})集合由{維度$_{V1}$, 維度$_{V2}$, ...}所組成的，而維度($T_{EXCLUDE}$)集合由{維度$_{E1}$, 維度$_{E2}$, ...}所組成的。

(A) 若維度(T_{view}) ∩維度($T_{EXCLUDE}$) = ϕ（空集合）時，$T_{EXCLUDE}$會回傳T_{view}的結果。例如，T_{view}(根, [區域]; [銷售額])，$T_{EXCLUDE}$(根, [類別]; [銷售額])，則$T_{EXCLUDE}$回傳T_{view}(根, [區域]; [銷售額])的結果。

(B) 若維度(T_{view}) ∩ 維度($T_{EXCLUDE}$) ≠ ϕ時，表示它們交集存在，即有共同

維度。維度 (T_{view}) – 維度 ($T_{EXCLUDE}$) = 維度 (T_{view}– $T_{EXCLUDE}$ 差集)，即移除共通的維度：維度 (T_{view}) ∩維度 ($T_{EXCLUDE}$)。此概念是來自於集合論中差集而得的，A–B={x|x∈A 但 x∉B}。那麼 $T_{EXCLUDE}$ 回傳 T (根 , 維度 (T_{view} – $T_{EXCLUDE}$ 差集); 度量 ($T_{EXCLUDE}$)) 的彙總結果。例如，維度 (T_{view}) ={ 區域 , 類別 }，維度 ($T_{EXCLUDE}$) = { 區域 , 子類別 }，維度 (T_{view}) ∩維度 ($T_{EXCLUDE}$) = { 區域 }，此時 $T_{EXCLUDE}$ 回傳 T (根 , [類別]; [銷售額]) 結果，如圖 8-1。

(4) 如果 T_{view} 和 $T_{EXCLUDE}$ 的度量欄位名稱不相同時，那麼 $T_{EXCLUDE}$ 回傳 T (根 , 維度 (T_{vieww}–$T_{EXCLUDE}$ 差集); 度量 ($T_{EXCLUDE}$)) 的彙總結果。例如，T_{view}(根 ,[區域];[銷售額])，$T_{EXCLUDE}$(根 ,[類別];[利潤])。此時 $T_{EXCLUDE}$ 回傳 T (根 , [區域]; [利潤]) 結果，如圖 8-2 所示。

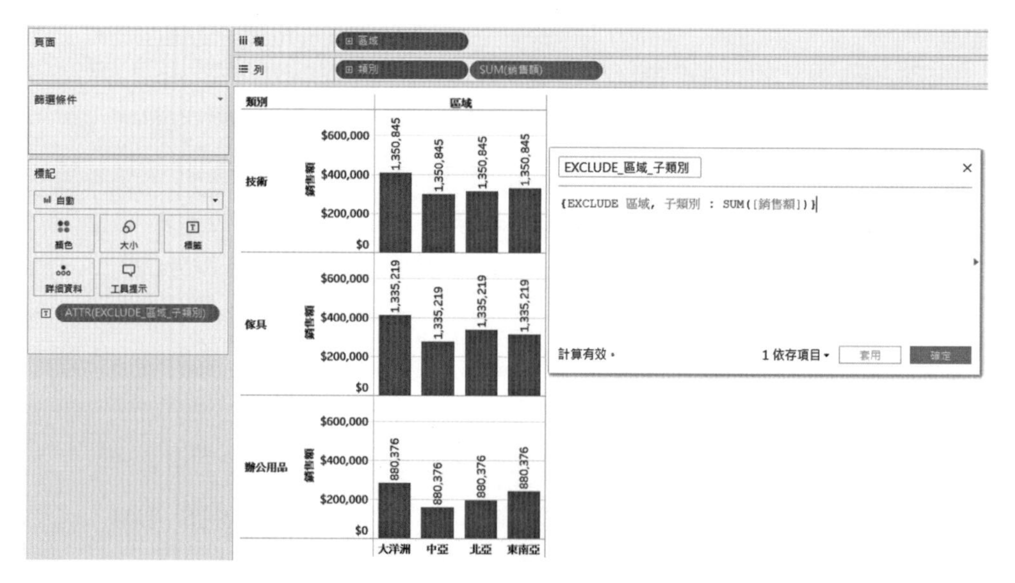

圖 8-1　$T_{EXCLUDE}$ 回傳 T (根 , [類別]; [銷售額]) 結果

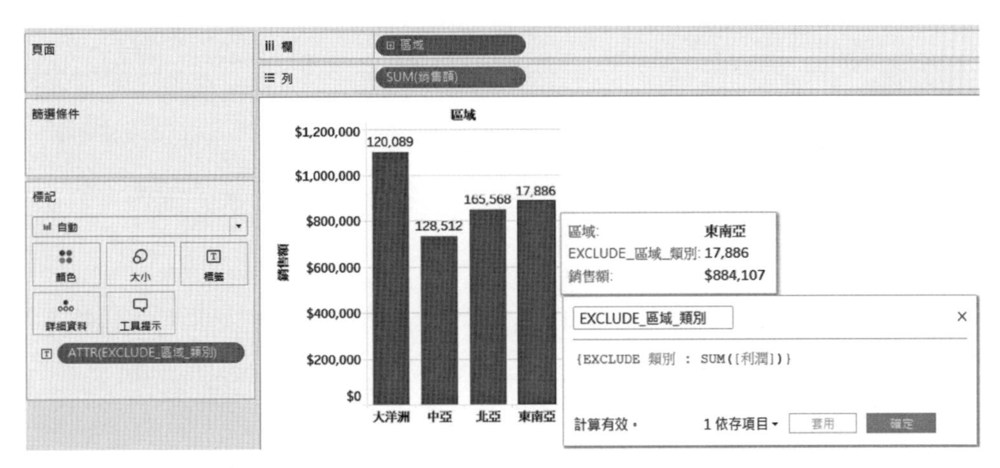

圖 8-2　$T_{EXCLUDE}$ 回傳 T (根 , [區域]; [利潤]) 結果

2. 驗證 $T_{EXCLUDE}$ 回傳結果

根據前述 EXCLUDE 運作機制得知，$T_{EXCLUDE}$ 回傳：T (根 , 維度 (T_{view}–$T_{EXCLUDE}$ 差集); 度量 ($T_{EXCLUDE}$))。為了要去驗證 $T_{EXCLUDE}$ 回傳結果是否正確？我們可以透過不包括 {EXCLUDE} 敘述句來測試之。它可分成工作表上有無視圖表來探討。

(1) 存在檢視圖表

首先，我們考慮工作表上存在 T_{view}(根 ,[區域],[類別],[子類別];[銷售額])，以及 $T_{EXCLUDE}$(根 , [區域]; [銷售額])。其次，經由選擇主功能表上的【分析 (A) > 建立導出欄位 (C)…】來建立一個相對應 $T_{EXCLUDE}$ 的導出欄位名稱：EXCLUDE_區域 _ 銷售額 _ 總和，及其程式碼，然後按【套用】或【確定】鈕執行程式碼。

導出欄位名稱	敘述句
EXCLUDE_ 區域 _ 銷售額 _ 總和	{EXCLUDE [區域]:SUM([銷售額])}

其次，在操作環境中，透過人為操縱來完成 T_{view} 和導出欄位的工作表。

操作環境	在架上編輯	設定
【欄】架	[區域]	(維度)
【列】架	[類別]	(維度)

操作環境	在架上編輯	設定
【列】架	[子類別]	(維度)
【列】架	SUM([銷售額])	(度量 (總和), 連續)
標記卡【詳細資料】	ATTR([EXCLUDE_ 區域 _ 銷售額 _ 總和])	(屬性 , 連續)

註：ATTR() 屬性函數是由 Tableau 主動加入的。

我們可以根據上述的 T_{view} 和 $T_{EXCLUDE}$ 來完成相對應樹狀結構圖，如圖 8-3 所示。

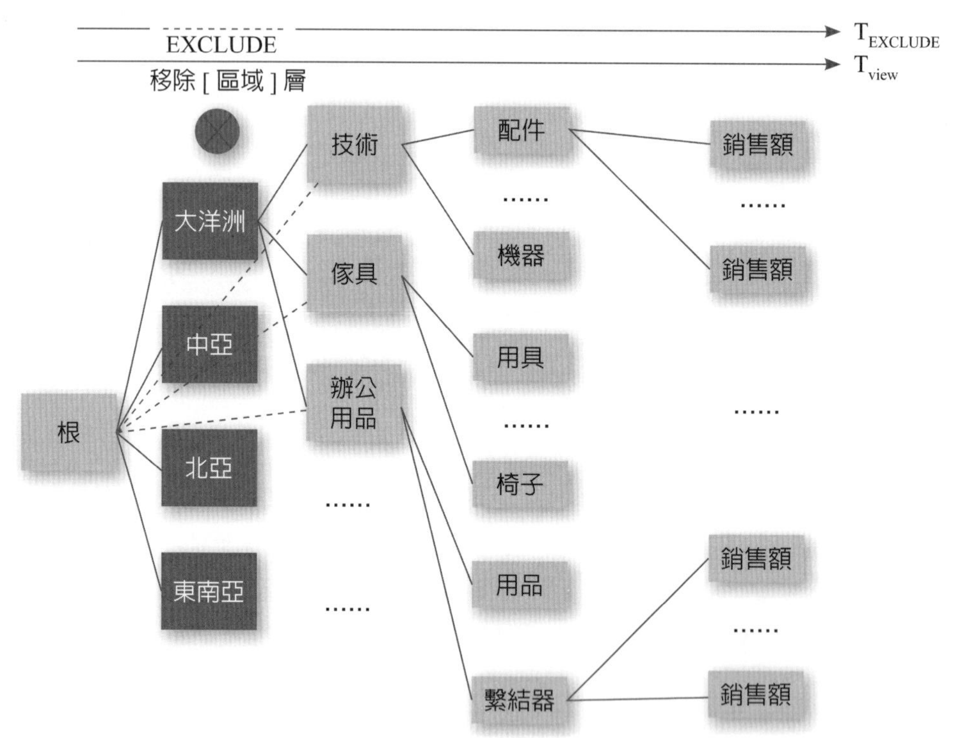

圖 8-3　T_{view} 和 $T_{EXCLUDE}$ 的樹狀結構圖

再來，我們建立 [類別 _ 子類別 _ 總和 _ 有圖表] 和 [LOOKUP_ 類別 _ 子類別 _ 總和]（為一表計算）等兩個欄位。然後將它們拖曳到標記卡【詳細資料】。

導出欄位名稱	敘述句
類別 _ 子類別 _ 總和 _ 有圖表	AVG(IF [類別] = ' 技術 ' AND [子類別]=' 配件 ' THEN {FIXED :SUM(IF [類別] = ' 技術 ' AND [子類別]=' 配件 ' THEN [銷售額] ELSE NULL END)} ELSE NULL END)
LOOKUP_ 類別 _ 子類別 _ 總和	LOOKUP(SUM([銷售額]),FIRST()+0) + LOOKUP(SUM([銷售額]),FIRST()+1) + LOOKUP(SUM([銷售額]),FIRST()+2) + LOOKUP(SUM([銷售額]),FIRST()+3)

由圖 8-4 得知，[EXCLUDE_ 區域 _ 銷售額 _ 總和]、[類別 _ 子類別 _ 總和 _ 有圖表] 和 [LOOKUP_ 類別 _ 子類別 _ 總和] 等欄位回傳結果（185,259）均相同。

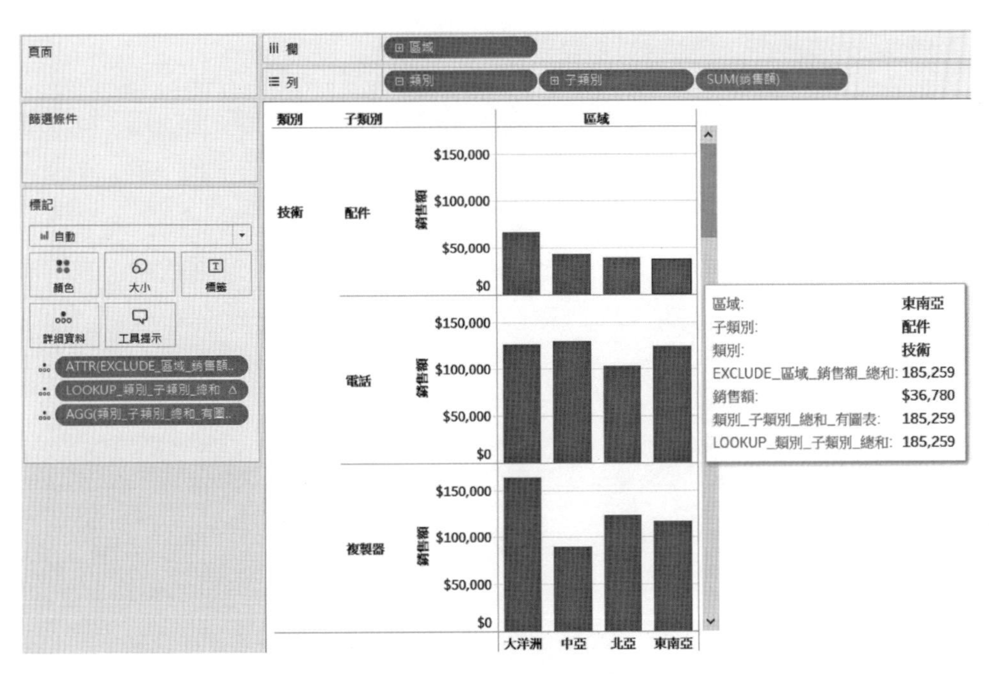

圖 8-4　存在檢視圖表下 {EXCLUDE} 和驗證回傳結果

(2) 不存在檢視圖表

當不存在 T_{view} 或沒有任何維度時，[EXCLUDE_ 區域 _ 銷售額 _ 總和]、[EXCLUDE_ 銷售額 _ 總和 _ 無圖表] 和 [FIXED_ 銷售額 _ 總和 _ 無圖表] 三者所得結果相同，即爲 10,933 列整體銷售額的總和（3,566,440.06）。換言之，若當前視圖不存在或沒有包括 {EXCLUDE} 內的維度時，{EXCLUDE} 是不發生作用的。

導出欄位名稱	敘述句
EXCLUDE_ 區域 _ 銷售額 _ 總和	{EXCLUDE [區域]:SUM([銷售額])}
EXCLUDE_ 銷售額 _ 總和 _ 無圖表	{EXCLUDE :SUM([銷售額])}
FIXED_ 銷售額 _ 總和 _ 無圖表	{ FIXED :SUM([銷售額])}

8.2 回傳 {LOD} 彙總結果

我們已在前面詳細探討有關第 6 章的 FIXED，第 7 章的 INCLUDE，及本章的 EXCLUDE 等運作機制。當然，維度、度量和彙總函數等將會影響到 {LOD} 的回傳結果。在此，我們以摘要方式來呈現它們的回傳結果。在表 8-1 中，「T_{view}(根 , 維度 (T_{view} ∪ $T_{INCLUDE}$ 聯集); 度量 ($T_{INCLUDE}$))」是以 {FIXED} 表示。維度可爲空集合。表 8-1 對我們了解 {LOD} 運作機制十分重要。

表 8-1　回傳 **{LOD}** 結果

當前視圖	{LOD} 表示式	回傳 {LOD} 結果
T_{view}(根 , 維度 ; 度量)	T_{FIXED}(根 , 維度 ; 度量)	T(根 , 維度 (T_{FIXED}); 度量 (T_{FIXED}))
T_{view}(根 , 維度 ; 度量)	$T_{INCLUDE}$(根 , 維度 ; 度量)	T(根 , 維度 (T_{view}); 度量 (T_{view} (根 , 維度 (T_{view} ∪ $T_{INCLUDE}$ 聯集); 度量 ($T_{INCLUDE}$)))
T_{view}(根 , 維度 ; 度量)	$T_{EXCLUDE}$(根 , 維度 ; 度量)	T (根 , 維度 (T_{view}-$T_{EXCLUDE}$ 差集); 度量 ($T_{EXCLUDE}$))

爲能了解前揭表 8-1 作用起見，擬在 T_{view}(根 ,[區域];[銷售額]) 情況下，

即當前視圖【欄】架爲 [區域]，【列】架爲 SUM([銷售額])，其 {LOD} 運作說明如下：

(1) {FIXED}：T_{FIXED}(根,[區域],[類別]; [銷售額])的相對應程式碼爲 {FIXED [區域],[類別]:SUM([銷售額])}。那麼 [FIXED] 回傳結果：T(根 , 維度 (T_{FIXED}); 度量 (T_{FIXED}))，即相當於視圖【欄】架爲 [區域] 和 [類別]，【列】架爲 SUM([銷售額])，標記卡的【標籤】爲 [FIXED]。表示維度 (T_{FIXED}) 和維度 (T_{view}) 彼此獨立。

(2) {INCLUDE}：$T_{INCLUDE}$ (根 ,[類別], [子類別];[利潤]) 的相對應程式碼爲 {INCLUDE [類別], [子類別]:AVG([利潤])} 或 {INCLUDE [區域], [類別], [子類別]:AVG([利潤])}。那麼 [INCLUDE] 回傳結果：T(根 , 維度 (T_{view}); 度量 (T_{view} (根 , 維度 ($T_{view} \cup T_{INCLUDE}$ 聯集); 度量 ($T_{INCLUDE}$)))，即相當於視圖【欄】架爲 [區域]，【列】架爲 SUM({FIXED [區域],[類別],[子類別]:AVG([利潤])})。【列】架採用 SUM() 彙總是因爲 T_{view} 採用 SUM()，必須取得彙總一致性。

(3) {EXCLUDE}：$T_{EXCLUDE}$(根 , [類別]; [數量]) 的相對應程式碼爲 {EXCLUDE [類別]:SUM([數量])}。[EXCLUDE] 回傳：T (根 , 維度 (T_{view}-$T_{EXCLUDE}$ 差集); 度量 ($T_{EXCLUDE}$))，相當於視圖【欄】架爲 [區域]，【列】架爲 SUM([數量])。

我們發現，在 {INCLUDE} 彙總運算過程中，度量部分較爲複雜些。因它須用到 {FIXED} 來固定維度的計算。{FIXED [區域],[類別],[子類別]: AVG ([利潤])} 相當於：(1) 先去 Sort By [區域],[類別],[子類別]；(2) 再去 Compute AVG([利潤]) By [區域],[類別],[子類別]，個別計算排序後的平均值。我們可透過 COUNTD() 函數來計算它們的元素數量。元素數 ([區域])= COUNTD([區域])=4，元素數 ([類別])=COUNTD([類別])=3，元素數 ([子類別])= COUNTD([子類別])=17。故 4×17（非 4×3×17，因非每一個類別會對應到 17 個子類別）展開後得到 68 個行資料儲存區，然後針對這 68 個資料區進行 [利潤] 平均計算，得到 68 個 [利潤] 平均值。最後再 Compute SUM(68 個 [利潤] 平均值) By [區域]，回傳 4 個區域總和。Compute SUM() 是根據 T_{view} 採用 SUM()，來取得一致性。如圖 8-5 和圖 8-6 所示。

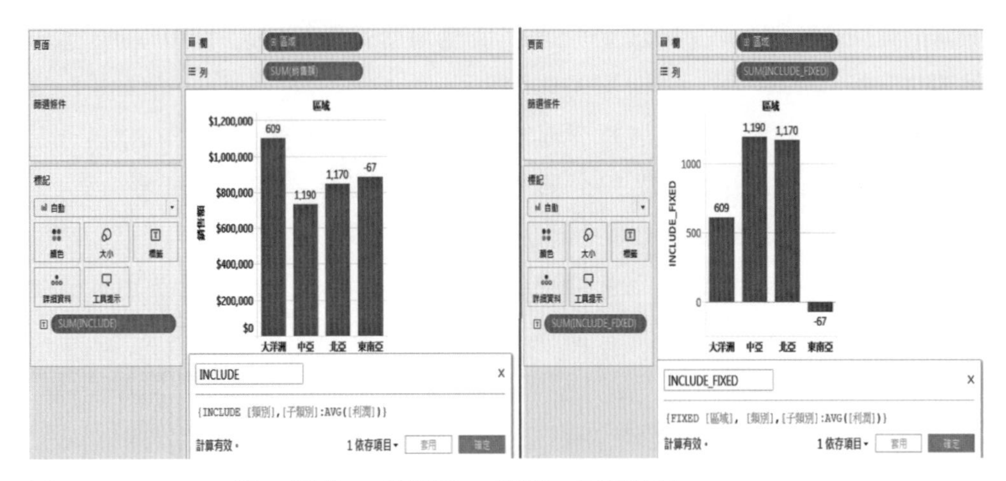

圖 8-5　$T_{INCLUDE}$ (根 ,[類別], [子類別];[利潤]) 回傳結果

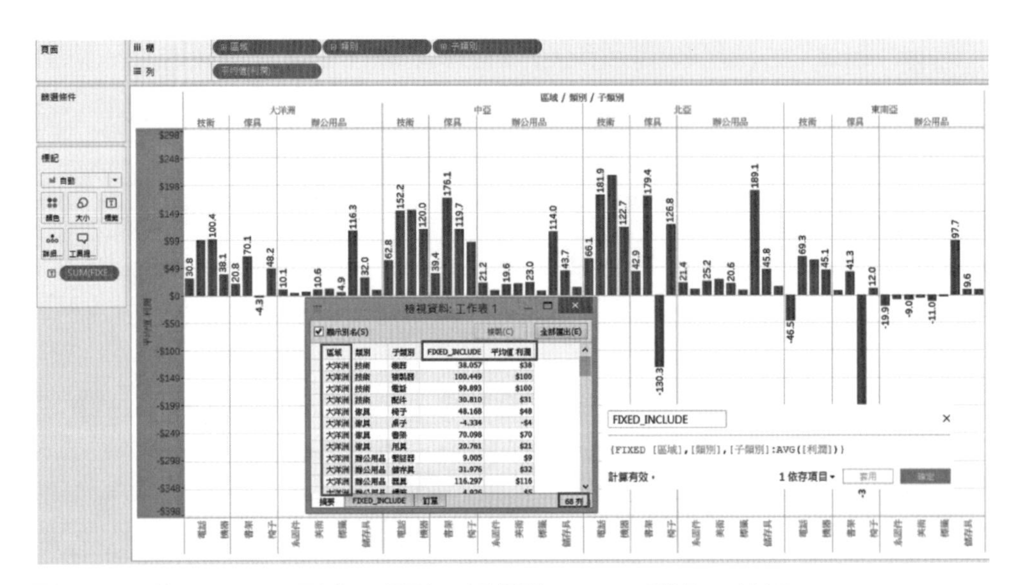

圖 8-6　回傳 {FIXED [區域],[類別],[子類別]:AVG([利潤])} 結果

註：SUM(大洋洲) = SUM(FIXED_INCLUDE of 大洋洲) = 38.05 + 100.44 + 99.89 + ... + 6.57 + 3.60 + 10.11 = 608.74 = 609（大約）。

8.3 EXCLUDE 與微觀、巨觀分析

本節將以醫生診斷病人的相關資料，來作爲 EXCLUDE 的實際範例。

1. 建立資料來源

首先在微軟 Excel 建立表 8-2 資料，存至檔名：CH8_EXCLUDE 範例 .xlsm。

表 8-2 資料來源

病人代號	喉嚨痛	發燒	淋巴腺腫脹	充血	頭痛	年齡	診斷結果
1	有	39	有	有	有	13	鏈球菌性喉炎
2	無	37.5	無	有	無	32	過敏
3	有	38.3	無	有	無	65	感冒
4	有	39.4	有	無	無	15	鏈球菌性喉炎
5	無	38.2	無	有	有	61	感冒
6	無	37.1	無	有	無	43	過敏
7	無	37.8	有	無	無	10	鏈球菌性喉炎
8	有	36.9	無	有	無	37	過敏
9	無	38.2	無	有	有	58	感冒
10	有	38.5	無	有	有	19	感冒
11	有	39.6	有	無	有	16	鏈球菌性喉炎
12	無	36.5	無	有	有	26	過敏
13	有	38.7	無	無	無	53	感冒
14	有	37.4	有	無	無	18	鏈球菌性喉炎
15	無	38.2	無	有	有	49	感冒
16	無	38	無	有	無	17	過敏
17	無	37.8	有	無	無	13	鏈球菌性喉炎
18	無	37.5	無	無	無	51	過敏
19	有	38.4	無	有	有	48	感冒
20	有	38.6	有	無	有	19	感冒

2. 匯入檔案

啓動 Tableau 軟體，連線到檔案 Microsoft Excel，匯入檔案名稱：CH8_EXCLUDE 範例 .xlsm。

3. 資料處理

現考慮樹狀結構 T_{view}(根 , [診斷結果],[喉嚨痛],[淋巴腺腫脹];[年齡])，並建立一個引用 {EXCLUDE} 的導出欄位，以排除 T_{view} 內的 [淋巴腺腫脹]。然後執行（按【套用】鈕）[EXCLUDE_ 淋巴腺腫脹 _ 年齡 _ 平均值] 後，將它拖曳到標記卡的【詳細資料】。其回傳結果，如圖 8-7 所示。我們發現，當移除 [淋巴腺腫脹] 後，它會回傳 T (根 , 維度 (T_{view}-$T_{EXCLUDE}$ 差集); 度量 ($T_{EXCLUDE}$))，即爲 T (根 , [診斷結果],[喉嚨痛];[年齡]) 結果。

導出欄位名稱	敘述句
EXCLUDE_ 淋巴腺腫脹 _ 年齡 _ 平均值	{EXCLUDE [淋巴腺腫脹]:AVG([年齡])}

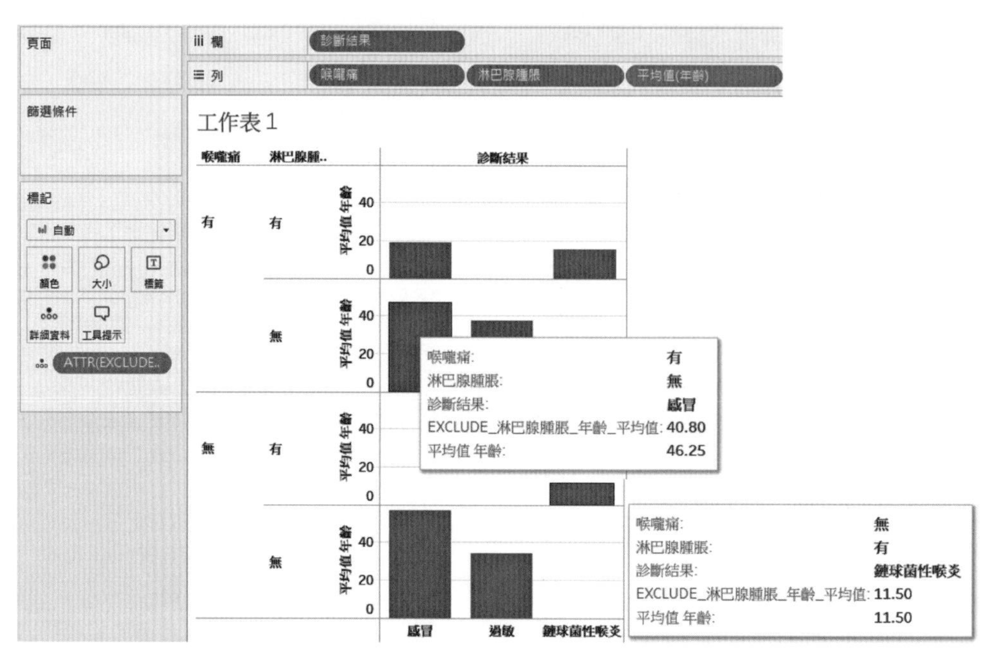

圖 8-7 {EXCLUDE [淋巴腺腫脹]:AVG([年齡])} 回傳結果（T）

爲了要驗證是否回傳 T (根 , [診斷結果],[喉嚨痛];[年齡]) 彙總結果起見，我們去建立一個沒有 [淋巴腺腫脹] 的 T_{view} (根 , [診斷結果],[喉嚨痛];[年齡]) 視圖。結果發現圖 8-7（T）與圖 8-8（T_{view}）輸出結果是相同的。

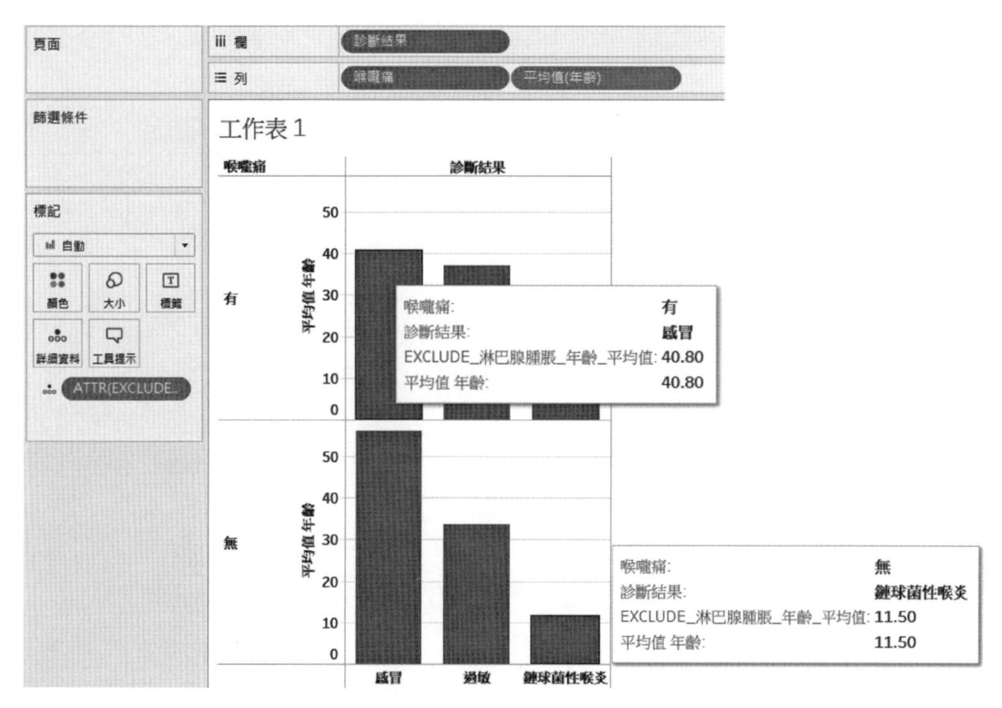

圖 8-8 T_{View} (根 , [診斷結果],[喉嚨痛];[年齡]) 視圖呈現

4. 資料轉換

受到 ANOVA 統計處理用資料格式的限制，我們須事先進行欄位資料轉換工作，將文字性類別（Category）轉換成數字性類別。由於 Tableau 對作用資料集限制唯讀，故須建立下列導出欄位名稱與其程式碼，然後按【套用】執行。

導出欄位名稱	敘述句
排除淋巴 _ 年齡平均	{EXCLUDE [淋巴腺腫脹]:AVG([年齡])}
喉嚨 _ 痛	IIF([喉嚨痛]=' 有 ',1,0)
淋巴 _ 腫	IIF([淋巴腺腫脹]=' 有 ',1,0)
診斷 _ 結果	CASE [診斷結果] WHEN ' 過敏 ' THEN 1 WHEN ' 鏈球菌性喉炎 ' THEN 2 WHEN ' 感冒 ' THEN 3 ELSE NULL END
發燒 _ 平均	AVG([發燒])

透過滑鼠左鍵將各欄位拖曳至工作環境內，並設定。結果如圖 8-9 所示。

操作環境	在架上編輯	設定
【欄】架	[診斷 _ 結果]	(維度 , 離散)
【列】架	[喉嚨 _ 痛]	(維度 , 離散)
【列】架	[淋巴 _ 腫]	(維度 , 離散)
【列】架	AVG([年齡])	(度量 (平均值), 連續)
標記卡【詳細資料】	ATTR([排除淋巴 _ 年齡平均])	(屬性 , 離散)
標記卡【顏色】	[發燒 _ 平均]	(連續)
圖例【編輯色彩…】	[發燒 _ 平均]	色板 (P): 橙色 - 金色

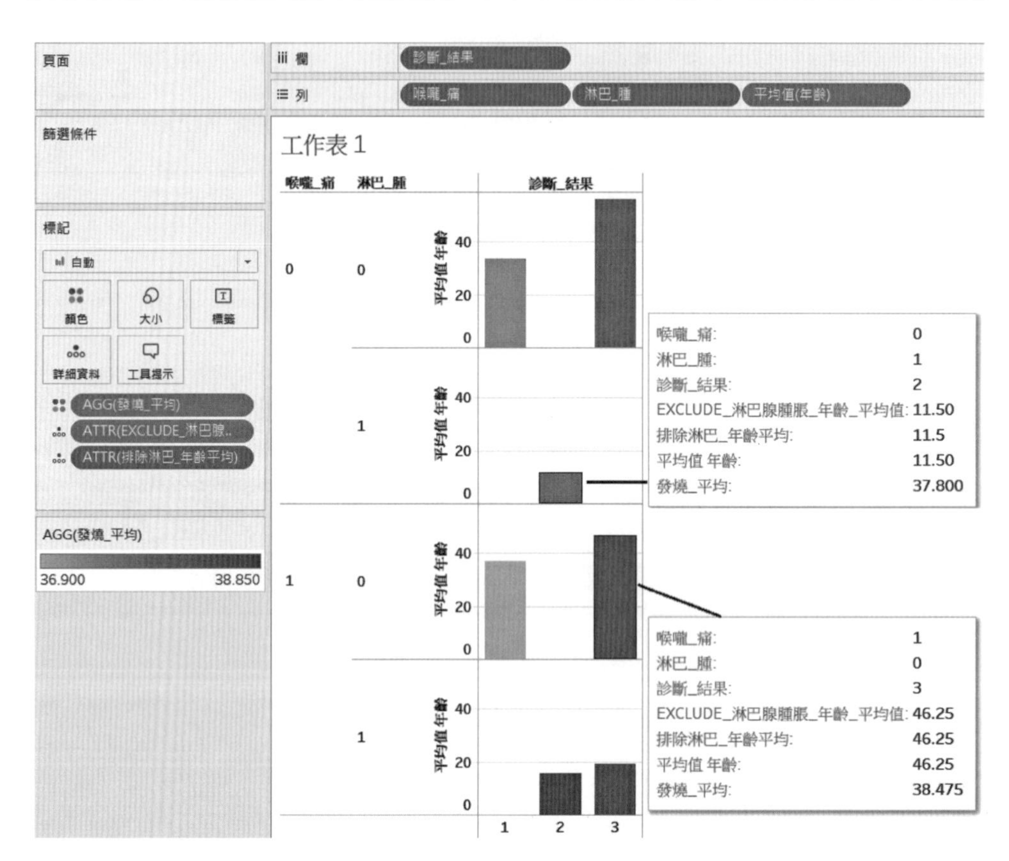

圖 8-9　資料經轉換後所呈現的 T 圖和診斷結果

最後，選取工作表上的 [喉嚨 _ 痛] 全部範圍，選擇 【檢視資料 ...】，按

【全部匯出 (E)】摘要內容，檔案名稱：CH8_STATA_ 診斷資料 .CSV。

5. 巨觀分析—統計分析

如果我們想要從「診斷結果」（3 種）、「喉嚨痛」（2 種）（中介變數）和「淋巴腺腫脹」（2 種）等變數的各種情況下，去計算得到 3×2×2 之 12 個年齡平均值，以了解有無淋巴腺腫脹對不同年齡是否存在顯著差異。這在專業統計軟體處理過程較為費力些，但是透過 Tableau 來建立資料集就可輕易完成。本範例就是利用 Tableau 的 {EXCLUDE} 所匯出的檔案：CH8_STATA_ 診斷資料 .CSV，提供給 STATA 統計軟體來進行單維變異數分析（ANOVA）。

(1) 當有淋巴腺腫脹情況

首先，去個別計算出「淋巴 _ 腫」變數的年齡平均值。在 STATA 環境下，匯入（import）：CH8_STATA_ 診斷資料 .CSV。其次，在指令列（Command Line）內輸入 rename 指令，來變更變數名稱：

```
rename 喉嚨 _ 痛 喉嚨痛
rename 淋巴 _ 腫 淋巴腫
rename 診斷 _ 結果 診斷結果
rename 發燒 _ 平均 發燒度數
rename 排除淋巴 _ 年齡平均 排除淋巴年齡
rename 平均值年齡 淋巴年齡
```

然後，在指令列內輸入 summarize 指令：

```
summarize 淋巴年齡 if 淋巴腫 == 0
summarize 淋巴年齡 if 淋巴腫 == 1
```

由表 8-3 統計結果得知，有淋巴腫脹病人大都出現在青少年齡層（平均年齡為 15.3 歲），沒有淋巴腫脹病人則出現在中壯年齡層（平均年齡為 43.3 歲）。由於這兩個年齡層差距明顯，可能存在平均年齡達顯著水準，故可透過單維變異數分析（ANOVA）。

表 8-3　淋巴年齡和淋巴腺腫脹的敘述統計

淋巴腫	Variable	Obs	Mean	Std. Dev.	Min	Max
0	淋巴年齡	4	43.2625	9.998781	33.8	56
1	淋巴年齡	3	15.33333	3.752777	11.5	19

在指令列內輸入 oneway 指令：

oneway 淋巴年齡 淋巴腫 , sidak

從表 8-4 的 ANOVA 統計結果得知，其統計意義為在同時考量「診斷結果、喉嚨痛和淋巴腺腫脹」等 12 種可能情況下所得到的年齡平均值（由 Tableau 計算得到的），結果發現淋巴腫脹與年齡層有關（F 機率值為 0.0063），有淋巴腫脹的病人發生在青少年居多。這項結果用來說明 Tableau 如何透過工作表來建立新的檔案資料的重要性。透過 Tableau 資料處理後，再由專業統計軟體，以產出資料檢定分析的洞察力和知識價值，比起單純只經由統計軟體或電腦語言，表現更為出色，同時洞察面向更為寬廣。這是Tableau在資料視覺化之外的另一項優勢。

表 8-4　淋巴年齡和淋巴腫的變異數分析結果

Analysis of Variance					
Source	**SS**	**df**	**MS**	**F**	**Prob > F**
Between groups	1337.20858	1	1337.20858	20.38	0.0063
Within groups	328.093556	5	65.6187112		
Total	1665.30214	6	277.550357		
Bartlett's test for equal variances: chi2(1) = 1.4982 Prob>chi2 = 0.221					

再來，如果我們將「淋巴腺腫脹」這項因素給排除掉後，只同時考量「診斷結果、喉嚨痛」等 6 種可能情況下所得到的年齡平均值（由 Tableau 計算得到），試圖去洞察「診斷結果」是否與「年齡」有相關？首先去獲取個別診斷結果的年齡平均，在指令列內輸入 summarize 指令：

summarize 排除淋巴年齡 if 診斷結果 == 1

summarize 排除淋巴年齡 if 診斷結果 == 2

summarize 排除淋巴年齡 if 診斷結果 == 3

從表 8-5 統計結果顯示，被醫生診斷爲感冒的病人以中老年齡層（平均值 45.9 歲）居多；過敏則以中壯年齡層（平均值 35.4 歲）爲主；鏈球菌性喉炎傾向青少年齡層（平均值 13.5 歲）。我們可透過單維變異數分析來了解它們是否有顯著差異。

表 8-5 診斷結果對排除淋巴年齡的敘述統計結果

診斷結果	Obs	Mean	Std. Dev.	Min	Max
1（過敏）	2	35.4	2.262742	33.8	37
2（鏈球菌性喉炎）	2	13.5	2.828427	11.5	15.5
3（感冒）	3	45.86667	8.775725	40.8	56

在指令列內輸入 oneway 指令：

oneway 排除淋巴年齡 診斷結果 , sidak

從表 8-6 的 ANOVA 統計結果顯示，當排除淋巴腺腫脹因素所得到的年齡平均值，是與診斷結果存在明顯差異（F 機率值 <0.05）。當以「Sidak」來比較它們的平均差異後（Comparison of 排除淋巴年齡 by 診斷結果）（未表列），發現「過敏」對「鏈球菌性喉炎」的平均差異並不顯著（機率值爲 0.080），「過敏」對「感冒」的平均差異也不顯著（機率值爲 0.388）；但是，「鏈球菌性喉炎」對「感冒」的平均差異顯著（機率值爲 0.016）。中老年齡層容易感冒，可能與生理機能和免疫力下降有關；而青少年齡層易發生鏈球菌性喉炎。年輕力壯年齡層對診斷結果較無明顯的區隔。

表 8-6 排除淋巴年齡與診斷結果之變異數分析結果

Analysis of Variance					
Source	SS	df	MS	F	Prob > F
Between groups	1265.90758	2	632.953789	15.15	0.0136
Within groups	167.146685	4	41.7866711		
Total	1433.05426	6	238.842377		
Bartlett's test for equal variances: chi2(1) = 1.8398 Prob>chi2 = 0.399					

最後，我們必須建立兩個新的變數名稱：「淋巴年齡層」和「排除淋巴年齡層」。在 STATA 指令列輸入與執行下列指令：

generate 淋巴年齡層 = cond(淋巴年齡 <=19," 淋巴年齡 19 歲以下 "," 淋巴年齡大於 19 歲 ")

generate 排除淋巴年齡層 = cond(排除淋巴年齡 <=18," 年齡 18 歲以下 ",cond(排除淋巴年齡 >=40," 年齡 40 歲以上 "," 年齡 19-39 歲 "))

完後，將 STATA 的資料集另存成「STATA_ 機器學習資料 .XLS」。

6. 微觀分析—機器學習

在前面已經洞察到「診斷結果、喉嚨痛、淋巴腺腫脹、年齡」等，存在統計上的明顯差異，但這些結果只是一種巨觀分析結果；然而，我們很想知道它們之間更細微的微觀變化和重要樣式（Pattern）爲何？要解決此一問題，可以導入機器學習（Machine Learning）技術。這種邏輯推理和處理模式，在學術界和實務界很少被討論到和研究過。

爲了進行機器學習起見，首先，我們必須去下載與安裝 Free Software Tanagra 軟體，網址：https://tanagra.software.informer.com/。到電腦桌面或「C:\Program Files (x86)\Tanagra」資料夾內，對 Tanagra.exe 連擊兩下啓動它。在 Tanagra 環境內，匯入「STATA_ 機器學習資料 .XLS」檔案。

(1) 影響淋巴年齡層因子

我們以 { 喉嚨痛 , 淋巴腫 , 診斷結果 , 發燒度數 } 作爲 Input Attributes，{ 淋巴年齡層 } 作爲 Target Attribute。採用監督式學習策略，以 C4.5 決策樹演算法（Decision Tree Algorithm），來進行機器學習。在參數（Parameters）設定上，Min size of leaves: 2，Confidence-level for pessimistic: 0.25。其 View 結果如表 8-7 所示。從分類器效能中可以看出，它的整體錯誤率爲 0%；淋巴年齡層完全由淋巴腫變數所決策。當有淋巴腫脹症狀時，是來自 19 歲以下的青少年齡層。

它的決策法則如下：

[R1] IF 淋巴腫 < 0.5 THEN 淋巴年齡層 = 淋巴年齡大於 19 歲（100% of 4 exa.）

[R2] IF 淋巴腫 >= 0.5 THEN 淋巴年齡層 = 淋巴年齡 19 歲以下（100% of 3 exa.）

表 8-7 淋巴年齡層的 C4.5 機器學習結果

Error rate			0.0000			
Values prediction			Confusion matrix			
Value	Recall	1-Precision		淋巴年齡大於 19 歲	淋巴年齡 19 歲以下	Sum
淋巴年齡大於 19 歲	1.0000	0.0000	淋巴年齡大於 19 歲	4	0	4
淋巴年齡 19 歲以下	1.0000	0.0000	淋巴年齡 19 歲以下	0	3	3
			Sum	4	3	7

(2) 影響排除淋巴年齡層因子

我們以 { 喉嚨痛 , 診斷結果 , 發燒度數 } 作爲 Input Attributes，{ 排除淋巴年齡層 } 作爲 Target Attribute。當排除淋巴腫脹因素後，表 8-8 顯示它的整體錯誤率爲 0%，其決策因子只有 { 診斷結果 }。喉嚨痛和發燒度數並不影響到它。

它的決策法則如下：

[R1] IF 診斷結果爲感冒 THEN 患者爲 40 歲以上

[R2] IF 診斷結果爲過敏 THEN 患者爲 19-39 歲之間

[R3] IF 診斷結果爲鏈球菌性喉炎 THEN 患者爲 18 歲以下

表 8-8 排除淋巴年齡層的 C4.5 結果

Error rate			0.0000				
Values prediction			Confusion matrix				
Value	Recall	1-Precision		年齡 40 歲以上	年齡 19-39 歲	年齡 18 歲以下	Sum
年齡 40 歲以上	1.0000	0.0000	年齡 40 歲以上	3	0	0	3
年齡 19-39 歲	1.0000	0.0000	年齡 19-39 歲	0	2	0	2
年齡 18 歲以下	1.0000	0.0000	年齡 18 歲以下	0	0	2	2
			Sum	3	2	2	7

總之，我們在巨觀分析時，將「喉嚨痛」變數作爲中介變數（放在 Tableau 視圖內），但經微觀分析後，發現它並沒有扮演著中介角色。這表示病人有無喉嚨痛，都不會影響到診斷結果。故「喉嚨痛」變數沒有達到中介效果。這意味著醫生在看病人是否感冒時，不用去問病人是否有喉嚨痛，而是看年齡，中年人患感冒機率比其他年齡層高許多。以後，我們在使用 Tableau 時，在視圖中可省略對 [喉嚨痛] 欄位的洞察。

8.4 EXCLUDE 與 COVID-19 應用

本節將以當前官方的 COVID-19 死亡資料作爲 EXCLUDE 的實際範例。

1. 資料來源

本範例是從臺灣「聯合新聞網」（網址：https://topic.udn.com/event/COVID19_Taiwan）網站之對外開放有關「完整死亡個案整理」（資料來源是由行政院衛生福利部提供）（存取日期：2021/08/12）。我們將網頁內容選取後，複製貼上微軟 Excel 工作表上，儲存檔案名稱爲：CH8_COVID 死亡個案 .xlsx。此資料集是由 { 公布日 , 案號 , 性別 , 年齡 , 慢性病史 , 活動接觸史 , 發病日 , 症狀 , 採檢日 , 住院 / 隔離日 , 確診日 , 死亡日 } 等 12 個欄位所組成的。

2. 資料清洗

由於官方所提供的原始資料類型並不一致，尤其是日期欄位，儲存格內容夾雜著文字或文字日期混合，甚至於只有年、年 / 月或月 / 日，或者民國和西元混用，故須透過人工和程式來多次資料清洗，否則無法提供給 Tableau 進行資料處理。當資料清洗完後，另儲存檔名爲：CH8_COVID 死亡個案 .xlsm。有關 Excel VBA 資料清洗程式碼如下：(註：也可由 Tableau 或 STATA 程式完成)

```
Sub 住院或隔離日期 ()
' 無法透過程式清洗資料：(1)2021/5 月初；(2)2021/ 因其他原因長期；
' (3) 無 ( 以 2021/5/28 取代 )
Dim 拆解陣列 () As String
    Sheets("COVID-19 死亡個案 ").Select
```

```
    列 = 2
    行 = 10
    Do While Cells( 列 , 1) <> ""
        If Trim(Cells( 列 , 行 )) = "" Or Trim(Cells( 列 , 行 )) = " 未住院 "
Or Trim(Cells( 列 , 行 )) = " 調查中 " Then
            If Trim(Cells( 列 , 行 - 1)) <> "" Then
                Cells( 列 , 行 ) = Trim(Cells( 列 , 行 - 1))
            Else
                Cells( 列 , 行 ) = Trim(Cells( 列 , 行 + 1))
            End If
        ElseIf InStr(1, Cells( 列 , 行 ), " 因其他原因 ") Or InStr(1, Cells( 列 , 行 ),
" 因其它原因 ") Then
        '(1) 5/21 因其他原因就醫 ; (2)2021/ 因其他原因長期 ( 特例 );
'(3)2021/5/21 因其他原因就醫並採檢 ; (4)5/17 因其他原因住院 ;
'(5)2021/6/16 因其它原因
            左字串 = Replace(Cells( 列 , 行 ), "2021/", "")
            拆解陣列 = Split( 左字串 , " 因 ")
            Cells( 列 , 行 ) = "2021/" & 拆解陣列 (0)
        ElseIf InStr(1, Cells( 列 , 行 ), " 旅館 ") Then '5/27 防疫旅館 6/5 住院
            拆解陣列 = Split(Cells( 列 , 行 ), " 館 ")
            If InStr(1, 拆解陣列 (1), " 住 ") Then
                拆解陣列 = Split( 拆解陣列 (1), " 住 ")
            Else '5/18 防疫旅館 , 5/19 住防疫旅館
                左字串 = Replace( 拆解陣列 (0), " 住 ", "")
                拆解陣列 = Split( 左字串 , " 防 ")
            End If
            Cells( 列 , 行 ) = "2021/" & 拆解陣列 (0)
        ElseIf InStr(1, Cells( 列 , 行 ), " 住院 ") Then
            拆解陣列 = Split(Cells( 列 , 行 ), " 住 ")
            Cells( 列 , 行 ) = "2021/" & 拆解陣列 (0)
```

```
        ElseIf InStr(1, Cells( 列 , 行 ), " 到院前 ") Then
'5/27 到院前死亡 ; 5/30 到院前無生命跡象 , 2021/ 6/5 到院前無生命跡象
            字串 = Replace(Cells( 列 , 行 ), Chr(32), "")
            字串 = Replace( 字串 , "2012/", "")
            拆解陣列 = Split(Cells( 列 , 行 ), " 到 ")
            Cells( 列 , 行 ) = "2021/" & 拆解陣列 (0)
        ElseIf InStr(1, Cells( 列 , 行 ), "集中檢疫" ) Then
        '(1) 2021/5/17 集中檢疫所 5/21; (2)5/21 集中檢疫所 ;
'(3)6/5 集中檢疫所 6/20 解隔返家
        '2021/5 月初 ( 特例 )
          字串 = Replace(Cells( 列 , 行 ), " 解隔返家 ", "")
          字串 = Replace( 字串 , "2021/", "")
          拆解陣列 = Split( 字串 , " 所 ")
          右字串 = Trim( 拆解陣列 (1))
          If 右字串 = "" Then '5/21 集中檢疫所
            拆解陣列 = Split( 字串 , " 集 ")
            Cells( 列 , 行 ) = "2021/" + 拆解陣列 (0)
          Else
            Cells( 列 , 行 ) = "2021/" + 右字串
          End If
        ElseIf InStr(1, Cells( 列 , 行 ), " 自宅居家 ") Then
          '5/18 自宅居家隔離
           拆解陣列 = Split(Cells( 列 , 行 ), " 自 ")
           Cells( 列 , 行 ) = "2021/" + Trim( 拆解陣列 (0))
        ElseIf InStr(1, Cells( 列 , 行 ), " 隔離 ") Then
        '2021/5/31 醫院隔離 6/15; 2021/5/27 居家隔離 6/1;
'5/21 居家隔離 6/15 解除隔離
           字串 = Replace(Cells( 列 , 行 ), " 解除隔離 ", "")
           拆解陣列 = Split( 字串 , " 離 ")
           Cells( 列 , 行 ) = "2021/" + Trim( 拆解陣列 (1))
```

```
        ElseIf InStr(1, Cells( 列 , 行 ), " 在家昏迷 ") Then
        '(1)5/25 在家昏迷後送醫
          拆解陣列 = Split( 字串 , " 在 ")
          Cells( 列 , 行 ) = "2021/" + Trim( 拆解陣列 (0))
        ElseIf InStr(1, Cells( 列 , 行 ), " 臥倒 ") Then
        '(2)5/25 臥倒公寓
          拆解陣列 = Split( 字串 , " 臥 ")
          Cells( 列 , 行 ) = "2021/" + Trim( 拆解陣列 (0))
        ElseIf InStr(1, Cells( 列 , 行 ), " 就醫 ") Then
        '(3)5/17 就醫
          拆解陣列 = Split( 字串 , " 就 ")
          Cells( 列 , 行 ) = "2021/" + Trim( 拆解陣列 (0))
        End If
        列 = 列 + 1
    Loop
    '
    Columns("J:J").Select
    Selection.NumberFormatLocal = "yyyy/m/d;@"
    [J1].Select
    Beep
    Beep
    MsgBox "【住院或隔離日期】已執行完畢！"
End Sub
```

3. 文字採礦處理

啟動 Tableau，連線到 Microsoft Excel，匯入「CH8_COVID 死亡個案 .xlsm」檔案。選擇「COVID 死亡個案」工作表名稱，進入 Tableau 工作環境。

(1) 背景資料分析

從 2020 年 12 月 29 日起至 2021 年 8 月 12 日止，臺灣因 COVID-19 死亡人

數計 817 人。(A) 依性別分析，女性爲 293 人（約占全部近 36%），男性計 524 人（占全部的64%）。(B) 依年齡分析，如圖 8-10 所示（相當於 STATA 的「graph bar 年齡計數 , over(年齡)」指令）。整體死亡人數平均值爲 102.125，中位數爲 66.5，標準差爲 100.5。變異係數（Coefficient of Variation, CV）爲 0.984，屬於偏高的標準離差率或單位風險，表示各年齡層死亡人數呈現較大的變化，大部分集中在 60-80 多歲（約占全部的 80%）。偏態值（Skewness）爲 0.506（大於 0.0），峰度值（Kurtosis）爲 1.665（未滿 3.0），屬於右偏態與低闊峰分布。透過 STATA 的「sktest 年齡計數」指令，獲得它的偏態與峰度對常態分配卡方檢定機率值（Skewness/Kurtosis Tests for Normality）分別爲 0.3953 和 0.3027，整體常態卡方檢定機率值爲 0.3463，表示臺灣因 COVID-19 死亡人數與年齡層呈現常態分配。死亡人數最多（262 人）者落在 70 多歲的老年人，其次是 60 多歲的 209 人，排名第三位是 80 多歲的 180 人。這三個年齡層（60-89 歲）計 651 人，占全部的 79.68%（近 80%），表示在每 100 死亡人數中，就會約有 80 位是來自 60-89 歲的長者，即每 5 位中就會有 4 位是落在 60-89 歲的年齡層，他們可說是高風險染病死亡群。不過，客觀做法是以臺灣年齡層人口數作爲基準去計算出每 10 萬人口數發生多少死亡數。公式爲：

死亡率（年齡層）= 該年齡層死亡人數 ÷ 該年齡層人口數 ×10 萬人　（8-1）

其中 80 多歲以上因人口數較少，它們共計 252 位死亡人數，故可合併到同一歸類，然後依各年齡層去做比較。

若從 2020 年 12 月 29 日起至 2021 年 8 月 12 日止來計算死亡時鐘的話，公式爲：

死亡時鐘（COVID-19）= 當期總時間（天）÷ 當期死亡人數 ×24 小時　（8-2）

即可獲得臺灣從 2020 年 12 月 29 日起至 2021 年 8 月 12 日止，「死亡時鐘（COVID-19）」爲 6.67 小時，意指每隔 6 小時又 40 分鐘就會有 1 人死於 COVID-19。

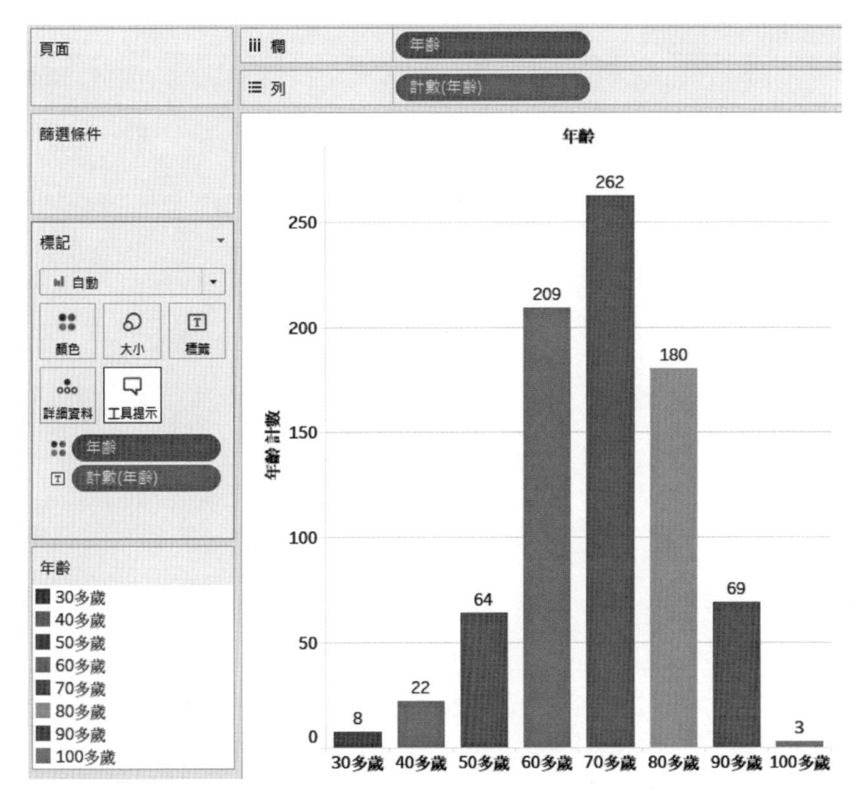

圖 8-10　COVID-19 死亡之年齡層分布情形（N=817）

在死亡人數中，從表 8-9 統計結果顯示，有慢性病史者計 768 人（占 94%），無者計 49 人（占 6%）。就年齡與有慢性病史相關來看，雖然呈正值（+0.1931），但機率值（0.6469）未達小於 0.05 的顯著水準。從發展走勢來看，它到了 70 多歲達到最大的 247 人，然後快速往下降。這顯示這些因 COVID-19 死亡者的年齡與有慢性病史是無關的，即受感染 COVID-19 且有慢性病史人數不會隨著年齡增長而上升。

表 8-9　年齡與慢性病史死亡統計結果（N=817）

年齡	慢性病史	慢性病史 計數
100 多歲	無	0
	有	3
90 多歲	無	3
	有	66

表 8-9　年齡與慢性病史死亡統計結果（N=817）（續）

年齡	慢性病史	慢性病史 計數
80 多歲	無	3
	有	177
70 多歲	無	15
	有	247
60 多歲	無	17
	有	192
50 多歲	無	4
	有	60
40 多歲	無	4
	有	18
30 多歲	無	3
	有	5

在活動接觸史與死亡人數統計方面，從表 8-10 統計得知，無回報資料爲 25 人，無活動接觸史者 25 人（占全部的 3.1%），接觸其他確診者高達 376 人（占全部的 38.8%）。調查中但後來未回報者 202 人，有台北市○華區活動史 181 人，相關境外移入和旅遊史計 8 人。這也顯示出行政院衛生福利部對資料庫處理與資料準確度仍有改善空間，尤其約占 28% 的「調查中」和「無回報」案例。

表 8-10　活動接觸史與死亡人數統計

活動接觸史	活動接觸史 計數
無回報資料者（空缺值）	25
無活動接觸史者	25
接觸其他確診者	376
緬甸回台	1
菲律賓回台	1
境外移入（英國變種病毒）	2
有台北市○華區活動史	181
奧地利、捷克旅遊史	1

表 8-10 活動接觸史與死亡人數統計 (續)

活動接觸史	活動接觸史 計數
埃及旅遊史	1
美國旅遊史	1
西班牙旅遊史	1
調查中	202
合計	817

(2) 建立新資料集

首先我們在 Tableau 建立活動接觸史的分類，分成 { 無 , 接觸確診 , 調查中 , 活動史 , 旅遊史 , 境外移入 } 等六種類型。無 25 人，調查中 202 人，境外移入 4 人，接觸確診 374 人，旅遊史 6 人，活動史 181 人，計 792 人。另 25 人無資料。

在慢性病史分類上，它分成 { 無 , 不明或調查 , 有 } 等三種類型。無者計 49 人，不明或調查中者計 17 人，有者計 726 人。三者共計 792 人。有關活動接觸史和慢性病史分類之建立導出欄位名稱與其程式碼如下：

導出欄位名稱	敘述句
活動接觸史的分類	IF [活動接觸史] = ' 無 ' THEN ' 無 ' ELSEIF [活動接觸史] = ' 調查中 ' THEN ' 調查中 ' ELSEIF CONTAINS([活動接觸史],' 活動史 ') THEN ' 活動史 ' ELSEIF CONTAINS([活動接觸史],' 境外移入 ') OR CONTAINS([活動接觸史],' 回台 ') THEN ' 境外移入 ' ELSEIF CONTAINS([活動接觸史],' 旅遊史 ') OR [活動接觸史] = ' 有 ' THEN ' 旅遊史 ' ELSEIF CONTAINS([活動接觸史],' 接觸 ') THEN ' 接觸確診 ' ELSE NULL END
慢性病史 _ 分類	IF [慢性病史] = NULL THEN NULL ELSEIF [慢性病史] = ' 無 ' THEN ' 無 ' ELSEIF [慢性病史] = ' 調查中 ' OR [慢性病史] = ' 不明 ' THEN ' 不明或調查 ' ELSE ' 有 ' END

從 COVID-19 的 817 人死亡個案當中，發現有些個案是二個以上的慢性病。由表 8-11 回傳結果顯示，除了其他類為 609 人之外，高血壓為 73 人，糖尿病 62 人，相關心臟疾病 39 人，相關腎臟疾病 3 人，相關癌症和腦疾病（如中風）均 13 人，高血脂為 9 人，肝病為 6 人，氣喘病 5 人。由此可見，感染 COVID-19 發生重症致死以具高血壓、糖尿病、心臟疾病等病史者，被列為死亡高風險群。基因遺傳、飲食、運動、睡眠品質和個人價值觀等五大因素，可能會影響到是否有慢性疾病史。

表 8-11　慢性病史類型統計分析

導出欄位名稱	敘述句	統計結果
病史 _ 癌症	IF CONTAINS([慢性病史], ' 癌症 ') OR CONTAINS([慢性病史], ' 惡性腫瘤 ') THEN 1 ELSE 0 END	13
病史 _ 高血壓	IF CONTAINS([慢性病史], ' 高血壓 ') THEN 1 ELSE 0 END	73
病史 _ 糖尿病	IF CONTAINS([慢性病史], ' 糖尿病 ') THEN 1 ELSE 0 END	62
病史 _ 心臟	IF CONTAINS([慢性病史], ' 心臟 ') OR CONTAINS([慢性病史], ' 主動脈剝離 ') OR CONTAINS([慢性病史], ' 心血管 ') OR CONTAINS([慢性病史], ' 心律不整 ') OR CONTAINS([慢性病史], ' 心衰竭 ') THEN 1 ELSE 0 END	39
病史 _ 腦	IF CONTAINS([慢性病史], ' 中風 ') OR CONTAINS([慢性病史], ' 腦 ') THEN 1 ELSE 0 END	13
病史 _ 腎	IF CONTAINS([慢性病史], ' 腎 ') THEN 1 ELSE 0 END	23

表 8-11 慢性病史類型統計分析（續）

導出欄位名稱	敘述句	統計結果
病史 _ 肝	IF CONTAINS([慢性病史], ' 肝 ') THEN 1 ELSE 0 END	6
病史 _ 氣喘	IF CONTAINS([慢性病史], ' 喘 ') THEN 1 ELSE 0 END	5
病史 _ 高血脂	IF CONTAINS([慢性病史], ' 高血脂 ') THEN 1 ELSE 0 END	9
病史 _ 其他	IF CONTAINS([慢性病史], ' 有 ') OR CONTAINS([慢性病史], ' 體重 ') OR CONTAINS([慢性病史], ' 慢性病病史 ') OR CONTAINS([慢性病史], ' 帶狀疱疹 ') THEN 1 ELSE 0 END	609

對於觀察、感知或檢測感染 COVID-19 重症病人的症狀與其背景資料是十分重要的。統計分析將有助於當人類感染 COVID-19 病毒後對行爲變化的了解，同時對於鑑別、隔離或預防等防治病毒工程是關鍵的。我們希望透過 Tableau 的資料處理後，能快速洞察出問題所在或獲取有價值的資訊。基於此，程式設計扮演著很重要的角色。例如，我們在 817 死亡個案中，欲快速得知有無症狀人數統計時，就可以建立下列導出欄位名稱、程式碼與執行它們。然後將 [症狀 _ 有無] 拖放到【列】架上 2 次，前者設定：(維度)，後者設定：(度量 (計數), 離散)；另將 [症狀 _ 百分率] 拖放到標記卡【標籤 / 文字】上，即可得知出現症狀計 703 人（占全部 795 人的 88.428%），無症狀或採檢時無症狀計 92 人（占全部的 11.572%），兩者之比爲 7.64:1，取整數後大約 8:1，即每 9 個人中，約有 8 人是有症狀表現的，只有 1 人沒有，故我們有必要深入洞察它。另 22 人資料是空缺的（Null, Missing Values）。

導出欄位名稱	敘述句
症狀 _ 有無	IIF(CONTAINS([症狀],' 無症狀 ') OR CONTAINS([症狀],' 無相關症狀 ') ,' 無 ',' 有 ')
症狀 _ 百分率	LEFT(STR(COUNT([症狀 _ 有無])/795 * 100),6) + '%'

從表 8-12 COVID-19 症狀表現統計結果顯示，每一死亡個案平均會出現 2.3 個症狀，表示染疫後很少有單一症狀，而是多重特徵。又從表 8-13 統計得知，在死於 COVID-19 重症的行爲表現或癥候的 31 種症狀當中，以發燒最爲普遍現象，計 391 人，占全部的 47.9%，表示每 100 人當中，約有 48 人會出現發燒癥候。其次爲咳嗽無痰的 287 人（占 35.1%）。排名 3 和 4 位者，皆與呼吸有關，包括呼吸困難或喘、急（短）促，分別爲 156 人（19.1%）、137 人（16.8%）。全身或四肢無力、沒體力者爲 94 人。不過採檢時無症狀反應人數仍達 92 人，占全部的 11.3%，表示每 100 人當中，會有超過 11 個人是沒有症狀。他們必須透過採檢或疫調過程才能得知的，這是流行病防制（Prevention and Control）或防治（Prevention and Treatment）中最難管控到的一群人。腹瀉計 64 人（7.8%），喉嚨痛計 61 人（7.5%）。當排除採檢時無症狀情況後，平均重症死亡者平均有 2.3 個症狀的行爲表現或生理症狀反應。當然這些官方數據，並未納入心理反應、日常生活習性和社交活動或自陳報告等紀錄，同時也可能存在著死於 COVID-19 的黑數（Figure of Dark）。

表 8-12　**COVID-19** 症狀表現之統計結果（單位 ： 人）

導出欄位名稱	敘述句	統計結果
症狀 _ 發燒	IF CONTAINS([症狀],' 發燒 ') OR CONTAINS([症狀],' 體溫偏高 ') THEN 1 ELSE 0 END	391
症狀 _ 咳嗽有痰	IIF(CONTAINS([症狀],' 有痰 '),1,0)	32
症狀 _ 無力	IF CONTAINS([症狀],' 無力 ') OR CONTAINS([症狀],' 體力差 ') OR CONTAINS([症狀],' 體力變差 ') OR CONTAINS([症狀],' 倦怠 ') OR CONTAINS([症狀],' 無精神 ') OR CONTAINS([症狀],' 體力不支 ') OR CONTAINS([症狀],' 虛弱 ') OR CONTAINS([症狀],' 疲倦 ') OR CONTAINS([症狀],' 心情不佳 ') OR CONTAINS([症狀],' 不舒服 ') OR CONTAINS([症狀],' 活動差 ') OR CONTAINS([症狀],' 疲憊 ') THEN 1 ELSE 0 END	94
症狀 _ 肌肉酸痛	IF CONTAINS([症狀],' 肌肉酸痛 ') OR CONTAINS([症狀],' 肌肉痠痛 ') THEN 1 ELSE 0 END	21
症狀 _ 呼吸困難	IF CONTAINS([症狀],' 呼吸困難 ') OR CONTAINS([症狀],' 不順 ') OR CONTAINS([症狀],' 呼吸窘迫 ') THEN 1 ELSE 0 END	156

表 8-12 **COVID-19** 症狀表現之統計結果（單位：人）（續）

導出欄位名稱	敘述句	統計結果
症狀_呼吸喘	IF CONTAINS([症狀],'呼吸喘') OR CONTAINS([症狀],'呼吸短促') OR CONTAINS([症狀],'呼吸急促') OR ENDSWITH([症狀],'喘') OR STARTSWITH([症狀],'喘') THEN 1 ELSE 0 END	137
症狀_咳嗽無痰	IF (CONTAINS([症狀],'咳嗽') AND NOT CONTAINS([症狀],'有痰')) OR CONTAINS([症狀],'乾咳') OR STARTSWITH([症狀],'嗽') THEN 1 ELSE 0 END	287
症狀_頭痛	IIF(CONTAINS([症狀],'頭痛'),1,0)	14
症狀_頭暈	IIF(CONTAINS([症狀],'頭暈'),1,0)	9
症狀_胸悶	IF CONTAINS([症狀],'胸悶') OR CONTAINS([症狀],'胸部不適') THEN 1 ELSE 0 END	14
症狀_胸痛	IIF(CONTAINS([症狀],'胸痛'),1,0)	13
症狀_畏寒	IF CONTAINS([症狀],'畏寒') OR CONTAINS([症狀],'發冷') OR CONTAINS([症狀],'寒顫') OR CONTAINS([症狀],'畏冷') THEN 1 ELSE 0 END	12
症狀_肺炎	IIF(CONTAINS([症狀],'肺'),1,0)	25
症狀_喉嚨痛	IF CONTAINS([症狀],'喉嚨痛') OR CONTAINS([症狀],'喉痛') OR CONTAINS([症狀],'喉嚨不適') THEN 1 ELSE 0 END	61
症狀_喉嚨癢	IF CONTAINS([症狀],'喉嚨癢') THEN 1 ELSE 0 END	5
症狀_味覺異常	IF CONTAINS([症狀],'味') AND CONTAINS([症狀],'異常') THEN 1 ELSE 0 END	7
症狀_味覺喪失	IF CONTAINS([症狀],'味') AND CONTAINS([症狀],'喪失') THEN 1 ELSE 0 END	4
症狀_嗅覺異常	IF CONTAINS([症狀],'嗅') AND CONTAINS([症狀],'異常') THEN 1 ELSE 0 END	5
症狀_嗅覺喪失	IF CONTAINS([症狀],'嗅') AND CONTAINS([症狀],'喪失') THEN 1 ELSE 0 END	2
症狀_腹瀉	IF CONTAINS([症狀],'腹瀉') THEN 1 ELSE 0 END	64
症狀_腹痛	IF CONTAINS([症狀],'腹痛') OR CONTAINS([症狀],'腹部不適') THEN 1 ELSE 0 END	5

表 8-12 COVID-19 症狀表現之統計結果（單位 ： 人）（續）

導出欄位名稱	敘述句	統計結果
症狀 _ 食慾不振	IF CONTAINS([症狀],' 食慾不振 ') OR CONTAINS([症狀],' 食慾差 ') OR CONTAINS([症狀],' 食慾不佳 ') OR CONTAINS([症狀],' 沒有食慾 ') OR CONTAINS([症狀],' 食慾下降 ') OR CONTAINS([症狀],' 無食慾 ') THEN 1 ELSE 0 END	26
症狀 _ 腸胃不適	IF CONTAINS([症狀],' 腸胃不舒服 ') OR CONTAINS([症狀],' 腸胃道不適 ') THEN 1 ELSE 0 END	2
症狀 _ 意識改變	IF CONTAINS([症狀],' 意識不清 ') OR CONTAINS([症狀], ' 意識改變 ') THEN 1 ELSE 0 END	6
症狀 _ 嗜睡	IF CONTAINS([症狀],' 嗜睡 ') THEN 1 ELSE 0 END	1
症狀 _ 血氧降低	IF CONTAINS([症狀],' 氧 ') THEN 1 ELSE 0 END	4
症狀 _ 關節痛	IF CONTAINS([症狀],' 關節痛 ') THEN 1 ELSE 0 END	4
症狀 _ 心臟	IF CONTAINS([症狀],' 心悸 ') OR CONTAINS([症狀],' 心臟不舒服 ') THEN 1 ELSE 0 END	2
症狀 _ 噁心	IF CONTAINS([症狀],' 噁心 ') THEN 1 ELSE 0 END	8
症狀 _ 嘔吐	IF CONTAINS([症狀],' 嘔吐 ') THEN 1 ELSE 0 END	18
症狀 _ 採檢無	IF CONTAINS([症狀],' 無症狀 ') OR CONTAINS([症狀], ' 無相關症狀 ') THEN 1 ELSE 0 END	92
症狀 _ 合計	[症狀 _ 發燒] + [症狀 _ 咳嗽有痰]+[症狀 _ 無力]+[症狀 _ 肌肉酸痛]+[症狀 _ 呼吸困難]+[症狀 _ 呼吸喘]+[症狀 _ 咳嗽無痰]+[症狀 _ 頭痛]+[症狀 _ 頭暈]+[症狀 _ 胸悶]+[症狀 _ 胸痛]+[症狀 _ 畏寒]+[症狀 _ 肺炎]+[症狀 _ 喉嚨痛]+[症狀 _ 喉嚨癢]+[症狀 _ 味覺異常]+[症狀 _ 味覺喪失]+[症狀 _ 嗅覺異常]+[症狀 _ 嗅覺喪失]+[症狀 _ 腹瀉]+[症狀 _ 腹痛]+[症狀 _ 食慾不振]+[症狀 _ 腸胃不適]+[症狀 _ 意識改變]+[症狀 _ 嗜睡]+[症狀 _ 血氧降低]+[症狀 _ 關節痛]+[症狀 _ 心臟]+[症狀 _ 噁心]+[症狀 _ 嘔吐]	2.3 症狀（平均）

表 8-13 死於 COVID-19 染疫者多重症狀表現排名（N=817）

排名	症狀名稱	人數	排名	症狀名稱	人數	排名	症狀名稱	人數
1	發燒	391	12	肌肉酸痛	21	23	嗅覺異常	5
2	咳嗽無痰	287	13	嘔吐	18	24	腹痛	5
3	呼吸困難	156	14	頭痛	14	25	味覺喪失	4

表 8-13　死於 COVID-19 染疫者多重症狀表現排名（N=817）（續）

排名	症狀名稱	人數	排名	症狀名稱	人數	排名	症狀名稱	人數
4	呼吸喘	137	15	胸悶	14	26	血氧降低	4
5	無力	94	16	胸痛	13	27	關節痛	4
6	無症狀	92	17	畏寒	12	28	嗅覺喪失	2
7	腹瀉	64	18	頭暈	9	29	腸胃不適	2
8	喉嚨痛	61	19	噁心	8	30	心臟	2
9	咳嗽有痰	32	20	味覺異常	7	31	嗜睡	1
10	食慾不振	26	21	意識改變	6	N/A	N/A	N/A
11	肺炎	25	22	喉嚨癢	5	N/A	N/A	N/A

當然，我們也關注在重症致死者，從發病日到死亡日的時間天數。由於官方數據提供仍有不足之處，故我們必須去排除異常日期。透過「COUNT(IIF(ISNULL([發病 _ 死亡 _ 天數]), 1, NULL))」計算出共 11 筆空缺或異常值，即有效樣本數爲 806 筆。從圖 8-11 得知，最小値（當日死亡）爲 0 天，最大值爲 80 天，其中未出現的天數爲 56、64、66、69-70 和 72-79 計 13 個，例如，沒有相隔 56 天才死亡的紀錄。從發病日起至死亡日止，以第 11 天死亡個案最多，達 40 人。從 [0, 80] 天數的計數平均約 11.68 人（806÷69）（註：實際應爲 806÷68=11.85）。不過，我們在實務上，我們會將未出現的天數也納入計算，因此，從發病日到死亡日這 81 天內，平均每天會有 9.95 人死亡（806÷81），即平均每天死亡人數爲 10 人。另從發病日到死亡日間隔平均天數爲 17.76 天，這表示 COVID-19 重病者整體平均在 18 天就會死亡。

導出欄位名稱	敘述句
發病 _ 死亡 _ 天數	IIF(DATEDIFF('day',[發病日],[死亡日]) >= 0, DATEDIFF('day',[發病日],[死亡日]), NULL)

或者

導出欄位名稱	敘述句
發病 _ 死亡 _ 第幾天	IIF(DATEDIFF('day',[發病日],[死亡日]) >= 0, DATEDIFF('day',[發病日],[死亡日])+1, NULL)

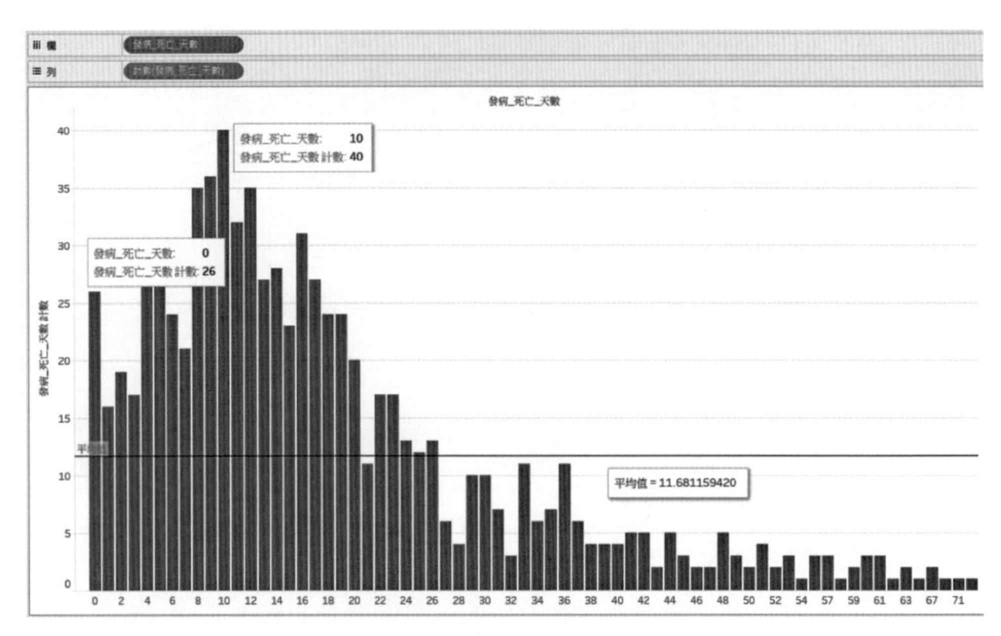

圖 8-11　COVID-19 死亡個案相隔天數計數分布

我們想要去洞察性別、年齡和咳嗽無痰對發病日到死亡日的時間天數，是否具有某種固定的趨勢或傾向（如正相關或負相關）。從圖 8-12 發現一個有趣現象，就是男性比女性有著更長的發病日到死亡日天數的整體趨勢，但是 40 多歲和 70 多歲則女性高於男性，有違此一趨勢。因此，我們不希望年齡來干擾這種發展趨勢。解決之道，就是引入 {EXCLUDE 年齡 } 去排除年齡因素的影響。當排除年齡後，平均天數 (女性) = 16.799 天，平均天數 (男性) = 18.294 天。這表示當人們染上 COVID-19 重症後，整體來說，女性比男性更早點死亡。不過，這樣的洞察結果還是需要透過統計分析，來進行假設檢定，才能證實這樣的論點。首先建立排除年齡，及性別轉成數值等欄位。

導出欄位名稱	敘述句
EXCLUDE_ 年齡	{EXCLUDE [年齡]: AVG([發病 _ 死亡 _ 天數])}
男女	IIF([性別]=' 男 ',1,0)

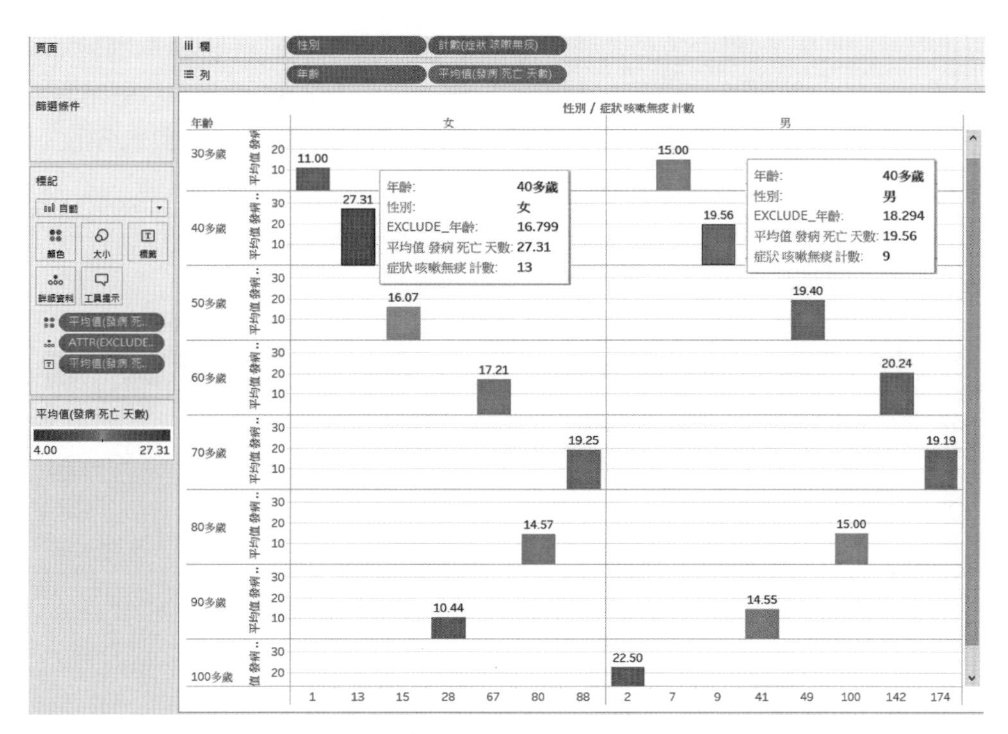

圖 8-12　性別、年齡、咳嗽無痰和發病日到死亡日天數

最後，選擇主功能表的【資料 (D) > 資料集名稱 > 檢視資料 (V)⋯】，然後再選擇【全部匯出】，檔案名稱：COVID-19 統計資料 .CSV，再透過 Excel 轉換成「COVID-19 統計資料 .XLS」，準備提供給 Tanagra 資料採礦軟體使用。

4. 資料採礦分析

爲了避免 Tableau 呈現過於複雜結果而難以洞察問題起見，我們在前揭圖 8-12 中，只能呈現了較爲有興趣的欄位視圖。要解決這個問題，那麼就必須使用到 Tanagra 資料採礦軟體了。

做法上，首先進入 Tanagra 環境，匯入「COVID-19 統計資料 .XLS」檔案。凡是在前揭表 8-13 中計數大於 5 和 [男女]（' 女 '=0，' 男 '=1）等 22 個導出欄位作爲自變數（X），[發病 _ 死亡 _ 天數] 導出欄位作爲因變數（Y）。由於投入高達 23 個變數進行迴歸分析，故採用「後退刪除法」（Backward Elimination Method）來進行線性迴歸，以逐步方式縮減所投入自變數的數量。

從表 8-14 統計結果得知，只剩下 [男女] 和 [症狀 _ 咳嗽無痰] 等這兩個欄位的機率值是有達到小於 0.05 的顯著水準。這證實了在前面 Tableau 所洞察到的現象，支持了我們的研究假設，其假設檢定結果：染疫後女性比男性更早點死亡，平均天數 (女性) = 16.799 天，平均天數 (男性) = 18.294 天，相差 1.495 天。此外，症狀出現咳嗽無痰者，他們會活得久一點後才死亡。

表 8-14　影響發病到死亡天數因素之線性迴歸結果

Analysis of variance						Coefficients				
Source	SS	d.f.	MS	F	p-value	Attribute	Coef.	std	t(418)	p-value
Regression	3638.04	2	1819.02	8.1399	0.0003	Intercept	19.50	1.26	15.35	0.0000
Residual	93410.84	418	223.47	-	-	男女	4.12	1.47	2.78	0.0055
Total	97048.89	420	-	-	-	症狀 _ 咳嗽無痰	4.49	1.51	2.97	0.0031

8.5 總結

長期以來，Tableau 使用者對於計算 {LOD} 運算結果，可能以模仿途徑和範例操作，來試圖了解其運作機制，但仍是個謎團。本章可說花了很多篇幅，來驗證它們的運算結果，其目的在於解開這個謎團。

在探索這個謎團過程中，我們發現到 {INCLUDE} 運作機制最爲複雜，因它必須使用到 {FIXED} 去固定度量彙總用的維度，這些維度即大家所認知的新增維度。同時，我們也發現到 {INCLUDE} 雖然用在新增維度目的，但這些新增維度只與計算度量彙總函數用的維度有關。集合理論和樹狀結構，協助我們解開這個謎團。然而，這似乎與坊間書籍和網站（含官方）對它們的解釋有所差異。

此外，我們透過 Tableau 的微觀和巨觀分析，去了解某些現象；亦可使用 {EXCLUDE} 來排除一些可能造成干擾的維度後，再度去洞察它們。最後，本章以官方所提供的 COVID-19 資料，配合 {EXCLUDE} 的使用，試圖去了解文字採礦與資料採礦的結合應用，以深入去洞察問題與解釋其現象。

總之，Tableau 導入 {LOD} 資料層級計算，乃基於實務應用上不同需求而設計的。當我們了解它們的運作機制後，就容易掌握到 {FIXED|INCLUDE|EXCLUDE} 的使用時機與回傳結果，並將這些結果另儲存成 CSV 檔案，以提供給統計分析或資料採礦等進一步處理與分析。

第 09 章

Tableau 函數語法

本章概要

9.1 算術函數

9.2 三角函數

9.3 字串函數

9.4 彙總函數

9.5 規則運算函數

9.6 Tableau 計算要素

9.7 運算子與其優先權

9.8 總結

當完成學習與上機實作後，你將可以

1. 認識 Tableau 語法結構
2. 知道如何使用函數與其限制
3. 使用字串和規則運算函數於文字採礦上
4. 了解語法和運算順序對程式設計的重要性

Tableau 提供使用者函數語法不算多，但是它的語法結構則與常用的電腦語言或應用軟體等有所差異的。例如，它不提供迴圈，不具物件導向特性，不能變更資料集內的資料，非彙總參數不能與彙總函數混用，以及必須透過滑鼠的拖放方式或建立導出欄位才能輸出結果等。儘管它在撰寫程式上的一些限制，但是資料視覺化、驚人的處理速度和快速洞察問題所在等，卻是深受從事資料分析人員的喜愛。經驗告訴我們，只要會撰寫程式和引用 Tableau 函數，將使 Tableau 同時具備巨觀與微觀分析功能與匯出結果。而這些特性是專業統計或資料採礦等軟體所不容易做到的。例如，我們在統計分析時，發現變數間具有統計意義（機率值小於 0.05），但卻難以去解釋這個現象，此時就可借助 Tableau 的 {LOD} 和一些函數來洞察與獲得解決。我們在前面已使用過不少的函數語法與實務應用。在本章將依 Tableau 函數功能加以分類，並舉例說明語法的使用與其限制，以及出現錯蟲（Bugs）。

9.1 算術函數

(1) ABS(X)

X: number | expression | field。X 必須為數字資料類型。

傳回指定數字 X 的絕對值，即 ABS(X) ≧ 0。|X| = X if X >=0 and – (X) if X < 0。為一距離概念。範例：

ABS(-10) 回傳：10。

COS(PI()*3/4) 回傳：-0.707107。

ABS(COS(PI()*3/4)) 回傳：0.707107。

ABS([利潤]) 回傳：[利潤] 列層級（ROD）的絕對值。

CORR([銷售額], [利潤]) 回傳：0.5251。

ABS(CORR([銷售額], [利潤])) 回傳：0.5251。

AVG(ABS(IIF([利潤] < 0, [利潤], NULL))) 回傳：62.30。

ABS(NULL) 回傳：NULL。

(2) CEILING(X)

X: number | expression | field。X 必須為數字資料類型。

回傳大於或等於指定數字 X 的最小整數值，即無條件進位整數值。常用於商品交易、車資或郵資等計算。範例：

CEILING(-7.8) 回傳：-7。

CEILING(7.8) 回傳：8。

CEILING(+7.8) 回傳：計算錯誤。不允許 + 符號。

SUM(CEILING(7.8)) 回傳：8。

MAX(CEILING(7.8)) 回傳：8。

ATTR(CEILING(7.8)) 回傳：8。

CEILING([利潤]) 回傳：[利潤] 列層級（ROD）的無條件進位整數值。

提示：在檢視資料中，[利潤] 呈現整數值，其實它的資料類型是「數字 (十進制)」，即帶有小數點的浮點值。故 CEILING([利潤]) 會出現一些不一樣的結果。你可將 [利潤] 欄位拖曳到【列】架上，然後去設定成 (維度 , 離散) 後，點擊膠囊狀的 ▼，選擇【設定格式⋯ 】，數字自訂：小數位數 2 位。

(3) DIV(整數 _ 被除數 , 不爲零整數 _ 除數)

回傳商數。相當於「被除數 ÷ 除數 = 商數⋯餘數」中的商數。即爲 INT(被除數 / 除數)。其中除數不可爲零。它是一種分割概念。每一次以除數爲單位去分割被除數，然後去計算可被分割幾次，這個次數累計即爲商數。當 ABS(被除數) 小於 ABS(除數) 時，它回傳 0 值。範例：

DIV(100,6) 回傳：16。

INT(100/6) 回傳：16。

DIV(100.5, 6.6) 回傳：錯誤。必須皆爲整數。

DIV(INT(-100.5),INT(-6.6)) 回傳：16。

DIV(INT(-100.5),INT(6.6)) 回傳：-16。INT(-100.5)= -100。

INT(-100.5/6.6) 回傳：-15。

(4) EXP(X)

傳回 e 的指定數字次幂。X 必須爲數字資料類型，稱爲指數（Exponent）。e 稱爲自然底數（Base）或尤拉數（Euler's Number），其值爲 2.7182818284⋯，是不循環的無理數。EXP(X) 指數函數，相對應爲對數函數 LN(X)，

EXP(LN(X))=LN(EXP(X))=X。自然界有些現象是屬於EXP(X)或LN(X)分布的。它們也可使用在數值轉換上，如當誤差值非常態分布之轉換。範例：

1/(1+EXP(-4)) 回傳：0.982013790。

LN(EXP(5)) 回傳：5。

(5) FLOOR(X)

X: number | expression | field。X 必須爲數字資料類型。傳回小於或等於指定數字 X 的最大的整數值。範例：

SUM(FLOOR(3.14159)) 回傳：32,799。這是 2020.3 系列錯蟲（Bug）。

SUM(CEILING(3.14159)) 回傳：43,732。這是 2020.3 系列錯蟲。

SUM(CEILING(PI())) 回傳：43,732。這是 2020.3 系列錯蟲。

AVG(FLOOR(3.14159)) 回傳：3.000。

MIN(CEILING(3.14159)) 回傳：4。

不過 Tableau 2021.2 以上版本已解決這個 SUM() Bug。下列爲修正後的結果：

SUM(CEILING(PI())) 回傳：4。

SUM(FLOOR(3.14159)) 回傳：3。

SUM(CEILING(3.14159)) 回傳：4。

(6) LN(X)

回傳表示式 X 的自然對數。如果數字小於或等於 0，則回傳 Null。X 必須爲數字資料類型。LN(EXP(X)) 回傳 X。範例：

LN(EXP(-5)) 回傳：-5。

(7) LOG(X [, base])

回傳表示式指定 base 底數的對數。如果省略了底數值，則使用底數 10（預設）。它的特例是 LN(X)，即 LOG(X, EXP(1))。EXP(1) 即爲 base=e，爲一數學的無理數恆數或常數。實務上常用的底數（或稱基數）爲 {2, e, 10}。像在醫學上人類基因值的轉換，常以 Base=2 來計算的。範例：

EXP(1) 回傳：2.718281828，爲一近似值。

LOG(2, EXP(1)) 回傳：0.693147181。

LN(2) 回傳：0.693147181。

(8) MAX(X1, X2) 或 MAX(X)

X: number | expression | field | date。

回傳兩者最大值。範例：

MAX([銷售額],[利潤]) 回傳：列資料層級兩個欄位的最大值。

MAX(MAX(34, MAX(13,78)),55) 回傳：78。（在工作表上，數字右靠）。

MAX([利潤], MIN([銷售額]-[折扣]*[數量],[銷售額]-100))

(9) MIN(X1, X2) 或 MIN(X)

X: number | date | expression | field。

回傳兩者最小值。範例：

MIN(MAKEDATE(2021,4,6),MAKEDATE(2021,4,8)) 回傳：2021/4/6。

MIN(YEAR(MAKEDATE(2021,4,6)),YEAR(MAKEDATE(2020,3,1)) 回傳：2020。

MIN([訂單日期])。

SUM(MIN(MIN(3,MAX(300,32)),7)) 回傳：32799，這是 2020.3 版本錯蟲。

(10) PI()

回傳 π，3.14159…（為一無理數值）。Tableau 回傳：3.141592654。

(11) POWER(number, power)

回傳表示式或欄位的指定次冪（次方）。POWER(number, power) 也可表示成 number^power。在數學上即為 n^p。當 $n^{1/p}$ 開根號（$\sqrt[p]{n}$），且 p 為偶數時，n 不可為負數；p 為奇數時，n 正負皆可。範例：

POWER(-2,1/2) 回傳：Null。因為偶數開根號時，不可為負數。

POWER(0,0) 回傳：1。

POWER(5,2) 回傳：25。

POWER(0.16,1/2) 回傳：0.4。

[體重 _ 公斤]/POWER([身高 _ 公尺], 2) 回傳每一個人的 BMI 值，正常值為 [18.5,24.0)。

5^2 回傳：25，即為 POWER(5,2)。

(12) ROUND(number, [decimals])

將表示式或欄位 number 以「四捨五入法」回傳最接近整數或指定的小數位數。decimals 參數指定要在最終結果中包含的小數位數精確度（Precision）。如果省略 decimals，則 number 捨入到最接近的整數。我們也可以從欄位【設定格式… > 數字】去變更小數位數之設定。ROUND() 函數使用在最後輸出結果的數字小數位數設定上。注意：在工作表顯示上，此函數會因【設定格式 ...】的【預設值 > 數字】設定而失去作用的，但不會影響到資料集內容和匯出檔案。例如，在檢視資料環境下，[利潤] 欄位儲存格存在「-$977」。

導出欄位名稱	敘述句	回傳結果
利潤 _ROUND	ROUND([利潤],3)	有效位數 3
無 _ROUND	IIF ([利潤]=-977, ' 找到 ', ' 找不到 ')	找不到
有 _ROUND	IIF ([利潤 _ROUND]=-976.50, ' 找到 ', ' 找不到 ')	找到

這表示 ROUND([利潤],3) ≠ [利潤]，且檢視資料數值並非實際值。請在主功能表上選擇【資料 (D) > 資料集名稱 > 檢視資料 (V)...】，再選【訂單】資料表，去瀏覽它們，然後按【全部匯出 (E)】至 CSV 檔案，去比較它們的差異。範例：

AVG(ROUND([銷售額],3)) 回傳：326.208733742。

ROUND(AVG([銷售額]),3) 回傳：326.209。（建議採此）

(13) SIGN(number)

回傳 {-1, 0, 1} 之其中一值。(A)number > 0，回傳 1；(B)number = 0，回傳 0；(C)number < 0，回傳 -1。範例：

SUM(SIGN([利潤])) 回傳：4,387。表示銷售獲利比虧本多了 4,387 筆。它相當於下列程式：

SUM(IF [利潤] > 0 THEN 1 ELSE NULL END) -

SUM(IF [利潤] < 0 THEN 1 ELSE NULL END)

(14) SQRT(number)

回傳數字的平方根。必須滿足 number >= 0。它是 POWER(number, base) 的

特例。POWER(number, 1/2) 即爲 SQRT(number)。範例：

SQRT(25) 回傳：5。

POWER(25,1/2) 或 POWER(25,0.5) 回傳：5。

SQRT(-25) 回傳：Null。

(15) SQUARE(number)

回傳數字的平方。其值域 >=0。它是 POWER(number, base) 的特例。SQUARE(number) 是 POWER(number, 2)。SQRT() 和 SQUARE() 皆非爲彙總函數，屬於列層級計算。範例：

SQUARE(-5) 回傳：25

(16) ZN(expression)

若運算式不爲 Null，則回傳該運算式計算結果，否則回傳零。它常用於有空缺值欄位的整體列數平均值計算。例如，產值 =(197.3, 307.2, Null, 1422.2, 207.5, Null, 121.1, 11.4, 262.1)。AVG([產值]) = 361.25，AVG(ZN([產值])) = 280.98。前者不納入 Null 計算，相當於 Excel 的 AVERAGE() 函數；後者先將 Null 轉換成 0，然後再去計算 AVG，相當於 Excel 的 AVERAGEA()。範例：

COUNT(ZN(YEAR([採檢日])))-COUNT(YEAR([採檢日])) // 計算 Null 筆數

COUNT(ZN([成績]))-COUNT([成績]) // 計算學生缺考人數

COUNT(ZN([點名]))-COUNT([點名]) // 計算學生曠課人數

(17) INT(X)

X: number | expression | field。

回傳整數部分（強迫捨棄小數法）。若爲字串資料類型的數字，它會先轉成數值，然後再捨棄小數部分，X 字串是由 {+, -, ., 0-9} 組成。在文字採礦上，INT 函數常用於資料類型轉換，即字串轉成數字，是十分重要的函數。範例：

INT(11/2) 回傳：5。

INT(-10.99) 回傳：-10。

INT("+4.5") 回傳：4。

INT(+4.5) 回傳：語法錯誤。+ 非爲 Tableau 的一元運算子。

INT("4.5+5.6") 回傳：Null。字串不可有算術運算子。

INT(4.2 * 5.6) 回傳：23。

INT([利潤]) 回傳：列資料層級（ROD）整數。比較 ROUND([利潤],2)。

(18) FLOAT(X)

回傳浮點值。X 字串內容 ={+, -, ., 0-9}。數字不可含錢字號（$）、正號（+）和逗號（,）；但字串則可以正號（+）。字串內不可有運算表示式，如 '1+2'。FLOAT 函數常用於文字轉成數字 (十進制)。在文字採礦上，它十分重要。如在酒駕案件裁判書中萃取駕駛人的酒精濃度值。範例：

FLOAT("-10.99") 回傳：-10.99。

FLOAT("-$10.99") 回傳：Null。不可有 $。

FLOAT("1,000.99") 回傳：Null。不可有逗號。

FLOAT("+1000.99") 回傳：1000.99。

FLOAT(1,000+2,000) 回傳：語法錯誤，不可有逗號。

FLOAT(+1000) 回傳：語法錯誤，數字不可有正號（+）。

FLOAT([銷售額]-[利潤]) 相當於 FLOAT([銷售額])-FLOAT([利潤])。

9.2 三角函數

在幾何學中，三角函數（Trigonometric Functions）常用於工程、物理等領域。用 rad 表示弧度制數值（長度）；用 deg 表示角度制數值（角度）。它們的轉換關係：

$$rad = \frac{deg}{180^\circ}\pi \tag{9-1}$$

$$deg = \frac{rad}{\pi}180^\circ \tag{9-2}$$

其中 $\pi = 3.14159\cdots$（為一無理數值）。當弧度（Radian）或弳度為 $\pi = 3.14159$ 時，其相對應的角度為 180°；當角度 deg = 90° 時，其相對應的弧度為 $\pi/2 = 1.570795$（長度或距離）。Tableau 採用 PI() 函數回傳 3.141592654（預設值）（註：Excel 可精確到小數 15 位；Tableau 可由人為設定最高小數位數到 16 位），相當於 π 值，π 亦稱為圓周率，故為一恆數（Constant）。有關三角函數的座標圖與其公式，如圖 9-1 所示。其中 $r=\sqrt{x^2+y^2}$。

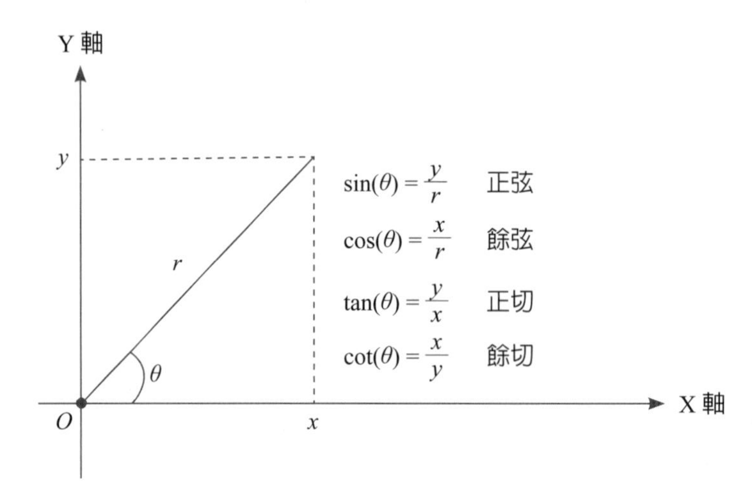

圖 9-1　三角函數座標

在計算 Tableau 三角函數時，請採用 PI() 函數回傳值，避免使用 3.14159 常數值。因爲有些三角函數對特定弧度特別敏感，而造成顯著的誤差。此外，在 Tableau 三角函數或彙總函數內的參數表示式不可含有 + 的正號（非加號）字元，否則會引起語法上的錯誤，因爲 "+"（正號）非爲 Tableau 的運算子（Operator），"-"（負號）則是。例如，「+100」、「COS(+2*PI())」或 SUM(+100) 等皆是錯誤的；但這在 Microsoft Excel 輸入「=COS(+2*PI())」可正確得到 1。

(1) COS(X)

X: radian | number | expression | field。X 必須爲數字資料類型。以弧度爲單位。

COS(X) 值域 =[-1.0,1.0]。回傳弧度的餘弦。X 爲負值表示順時鐘方向；正值爲逆時鐘，繞一圈爲 2π 弧度。單位弧度定義爲圓弧長度。PI() 回傳：3.14159...。Tableau 的 PI() 即爲三角函數的 π。π 弧度相當於 180°。PI() 函數被視爲恆數函數，而非彙總函數。Tableau 語法爲 COS(angle) 可能有誤，應爲 COS(radian)。範例：

COS(-PI()/4) 回傳：0.7071。

COS(+PI()/4) 回傳：「計算包含錯誤」訊息。因”+”非爲 Tableau 的一元運算子（Unary Operator）。

COS(360) 回傳：-0.28369109。爲一週期爲 2π 之餘弦值。

COS(1.858437491) 回傳：-0.28369109。這是因爲 COS 波形週期爲 2π=2*PI()。我們可透過 Excel 公式 =MOD(360, 2*PI())，得到餘數爲 1.858437491。

(2) COT(X)

X: radian | number | expression | field。X 必須爲數字資料類型，並以弧度表示。

傳回餘切值。值域 =(-∞, +∞)。範例：

COT(-PI()/4) 回傳：-1。

COT(2 * 3.14159) 回傳：-188423.998783544。

COT(2 * PI()) 回傳：-4.082809838e+15，理論值爲 -∞。

這種大差異，來自 PI() 爲無理數值，3.14159…，COT() 奇點發生在 $k\pi$，k 爲整數。

(3) DEGREES(X)

X: radian | number | expression | field。X 必須爲數字資料類型。X 是以弧度表示的數字。DEGREES(X) 回傳角度值（單位：° 度）。它主要作爲轉換之用。弧度 X → DEGREES(X) →角度。範例：

DEGREES (2 * PI()) 回傳：360（單位：° 度）

COS(DEGREES(2 * PI())) 回傳：-0.283691091，因 COS(弧度) 而非 COS(角度)。

COS(360) 回傳：-0.283691091。

COS(2 * PI()) 回傳：1

DEGREES(PI()/4) 回傳：45（單位：° 度）

DEGREES(PI()) + DEGREES (3*PI()/4) 回傳：315（單位：° 度）（=180 + 135）

(4) RADIANS(X)

X 爲角度值（Degree），單位：° 度（被省略）。RADIANS(X) 回傳弧度值（Radian）。它主要作爲轉換之用。角度 X → RADIANS(X) →弧度。Tableau 語法：RADIANS(number) 可能有誤，應爲 RADIANS(angle)。範例：

RADIANS(360)，表示 X 爲 360°。回傳：6.283185307，即爲 2π。

RADIANS(135)，表示 X 爲 135°。回傳：2.356194490，即爲 $3/4\pi$。

PI() * 3/4 回傳：2.356194490。

(5) ACOS(X)

X 以弧度（Radian）表示。回傳反餘弦。爲顯示更多有效小數位數，請將它設定成離散。X 定義域 =[-1.0,1.0]。COS(ACOS(X))=ACOS(COS(X)) = X。範例：

ACOS(-1) 回傳：3.141592654，即爲 π。

COS(PI()) 回傳：-1。

COS(ACOS(-1)) 回傳：-1。

ACOS(COS(PI())) 回傳：PI()=3.141592654。

(6) SIN(X)

X 以弧度（Radian）表示。回傳正弦值。SIN(X) 值域 =[-1.0,1.0]。範例：

SIN(PI()/2) 回傳：1。即爲三角函數的 SIN(π/2)。

(7) ASIN(X)

回傳反正弦。回傳值設定成離散。X 定義域 =[-1.0,1.0]。若超出此範圍，Tableau 回傳 Null。SIN (ASIN (X)) = ASIN (SIN (X)) = X。範例：

ASIN(SIN(PI()/2)) 回傳：1.570796327。即爲 π/2，或 PI()/2。

SIN(ASIN(-PI()/4)) 回傳：-0.785398163。即爲 -π/4，或 -PI()/4。

SIN(ASIN(PI())) 回傳：Null。因爲 π，PI() 爲 3.14159…，超過 [-1.0,1.0] 範圍。

(8) TAN(X)

X 爲弧度值，回傳 X 的正切值。TAN(X) 值域 =(-∞,∞)，Tableau 分別以 -1.633123935e+16、1.633123935e+16 來表示。其實 TAN(X) 爲斜率或陡坡值。在統計上常被用到，如線性迴歸。直線的 ABS(斜率) 愈高，愈達小於 0.05 的顯著水準。理論上，當爲正負 90 度時，斜率不存在。範例：

TAN(PI()/4) 回傳：1。表示在 45° 時，斜率值爲 1。

TAN(PI()/2) 回傳：1.633123935e+16。即在 90°（π/2）時，斜率值 ∞。

TAN(-PI()/2) 回傳：-1.633123935e+16。即在 -90°（-π/2）時，斜率值爲 -∞。

(9) ATAN(X)

回傳反正切值。X 定義值爲實數（Real）。範例：

ATAN(1) 回傳：0.785398163。即 $\pi/4$，PI()/4。

ATAN(1.633123935e+16) 回傳：1.570796327。即 $\pi/2$，PI()/2。

(10) ATAN2（y number, x number）

回傳兩個給予數字 x 和 y 的反正切。結果以弧度表示。常使用在統計線性迴歸的 Beta 解釋上。如給予 x=1 個單位時，y 會變化多少個正或負單位。範例：

ATAN2(2,1) 回傳：1.10714871779。即 0.352416382π，介於 $(\pi/4,\pi/2)$ 之間。

9.3 字串函數

字串函數和規則運算函數，兩者在文字採礦或數位人文之資料處理上十分重要。就大數據之巨量資料處理效能上，前者比後者來得好。不過在必須使用到編碼、樣式匹配和萃取上，後者（指規則運算函數）比前者較易處理。原則上，先優先使用處理較快的字串函數，後再考慮規則運算函數。

(1) ASCII(string)

string 不可為空字串，它回傳 string 的第一個字元編碼值。ASCII 函數，並非回傳 ANSI-ASCII 碼，而是 Unicode 小尾端（Little-Endian）編碼並轉換成十進制數字系統值。與它交互使用（配對）的是 CHAR(編碼值)。但這兩者所引用編碼系統卻不同。CHAR(編碼值) 只限 0 到 127 的 ANSI-ASCII 編碼系統。此外，CHAR(0) 回傳空字串，但 ASCII("") 空字串卻回傳 Null 特殊值，而非編碼值，故在交互使用上易產生混亂。這是在其他電腦語言很少見的。為 Tableau 的 Bug。範例：

ASCII('A') 回傳：65。$41_H=65_D$，下標的 H 指十六進制，D 指十進制。

ASCII(' 王 ') 回傳：29579。Unicode_LE(王) = $738B_H = 29579_D$

ASCII(' 永 ') 回傳：27704。Unicode_LE(永) = $6C38_H = 27704_D$

CHAR(27704) 回傳：Null。

ASCII(NULL) 回傳：Null。

ASCII(CHAR(0) + CHAR(65) + CHAR(66)) 回傳：65。

ASCII(CHAR(10) + CHAR(65) + CHAR(66)) 回傳：10。

下列針對 Unicode_LE 小尾端編碼的十進制和十六進制轉換程式碼。

導出欄位名稱	敘述句
UNICODE_LE	UPPER('738B') // UPPER('9F8D')
十六進制 _TO_ 十進制	//ASCII('0-9A-F') 48-57 ==> 0 - 9, 65-70 ==> 10 - 15 (IF ASCII(MID([UNICODE_LE],1,1)) > 57 THEN ASCII(MID([UNICODE_LE],1,1)) - 55 ELSE ASCII(MID([UNICODE_LE],1,1)) - 48 END) * 16 ^ 3 + (IF ASCII(MID([UNICODE_LE],2,1)) > 57 THEN ASCII(MID([UNICODE_LE],2,1)) - 55 ELSE ASCII(MID([UNICODE_LE],2,1)) - 48 END) * 16 ^ 2 + (IF ASCII(MID([UNICODE_LE],3,1)) > 57 THEN ASCII(MID([UNICODE_LE],2,1)) - 55 ELSE ASCII(MID([UNICODE_LE],3,1)) - 48 END) * 16 ^ 1 + (IF ASCII(MID([UNICODE_LE],4,1)) > 57 THEN ASCII(MID([UNICODE_LE],4,1)) - 55 ELSE ASCII(MID([UNICODE_LE],4,1)) - 48 END) * 16 ^ 0
十進位數字	40845

十進制 _TO_ 十六進制	//0-9 ==> 轉換成 48-57, A-F ==> 轉換成 65-70
	//CHAR(48+9)
	//CHAR(55+10)
	// 範例：UNICODE_LE(龍) = 9F8DH = 40845D
	// UNICODE_LE(龜) = 9F9CH = 40860D
	// 輸入格式：
	// [十進位數字] 40845
	//STR([十進位數字] - DIV([十進位數字],16) * 16) // 得到餘數
	//[十進位數字] - DIV([十進位數字],16) * 16 餘數 8
	// 公式：
	// 1. 商數 = INT([十進位數字]/16)
	// 2. 餘數 = [十進位數字] - INT([十進位數字]/16) * 16
	// 3. 下一個被除數 =[十進位數字] = 商數 = INT([十進位數字]/16)
	//
	//[1] 計算最低位數

導出欄位名稱	敘述句

	//[十進位數字] - INT([十進位數字]/16) * 16 // 餘數 = 8
	//INT([十進位數字]/16) // 商數 = 1731, 作為下一個被除數 , [十進位數字] = INT([十進位數字]/16)
	
	//[2][十進位數字] <- INT([十進位數字]/16)
	// 餘數 = [十進位數字] - INT([十進位數字]/16) * 16
	/*INT([十進位數字]/16)- INT(
	INT([十進位數字]/16)
	/16)*16 // 餘數 = 3 */
	/*
	INT(
	INT([十進位數字]/16)
	/16) // 商數 =108, [十進位數字] <- INT(INT([十進位數字]/16)/16)
	*/
	
	//[3][十進位數字] <- INT(INT([十進位數字]/16)/16)
	// 餘數 = [十進位數字] - INT([十進位數字]/16) * 16
	/*INT(INT([十進位數字]/16)/16)
	- INT(
	INT(INT([十進位數字]/16)/16)
	/16)*16 // 餘數 = 12
	*/
	
	//[4]
	// 計算商數 , 這個商數即為餘數，因為 UNICODE_LE 只有 4 個十六進制的文數字
	/*INT(
	INT(INT([十進位數字]/16)/16)
	/16) //// 商數 = 6*/
	// 最左十六進位字元
	CHAR(IIF(INT(INT(INT([十進位數字]/16)/16)/16) >= 10, 55+INT(INT(INT([十進位數字]/16)/16)/16),48+INT(INT(INT([十進位數字]/16)/16)/16))) +CHAR(IIF(INT(INT([十進位數字]/16)/16) - INT(INT(INT([十進位數字]/16)/16) /16)*16 >= 10,

導出欄位名稱	敘述句
	55+INT(INT([十進位數字]/16)/16) - INT(INT(INT([十進位數字]/16)/16) /16)*16, 48+INT(INT([十進位數字]/16)/16) - INT(INT(INT([十進位數字]/16)/16) /16)*16)) + CHAR(IIF(INT([十進位數字]/16)- INT(INT([十進位數字]/16)/16)*16 >= 10, 55+INT([十進位數字]/16)- INT(INT([十進位數字]/16)/16)*16, 48+INT([十進位數字]/16)- INT(INT([十進位數字]/16)/16)*16)) + // 最右十六進位字元 CHAR(IIF([十進位數字] - INT([十進位數字]/16) * 16 >= 10, 55+[十進位數字] - INT([十進位數字]/16) * 16, 48+[十進位數字] - INT([十進位數字]/16) * 16))

(2) CHAR(number)

回傳 number 相對應 ANSI-ASCII（0 到 127）7 位元編碼系統的字元。number 定義域 =[0,127]。故它不適用於 Extended-ASCII 或其他編碼系統。CHAR(0) 爲 ''（空字串 , Null Char）。但 ASCII(string) 採用 Unicode 小尾端 16 位元編碼系統。此外，控制字元 0 到 31 中，(A) 除了 CHAR(0) 外，顯示在工作表上和使用 LEN 函數可能會不一樣；(B) 在 REPLACE 函數內，除了 0、9-13 外，不要使用到控制字元，否則會造成 Tableau 當機，這是 Tableau 的 Bug。下列的範例是我們將這些導出欄位拖放到【欄】架或【列】架上的回傳結果：

CHAR 函數	回傳值	說明
LEN(CHAR(0))	0	NUL(Null)，空字串。
CHAR(65) + CHAR(0) + CHAR(66)	AB	相當於 'A'+''+'B'。
CHAR(65) + CHAR(1) + CHAR(66)	AB	SOH(Start of Heading)
LEN(CHAR(0) + CHAR(65))	1	NUL(Null)，以空字串合併
LEN(NULL + CHAR(65))	Null	以 NULL 合併
' 台北 '+CHAR(7)+' 故宮 '	台北故宮	BEL（Bell）
' 台北 '+CHAR(10)+' 故宮 '	台北 故宮	LF(Line Feed) or NL(New Line)。工作表顯示 2 列。

CHAR 函數	回傳值	說明
LEN(CHAR(10) + CHAR(65))	2	LF 控制字元，占 1 個長度。
CHAR(128)	Null	超出 [0,127] 範圍。
CHAR(40845)	Null	CHAR 函數不適用於中文處理。
NULL + CHAR(65)	Null	NULL 運算結果回傳 NULL。
LEN(NULL)	Null	NULL 為特殊值。
REPLACE(CHAR(65) + CHAR(0) + CHAR(66),CHAR(0),'-')	AB	空字串先被合併掉。
REPLACE(CHAR(65) + CHAR(9) + CHAR(66),CHAR(9),'-')	A-B	TAB（Horizental Tab），<Tab> 鍵。
REPLACE(CHAR(65) + CHAR(10) + CHAR(66),CHAR(10),'-')	A-B	適用 LF 換行。
REPLACE(CHAR(65) + CHAR(13) + CHAR(66),CHAR(13),'-')	A-B	適用 CR（Carriage Return）行首。
REPLACE(CHAR(65) + CHAR(1) + CHAR(66),CHAR(1),'-')	正在處理請求	Tableau 當機。同時按 <Alt+Ctrl+Del>3 個鍵，按【工作管理員】強迫關閉它。

(3) CONTAINS(string, substring)

如果給定字串包含指定子字串，則回傳 True，否則回傳 False。substring 不適用「\uXXXX」編碼值，只能文字表示。它常與 TRIM() 函數搭配使用。有關參數限制，在控制字元 [0,31] 中，substring 只有 0、9-13 可正確回傳外，其餘均回傳 True。這是 Tableau 的 Bug。它與 REPLACE 函數唯一不同的是，CONTAINS 函數不會當機。請參考 CHAR() 函數。在文字採礦中，substring 常使用到 "\r\n" 的 CHAR(13) 和 CHAR(10)。

敘述句	回傳
IF CONTAINS(' 大數據分析 ', ' 數據 ') THEN 'Big Data' ELSE 'Small Data' END	Big Data
IF CONTAINS(' 大數據分析 ', '\u6578\u64DA') THEN 'Big Data' ELSE 'Small Data' END	Small Data (不可使用編碼值)
IF REGEXP_MATCH(' 大數據分析 ', '\u6578\u64DA') THEN 'Big Data' ELSE 'Small Data' END	Big Data (可使用編碼值)

敘述句	回傳
CONTAINS(CHAR(65) + CHAR(13) + CHAR(66), CHAR(13))	True
CONTAINS(CHAR(65) + CHAR(7) + CHAR(66), CHAR(13))	False
CONTAINS(CHAR(65) + CHAR(7) + CHAR(66), CHAR(8))	True(應為 False)

(4) ENDSWITH(string, substring)

若給定字串以指定子字串結尾，則回傳 True，否則回傳 False。使用上，建議搭配 TRIM()。範例：

ENDSWITH('Tableau 與大數據　',' 數據 ') 回傳：FALSE。

ENDSWITH('Tableau 與大數據 ',' 數據　') 回傳：FALSE。

ENDSWITH('Tableau 與大數據 ',' 數據 ') 回傳：TRUE。

ENDSWITH('Tableau　','eau') 回傳：FALSE。

ENDSWITH('Tableau','eau　') 回傳：FALSE。

ENDSWITH('Tableau','eau') 回傳：TRUE。

ENDSWITH(TRIM('Tableau 與大數據　'),TRIM('　數據 ')) 回傳：TRUE。

(5) FIND(string, substring, [start])

回傳 substring 在 string 中由左到右的索引位置（第 X 個字元數），如果未找到 substring 或 start 超過 LEN(string) 字元數，則回傳 0。回傳索引位置 ≧ start。

可選引數 start，表示從 start 索引位置開始尋找到尾端。(A)start 介於 [1, LEN(string)] 之間，若 start ≦ 0，則回傳 NULL；(B) 若 start > LEN(string) 或從 start 位置起往後找不到，則回傳 0；(C) 未指定 start，則預設 start = 1；(D) 中文或全形字元和半形字元一樣，一個字元的計數或長度單位爲 1。如 LEN(' 資料 ') =2，非 4。FIND() 缺點，就是由左到右永遠找到第一個出現者，無法繼續找第二者，而 FINDNTH() 則用來解決這個問題。範例：

FIND('Tableau 數據圖形化與大數據結合應用 ',' 數 ',2) 回傳：8。

FIND('Tableau 數據圖形化與大數據結合應用 ',' 數 ',9) 回傳：15。

FIND('Tableau 數據圖形化與大數據結合應用 ',' 數 ',16) 回傳：0。

FIND('Tableau 數據圖形化與大數據結合應用 ',' 數 ',-2) 回傳：Null。

FIND('Tableau 數據圖形化與大數據結合應用 ',[數據],2) 回傳：8。其中 [數據] 欄位持有值爲 ' 數據 '。

(6) FINDNTH(string, substring, occurrence)

occurrence 非爲 0 的整數，指次數而非位置（start）。若找到回傳指定字串內由左至右第 n 次子字串的位置，若找不到回傳 0。其中 n 由 occurrence 參數所定義。occurrence: (A) 正整數（≧ 1），由左往右找（⇥）；(B)0，不被允許，它會回傳 1；(C) 負整數（≦ -1），由右往左找（⇤）；(D) 若帶有小數位數者，則會以「四捨五入法」取整數，如 occurrence =1.5，則會被以 2 處理之。當 occurrence=0 時，不論是否可找到，都會回傳 1，這是 Tableau 的 Bug，應回傳 Null。範例：

<table>
<tr><th>敘述句</th><th>回傳值</th></tr>
<tr><td>FINDNTH([客戶名稱],'Allen',1)
// 從資料集欄位中找到且發生在第 1 次的位置</td><td><table>
<tr><th>找到位置</th><th>COUNT(找到位置)</th></tr>
<tr><td>12</td><td>15</td></tr>
<tr><td>8</td><td>6</td></tr>
<tr><td>1</td><td>23</td></tr>
<tr><td>0</td><td>10,889</td></tr>
</table></td></tr>
<tr><td>FINDNTH('Tableau 數據圖形化與大數據結合應用 ',' 數據 ',-1)
// 從右往左找，發生在第 1 次者的位置</td><td>15</td></tr>
<tr><td>FINDNTH('Tableau 數據圖形化與大數據結合應用 ',' 數據 ',2)
// 從左往右找，發生在第 2 次者的位置</td><td>15</td></tr>
<tr><td>FINDNTH('Tableau 數據圖形化與大數據結合應用 ',' 數據 ',0)</td><td>1（回傳異常值，為 Bug，禁止使用）</td></tr>
</table>

(7) LEFT(string, number)

回傳字串（string）左靠 number 個字元。number 可爲現成值（Literal）（或稱立即值）、參數或導出欄位名稱。若採用參數（Parameter），可在資料窗格的任何一個現有欄位名稱上，按一下該名稱（膠囊狀）右側的▼，選擇【建立 >

參數…】，給予參數名稱（如數字參數），設定範圍值與指定當前值。這個當前值（Current Value）即作爲 number 用。範例：

LEFT('Tableau 數據圖形化與大數據結合應用 ',9) 回傳：Tableau 數據。

LEFT('Tableau 數據圖形化與大數據結合應用 ',[數字參數]) 回傳：[數字參數] 當前值的字串。

(8) LEN(string)

回傳字串長度。以字元個數計數。範例：

LEN(NULL) 回傳：Null。

LEN("") 回傳：0，空字串。

LEN(' 大數據 ') 回傳：3。

LEN('Tableau') 回傳：7。

LEN('\u0041') 回傳：6。它爲 string，而非 pattern。

LEN(REGEXP_EXTRACT(' 大數據 ','(\u64DA)')) 回傳：1，Unicode_LE（據）=64DA。

(9) LOWER(string)

全形或半形英文字母轉換成全形或半形小寫。一般電腦語言或應用軟體只適用半形英文字母。這在文字採礦資料正規化或移除上相當方便。例如，ASCII(' Ａ ')-65248=65，ASCII(' Ｚ ')-65248=90。ASCII(' ａ ')-65248=97，ASCII(' ｚ ')-65248=122。採用 CHAR(ASCII(' Ａ ')-65248)='A' 全形轉成半形，就可應用到法院裁判書中的，「ＫＴＶ」、「Ｋｔｖ」或「KTV」、「ktv」等不一致內容的轉換上，並去洞察國人在 KTV 場所發生重大暴力案件的統計爲何。範例：

LOWER('TaBleau 大數據 ') 回傳：tableau 大數據。

LOWER(' ＴａｂＬＥＡ ') 回傳：ｔａｂｌｅａ。

(10) LTRIM(string)

移除字串前導有全形、半形空白字元者。範例：

LTRIM('　Tableau 大數據 ') 回傳：Tableau 大數據。

(11) MAX(a) 或 MAX(a, b)

回傳 a 和 b 最大者。a 或 b 可爲欄位名稱或現成值之字串型態。

其中 (A) a 和 b 須為相同資料類型，才能做比較；(B) 標點符號：',' < ';' < ':' < '!' < '?' < '.' < '""' < '''' < '<' < '>'。標點符號 < 數字 < 英文字。(C) 數字字串，不分半形或全形，逐字比較：0 < 1< … < 9；(D) 英文字串，不論半形或全形，大小寫不分，依英文字母排序比較：a<b<…<z；A<B<…<Z。當字母相同時，大寫 > 小寫，如 'A' > 'a'；(E) 英數字混用，不論半形或全形，逐字比較：數字 < 英文字；(F) 中文字元，則採 Unicode 小尾端（Code Page）編碼，而非筆劃多寡；(G) 中英數混用，不論半形或全形，逐字比較：數字 < 英文字 < 中文字；(H) 任一表示式（引數）為 NULL，回傳 Null。範例：

MAX('z','Ｙ') 回傳：z。全形 'Ｙ' 會先被轉換成 'Y'，然後再去比較。

MAX('g', 'G') 回傳：G。當字母排序相同時，大寫 > 小寫。

MAX('１３','14') 回傳：14。全形 '１３' 會先被轉換成 '13'，然後再去比較。

MAX('Ｙ','2Z') 回傳：Ｙ（全形字）會被轉換成 Y（半形）。

MAX('大','小') 回傳：小。Unicode_LE(小)= 5C0F，Unicode_LE(大) = 5927。

MAX('大','四') 回傳：大。Unicode_LE(大) = 5927，Unicode_LE(四)= 56DB。

MAX('三','二') 回傳：二。Unicode_LE(二) = 4E8C，Unicode_LE(三)= 4E09。

MAX('張','早') 回傳：早。Unicode_LE(早) = 65E9，Unicode_LE(張)= 5F35。

MAX(#2020-3-10#, #2019-4-12#) 回傳：2020/3/10。為一日期比較。

MAX([客戶名稱]) 回傳：Zuschuss Donatelli。

MAX(SPLIT([客戶名稱],' ',1),SPLIT([客戶名稱],' ',2)) 回傳：姓和名最大者。

(12) MID(string, start, [length])

回傳從索引位置 start 開始的連續字串。字串中第一個字元的位置為 1。參數 length 為回傳≦ length 字元數。若省略 length，表示抓取從 start 起到字串尾端。它的特例，LEFT(string, length) 和 RIGHT(string, length)。範例：

從英語系國家客戶名稱中找出姓氏，如 'Valerie Takahito' 回傳 'Takahito'。

TRIM(MID([客戶名稱], FIND([客戶名稱], CHAR(32),1)))

更簡易作法：TRIM(SPLIT([客戶名稱],' ',2)) // 以一個空白字元進行分割字串。

在 SPLIT(string, delimiter, token number) 語法中，delimiter 分隔字元和 token number 須為現成值，不可為函數或欄位名稱。

下列是錯誤用法：

TRIM(SPLIT([客戶名稱],SPACE(1),2)) 或者

TRIM(SPLIT([客戶名稱],CHAR(32),2)) // 錯誤，因引用函數

(13) MIN(a) 或 MIN(a, b)

回傳兩者最小者。若任一引數為 Null，則回傳 Null。其餘參考 MAX()。範例：

MIN('Tableau','tanagra') 回傳：Tableau。

MIN(' 樹 ',' 葉 ') 回傳：樹。Unicode_LE(樹) = 6A39H, Unicode_LE(葉) = 8449H。

(14) REPLACE(string, substring, replacement)

若 string 中找到 substring，將 substring 由 replacement 取代。若未找到，則回傳 string。字串左靠。在 REPLACE 函數內，在 ANSI-ASCII 的 [0,31] 控制字元中，除了 0、9-13 外，禁止使用到控制字元，否則會耗掉大量 CPU 和主記憶體資源，導致 Tableau 大當機，最後必須使用 <Ctrl+Alt-Del> 鍵強迫結束 Tableau。這是 Tableau 的嚴重 Bug。範例：

REPLACE(' Tableau 大數據 ', SPACE(1), '') 回傳：Tableau 大數據。

REPLACE(' Tableau 大數據 ', CHAR(32), '') 回傳：Tableau 大數據。

REPLACE(CHAR(49) + CHAR(7) + CHAR(50),CHAR(7),'+') 回傳：當機。

(15) RIGHT(string, number)

從 string 尾端（最右）往回計數並回傳 number 個字元。number 可為現成值、參數、函數（如 SUM(3)）或欄位名稱。這與 SPLIT() 函數用法不同。範例：

RIGHT('Tableau 大數據 ', 3) 回傳：大數據。

(16) RTRIM(string)

移除 string 右邊所有全形、半形空白字元。LTRIM 和 RTRIM 皆為 TRIM 函數的特例。在大數據資料處理效能上，前兩者較佳，但仍然要看處理目的而定。在其他電腦語言，全形和半形是分開的，但 Tableau 視成相同。因此，它對

巨量資料處理效能較其他來得好。

範例：

LEN('　大數據１２　　　') 回傳：10。右邊有 3 個全形空白字元。

RTRIM('　大數據１２　　　') 回傳：　大數據１２。

LEN(RTRIM('　大數據１２　　　')) 回傳：7。

(17) SPACE(number)

產生 number 個半形空白字元的字串。範例：

'Tableau' + SPACE(5) + ' 大數據 ' 回傳：Tableau　　 大數據。

(18) SPLIT(string, delimiter, token number)

回傳 string 字串中的一個子字串。若找不到或超出標記編號範圍，將回傳空字串（'' 或 ""），而非 Null。Delimiter 和 token numbe 只限用現成值（Immediate Value or Literal）。使用分隔字元將字串分割成一系列標記（Tokens）。字串將被解釋爲分隔符號和標記的交替序列。如字串 "At-the-level"，它的分隔字元爲 '-'，標記字串爲 (At, the, level)。將這些標記編成標記號碼：1、2、3。SPLIT 將回傳標記編號對應的標記內容。如果標記編號爲正，則從標記字串的左端開始計算標記；如果標記編號爲負，則從右端開始計算標記。

在一般電腦語言或應用軟體的 delimiter 大多採用單一半形字元，或者限用標點符號或空白字元，但 Tableau 則不受限制，不分半形或全形，不限字數。SPLIT() 函數在文字採礦或數位人文之關鍵字詞萃取相當有用。範例：

字串函數	回傳值
SPLIT ('Tableau 與大數據 ',' 與 ', 2)	大數據
SPLIT ('Tableau 與大數據 ',' 與大 ', 2)	數據
SPLIT ('Tableau 與大數據 ','au 與大 ', 1)	Table
SPLIT ('Tableau 與大數據 ',' 與大 ', -2)	Tableau
SPLIT (' 西瓜 , 鳳梨 , 蘋果 , 木瓜 ',',', -3)	鳳梨
'123' + SPLIT ('Tableau 與大數據 ',' 小 ', 2) + '456'	123456

(19) STARTSWITH(string, substring)

如果 string 以 substring 開頭，則回傳 true。英文大小寫有別，適用半形或全形的英數字元，但不適用中文字元；然而，ENDSWITH() 均適用。這是 Tableau 的 Bug。範例：

STARTSWITH('　Computer Science', 'Computer') 回傳：False。

STARTSWITH(TRIM('　Computer Science'), 'Computer') 回傳：True。

STARTSWITH('Ｔｅｘｔ文字採礦', 'Ｔ') 回傳：True。

STARTSWITH('文字採礦', '文') 回傳：False。這是 Tableau Bug。

REGEXP_MATCH('文字採礦', '文') 回傳：True。

ENDSWITH('文字採礦', '礦') 回傳：True。

(20) STR(expression)

將數字資料轉換成文字。STR() 和 INT()、FLOAT()，在文字採礦上常使用到。

(21) TRIM(string)

移除前後全形、半形空白字元。在文字採礦的資料清洗上，常會使用到 TRIM()。範例：

TRIM('　　文字採礦　　') 回傳：文字採礦。前後全形空白字元均被移除。

(22) UPPER(string)

將全形或半形英文字母全部轉換成全形或半形大寫。參見LOWER()。範例：

UPPER('Table Calculation') 回傳：TABLE CALCULATION。

UPPER('ＴａｂＬＥＡ') 回傳：ＴＡＢＬＥＡ。

9.4 彙總函數

程式設計人員在撰寫 Tableau 程式過程中，大都會被「非彙總」和「彙總」所困擾著。本節函數皆屬於「彙總」，這樣二分法就會有所區別。討論如下：

1. 彙總函數考量因素

有關引用彙總函數考量因素如下：

(1) 顯示彙總

Tableau 的最核心運作機制，就是顯示彙總。我們在畫面上最常看到的是 SUM()，ATTR()，AGG()，COLLECT() 等函數。其中 AGG() 非列入語法，即它不提供給我們使用。這常發生在導出欄位敘述句回傳值已引用彙總函數了，但 Tableau 爲了維持顯示「彙總一致性」起見，就會主動嵌入 AGG()。例如，導出欄位名稱：銷售額 _ 總體平均，敘述句：AVG([銷售額])。若將 [銷售額 _ 總體平均] 欄位拖曳到【列】架上後，綠色膠囊狀就會顯示：AGG(銷售額 _ 總體平均)。

(2) 結果誤差

關於彙總和浮點表示法問題，有些彙總的結果可能並非總是完全符合預期。例如，你可能發現 SUM() 回傳 -1.42e-14 作爲欄位儲存格值，而理論上應爲 0。這個問題常出現在工程領域計算上。例如，早期電腦計算：1/3 * 3，會得到 0.99999999，而非 1.0。出現這種誤差情況的原因有三：(A) 電腦在主記憶體 RAM 儲存位元數是有限的，例如，Tableau 的有效小數位數最高至 16；(B) 負號（-）和小數點（.）皆爲符號，而非數字（0-9），故宜採用電氣電子工程師學會（IEEE）制定 754 浮點數值標準，將十進制數字系統（0-9, +, -, .）以二進位格式儲存，這意味著數字在有限位元數下會以極高精準度層級四捨五入，其餘位數會被捨棄掉。此外，可使用 ROUND() 函數或在工作表上的資料或導出欄位數據，透過【設定格式… 】進行人爲調整輸出小數位數，以減輕這種潛在誤差，尤其是接近 ±0.0；(C) 使用者若以 3.14159 取代 PI() 函數值，或以 ROUND() 去取代公式值將導致回傳結果的誤差。

(3) 資料層級混用

在程式設計上，敘述句中應避免「非彙總」和「彙總」混用。例如，「IF [利潤] > AVG([利潤]) THEN ' 景氣旺 ' ELSE ' 景氣差 ' END」。這樣會出現計算錯誤訊息。因 [利潤] 屬於「非彙總」資料層級，而 AVG([利潤]) 屬於「彙總」資料層級，它們儲存在主記憶體資料區段的不同位址區塊上，故不可混用，這也是 Tableau 基於存取和管理記憶體內資料的考量。「非彙總」和「彙總」是儲存在不同資料區。此時，可採用 {AVG([利潤])}，但這樣會犧牲掉無法將導出欄位回傳值儲存至資料集內的窘境。解決之道，採用現成值（Literal Number）

（326.2）取代 AVG([利潤])。

(4) 函數內的引數

在使用函數 (引數) 時，有些引數不得出現彙總，但另有些則強迫彙總。例如，AVG(COUNTD([客戶名稱]))，會出現語法錯誤。改成：COUNTD([客戶名稱]) / COUNT([客戶名稱])，即爲 795/10933。然而 LOOKUP(expression,[offset]) 的 expression 必須使用彙總表示式。

(5) 相對計算

Tableau 對於回傳彙總函數值，是採用相對計算概念。意即它們會隨著維度的增減而重新計算。這種概念也見於 Microsoft Excel。當然，我們也可以透過 {FIXED} 來採用絕對計算，使不受維度變化而改變輸出值。

(6) 檢視資料呈現

由【檢視資料】畫面呈現的數字資料類型的欄位數據，往往並非眞正的數值。例如，我們看到 [利潤] 欄位某一列呈現數據爲 -$17。若使用「IF [利潤] = -17 THEN ' 找到 ' ELSE NULL END」，它的回傳值可能總是：NULL。解決之道，(A) 先將 [利潤] 拖曳到【列】架上；(B) 在該處按一下膠囊狀右側的 ▼，設定 (維度 , 離散)，然後選擇【設定格式… 】，在預設值（Default）的【數字】選項上，按一下 ▼，選擇【數字 (自訂)】，小數位數：5（可自由決定）；或者按螢幕左側資料窗格的 [利潤] 欄位（綠色）膠囊狀右側的 ▼，選擇【預設屬性 > 數字格式… 】，小數位數：5（可自由決定）。我們就可在工作表上看到它的眞正值爲 -17.57010。然後更改成「IF [利潤] = -17.5701 THEN ' 找到 ' ELSE NULL END」，它的回傳值是：找到。另一種較好的做法，就是建立一個新的導出欄位名稱（如 [利潤 _ROUND]），其程式碼：ROUND([利潤],4)，就可避免比較等號（= 或 ==）的判斷錯誤。總之，凡是屬於數字 (十進制) 的浮點數值，不要從【檢視資料】畫面去看原始數據值，因這與 Tableau 預設（運作機制）有關，即不希望這類資料的欄位值占掉更多顯示畫面空間。但整數值就無此問題。

(7) Null 與函數運算問題

NULL 或 Null，對 Tableau 而言，是一個對於任何運算均失效的特殊值（因總是回傳 NULL，例如，NULL+9 或 NULL+"9"），這好比在數學上的無窮大

（∞）。在資料庫、統計或大數據分析上，我們常會遇到空缺值問題。NULL 值可由來自原始資料是空缺著，也可能使用者發現這筆資料或儲存格值出現無效或異常，而不想納入分析，而故意賦予 NULL 值所致。統計軟體大都提供對空缺值的處理選擇與是否要納入處理，例如，放棄、平均值取代、衆數取代、相似列取代或自訂等策略，供使用者來挑選。它具有下列特性：

(A) 當 NULL 與函數運算時，其結果總是 NULL。NULL+SUM([銷售額]) 回傳 Null。

(B) 在字串欄位中，空字串（Empty String, CHAR(0)）不等同 Null。空字串（雙引號的 "" 或單引號的 ''）或 CHR(0) 亦爲字串，但 Null 則不存在，即爲我們所熟知的空缺值（Missing Value），然而 ASCII(NULL) 回傳 Null，且 ASCII('') 也回傳 Null，應回傳 0，這是 Bug。

(C) 在檔案匯入過程中，Tableau 會以列作爲篩選單位，凡是該列全部欄位均爲 Null（空白）時，就會採取放棄策略，若有一個以上欄位有資料存在時，則不存在任何資料的欄位值概以 Null 取代。例如，只有一個欄位名稱且 10 筆資料的檔案，其中有 3 筆是空白的，那麼匯入該檔案到 Tableau 成爲資料集後，這個資料集只剩下 7 筆資料。

(D) 有些統計軟體對於 Null 的表示法，例如，STATA 會去區分成數字（以 . 表示）和非數字（以 "" 表示 , empty string）的空缺值不同表示。這一點與 Tableau 不甚相同，因 Tableau 將空字串視爲字串，非空缺值，如 ""+CHAR(97)，回傳 a，但 NULL+CHAR(97)，回傳 NULL。

(E) ZN()、IFNULL()、ISNULL() 等函數，可用來處理 NULL 資料問題。

2. 彙總函數語法

(1) ATTR(fieldName)

ATTR() 是一個十分重要的函數。它具有屬性和彙總等兩個角色的函數。做法上，Tableau 先將 fieldName 所持有行資料進行由小到大排序處理，這樣即可將 Null 和非 Null 數字分開來，然後去判斷 MIN(fieldName) = MAX (fieldName)？

(A) 是，表示只有單值（一個元素），回傳：該值。

(B) 否，表示多值（多個元素），回傳：*（星號）。

(C) 全部爲空缺值（空集合，Null 值），回傳：Null。

(D)如果有部分爲 Null 時，會忽略掉 Null 值。

(2) AVG (expression)

expression 必須爲數字資料類型。回傳運算式中所有值的平均值。會忽略 Null 值。範例：

AVG(795/10933) 回傳：0.072715632。

AVG([利潤]*30) 回傳：1,185.551209183，它與 AVG([利潤])*30 相同。

(3) COLLECT (spatial)

將 spatial 參數欄位中的值，組合在一起彙總計算。會忽略 Null 值。COLLECT() 函數只能與空間欄位一起使用。地理資訊的緯度和經度也會使用到它。範例：

COLLECT（[Geometry]）。

(4) CORR (expression1,expression2)

計算兩個運算式的皮爾森相關係數。皮爾森相關係數（r）衡量兩個變數之間的線性關係，而非因果關係。它是一種有母數分析。值域 = [-1.0, +1.0]。r 值：(A) +1.0 表示完全線性正相關，即同方向變化，當 expression1 增（減）時，expression2 同時增（減）。(B)0 表示完全無相關。(C)-1.0 表示完全線性負相關，彼此反方向變化，當 expression1 增（減）時，expression2 同時減（增）。(D) Tableau 無法呈現相對應的機率值，必須仰賴統計軟體。範例：

CORR([利潤],[銷售額]) 回傳：0.525128319。

(5) COUNT (expression)

回傳列數。即爲「度量 (計數)」。它忽略 Null 值計數，COUNT(NULL)=0。它常被使用在計算維度或其元素的列數。範例：

COUNT([利潤]) 回傳：10,933，即爲【範例 – 超級市場】的總列數。

(6) COUNTD (expression)

回傳 expression 元素數量（不同值的個數）。即爲「度量 (計數 (不同))」。它忽略 Null 值計數。範例：

COUNTD(IF [利潤]>100 THEN 1 ELSE 0 END) 回傳：2。因 expression={0, 1}。

(7) COVAR (expression1,expression2)

計算兩個運算式的「樣本共變數」。

共變數（Covariance）用來衡量兩個隨機變數的聯合變化程度，以了解它們之間的共同變異（變化）方向（指正負）和強度（指大小）。當然，在統計學上，這兩個變數不可為「風馬牛不相及」。它類似相關係數（Correlation）一樣，有正值和負值，只是相關係數不考慮到它們的單位（如體重 KG 和身高 M），即去單位化和資料正規化（Data Normalization），以確保它可落在 [-1.0, +1.0] 範圍內。我們可以說，「樣本相關」是「樣本共變數」的資訊壓縮結果。正值共變數意指這兩個變數趨向於同一方向變動，即一個變數變大（小），另一個變數也同步變大（小）；反方向則為負值共變數。樣本共變數使用非空缺資料（NULL）的數量 n-1（分母為 n-1）來計算，而不是「母體共變數」（COVARP 函數）所使用的 n（分母為 n）。當資料是來自估算（推論）母體共變數的隨機樣本時，則採用 COVAR 函數。另可參考表計算函數 WINDOW_COVAR() 用法。

在 COVAR(expression1,expression2) 特例情況下，expression1 和 expression2 相同時，即為自我共變，就會變成樣本變異數，同方向變動。COVAR(X,X) = VAR(X) = STDEV(X)^2。提示：共變數有正負值，但變異數和標準差不可為負值。範例：

COVAR([銷售額],[利潤]) 回傳：49,551.175。

CORR([銷售額],[利潤]) 回傳：0.5251。

COVAR([銷售額], [銷售額]) 回傳：305,008.632。

VAR([銷售額]) 回傳：305,008.632。

(8) COVARP (expression1,expression2)

計算兩個運算式的母體（Population）共變數（或稱共變異數）。P 指母體。

共變數是針對兩個隨機變數的共同變化進行量化。母體共變數 = 樣本共變數 ×(N-1)/N，故母體共變數會比樣本共變數略低些，當 N 相當大時，(N-1)/N 將趨近於 1.0。其中 N 是非空缺資料（NULL）的總數。如果可取得母體所有資料的話，則採用母體共變數較宜；若只能隨機抽樣並取樣（子集合），則選擇樣本共變數。另參閱表計算函數。

在特殊情況下，COVARP(expression1,expression1)，發生自我共變現象，此

時 COVARP(X,X) = VARP(X) = STDEVP(X)^2。範例：

COVARP([銷售額],[利潤]) 回傳：49,546.643。

COVAR([銷售額],[利潤]) 回傳：49,551.175。

COVARP = COVAR * (N-1)/N = 49551.175 * (10933-1)/10933 = 49,546.643。

COVARP([銷售額], [銷售額]) 回傳：304,980.733。

COVAR([銷售額], [銷售額]) 回傳：305,008.632。

VARP([銷售額]) 回傳：304,980.733。

(9) MAX (expression) 或 MAX (expression1, expression2)

expression：數字資料類型的欄位或現成值。回傳運算式的最大值。範例：

MAX([銷售額]) 回傳：6999。[最大值] 欄位 : MAX([銷售額], [利潤])。

(10) MEDIAN (expression)

回傳運算式的中位數，即位於 50% 的百分位數。會忽略 Null 值。以常態分配觀點，它會與 AVG(expression) 比較大小，來判斷資料分布偏向於左偏態、無偏態或右偏態。

(11) MIN (expression) 或 MIN (expression1, expression2)

回傳運算式中的最小值。有關使用說明，請參考 MAX(expression)。

(12) PERCENTILE (expression, literal-number)

回傳指定常量的百分位數值。literal-number 必須介於 [0.00, 1.00] 之間，且必須是現成值，不可爲欄位名稱或參數值。當 PERCENTILE() 函數在現成值爲 0.0、0.5、1.0 時，可由其他彙總函數所取代。範例：

彙總函數	回傳值
PERCENTILE([銷售額],1.0)	6,999
MAX([銷售額])	6,999
PERCENTILE([銷售額],0.0)	2.880
MIN([銷售額])	2.880
PERCENTILE([銷售額],0.5)	122.8
MEDIAN([銷售額])	122.8

(13) STDEV (expression)

計算樣本標準差。它在統計分析上，十分重要。基本上，它是屬於距離概念，意即它的值不可為負值。用來表示對集中趨勢——平均值的離散程度。例如，某班每一位學生都是80分，那麼平均成績為80分，它的STDEV就會為0。但如果STDEV很大，就會知道有些學生很用功唸書，另有些則不太用功。在統計變異數或鑑別分析上，STDEV=0是不具實用價值的。

(14) STDEVP (expression)

計算母體標準差。其公式與STDEV()函數略有差異。樣本來自母體。一般樣本數n會小於母體數N。STDEVP公式中的分母為N，而STDEV的分母為(n-1)。在巨量資料分析上，將使它們的差異不明顯。

(15) SUM(expression)

這是最常被Tableau使用到的彙總函數。例如，我們將[銷售額]欄位拖曳到【欄】架或【列】架上時，Tableau就會主動預設彙總函數為SUM，並顯示SUM(銷售額)。它會忽略Null值（空缺值）。

(16) VAR(expression)

計算樣本變異數。STDEV(expression)的平方，即為VAR(expression)。在統計學上，這兩個函數十分重要。

(17) VARP(expression)

計算母體變異數。

9.5 規則運算函數

規則運算式（Regular Expression）是電腦科學的一個概念。由於它和字串函數的交互使用，已在文字採礦和數位人文等領域，扮演著相當重要的角色。雖然Tableau並未提供LOOP迴圈，也未具備陣列、矩陣等集合容器，使得規則運算式不若其他電腦語言那麼靈巧運用，不過它提供了其他語言所沒有的鬆散語法結構，即透過由內而外的處理模式，可稍微填補這種限制。儘管如此，讓使用者對Tableau喜愛的非僅資料視覺化而已，文字採礦所用到的多次資料清洗和樣式彙總功能，因處理速度很快而感到滿意。

對 Tableau 來說，它採用了廣爲國際應用軟體所流通的 ICU（International Components for Unicode）規則運算式。ICU 爲應用程式提供了對 Unicode 字串資料運用規則運算式匹配（Match）的能力。規則運算式的樣式（或態樣）（Pattern）和行爲（Behavior）是以 Perl 爲基礎的規則運算式。

在使用規則運算式上，樣式內容表示：(1) 須以相對稱的單引號或雙引號包圍起來；(2) 須在同一段落（同列）表示，不可分成兩個以上段落。雖然語法正確，但會回傳 Null。爲了便利樣式拆解與易懂起見，可採用字串連結或串接法（String Concatenation）或 REPLACE() 函數。(3) 字串內含有空白或控制字元者，亦屬樣式內容。(4) 須爲現成值（Literal）或採用字串函數，而後再將字串連接起來。在下列範例中，第一個範例回傳 Null，此因樣式字串中含有 <Enter> 換行鍵控制字元（\r\n）（非 \n\r）。故必須將它們去除。

<table>
<tr><th>敘述句</th><th>回傳值</th></tr>
<tr><td>// 逐一拆解 pattern，但字串內含有 <Enter> 控制字元，故回傳 Null。
REGEXP_EXTRACT('Data Science',
'(
([A-Z|a-z])+
\s
([A-Z|a-z])+
)'
)</td><td>Null</td></tr>
<tr><td>// 沒有拆解動作，較難理解。
REGEXP_EXTRACT('Data Science',
'(([A-Z|a-z])+\s([A-Z|a-z])+)')</td><td>Data Science</td></tr>
<tr><td>// 拆解動作，採用字串連結法。
REGEXP_EXTRACT(
'Data Science',
'(' +
'([A-Z|a-z])+' +
'\s' +
'([A-Z|a-z])+' +
')'
)</td><td>Data Science</td></tr>
</table>

敘述句	回傳值

// 拆解動作，採用 REPLACE() 將行首、換行之控制字元 \r\n 去除
// 非為 \n\r。這個做法最佳，程式易懂，撰寫簡單。
REGEXP_EXTRACT('Data Science',
REPLACE(
'(
([A-Z|a-z])+
\s
([A-Z|a-z])+
)',
CHAR(13)+CHAR(10),'')) // 勿寫成：CHAR(10)+CHAR(13)
	Data Science

下面列舉出在文字採礦經常用到，且與Tableau語法相關的規則運算式用法：

1. 規則運算式後設字元（**Metacharacters**）

表 9-1 顯示後設字元。由於大都屬於控制字元，因而常與編碼交互使用。

表 9-1　後設字元與匹配說明

後設字元	匹配到…
\a	ANSI-ASCII(7)，BELL（嗶聲），\u0007，CHAR(7)。
\d	十進制數字系統的 0-9 數字。ANSI-ASCII(48) 到 ANSI-ASCII(57)，即 CHAR(48) 到 CHAR(57)，不含小數點（.）、$ 或正負符號（+–）。
\e	ANSI-ASCII(27)，ESCAPE，\u001B，CHAR(27)。
\f	ANSI-ASCII (12)，FORM FEED，\u000C，CHAR(12)。
\n	ANSI-ASCII (10)，換行 LINE FEED，\u000A，CHAR(10)。
\r	ANSI-ASCII (13)，起始位置或行首 CARRIAGE RETURN，\u000D，CHAR(13)。我們按 <Enter> 鍵相當於 '\r\n'，'\r\n' 常在文件檔案內容中出現，例如，JSON 檔案類型以 TXT 方式讀取（Read）或匯入（Import）。 敘述句：IF REGEXP_MATCH(' 台北 '+CHAR(13)+CHAR(10)+' 故宮 '+CHAR(13)+CHAR(10)+' 博物院 ','\u000A') THEN ' 找到 ' ELSE ' 找不到 ' END 回傳值：找到

表 9-1 後設字元與匹配說明（續）

<table>
<tr><th>後設字元</th><th>匹配到…</th></tr>
<tr><td></td><td>
<table>
<tr><th>敘述句</th><th>回傳值</th></tr>
<tr><td>IF REGEXP_MATCH('台北'+CHAR(13)+CHAR(10)+'故宮'
+CHAR(13)+CHAR(10)+'博物院','\r\n')
THEN '找到'
ELSE '找不到'
END</td><td>找到</td></tr>
</table>
</td></tr>
<tr><td>\s</td><td>空白字元（ANSI-ASCII (32)，\u0020）和特殊控制字元，適用於 [\t\n\f\r\p{Z}]。
CHAR(9) 即為 TAB（Horizental Tab），鍵盤 <Tab> 鍵，以 '\t' 表示。
<table>
<tr><th>敘述句</th><th>回傳值</th></tr>
<tr><td>// CHAR(9) 或 '\t'
IF REGEXP_MATCH('台北' + CHAR(9)+'故宮博物院','\s')
THEN '找到'
ELSE '找不到'
END</td><td>找到</td></tr>
<tr><td>IF REGEXP_MATCH('台北' + SPACE(2)+'故宮博物院',
'\p{Z}')
THEN '找到'
ELSE '找不到'
END</td><td>找到</td></tr>
</table>
</td></tr>
<tr><td>\S</td><td>\s 的相反。字串內容不含空白字元或 [\t\n\f\r\p{Z}]。</td></tr>
<tr><td>\t</td><td>ANSI-ASCII (9)，Horizontal Tabulation <TAB> 鍵，\u0009，CHAR(9)。</td></tr>
<tr><td>\uhhhh</td><td>Unicode 小尾端編碼系統，十六進制數字系統 hex value，hhhh。在文字採礦相當常用。例如，Unicode_LE(博)=\u535A，Unicode_LE(物)=\u7269。我們可在微軟 Office Word 文書編輯軟體的主功能表 [插入 > 符號] 中找到編碼值。
<table>
<tr><th>敘述句</th><th>回傳值</th></tr>
<tr><td>IF REGEXP_MATCH('台北' + SPACE(2)+'故宮博物院',
'\u535A\u7269')
THEN '找到'
ELSE '找不到'
END</td><td>找到</td></tr>
</table>
</td></tr>
</table>

表 9-1　後設字元與匹配說明（續）

<table>
<tr><th>後設字元</th><th>匹配到…</th></tr>
<tr><td>\w</td><td>匹配中英文數字，若含標點符號或空白（半形或全形），則回傳 False 或 Null。
<table>
<tr><th>敘述句</th><th>回傳值</th></tr>
<tr><td>REGEXP_MATCH ('-([1234].[The.Market])-' , '\[\s*(\w*\.)(\w*\s*\])') //[The.Market] 匹配；+ 可取代 *</td><td>True</td></tr>
<tr><td>REGEXP_EXTRACT_NTH ('-([1234].[The.Market])-' , '\[\s+(\w+)\.(\w+)\s+\]', 1) //[The.Market] 匹配且萃取</td><td>The</td></tr>
<tr><td>REGEXP_EXTRACT_NTH ('-([1234].[The.Market])-' , '\[\s+(\w+)\.(\w+)\s+\]', 2) //[The.Market] 匹配且萃取</td><td>Market</td></tr>
<tr><td>REGEXP_MATCH('台北(TAIPEI)故宮博物院有展示兵馬俑？', '\((\w+)\)') //(TAIPEI) 匹配</td><td>True</td></tr>
<tr><td>REGEXP_EXTRACT(' 台北 (TAIPEI) 故宮博物院有展示兵馬俑？','\((\w+)\)') //(TAIPEI) 匹配且萃取</td><td>TAIPEI</td></tr>
</table></td></tr>
<tr><td>[pattern]</td><td>在 pattern 內匹配到任何一個字元。例如，[台灣]相當於[台|灣]，非'台灣'。
<table>
<tr><th>敘述句</th><th>回傳值</th></tr>
<tr><td>IF REGEXP_MATCH(' 台北 ' + SPACE(2)+'——故宮博物院 ','[台灣]')
THEN ' 找到 '
ELSE ' 找不到 '
END</td><td>找到</td></tr>
</table></td></tr>
<tr><td>.</td><td>任何字元。因會匹配到任何字元，故容易萃取或擊中到不想要的子字串，且整體處理效能降低，會耗費較長時間。</td></tr>
<tr><td>^</td><td>匹配字串第一個字元。它可用來解決 STARTSWITH(string, substring) 不適用中文字元問題。
<table>
<tr><th>敘述句</th><th>回傳值</th></tr>
<tr><td>IF REGEXP_MATCH(' 台北 ' + SPACE(2)+'——故宮博物院 ','^ 台 ')
THEN ' 找到 '
ELSE ' 找不到 '
END</td><td>找到</td></tr>
<tr><td>IF REGEXP_MATCH('　台北' + SPACE(2)+'——故宮博物院','^ 台 ')
THEN ' 找到 '
ELSE ' 找不到 '
END</td><td>找不到</td></tr>
</table></td></tr>
</table>

表 9-1　後設字元與匹配說明（續）

<table>
<tr><th>後設字元</th><th>匹配到…</th></tr>
<tr><td>$</td><td>字串行尾。它可忽略行尾控制字元包括 {\u000A, \u000B, \u000C, \u000D, \u0085, \u2028, \u2029, \u000D\u000A}。其中，下一行字元 Unicode LE(Next Line) = \u0085；下一行分隔字元 Unicode LE(Line Separator) = \u2028；段落分隔字元 Unicode LE(Paragraph Separator) = \u2029。它相當於 ENDSWITH(string, substring)，但 substring 不可為 Unicode 表示，\uXXXX。
<table>
<tr><th>敘述句</th><th>回傳值</th></tr>
<tr><td>REGEXP_MATCH(' 台北故宮博物院 ',' 院 $')</td><td>True</td></tr>
<tr><td>REGEXP_MATCH(' 台北故宮博物院 ' + CHAR(10),' 院 $')</td><td>True</td></tr>
<tr><td>REGEXP_MATCH(' 台北故宮博物院 ' + CHAR(11),' 院 $')</td><td>True</td></tr>
<tr><td>REGEXP_MATCH(' 故宮博物院 '+CHAR(13)+CHAR(10),' 院 $')</td><td>True</td></tr>
<tr><td>REGEXP_MATCH(' 故宮博物院 '+CHAR(10)+CHAR(13),' 院 $')</td><td>False</td></tr>
<tr><td>REGEXP_MATCH(' 台北故宮博物院 ' + CHAR(14),' 院 $')</td><td>False</td></tr>
</table></td></tr>
<tr><td>\</td><td>逃脫（專用）字元。尋找規則運算式專用字元 = {., *, ?, +, [,], (,), {, }, ^, $, |, \}。做法上，先寫出要找的 Pattern，後在它的前面加上 \，以區隔它非專用字元，而是一般文字。
<table>
<tr><th>敘述句</th><th>回傳值</th></tr>
<tr><td>REGEXP_MATCH(' 台北故宮博物院有展示兵馬俑 ?' ,'?')</td><td>False</td></tr>
<tr><td>REGEXP_MATCH(' 台北故宮博物院有展示兵馬俑 ?' ,'\?')</td><td>True</td></tr>
<tr><td>REGEXP_MATCH('3 * 2 = 6' ,'*')</td><td>True</td></tr>
<tr><td>REGEXP_MATCH('3.2+2.8 = 6' ,'\.')</td><td>True</td></tr>
<tr><td>REGEXP_MATCH(' 台北故宮博物院有展示兵馬俑 ?' ,'.')</td><td>True</td></tr>
<tr><td>REGEXP_MATCH('' ,'.') // 空字串</td><td>False</td></tr>
<tr><td>REGEXP_MATCH(' ' ,'.') // 空白字元</td><td>True</td></tr>
<tr><td>REGEXP_MATCH('3 * (4 - 2) = 6' ,'(')</td><td>False</td></tr>
</table></td></tr>
<tr><td>( )</td><td>鎖定匹配萃取標的（Target）。其表示式：(1) 精確：前 (　) 後；(2) 模糊：(　)。如採用前者，前與後字元必須已知且明確，字元數愈多，愈精確，處理效能愈佳（所需處理時間愈少）。
<table>
<tr><th>敘述句</th><th>回傳值</th></tr>
<tr><td>REGEXP_EXTRACT(' 台北故宮博物院有展示兵馬俑 ?' ,' 台北 (\w+) 有 ') //(\w+) 匹配萃取標的：故宮博物院</td><td>故宮博物院</td></tr>
</table></td></tr>
</table>

2. 規則運算式運算子（Operators）

在樣式匹配字串耗費時間上，窮盡策略（Greedy Strategy）比最少策略（Lazy Strategy）來得耗時許多。前者以擊中最多（貪婪）爲主，後者則最少（偷懶）爲主。Possessive Quantifiers 目的在於減少可能匹配所需時間，即企圖縮減規則引擎（Regex Engine）對不同可能匹配排列（Permutations）的嘗試。這種差異在巨量資料的文字採礦處理上最爲明顯。

在表 9-2 規則運算子中，有些是爲了 REGEXP_MATCH() 之用，因爲 REGEXP_EXTRACT() 可能回傳空字串。但是使用不同運算子，對 REGEXP_EXTRACT() 萃取子字串內容和長度會有影響。因此，在使用它們之前，最好先從少量字串著手，以試圖去了解它們的特性，這點在文字採礦且巨量文字檔案上，有關萃取關鍵字組或詞語（Keywords or Words）是十分重要的，因爲它會影響到人爲工作負荷、電腦處理效能和萃取到的內容，尤其是假擊中（False Positive Hits），即擊中一堆內容，但不是我們想要的，但卻常發生。

表 9-2　規則運算子

運算子	匹配到…
|	交替（Alternation）。A|B 匹配 A 或 B。'A|B' 相當於 '[AB]'。
*	N*。0 次以上。匹配次數最大化（數量詞），窮盡策略。
+	N+。1 次以上。匹配次數最大化。
?	1*。0 次或 1 次。至多 1 次。偏好 1 次。
{n}	剛好 n 次。
{n,}	n 次以上。匹配次數最大化。例如， REGEXP_EXTRACT('XXXXXrats' ,'(X{3,})\w+') //XXXXX
{n,m}	n 次到 m 次之間。匹配次數最大化。
*?	N*。0 次以上。匹配次數最小化（數量詞），最少策略（Lazy Strategy）。
+?	N+。1 次以上。匹配次數最小化。
??	1*。0 次或 1 次。至多 1 次。偏好 0 次。
{n}?	只要滿足 n 次。
{n,}?	字串出現 n 次以上，但只取 n 次。匹配次數最小化。 REGEXP_EXTRACT('XXXXXrats' ,'(X{3,}?)\w+') //XXX

表 9-2　規則運算子（續）

<table>
<tr><th>運算子</th><th>匹配到…</th></tr>
<tr><td>{n,m}?</td><td>字串出現 n 次到 m 次之間，但只取 n 次。匹配次數最小化。
<table>
<tr><th>敘述句</th><th>回傳值</th></tr>
<tr><td>REGEXP_EXTRACT('XXXXXrats' ,'(X{2,5})\w*')</td><td>XXXXX</td></tr>
<tr><td>REGEXP_EXTRACT('XXXXX' ,'(X{2,5})\w+')</td><td>XXXX</td></tr>
<tr><td>REGEXP_EXTRACT('XXXXXrats' ,'(X{2,5}?)\w*')</td><td>XX</td></tr>
<tr><td>REGEXP_EXTRACT('XXXXXrats' ,'(X*?)\w*')</td><td>''，empty string</td></tr>
</table>
</td></tr>
<tr><td>*+</td><td>N*。字串出現 0 次以上。當首次擊中時，採匹配次數最大化。但即使整個匹配失效 (Possessive Match) 下，也不會要去嘗試較少匹配數。</td></tr>
<tr><td>++</td><td>N+，字串出現 1 次以上。當首次擊中時，採匹配次數最大化。Possessive match。
REGEXP_EXTRACT('XXXrats and XXXXXrat' ,'(X++)\w+') //XXX</td></tr>
<tr><td>?+</td><td>0 或 1 次，Possessive match。(1) 若沒有擊中（Hit），回傳空字串（Empty String）；(2) 若有擊中，回傳 () 內萃取標的只限 1 次。
<table>
<tr><th>敘述句</th><th>回傳值</th></tr>
<tr><td>REGEXP_EXTRACT('XXXXXrats' ,'(X?+)')</td><td>X</td></tr>
<tr><td>LEN(REGEXP_EXTRACT('XXXXXrats' ,'(Y?+)'))</td><td>0</td></tr>
</table>
</td></tr>
<tr><td>{n}+</td><td>真正 n 次。</td></tr>
<tr><td>{n,}+</td><td>至少 n 次，Possessive Match。</td></tr>
<tr><td>{n,m}+</td><td>n 次（含）以上且 m 次（含）以下，All Possessive Match。</td></tr>
</table>

3. 字集表示式（Set Expressions）

字集以 [ ] 表示之。文字採礦常用字元類集 (Character Classes)，如表 9-3。

表 9-3　常用字集表示式之字元類集

字元類集	匹配到…
[abc]	a, b, 或 c 等其一字元。（OR 關係）
[^abc]	為一 Negation，NOT a, b, 或 c 等其一字元。（NOT OR 關係）
[A-Z]	根據 Unicode 小尾端順序（Unicode Code Point Ordering），[低順序編碼 - 高順序編碼]。

表 9-3　常用字集表示式之字元類集（續）

<table>
<tr><th>字元類集</th><th>匹配到…</th></tr>
<tr><td>[\u0000-\u0010ffff]</td><td>所有 Unicode 小尾端字元。Unicode_LE(0) = \u0030，Unicode_LE(9) = \u0039。
<table>
<tr><th>敘述句</th><th>回傳值</th></tr>
<tr><td>REGEXP_EXTRACT(' 台北 101 大樓 ' ,'([\u0030-\u0039]+)')</td><td>101</td></tr>
<tr><td>REGEXP_EXTRACT(' 台北 101 大樓 (TAIPEI 101 World Building)' , '\(([A-Z]+\s[\u0030-\u0039]+\s[A-Z]{1}[\u0061-\u007A]+\s[A-Z]{1}[a-z]+)\)')</td><td>T A I P E I 101 World Building</td></tr>
</table></td></tr>
<tr><td>[[a-z][A-Z][0-9]]
[a-zA-Z0-9]</td><td>邏輯或（Implicit Logical OR），或為聯集（Union of Sets）。這兩種形式皆相同。</td></tr>
<tr><td>[\p{L}]
[\p{Letter}]
[\p{General_Category=Letter}]</td><td>被分類為文字性，Unicode Category = Letter=L。這三種形式皆相同。
<table>
<tr><th>敘述句</th><th>回傳值</th></tr>
<tr><td>REGEXP_EXTRACT_NTH(
'Data Science',
'([\p{L}]+)\s([\p{Letter}]+)',
2) // 有兩個括號，1 為 Data；2 為 Science</td><td>Science</td></tr>
<tr><td>REGEXP_EXTRACT_NTH(
' 大台北地區到處　高樓林立。',
'([\p{L}]+)\s+([\p{L}]+)',
2) // 。非屬 L 類型</td><td>高樓林立</td></tr>
</table></td></tr>
<tr><td>[\p{Z}]</td><td>被分類為半形空白字元者，Unicode Category = Z。
<table>
<tr><th>敘述句</th><th>回傳值</th></tr>
<tr><td>REGEXP_MATCH(
'Data　Science',
'[\p{Z}]+')</td><td>True</td></tr>
</table></td></tr>
<tr><td>[\P{Letter}]</td><td>非為 [\p{L}] 者。排除 Letters。</td></tr>
<tr><td>[\p{Letter}--
\p{script=latin}]</td><td>排除（Subtraction）。為 [\p{L}] 且排除 latin 拉丁字元。</td></tr>
<tr><td>[\p{Letter}&&
\p{script=cyrillic}]</td><td>邏輯 AND（Logical AND），或交集（Intersection）。指匹配 Slavonic 語系的西里爾（俄語本源，為 Cyrillic 傳教士所發明）字體（Cyrillic Letters）。</td></tr>
</table>

4. Tableau 規則運算式語法

在 Tableau 規則運算式函數回傳值，均以字串形式表示。它的回傳值可分成三種：(1) 長度不爲 0 的字串；(2) 長度爲 0 的空字串（Empty String）；(3) 長度爲 Null 的 Null 值。在文字採礦上，如要轉換爲數字資料類型的話，就必須透過 INT() 或 FLOAT() 等函數來完成。此外，LEN() 常用於資料清理和萃取上，例如，我們想要萃取長度爲 3 者，就必須使用 LEN() 來辨識 pattern 是否正確或精確。此外，在大數據的巨量資料處理過程中，撰寫 pattern 的表達技巧常會影響 CPU 處理時間。對於沒有經驗處理文字採礦的人來說，在個人電腦上執行，很難想像處理一次需時 3 小時以上，而且不可能一次就可以清理完成的。所以採用多核心處理器、GPU、16GB 以上的 RAM、In-Memory 技術和 500GB 以上的固態硬碟，以及所採用的應用軟體等，將可大幅縮減 CPU 處理時間。實際經驗告訴了我們，當選擇 Microsoft Excel 來處理巨量資料（以 GB 爲單位），將會遭遇到很大的挫折感，有時處理過程處於當機狀態，而不得不中斷它或重開機。因爲它是採用 LOOP 處理機制、全螢幕資料顯示和高度仰賴 I/O 設備。

有關規則運算式語法如下：

(1) REGEXP_EXTRACT (string , pattern)

當 pattern 匹配到 string 時，回傳 pattern 內有 () 的字串值；若未匹配到時，則回傳 Null。其中 pattern 須以字串字元、規則字元或 Unicode LE 編碼等表示。我們必須採用 () 去萃取或擷取（Extract）出 pattern 這種樣式的字串內容。範例如下：

規則運算函數	回傳值
REGEXP_EXTRACT('Tableau 2021.2.0 版本與大數據分析 ','\s([0-9][0-9][0-9][0-9].[0-9].[0-9])')	2021.2.0
REGEXP_EXTRACT('Tableau 2021.2.0 版本與大數據分析 ','\s([0-9]{4}(.[0-9])+)')	2021.2.0
REGEXP_EXTRACT('Tableau 2021.2.0 版本與大數據分析 ','\s([0-9]{4}(.[0-9]){2})')	2021.2.0

(2) REGEXP_EXTRACT_NTH(string, pattern, index)

回傳樣式匹配到的第 index 個 ( ) 內容。注意：pattern 中若沒有 () 存在，將無法萃取內容。index 完全由 pattern 括號數所決定。例如，pattern 存在 3 個 ()，那麼 index：1 到 3（擇一）。（參見前揭表 9-3 範例）

(3) REGEXP_MATCH(string, pattern)

回傳：(1) 匹配或擊中，回傳 True；(2) 未擊中，回傳 False。它常與 IF 或 IIF 子句一起使用。REGEXP_MATCH() 的處理效能比 REGEXP_EXTRACT() 或 REGEXP_EXTRACT_NTH() 來得好。

(4) REGEXP_REPLACE (string, pattern, replacement)

它很類似 REPLACE (string, substring, replacement)，只差別在於 pattern 和 substring。回傳：(1) 擊中，回傳取代後的字串；(2) 未擊中，回傳原有 string，不會被變更；(3) 是一種全部移除。注意：此處的 pattern 表示形式與其他規則運算函數略有不同。例如，要移除多個空白字元，不用寫成：\s+。

規則運算函數	回傳值
REGEXP_REPLACE(' 大台北地區到處　高樓林立。','\s','')	大台北地區到處高樓林立。
REGEXP_REPLACE(' 大台北地區到處　高樓林立。','[0-9]','')	大台北地區到處　高樓林立。

9.6　Tableau 計算要素

在程式設計過程中，一般都會涉及到計算欄位的建立和格式設定等問題。它主要探討內容關注在 Tableau 計算的 5 大要素，包括如下：

(1) 關鍵字和結構功能（Functions）：透過程式敘述句來轉換或建立資料或欄位集合元素（Elements）或成員（Members）。如 CHAR()、LOOKUP()。

(2) 欄位（Fields）：從資料來源，或透過導出欄位所建立新的維度（Dimensions）或度量（Measures）。

(3) 運算子（Operators）和運算元（Operands）：各種運算或比較的符號。但不

包括一元運算子的 +（正）符號，如 +5 是錯誤的。運算子包括 {+, -, *, /, %, ==, =, >, <, >=, <=, !=, <>, ^, AND, OR, NOT, ( )}，及可被允許的運算元等。

(4) 運算式（Expressions）：用以計算或合併的表示法。包括算術、字串和規則等運算式。如 3+2，'3' + '2'，[銷售額]*0.2 等。

(5) 現成值表示式（Literal Expressions）：廣義的現成值可分成：(A) 定值或恆數（Constant），如 PI()，它總是 3.141592654…；(B)Null（Null Literal）；(C)True/False（Boolean Literal）；(D) 現成值（Literal）或立即值（Immediate Value）。包括由單引號或雙引號配對包圍起來的文字、數字、由 # 包圍起來的日期或 MAKEPOINT() 座標、經度或緯度等現成值。例如，' 銷售佳 '、" 銷售佳 " 或 "It's working fine."（String Literal）、6.5 或 -$9,000（Numeric Literal）、#2021-08-15# 或 #August 15, 2021#（Date Literals）。+3（正 3）非為立即值，+ 也非運算子，它會發生語法錯誤。總之，現成值呈現多元分類，我們可將它視為「As is」，意指「如你所見的值」。它常見於拍賣市場所貼出的價錢。

現以一個範例來說明這 5 大要素的語法結構與其作用。首先，在最上方主功能表上，選擇【分析 (A) > 建立導出欄位 (C)… 】(Analysis(A) > Create Calculated Field(C)…)。開啟編輯工作區後，上方（Line）欄位輸入：利潤 _ 表現（省略 [ ]），下方（Block）欄位輸入：敘述句（程式碼）。

導出欄位名稱	敘述句
利潤 _ 表現	IF [利潤] > 100 THEN ' 利潤佳 ' //1,657 ELSEIF [利潤] >= 50 THEN ' 利潤普通 ' //1,020 ELSEIF [利潤] >10 THEN ' 利潤略差 ' //2,915 ELSEIF [銷售額]+[利潤] < 0 THEN ' 嚴重虧損 ' //23 ELSE ' 虧損 ' //5,318 END
利潤 _ 表現計數	COUNT([利潤 _ 表現])

我們從建立導出欄位 [利潤 _ 表現] 和建構 Tableau 語法結構所使用到的 5 大要素說明如下：

(1) 關鍵字和結構功能：包括 {IF, THEN, ELSEIF, ELSE, END} 等關鍵字和語法結構語意；其結構語意之功能，意指用於數值判斷。
(2) 欄位：包括 { 資料 [利潤], 資料 [銷售額]} 等欄位。若無空白或特殊字元的欄位，可省略 [ ]。
(3) 運算子：包括 {>, >=, <} 等。
(4) 運算式：[銷售額]+[利潤]。
(5) 現成值表示式：包括 {string literals, numeric literals} 等立即值。文字現成值包括 {'利潤佳','利潤普通','利潤略差','虧損','嚴重虧損'}；數字現成值包括 {100, 50, 10, 0}。

這並非意指所有敘述句都需具備這 5 大要素。換言之，也可以只有運算式，如 3+4*10，ABS(AVG([利潤]))/AVG([銷售額]) * 100 等。此外，Tableau 還額外提供與計算相關的功能：
(1) 群組。
(2) 資料桶。
(3) 參數。
(4) 集合。

其中參數（Parameters）可用來提供對現成值的動態性和一致性的調整。它的好處是任何引用到這個參數的導出欄位，只要透過參數的統一變更，就可「一體適用」，並立即被執行和回傳結果，可省去很多不必要的人為操作，降低人為因疏忽而導致的錯誤。例如，「SUM(IIF([利潤]>= [參數 _ 利潤], 1,NULL))//[參數 _ 利潤]=40, 回傳：3075」。在實務應用上，一家公司的對外任何標案或採購案，或者扣繳員工綜合所得稅的百分率 X%，作業研究（Operations Research, OR）中敏感性資料與決策支援 What-If 等，其級距設定，採用參數是最好的選擇。

此外，與計算無關的註解（Comments），在撰寫程式過程中是必要的。這對於程式經驗累積和除錯（Debug）很有幫助。有實戰經驗的程式設計人員，常會引用註解於程式碼中適當位置。註解表示法包括 {Line Comment, Block Comment}，// 表示 Line Comment；/* */ 表示 Block Comment。後者只適用於 2020.4.X（含）以後較新 Tableau 版本。不過，Tableau 並未提供讓程式在任何位置結束執行的語法。例如，VBA 的 exit sub 或 STATA 的 exit Error_code 等。因爲這種功能對於白箱測試、源碼檢測和除錯相當重要。其實 Tableau 未提供這項功能與它的運作機制有關，因它必須要有輸出結果。然它所提供彙總和鬆散結構，可填補程式除錯上的不足，即可將大程式拆解成多個較小程式（多個導出／計算欄位）。經驗告訴我們，Tableau 除了具備商業智慧外，另一項很好功能，就是作爲中介軟體，用以建立新的彙總形式的資料集，可更加便利且快速提供統計或資料採礦等大數據分析用的資料來源。

9.7 運算子與其優先權

爲了建立計算或導出欄位起見，對於各種運算子與其執行優先權（Order or Precedence）的了解是重要的。Tableau 與其他電腦語言或應用軟體，對這些運算子的運用方式，大致相同，但仍有極少部分不同。下面列舉出運算子和範例。

1. 運算子計算、比較與邏輯判斷

運算子（Operators）和運算元（Operands）之表示法和處理順序，對其結果影響很大。尤其在巨量資料計算結果上，可能無法由人工去檢驗它們是否正確。人爲輸入和工作表顯示方式和結果也可能有所出入。因此，了解運算子特性很重要。有關其範例，如表 9-4。

表 9-4　運算子與範例

運算子	範例	回傳値
+ (addition)	-$100+$200	語法錯誤。出現 $。
	1,000+2,000	語法錯誤。出現逗號。
	+500 // positive number	語法錯誤。出現 +。
	100+2000	2100
	[銷售額]+[利潤]	列資料層級計算
	' 台北 ' + SPACE(2) + '101 大樓。'	台北 101 大樓。
	#April 15, 2021# + 16	2021/5/1

表 9-4 運算子與範例（續）

運算子	範例	回傳值
– (subtraction or minus)	-300 // negation, negative number	-300
	'台北'–'台'	語法錯誤。出現 -。
	[銷售額]-[利潤] // subtraction	列層級計算
	#April 16, 2021# - 16	2021/3/31
	#4, 16, 2021# - #4, 11, 2021#	5
* (multiplication)	-3 * -4	12
	2^(-2*3) // 相當於 1/2^6	0.015625
/ (division)	30/0 // 除數不可為 0	Null
% (modulo)	11%2 // 餘數	1
	-11%2	-1
^ (power)	(-2)^2	4
	(-2)^(1/2)	Null。開根號不可負值。

==
=(equal to)
	5==5 // 兩者比較大小
	5=5 // 兩者比較大小
		True

>(greater than)	5>6 "5" > "6"	False
	'新北' > '台北'	True
	"{" > "a" // 標點符號 < 數字 < 英文字	False
>= (greater than or equal to)	5>=4	True
	'A' >= 'a' // 依英文字母排序比較 'B' > 'b' // 相同時，大寫 > 小寫	Tableau 回傳 True。
	'A' >= 'b'	False。
< (less than)	5<6	True
	'台北' < '台中' // Unicode(北)=5317, Unicode(中)=4E2D	False
<= (less than or equal to)	#4/21/2021# <= #4/30/2021#	True
!= <> (not equal to)	#4/21/2021# <> #4/30/2021#	True
	#4/21/2021# != 21	語法錯誤。不能比較。
AND(logical operator)	IIF([利潤]>=100 AND [銷售額]>5000, " 業績佳 ", " 業績淡 ")	列層級運算

表 9-4　運算子與範例（續）

運算子	範例	回傳值
OR(logical operator)	IIF([利潤]>=300 OR [銷售額]>5000, " 業績佳 "," 業績淡 ")	列層級運算
NOT(logical operator)	IIF(NOT([利潤] = [銷售額]), " 不等 ", " 相等 ")	列層級運算

2. 結構與運算子執行優先權

所謂執行優先權，係指優先讓電腦 CPU 處理與產出結果而言。這個優先權，類似車輛行駛道路交通規則一樣。在原始程式碼轉換成可執行機器碼之前，編譯器（Compiler）或直譯器（Interpreter）須完成這項剖析（Parsing）任務，否則輸出結果就可能違反數學運算體系或語法的規定。有關執行優先順序如表 9-5。

表 9-5　結構與運算子執行優先權

執行順序	運算子、結構或符號
1	語法層次結構：由內而外執行。這是 Tableau 的鬆散結構特性。
2	( )。由內而外。如 (2+3*(4-2)) 中，(4-2) 先被執行。
3	– (negate or minus)。Tableau 不提供 +(plus)。
4	^ (power)。由左而右。如 3^2^4 相當於 (3^2)^4 = 6561。
5	{*, /, %}。由左而右。
6	{+, –}。由左而右。
7	{==, =, >, <, >=, <=, !=}。由左而右。
8	NOT。
9	AND。由左而右。
10	OR。由左而右。

其中，

(1) 層次結構：由內而外。例如，(A) 在資料窗格區，移動滑鼠左鍵，選擇任何一個 (資料或導出) 欄位名稱，當出現膠囊狀，點一下右側 ▽，選擇【建立 > 參數…】。名稱 (N)：銷售額 _ 表現 _ 參數。資料類型：浮點數，允許的值：

◉清單 (L)，值清單：{0, 100.5, 200.5, 326.2}，當前值：326.2。完後，可以將 [銷售額 _ 表現 _ 參數] 拖曳到【列】架上，來檢視設定當前值是否正確。(B) 其次，建立導出欄位名稱，及其下列程式碼，按【套用】（Apply）執行程式。(C) 最後，將 [區域] 欄位拖曳到【欄】架上，將 [銷售額 _ 表現] 欄位拖曳到標記卡【文字】上。即可得到：大洋洲 900、中亞 577、北亞 707、東南亞 755。結果顯示，大洋洲銷售額表現最佳，中亞最差。

在層次結構分析上，首先取得參數當前值，其次執行 IF 子句，最後執行 COUNT() 彙總函數。

導出欄位名稱	敘述句
銷售額 _ 表現	COUNT(IF [銷售額] > [銷售額 _ 表現 _ 參數] THEN 1 ELSE NULL END)

(2) 由左而右。係指有兩個以上相同優先權之如何裁判問題。例如，2+3-5。+ 和 - 皆是同一層級，因此，它的執行順序：先 2+3=5，後 5-5，最後回傳 0。若以樹狀結構圖來看，根節點為 -，下一層節點為 +（左）和 5（右），最下層的樹葉節點為 2 和 3。故最下層 2+3 必須先執行完成與結果後，才能往上層執行。當將樹狀結構圖轉換成可執行程式碼的順序問題時，就會涉及到離散數學、資料結構或編譯程式等領域的前序（Prefix）、中序（Infix）和後序（Postfix）的運算子位置排序議題。例如，運算式：2+3，前序表示式：+23，因運算子在最前面；中序表示式：2+3；後序表示式：23+。一般電腦語言採用前序或後序表示式。

9.8 總結

本章以系統性觀點深入探討 Tableau 函數的語法結構、使用。同時我們也發現在中文字大小比較上，函數和工作表就採用不同策略，前者採用 Unicode 小尾端編碼順序，而後者採用筆劃多寡，易造成使用者使用上的混亂。另在

REPLACE() 函數中，若 string 含有控制字元時，將會導致 Tableau 嚴重當機。

本章內容對想要進入探索文字採礦或數位人文領域的人來說，相當重要。學習與善用字串和樣式（Patterns）表示式技巧，將可顯著縮短巨量資料處理時間，這也是 Tableau 與其他電腦語言或應用軟體比較上的最大優勢。文字採礦不像資料採礦一樣，它無法提供通用演算法於千變萬化文件內容和各種領域處理上，也不會處理一次就完成目的。此外，領域知識的分類對於使用者撰寫演算法的適用性是必要的。有關文字採礦和大數據分析，讀者可參考第 13 章。

最後，建議 Tableau 軟體改進如下：

(1) 字串函數比較大小策略過於複雜，建議字串函數比較、工作表和資料檢視等顯示，一律採用 Unicode 小尾端編碼就可容易解決，使用上可維持它們的一致性，即「字串一致性」。就像連續資料呈現的「彙總一致性」一樣。

(2) ASCII() 函數無法對應到 CHAR() 函數，建議改採用 UNICODE() 和 UCHAR() 函數。使它們可適用到中文字元。

(3) 儘速解決 REPLACE() 函數 string 引數因存在控制字元而當機的問題。

第 10 章

Tableau 與資料庫處理

本章概要

10.1 認識關聯式資料庫

10.2 安裝 SQL Server 資料庫

10.3 Tableau 連線到 SQL Server

10.4 建立關聯資料與統計分析

10.5 Tableau 與資料庫處理

10.6 關聯與引用欄位

10.7 總結

當完成學習與上機實作後，你將可以

1. 認識關聯式資料庫
2. 建立與使用多個資料表的關聯
3. 學會 Tableau 與資料庫處理
4. 學會 SQL 和 Tableau 的相關函數使用
5. 將資料庫資料透過 Tableau 匯出供統計用

大家熟知的 Tableau 軟體，一直被定位在以商業智慧爲主的資料視覺化產品。其主要產品包括 Tableau Desktop、Tableau Public 和 Tableau Online。其中免費的 Tableau Public 版本不提供 SQL 連接（Connectivity）與資料庫應用。本章將以 Tableau Desktop（含 14 天試用版）產品，來探討如何與關聯式資料庫結合應用，包括 Microsoft ACCESS 資料庫系統和 Microsoft SQL Server 資料庫管理系統，這對於政府機關和民間企業數位轉型（Digital Transformation）（三轉：非數位→數位；實體→虛擬；檔案→資料庫）之後，透過資料處理與分析途徑，對提升政府服務品質、產業競爭力和產業經濟發展將會有所助益的。

10.1 認識關聯式資料庫

現今資料庫種類和資料模型表示呈現多樣化，主要包括關聯式資料庫（主流）、物件導向資料庫、分散式資料庫、NoSQL（Not Only SQL）資料庫、圖形資料庫……等。資料庫管理系統（Database Management System, DBMS）是一種線上交易處理系統，爲一與終端使用者、應用程式、資料庫和伺服器等互動的應用軟體，用於儲存、抓取（Capture）、處理、分析和管理資料。資料庫大都以結構化資料和明確的資料類型爲主要特徵。具有關係型態資料庫的 DBMS 被稱爲關聯式資料庫管理系統（Relational Database Management Systems, RDBMS），它包含一個功能強大與共通標準的非程序導向結構化查詢語言（Structured Query Language, SQL），並已普遍應用在各種領域上。

一個關聯式資料庫由一個以上的資料表（Tables）所組成的。表中的列（Rows）被稱爲紀錄（Records），表中的行（Columns）被稱爲欄位（Fields）或屬性（Attributes）。一個包含兩個或多個關聯資料表（有 PK 和 FK 關係存在）的資料庫被稱爲關聯式資料庫，即存在相互關聯的資料。其實可將大家常用的 Microsoft Excel 想像成一種無關聯的資料庫（含活頁簿和工作表）。在市場上，主要的 RDBMS 產品，包括 Oracle、MySQL、Microsoft SQL Server、PostgreSQL、IBM DB2 和 SQLite 等等。

結構化查詢語言（SQL）是一種專爲 RDBMS 而設計的語言；同時也是一種針對運算資料（Manipulating Data）的宣告型語言（Declarative Language），以自動化方式存取資料庫內資料。SQL 功能包括新增、修改、更新和查詢資料庫中的資料，但也涉及到使用者的存取資料權限。

10.2 安裝 SQL Server 資料庫

若讀者已安裝微軟 SQL Server 了，可跳過本節。有關安裝軟體和載入資料庫資料之過程如下：

1. 檢查

檢查項目，包括：(1) 電腦系統日期時間是否正確；(2)Windows 作業系統版本；(3) 是否已網路連線。

2. 下載安裝

網路連線，上網輸入網址：https://www.microsoft.com/zh-tw/download/details.aspx?id=101064，下載適用於 Windows 10 版的 Microsoft® SQL Server® 2019 Express。

安裝【EXPRESS】（SQL2019-SSEI-Expr.exe）完成後，在「SQL Server 2019 Express Edition」畫面的下方，按【安裝 SSMS(I)】鈕，繼續下載安裝「Microsoft SQL Server Management Studio 18 軟體」（SSMS-Setup-CHT.exe）。

當安裝完成 SQL Server EXPRESS 和 SSMS 軟體後，電腦重新開機（啓動）。

3. 附加資料庫

首先，將「2010 北風 .mdf」和「2010 北風 _log.ldf」兩個檔案，複製貼上到「C：\Program Files\Microsoft SQL Server\MSSQL15.SQLEXPRESS\MSSQL\DATA」資料夾內。若無法在 Windows 檔案總管環境完成複製操作，請改用執行 DOS【CMD.EXE】指令或選擇【命令提示字元】，以系統管理員身分 (A) 進入 DOS 環境，然後進行 COPY 指令操作。在這個資料夾內必須看到這兩個檔案。注意：該資料夾內含系統資料庫，請勿將它們刪除或變更檔案名稱。

其次，啓動電腦桌面的【Microsoft SQL Server Management Studio 18】Icon。或者啓動 "C:\Program Files (x86)\Microsoft SQL Server Management Studio 18\Common7\IDE\ssms.exe"。當執行 ssms.exe 後，進入 SSMS 環境，輸入伺服器名稱：你的電腦名稱 \SQLEXPRESS（例如，ASUSNB\SQLEXPRESS）。按【連

線 (C)】鈕。這個名稱也是供 Tableau 連線用的。伺服器名稱是由「你的電腦名稱 \ 資料庫執行個體名稱」所構成的。預設執行個體名稱：SQLEXPRESS。你的電腦名稱可由【控制台 > 系統及安全性 > 系統】查看此電腦的名稱得知。

最後，在 SSMS 環境左側「物件總管」的「資料庫」項目上，按滑鼠右鍵，選擇【附加 (A)…】，按【加入 (A)…】鈕，選擇檔案名稱：2010 北風 .mdf，按【確定 (O)】鈕。如圖 10-1 所示。注意：不可在檔案系統（檔案總管）環境去刪除或更名檔案。這些操作必須在 SSMS 環境來完成，否則會發生資料庫存取異常。因爲伺服器提供了管理資料庫（檔案）功能（機制：機器→作業系統→檔案系統→應用系統）。（註：2010 北風 .mdf是來自微軟 Access Northwind.mdb）

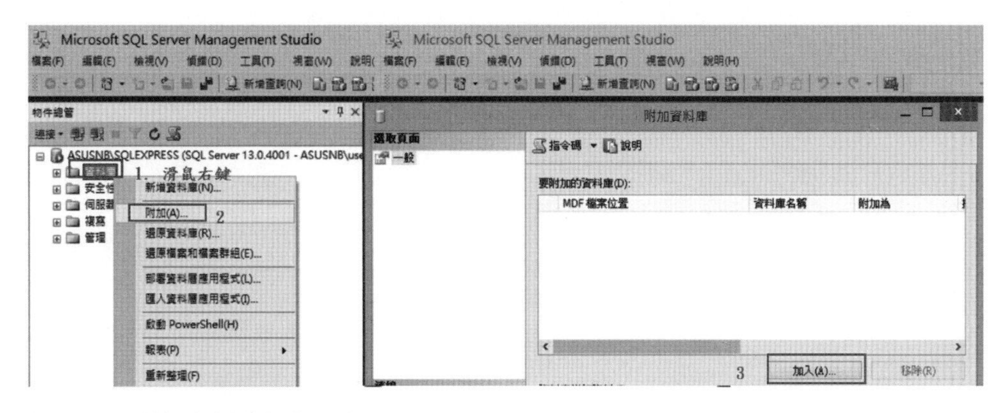

圖 10-1　附加資料庫操作過程

如果附加資料庫過程發生錯誤時，其處理過程如下：

(1) 請選擇【重新啓動】你的電腦。

(2) 然後到「C：\Program Files\Microsoft SQL Server\MSSQL15.SQLEXPRESS\MSSQL」資料夾內，連擊 2 次「DATA」資料夾，並選擇允許使用權限。

(3) 檢查「2010 北風 .mdf」這個檔案名稱是透過檔案系統被更名過（Rename）？若是，請恢復原有名稱。

(4) 啓動【Microsoft SQL Server Management Studio 18】軟體，執行 ssms.exe 後，進行前揭圖 10-1 的附加資料庫。

10.3 Tableau 連線到 SQL Server

啓動【Tableau】軟體。選擇連線到伺服器【Microsoft SQL Server】。選擇「一般」頁籤，輸入伺服器：你的電腦名稱 \SQLEXPRESS（例如，ASUSNB\SQLEXPRESS），資料庫：2010 北風，身分驗證：使用 Windows 驗證 (慣用) (W)，其餘不變，按【登入】鈕，如圖 10-2 所示。這個過程需花上一點時間進行資料庫的連線。

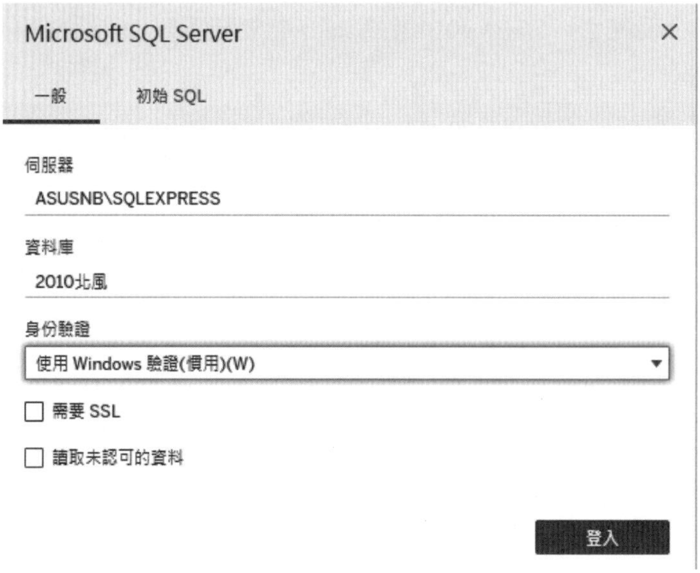

Microsoft SQL Server ×
一般 初始 SQL
伺服器
ASUSNB\SQLEXPRESS
資料庫
2010北風
身份驗證
使用 Windows 驗證(慣用)(W)
需要 SSL
讀取未認可的資料
登入

圖 10-2　連線到 SQL Server 資料庫登入畫面

提示：

(1) SQLEXPRESS 是預設值，這個名稱是可被變更的。

(2) 只要在 SSMS 環境內「物件總管」的「資料庫」項目所列出的資料庫名稱，均可被連線到 Tableau 內。

(3) 連線過程如果出現錯誤訊息，例如，

Sqlcmd: 錯誤 : Microsoft ODBC Driver 17 for SQL Server : SQL Server 網路介面 : 尋找指定的伺服器 / 執行個體時發生錯誤 [xFFFFFFFF]。

當連線出現錯誤時，表示可能 ODBC Driver 版本或登入逾時終止、網路介面或伺服器 / 執行個體等錯誤所致。在 Tableau 環境即指你所輸入伺服器名稱不正確。解決之道，去啓動 SQL Server 的 SSMS 軟體後，檢視伺服器名稱；或者透過【命令提示字元】（cmd.exe）進入 DOS 環境，在 C:\> 指令列上輸入：services.msc 指令，開啓服務視窗，並取得伺服器名稱。另一種可能錯誤是在同一部電腦內安裝兩個以上（不論是否同一版本）的資料庫伺服器。此時，執行「services.msc」程式後，在服務視窗中，即可看到那一個 SQL Server 正在執行中（名稱：SQL Server (SQLEXPRESS)；描述：提供資料的儲存、處理和控制存取以及快速交易處理；狀態：執行中），如圖 10-3 所示。

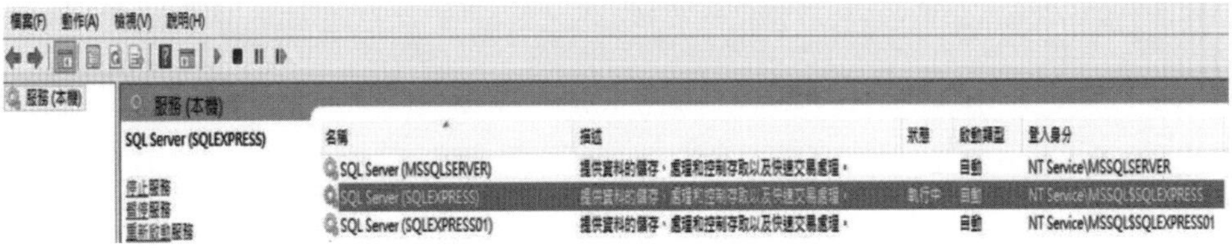

圖 10-3 在「**SQL Server (SQLEXPRESS)**」上按滑鼠右鍵選擇【啓動 **(S)**】

在前揭圖 10-3 中的 (SQLEXPRESS) 名稱，即作爲登入伺服器名稱：你的電腦名稱 \SQLEXPRESS 之用。當然我們也可以透過按下【停止 (O)】來停止它，而選擇其他 SQL Server 並按下【啓動 (S)】之。若沒有啓動任何伺服器，請選擇【啓動 (S)】或【重新啓動 (E)】。即狀態欄必須爲：執行中。

10.4 建立關聯資料與統計分析

關聯式資料庫的資料絕大部分屬於結構化資料（Structured Data），而 NoSQL 比較偏向半結構化或非結構化資料。有關在 Tableau 環境去建立關聯資料（Join or Relational Data），並進行統計分析等過程說明如下：

1. 資料混合

資料混合（Data Blending）是指一種從多個資料來源合併成一個資料倉儲（Data Warehouse）或資料集（Data Set），以作爲大數據（Big Data）處理與分析用資料材料的過程。同時，我們也可以透過兩個以上的資料表進行關聯式結合（Join）（如 INNER JOIN、LEFT JOIN、RIGHT JOIN 等）後，資料混合完成後，即可提供給 Tableau 作爲資料集。還有 Tableaus 分析引擎目的，在於可以減輕資料庫分析的負荷，彌補資料庫內資料即時（動態）視覺化的不足，並可即時洞察（Insight）更深層或潛在問題所在、了解現象和適時作出正確決策。

在 DOS 環境執行「services.msc」指令並檢視 SQL Server 伺服器名稱與連線成功後，選擇【連線◉即時】，依圖 10-4 編號依序操作之。我們分別拖放「訂單」和「產品訂單」這兩個資料表（在 ERD 中稱爲實體型態）到中間空白處後，產品訂單∩訂單 ={ 訂單識別碼 }。資料欄位名稱：[訂單識別碼] 是由這兩個資料表的實體交集所產生的，即透過它來建立實體關係（Entity Relationship），交集結果不可爲空集合。若爲空集合，雖然 Tableau 不會發出警告或錯誤，但會變成獨立的資料表處理，在 Tableau 工作表上不會起了彼此關聯 Table A⇆ 關聯鍵⇆Table B）作用。按下【立即更新】鈕後，再到畫面的左下方，按【工作表 1】進入 Tableau 工作表 1 操作環境。注意：PK 和 FK 非以欄位名稱是否相同作爲關係依據，而是以資料內容和資料類型是否相同爲要件。即 PK 和 FK 的欄位名稱可以相同，也可以不同。若 FK 資料全部均爲 Null，則不具關係意義。

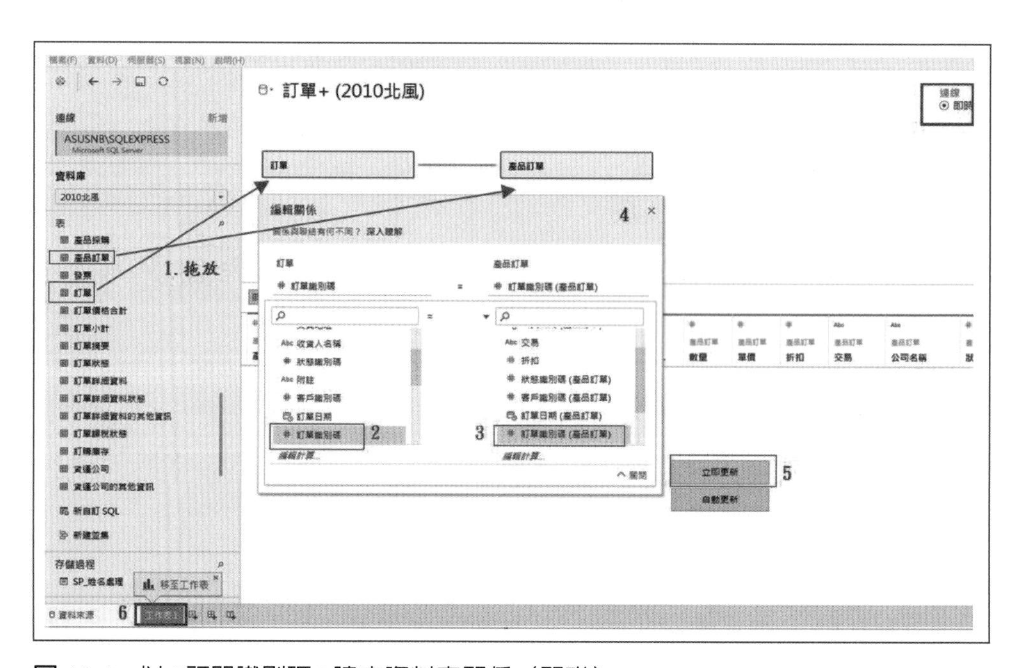

圖 10-4　以 [訂單識別碼] 建立資料表關係（關聯）

透過主功能表上的【資料 (D) > 資料集名稱 > 檢視資料 (V)⋯】，分別檢視這兩個資料表內的 [訂單識別碼] 欄位內容。分別對這個欄位進行排序（Sort）後，凡內容沒有重複者扮演主鍵（Primary Key, PK）角色，另一者則爲外來鍵（Foreign Key, FK）角色。結果發現，「訂單」資料表的 [訂單識別碼] 欄位內容沒有重複值，故作爲 PK；而「產品訂單」資料表的 [訂單識別碼] 欄位內容有重複值，故作爲 FK。這兩個欄位內容（實體 , Entity）交集不爲空集合，因此它們具有關係身分（Relationship）。PK 和 FK 這兩個欄位資料類型必須相同，如數字。

再來，我們要去檢視是否重複值呢？Tableau 可以很快速完成它。做法上，分別將訂單識別碼（訂單）和訂單識別碼（產品訂單）拖曳到【列】架上，並將它們設定爲 (維度 , 離散)。結果如圖 10-5 所示。在圖中 PK 欄位名稱：[訂單識別碼]，FK 欄位名稱：[訂單識別碼] (產品訂單)。注意：[欄位名稱] 和 (資料表) 之間必須插入一個半形空白字元。若沒有相間隔或空白 2 個字元，皆會引起錯誤。根據英國裔的 Codd 博士（1970）所提出的關聯模式的實體完整和參考完整等限制條件：FK 的值一定要在 PK 內找到，若找不到，表示這資料表內容有問題，必須回到 SSMS 環境去修改資料庫的 (PK, FK) 值。經由檢視圖 10-5 的結果，均符合資料的完整性限制。此時，即可進入處理與分析階段。

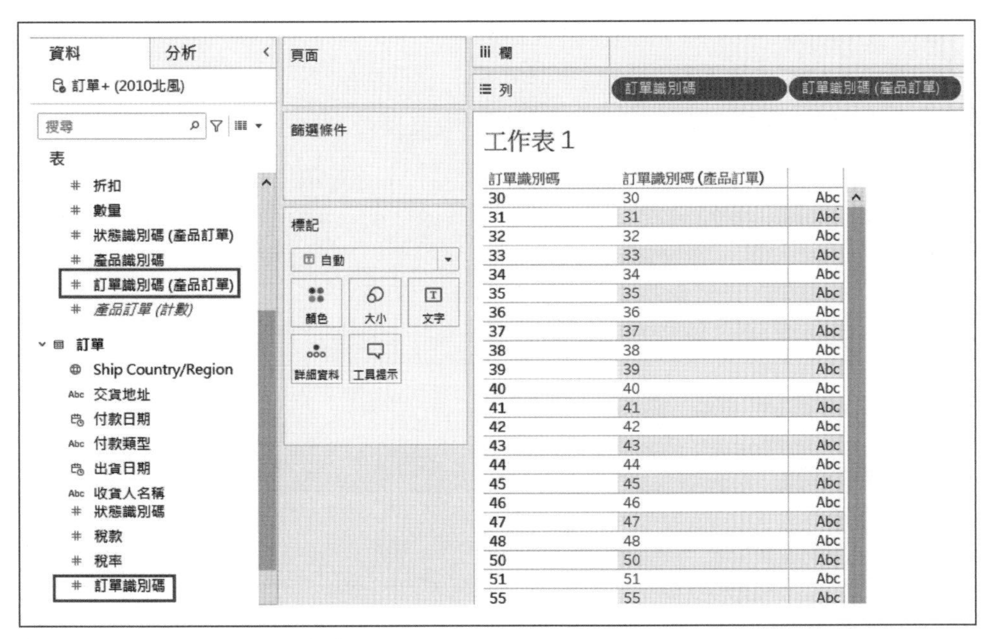

訂單識別碼	訂單識別碼 (產品訂單)	
30	30	Abc
31	31	Abc
32	32	Abc
33	33	Abc
34	34	Abc
35	35	Abc
36	36	Abc
37	37	Abc
38	38	Abc
39	39	Abc
40	40	Abc
41	41	Abc
42	42	Abc
43	43	Abc
44	44	Abc
45	45	Abc
46	46	Abc
47	47	Abc
48	48	Abc
50	50	Abc
51	51	Abc
55	55	Abc

圖 10-5　檢視 **PK** 和 **FK** 內容

2. 建立導出欄位

選擇主功能表上的【分析 (A) > 建立導出欄位 (C)⋯】。輸入欄位名稱：公司 _ 運費 _ 總和決策；欄位編輯區打入下列程式碼。若出現紅色文字，表示語法有錯誤；若顯示「計算有效」表示語法是正確的，但是不保證回傳結果值是我們想要的。按【套用】（Apply）鈕或【確定】鈕，執行欄位程式碼。其目的：若任何一家 [公司名稱] 的 [運費] 總和達 50 以上，則回傳 ' 總和 50 以上 '，否則回傳 ' 總和低於 50' 值。在此，我們因透過 [訂單識別碼] 欄位鍵值，故可將不同資料表關聯起來，其中 [公司名稱] 屬於「產品訂單」資料表欄位，而 [運費] 則屬於「訂單」資料表欄位。

導出欄位名稱	敘述句	回傳結果
公司 _ 運費 _ 總和決策	IIF({FIXED [公司名稱]: SUM([運費])} >= 50, ' 總和 50 以上 ', ' 總和低於 50')	列：公司名稱 SUM(運費) 公司_運費_總和決策 公司名稱 / 運費 / 公司_運費_總和決策 Null / Null / Abc 三川實業有限公司 / 總和低於50 / Abc 山山銀行 / 總和50以上 / Abc 中央開發 / 總和低於50 / Abc 宇泰雜誌 / 總和低於50 / Abc 坦森行貿易 / 總和低於50 / Abc 信華銀行 / 總和50以上 / Abc 威航貨運承攬有限公司 / 總和低於50 / Abc 茱打銀行 / 總和50以上 / Abc 國頂有限公司 / 總和低於50 / Abc 第二銀行 / 總和50以上 / Abc 棕國信託 / 總和低於50 / Abc 琴花卉 / 總和50以上 / Abc 琴攝影 / 總和50以上 / Abc 皓國廣兌 / 總和低於50 / Abc 遠多貿易 / 總和50以上 / Abc

問題一：「SUM(運費 of 公司名稱 =' 山山銀行 ') = 407」，及「SUM(運費 of 公司名稱 =' 琴花卉 ') = 612」是如何計算而得的？

答案：可透過【資料 (D) > 資料集名稱 > 檢視資料 (V)⋯】，將這兩個資料表的「訂單識別碼」相同鍵值複製貼上到 Microsoft Excel 計算而得的，如表 10-1 所示。我們也可透過建立導出欄位與其程式碼：SUM(IF [公司名稱]=' 山山銀行 ' THEN [運費] ELSE NULL END) 與 SUM(IF [公司名稱]= ' 琴花卉 ' THEN [運費] ELSE NULL END)，就會分別得到 407 和 612。

表 10-1　計算 **SUM(** 運費 **)** 範例

公司名稱 (產品訂單)	訂單識別碼 (產品訂單)	訂單識別碼 (訂單)	運費 (訂單)
山山銀行	35	35	7
山山銀行	55	55	200

表 10-1 計算 SUM(運費) 範例（續）

公司名稱 (產品訂單)	訂單識別碼 (產品訂單)	訂單識別碼 (訂單)	運費 (訂單)
山山銀行	78	78	200
琴花卉	37	37	12
琴花卉	47	47	300
琴花卉	56	56	0
琴花卉	74	74	300
琴花卉	79	79	0
琴花卉	79	79	0

問題二：爲何出現「公司名稱 =Null」、「運費 =242」和「公司 _ 運費 _ 總和決策 =Null」？

答案：我們發現 [訂單識別碼] 出現 Null 值發生在範圍：[50, 69]。訂單識別碼 (訂單) = {50, 51, 55, 56, 57, 58, 59, 60, 61, 62, 63, 64, 65, 66, 67, 68, 69} 計 17 個元素，訂單識別碼 (產品訂單) = {50, 51, 55, 56, 58, 60, 63, 67, 69} 計 9 個元素，沒有完全對應，表示有 Null 存在。那麼，如何得到 SUM(運費 of 訂單識別碼 (產品訂單)=Null) = 242？它的運作機制如下：

(1) 首先建立兩個行資料，分別爲 [訂單識別碼]（訂單）和相對應 [運費]，並對 [訂單識別碼] 進行由小到大排序；

(2) 去找到配置 [訂單識別碼] (產品訂單) 和 [運費] 等兩個行資料的位址和所需儲存空間；

(3) 以 [訂單識別碼] (訂單) 主鍵（PK）作爲參照依據，逐一對照（Mapping to）[訂單識別碼] (產品訂單) 的外來鍵（FK），凡是對應不到者，以 Null 值取代，就會形成 {50, 51, 55, 56, Null, 58, Null, 60, Null, Null, 63, Null, Null, Null, 67, Null, 69}；對應到者，以 PK 值填入。然後再將 [運費] 存入。因此，它們的行資料會被展開與儲存；

(4) 最後，根據訂單識別碼 (產品訂單) 進行排序，依 [公司名稱] 個別計算 [訂單識別碼] 的 SUM() 彙總。如表 10-2 所示。將 [訂單識別碼]（產品訂單）出現 Null 值的運費總和 =200+5+4+7+12+9+5+0=242。

表 10-2　以訂單識別碼為主鍵所得到運費結果

訂單識別碼 (產品訂單)	訂單識別碼 (訂單)	運費
50	50	5
51	51	60
51	51	60
51	51	60
55	55	200
56	56	0
Null	57	200
58	58	5
58	58	5
Null	59	5
60	60	60
Null	61	4
Null	62	7
63	63	7
63	63	7
Null	64	12
Null	65	9
Null	66	5
67	67	9
Null	68	0
69	69	0

我們也可以透過 ATTR() 函數的彙總層級，來建立導出（計算）欄位：IIF(ATTR({FIXED [公司名稱]: SUM([運費])}) >= 100, ATTR([公司名稱]), ' 低於 100')。也可以計算出出貨日期的數量，有關程式如下：

導出欄位名稱	敘述句	回傳值
出貨日期 _ 計數	SUM (IIF({FIXED [出貨日期 (產品訂單)]: COUNT([出貨日期 (產品訂單)])} >=2, 1, 0))	8
數量 _ 單價 _ 乘積	RAWSQL_INT("%1*%2",[數量],[單價])	列層級計算

3. 引用 RAWSQL 與 RAWSQLAGG 函數

Tableau 提供 SQL 功能的函數，它的目的有三，(1) 相對計算。即會受到工作表中的維度而影響，意即它與資料層級的細粒度有關；(2) 查詢；(3) 列層級計算。屬於列層級計算（ROD）的 RAWSQL 函數，計算結果會新增欄位和資料並影響到當前資料集。以下列程式爲例，Tableau 的運作機制是 [1] 事先被轉換成資料庫 SQL 語法結構和相對應程式碼 [2] 後再去處理之。

```
//[1] Tableau 寫法
RAWSQLAGG_INT("SUM(%1)",IIF ([ 單價 ] >= 50,[ 單價 ],0) )
//%1 將由 [ 單價 ] 取代，爲回傳 Column 形式行資料的欄位名稱代號。
```

```
//[2] 當按【套用】執行程式[1]後，Tableau就會產出相對應的SQL語法如下：
SELECT (SUM([產品資料].[單價])) AS [usr:Calculation_575616384137502723:ok]
FROM [ 產品資料 ]
WHERE [ 產品資料 ].[ 單價 ] >= 50
HAVING (COUNT(1) > 0)
```

它的語法結構分成兩種，(1)RAWSQL_ 函數名稱 ("Sql_Expr" , [Argl] , …, [Argn])；(2)RAWSQLAGG_ 函數名稱 ("Sql_Expr" , [Argl] , …, [Argn])。其中 AGG 即指 Aggregation（彙總），表示必須引用到彙總函數，%1 對應到欄位 [Argl]，…，%n 對應到欄位 [Argn]，n∈N。但是這樣的 "Sql_Expr" 語法表示式易讓使用者誤解成是資料庫 SQL 語法，並與之相連結，例如，SQL 最常被用到的是「SELECT < 欄位名稱 > FROM < 資料表名稱 > WHERE < 條件 >」的撰寫格式，但實際上並非如此。另一缺失是來自 Tableau Desktop 版本所提供的表 10-3 編號 #3 語法範例，當執行後發生錯誤。這是國際性知名軟體不會發生的。這表示 RAWSQL_BOOL() 不可使用 IIF() 子句。建議去修正 Tableau Desktop 它的語法範例。

表 10-3　執行 Tableau 所提供的 RAWSQL 語法範例

編號	敘述句	計算結果
#1	RAWSQL_BOOL("%1 > %2",[運費],[數量]) // 計數 (False)=41, 計數 (True)=17	正確
#2	RAWSQL_BOOL ("%1 > %2 AND %1 >= 100", [運費] , [數量]) // 計數 (False)=51, 計數 (True)=7	正確

#3	RAWSQL_BOOL ("IIF(%l > %2, True, False) ",[運費] , [數量])
	// 來自 Tableau 語法範例：
	// RAWSQL_BOOL ("IIF(%l > %2, True, False) ",[銷售額] , [利潤])
		語法錯誤

在語法結構中，RAWSQLAGG 和 RAWSQL 最大差異，在於：(1) 前者必須在 "Sql_Expr" 內引用到函數，但後者則不可以。(2) 前者回傳單值；後者回傳多值。(3) 前者不會對資料集新增導出欄位與其內容，但後者會影響。條件子句（相當於 SQL 的 WHERE）只能採用 IIF() 函數，不能用 IF 子句。下列爲範例：

敘述句	計算結果
RAWSQLAGG_DATE("MAX(%1)",[訂單日期])	2006/6/23
RAWSQLAGG_INT("COUNT(%1)",[運費])	48
RAWSQLAGG_BOOL("SUM(%1) > SUM(%2)", [運費] , [數量])	False
RAWSQL_STR("IIF(%1 > %2, 1, 0)",[運費],[數量]) // 計數 (False)=41, 計數 (True)=17	(度量 (計數), 離散)
RAWSQLAGG_REAL("IIF(SUM(%1) > 100, AVG(%1), 0)",[運費])	44.5
RAWSQL_BOOL("SUM(%1) > SUM(%2)",[運費],[數量]) // 錯誤原因：RAWSQL_BOOL() 非用於彙總表示。即不允許 SUM()	語法錯誤
RAWSQLAGG_INT("SUM(IIF(%1 >44.5 ,%1, 0)) ",[運費])	1920
RAWSQLAGG_INT("SUM(IIF(%1>{FIXED :AVG([運費])},%1,0))",[運費])// 錯誤原因：{FIXED} 非屬 SQL 用法。	語法錯誤

有關 RAWSQLAGG 和相對計算（隨維度值改變而變化）之範例如下：

導出欄位名稱	敘述句
運費 _ 高於平均	RAWSQLAGG_INT("SUM(IIF(%1 >44.5 ,%1, 0)) ",[運費]) //44.5 無法透過 RAWSQLAGG_REAL 或其他函數計算而得。

有關相對計算 [運費 _ 高於平均] 欄位之工作環境與其設定如下：

工作環境	在架中編輯	設定
【列】架	[運送縣 / 市]	(維度)
【列】架	SUM([運費])	(度量 (總和), 連續)
標記卡【詳細資料】	[運費 _ 高於平均]	(離散)

4. 統計分析

我們可透過 RAWSQL 函數來產出 [數量] 和 [運費] 的計數（筆數），再依據 [運送縣 / 市] 個別建立新的資料。做法上，將 [運送縣 / 市]、[數量 _ 計數] 和 [運費 _ 計數] 等三個欄位拖曳到【列】架上，然後全部匯出至「D:\ 數量 _ 運費 _ 相關 .csv」。

導出欄位名稱	敘述句
數量 _ 計數	SUM(RAWSQL_INT("IIF(LEN(%1)=0, 0, 1)",[數量])) // 相對運算
運費 _ 計數	SUM(RAWSQL_INT("IIF(LEN(%1)=0, 0, 1)",[運費])) // 相對運算

最後，以 STATA 統計軟體來計算它們的皮爾森相關係數。在 STATA 環境，輸入匯入指令：「import delimited D:\ 數量 _ 運費 _ 相關 .csv, encoding(UTF-8)」。完後再輸入指令：「pwcorr 數量 _ 計數 運費 _ 計數 [fweight = 數量 _ 計數], sig star(5)」。因爲屬於彙總計數，故必須使用「頻次加權」（Frequency Weight）fweight 選項，其統計結果如表 10-4 所示。可以看出 [數量] 和 [運費] 之計數上，呈現極爲顯著正相關（機率值 <0.0001）。當在不同 [運送縣 / 市] 情況下，[數量] 筆數愈多，則 [運費] 筆數就會跟著增加。

表 10-4　數量與運費計數皮爾森相關分析

	數量 _ 計數	運費 _ 計數
數量 _ 計數	1	
運費 _ 計數	0.9396* 0.000	1

我們可進一步分析，以運送各縣市地理位置區分成 4 個地區。當按下【套用】鈕執行 [運送縣市 _ 分區] 程式碼，然後再按下 <F5>（【資料 (D) > 資料集名稱 > 重新整理 (R) F5】）去變更目前資料集結構和內容。

注意：

(1) 當執行程式後，在巨量資料下，Tableau 有可能不會立即完成資料表內容更新，此時可按下 <F5> 鍵，以重新整理資料表內容。

(2) 當敘述句內，(A) 只引用到「產品訂單」資料表內的（資料或導出）欄位時，其導出欄位與其內容就會放在「產品訂單」內。(B) 若爲只引用到「訂單」，就會放在「訂單」內。(C) 若同時引用到「產品訂單」和「訂單」資料表時，就會放在額外資料區，即不歸屬任何資料表。此時，我們只能透過拖曳它到工作表上，來匯出該導出欄位的資料至 CSV 檔案。

導出欄位名稱	敘述句
運送縣市 _ 分區	CASE [運送縣 / 市] WHEN IN(' 台北市 ',' 台北縣 ',' 桃園縣 ',' 新竹市 ') THEN '4- 北區 ' WHEN IN(' 台中市 ',' 南投縣 ') THEN '3- 中區 ' WHEN IN(' 高雄市 ',' 屏東縣 ',' 屏東市 ') THEN '2- 南區 ' ELSE '1- 東區 ' END

在 STATA 環境，經過執行「pwcorr 數量 _ 計數 運費 _ 計數 [fweight = 數量 _ 計數], sig star(5)」指令後，從表 10-5 結果發現，將縣市分區成 4 個區域後，[數量] 和 [運費] 計數相關更爲顯著。

表 10-5　依分區的數量與運費計數相關分析

	數量 _ 計數	運費 _ 計數
數量 _ 計數	1	
運費 _ 計數	0.9970* 0.0000	1

最後，我們以 4 個區域和 [數量]×[單價] 來進行變異數分析，以洞察不同區域是否對銷售金額有所差異，例如在北部地區的銷售金額可能與東部地區有

差異。現在，遭遇到不同資料來源如何合併的問題。它們皆是以資料表來分組的，即這 4 個區域欄位屬於「訂單」資料集（總計 48 列），而 [銷售金額] 欄位則屬於「產品訂單」資料集（總計 58 列），無法直接合併資料。在來源和總筆數均不同等情況下，我們就必須藉由資料混合（Data Blending）技巧來完成之。

導出欄位名稱	敘述句
北區	IIF([運送縣市 _ 分區]='4- 北區 ', 1,0)
中區	IIF([運送縣市 _ 分區]='3- 中區 ', 1,0)
南區	IIF([運送縣市 _ 分區]='2- 南區 ', 1,0)
東區	IIF([運送縣市 _ 分區]='1- 東區 ', 1,0)
銷售金額	RAWSQL_REAL("%1 * %2", [數量],[單價])

解決之道，就是透過 Tableau 工作表作爲介接，以兩個資料表關聯的鍵值 [訂單識別碼]（PK 和 FK）來建立它們之間的關係。然後透過【檢視資料】全部匯出至「D:\ 地區 _ 銷售金額 _ANOVA.csv」，總計 55 筆資料。下列爲地區和銷售金額操作過程和設定，結果如圖 10-6 示。

工作環境	在架中編輯	設定
【列】架	[北區]	(維度 , 離散)
【列】架	[中區]	(維度 , 離散)
【列】架	[南區]	(維度 , 離散)
【列】架	[東區]	(維度 , 離散)
【列】架	[銷售金額]	(維度 , 離散)

經由輸入 STATA 的變異數分析指令：「anova 銷售金額 北區 中區 南區 東區」後，得到表 10-6 統計結果。從表中顯示，銷售金額對各地區銷售狀況沒有顯著差異（Model 機率值 >0.05），它們之間的變異都很小，使得 F 值相對很低。

☰ 列　北區　中區　南區　東區　銷售金額

北區	中區	南區	東區	銷售金額	
0	0		1	96.5	Abc
				120	Abc
				450	Abc
				510	Abc
				1560	Abc
			0	35	Abc
				127.5	Abc
				270	Abc
				300	Abc
				530	Abc
				800	Abc
				920	Abc
				1218	Abc
				1930	Abc
				13800	Abc
	1		0	127.5	Abc
				230	Abc
				289.5	Abc
				510	Abc
				533.75	Abc
				552	Abc
				736	Abc
				1000	Abc
				13800	Abc
1	0		0	0	Abc
				52.5	Abc

圖 10-6　地區和銷售金額操作之工作表呈現

表 10-6　地區和銷售金額變異數分析結果

Source	Partial SS	df	MS	F	Prob>F
Model	17013540	3	5671180	0.83	0.4812
北區	468412.2	1	468412.2	0.07	0.794
中區	6555591	1	6555591	0.96	0.3307
南區	6967310	1	6967310	1.03	0.3161
東區	0	0			
Residual	3.47E+08	51	6795920		
Total	3.64E+08	54	6733435		

10.5 Tableau 與資料庫處理

本節將探討如何將微軟 ACCESS 資料庫與 Tableau 相結合使用，以提供統計分析資料來源。

1. 列聯關聯分析

(1) 連線資料庫來源

當啓動 Tableau Desktop 軟體後，連線到檔案的 Microsoft Access，選擇檔案名稱：Northwind.mdb，按【開啓】。然後將「供應商」資料表拖曳到右上方空白處，再按左下方的【工作表 1】。

(2) 建立導出欄位

在「Tableau」環境下，使用「供應商（Northwind）」資料表，並建立兩個導出欄位名稱。

導出欄位名稱	敘述句
城市分類	IIF(ENDSWITH([城市],' 縣 '),' 縣 ',' 市 ')
職稱分類	IIF(TRIM([連絡人職稱]) = ' 董事長 ', ' 董事長 ', ' 其他 ')

透過操作與設定程序，以獲得上述 [城市分類] 和 [職稱分類] 執行結果。

工作環境	在架中編輯	設定
【列】架	[城市]	(維度)
【列】架	[城市分類]	(維度)

工作環境	在架中編輯	設定
【列】架	[城市分類]	(維度)
【列】架	COUNT([城市分類])	(度量 (計數), 離散)

工作環境	在架中編輯	設定
【列】架	[連絡人職稱]	(維度)
【列】架	[職稱分類]	(維度)
【列】架	COUNT([職稱分類])	(度量 (計數), 離散)

(3) 建立二維資料表

我們可以透過工作表上的資料來建立統計分析用的資料表。操作如下：

工作環境	在架中編輯	設定
【欄】架	[城市分類]	(維度)
【列】架	[職稱分類]	(維度)
標記卡【文字】	COUNT([城市分類])	(度量 (計數), 連續)

它可以用來產生二維列聯表（Contingency Table）或稱交叉表（Cross Tabulation），以便進行頻次統計和列聯關聯統計分析。它是一種卡方獨立性檢定（Test for Independence）。

當在工作表上已呈現列聯資料後，全部選取 [職稱分類] 欄位內容後，按 ▦ 的【檢視資料 ...】，按【匯出全部 (E)】，將列聯表資料全部匯出至「D:\ 城市 _ 職稱 _ 交叉表 .CSV」檔案，如圖 10-7。也可以在 Tableau 畫面最上方的主功能表上，選擇【工作表 (W) > 複製 (C) > 資料 (D)】，貼上 Microsoft Excel 工作表 [A1] 儲存格上，然後再儲存成 Excel 檔案。

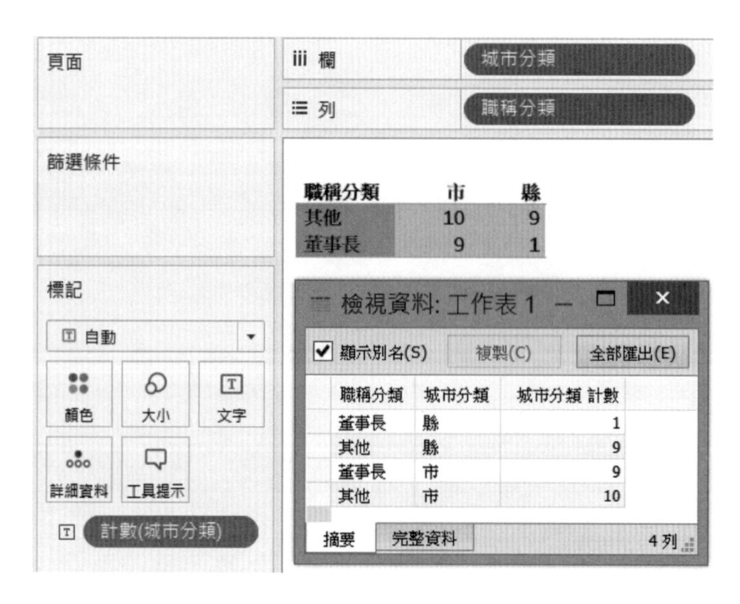

圖 10-7　選取 [職稱分類] 資料後的檢視資料畫面

(4) 列聯統計分析

啓動 STATA 軟體。匯入（Import）「D:\ 城市 _ 職稱 _ 交叉表 .CSV」檔案。輸入下列指令：

tabulate 職稱分類 城市分類 [fweight= 城市分類計數], chi2 gamma V

其中，fweight（frequency weights）選項的使用時機是，原始資料集計 29 筆紀錄，經彙總後只有 4 筆資料。因此，選擇次數加權值項目，並指定變數名稱：城市分類計數。當然我們也可以透過人爲操作：【Statistics > Summaries, tables, and tests > Frequency tables > Two-way table with measures of association】，Weights: ◉ frequency weights，城市分類計數。

從表 10-7 結果顯示，職稱和城市具有顯著負關聯性（機率值 =0.044 小於 0.05），其關聯強度爲 -0.7802。其統計意義係指「董事長」偏向「市」，表示城市若屬「市級」者，就會有較多的「董事長」職稱。因此，如果任何人想要擔任「董事長」的話，最好到市級城市工作較有機會。「其他」職稱，「市級」= 10，「縣級」= 9，兩者差異很小。故「其他」職稱不用去解釋它。

表 10-7 職稱分類和城市分類卡方關聯分析結果

	城市分類		
職稱分類	市	縣	Total
其他	10	9	19
董事長	9	1	10
Total	19	10	29
Pearson chi2(1) = 4.0496	Pr = 0.044		
Cramér's V = -0.3737	gamma = -0.7802		ASE= 0.225

2. 線性迴歸分析

(1) 資料來源

以 Northwind.mdb 的「產品資料」資料表作爲資料來源。

(2) 建立導出欄位

由於 Tableau 沒有專爲資料庫提供規則運算式（Regular Expression）語法，因此，當有匯入資料庫時，我們在 Tableau 語法和範例中就會看不到 REGEXP_MATCH()、REGEXP_REPLACE() 等函數，使得我們必須大量採用 CONTAINS() 函數。這個會增加編輯程式和除錯等負荷。我們以建立 [產品分類] 欄位爲例，[產品] 欄位來自於 MDB 的「產品資料」資料表。

<table>
<tr><th>導出欄位名稱</th><th>敘述句</th></tr>
<tr><td>產品分類</td><td>//[1] 為資料庫 MDB 檔案做法
IF CONTAINS([產品],' 起司 ') THEN ' 起司類 '
ELSEIF CONTAINS([產品],' 肉 ') OR CONTAINS([產品],' 雞 ')
THEN ' 肉類 '
ELSEIF CONTAINS([產品],' 魚 ') OR CONTAINS([產品],' 蝦 ') OR
CONTAINS([產品],' 貝 ') OR CONTAINS([產品],' 蟹 ') OR
CONTAINS([產品],' 海 ') OR CONTAINS([產品],' 枝 ') OR
CONTAINS([產品],' 蚵 ') THEN ' 海鮮類 '
ELSEIF CONTAINS([產品],' 咖啡 ') OR CONTAINS([產品],' 汁 ')
OR CONTAINS([產品],' 水 ') OR CONTAINS([產品],' 茶 ')
OR CONTAINS([產品],' 飲料 ')
THEN ' 飲料類 '
ELSEIF CONTAINS([產品],' 小米 ') OR CONTAINS([產品],' 白米 ')
OR CONTAINS([產品],' 再來米 ') OR CONTAINS([產品],' 糙米 ')
THEN ' 米類 '
ELSEIF CONTAINS([產品],' 味素 ') OR CONTAINS([產品],' 醬 ') OR
CONTAINS([產品],' 粉 ') OR CONTAINS([產品],' 油 ') OR
CONTAINS([產品],' 鹽 ')
THEN ' 調味類 '
ELSEIF CONTAINS([產品],' 奶 ') OR CONTAINS([產品],' 巧 ') OR
CONTAINS([產品],' 糕 ') OR CONTAINS([產品],' 糖 ') OR
CONTAINS([產品],' 餅 ')
THEN ' 糕點類 '
ELSEIF CONTAINS([產品],' 麥 ') OR CONTAINS([產品],' 豆 ') OR
CONTAINS([產品],' 薯 ') OR CONTAINS([產品],' 鹽 ') OR
CONTAINS([產品],' 片 ') OR CONTAINS([產品],' 花生 ')
THEN ' 五穀類 '</td></tr>
</table>

導出欄位名稱	敘述句
	ELSEIF CONTAINS([產品],' 酒 ') THEN ' 酒類 ' ELSE [產品] END
庫存量 _ 平均	ROUND(AVG([庫存量]),2)
單價 _ 平均	ROUND(AVG([單價]),2)
產品 _ 計數	COUNT([產品])
安全存量 _ 比較值	IF RAWSQL_BOOL ("%1 >%2", // 勿使用 IIF() 子句 [安全存量], [已訂購量]) // 回傳 : True or False THEN 1 ELSE 0 END

爲了減少大量使用 CONTAINS，其解決方案就是採取 REGEXP_MATCH 用法。做法上，將資料庫的「產品資料」資料表匯出到CSV檔案，程式相當簡潔。但這種做法就不適合具有關聯的資料表，即不能採用連線到資料庫。下列爲匯出到 CSV 或 EXCEL 檔案類型之後的做法：

導出欄位名稱	敘述句
產品分類 2	//[2] 非為資料庫做法，為 CSV 或 EXCEL 檔案 IF CONTAINS([產品],' 起司 ') THEN ' 起司類 ' ELSEIF REGEXP_MATCH([產品],' 肉 | 雞 ') THEN ' 肉類 ' ELSEIF REGEXP_MATCH([產品],' 魚 | 蝦 | 貝 | 蟹 | 海 | 枝 | 蚵 ') THEN ' 海鮮類 ' ELSEIF REGEXP_MATCH([產品],' 咖啡 | 汁 | 水 | 茶 | 飲料 ') THEN ' 飲料類 ' ELSEIF REGEXP_MATCH([產品],' 小米 | 白米 | 再來米 | 糙米 ') THEN ' 米類 ' ELSEIF REGEXP_MATCH([產品],' 味素 | 醬 | 粉 | 油 | 鹽 ') THEN ' 調味類 ' ELSEIF REGEXP_MATCH([產品],' 奶 | 巧 | 糕 | 糖 | 餅 ') THEN ' 糕點類 ' ELSEIF REGEXP_MATCH([產品],' 麥 | 豆 | 薯 | 鹽 | 片 | 花生 ') THEN ' 五穀類 ' ELSEIF CONTAINS([產品],' 酒 ') THEN ' 酒類 ' ELSE [產品] END

下列為採用 RAWSQL/RAWSQLAGG 函數，以及相對應其他寫法：

導出欄位名稱	敘述句

安全存量 _ 比較	// RAWSQL 函數，相對計算或比較
	IF
	  //RAWSQL_BOOL ("SUM(%1) >SUM(%2)", // 不可使用 SUM
	  RAWSQL_BOOL ("%1 > %2", // 不可使用 SUM
	    [安全存量], [已訂購量]) // 回傳 : True or False
	THEN ' 安全存量良好 '
	ELSE ' 安全存量不足 '
	END

SQL_ 兩個屬性 _ 總和 _ 差異	// 回傳：140。AGG 彙總相對應到 SUM 彙總，以保持一致性
	RAWSQLAGG_INT("SUM(%1) - SUM(%2)",
	    IIF([安全存量]>=10,[安全存量],0),
	    IIF([已訂購量]>=5,[已訂購量],0)
	)

兩個欄位 _ 總和 _ 差異	// 回傳：140 SUM(IIF([安全存量]>=10,[安全存量],0)) - SUM(IIF([已訂購量]>=5,[已訂購量],0))
N/A (Microsoft SQL SERVER/ ACCESS) (SQL 語法)	SELECT Sum(安全存量) AS 存量總和 FROM 產品資料 WHERE 安全存量 >=10 SELECT Sum(已訂購量) AS 訂購總和 FROM 產品資料 WHERE 已訂購量 >=5

SQL_ 單價大於等於 50_ 總和	// 採用 RAWSQLAGG 語法 , 回傳單值彙總整數值
	RAWSQLAGG_INT("SUM(%1)",
	      IIF ([單價] >= 50,[單價],0)
	  )

單價 _ 大於等於 50_ 總和	// 採用 SUM 語法 SUM(IIF([單價]>=50,[單價],0))

(3) 產出資料集

為了提供資料集給統計分析用起見，我們必須透過工作表途徑，將建立好的欄位拖曳到【列】架上，有關操作與設定如下：

工作環境	在架中編輯	設定
【列】架	[產品分類]	(維度)
【列】架	[安全存量 _ 比較值]	(維度 , 離散)
【列】架	[單價 _ 平均]	(離散)
【列】架	[產品 _ 計數]	(離散)

其相對應的工作表呈現，如圖 10-8 所示。然後選取工作表內容，透過【檢視資料】，選擇【全部匯出 (E)】，檔案名稱：D:\ 產品與安全存量 .CSV。這個檔案內容將會與圖 10-8 完全相同。這是 Tableau 最擅長的地方，它可以在很短時間內創造不同的資料集，以提供統計軟體分析之用。

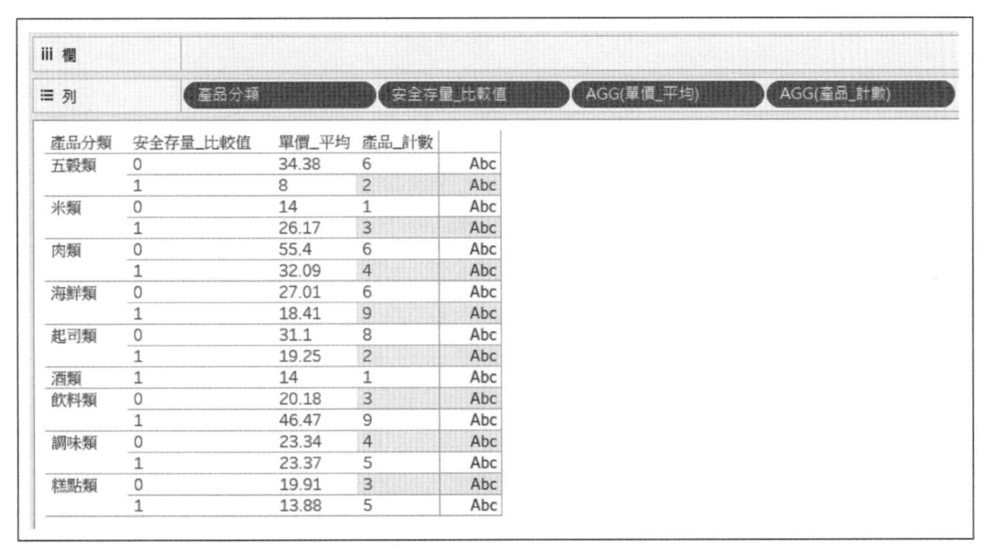

產品分類	安全存量_比較值	單價_平均	產品_計數	
五穀類	0	34.38	6	Abc
	1	8	2	Abc
米類	0	14	1	Abc
	1	26.17	3	Abc
肉類	0	55.4	6	Abc
	1	32.09	4	Abc
海鮮類	0	27.01	6	Abc
	1	18.41	9	Abc
起司類	0	31.1	8	Abc
	1	19.25	2	Abc
酒類	1	14	1	Abc
飲料類	0	20.18	3	Abc
	1	46.47	9	Abc
調味類	0	23.34	4	Abc
	1	23.37	5	Abc
糕點類	0	19.91	3	Abc
	1	13.88	5	Abc

圖 10-8　將 [產品分類] 等欄位拖放到【列】架後工作表呈現結果

(4) 統計分析

在 STATA 環境內，匯入「D:\ 產品與安全存量 .CSV」檔案，指令列輸入：

pwcorr 安全存量 _ 比較值 單價 _ 平均 產品 _ 計數 , sig star(5)

由表 10-8 統計結果顯示，只有在產品分類下，發生「產品 _ 計數」和「單價 _ 平均」有顯著差異。它們彼此呈現正相關，強度為 0.58。即產品銷售件數愈多，則產品的平均單價就愈高，銷售額表現就愈佳。

表 10-8　安全存量、單價和產品相關分析結果

	安全存量 _ 比較值	單價 _ 平均	產品 _ 計數
安全存量 _ 比較值	1		
單價 _ 平均	-0.2445 0.3443	1	
產品 _ 計數	-0.0364 0.8897	0.5834* 0.014	1

由於單價與產品之間存在相關，故可進一步分析。在指令列上輸入：

regress 單價 _ 平均 安全存量 _ 比較值 產品 _ 計數 , beta

從表 10-9 統計得知，只有產品 _ 計數變數對單價 _ 平均具有解釋效果，即當在「產品分類」之條件下，產品 _ 計數愈高，就會使單價 _ 平均隨之增加，且每當產品 _ 計數變動 +1 個單位時，單價 _ 平均就會上升 +0.57 個單位，變化幅度超過 50%。這種處理模式，只有在結合「Tableau+ 程式設計」時，才能在很短時間內完成這種洞察結果；同時也是 STATA、SAS、IBM SPSS 或其他統計軟體、電腦語言程式等，較難以快速完成的。這是 Tableau 的優勢。

表 10-9　單價與安全存量、產品的迴歸分析結果 (N=17)

Source	SS	df	MS		
				F(2, 14) = 4.48	
Model	917.691073	2	458.8455	Prob > F = 0.0313	
Residual	1433.77352	14	102.4124	R-squared = 0.3903	
				Adj R-squared =0.3032	
Total	2351.46459	16	146.9665	Root MSE = 10.12	
單價 _ 平均	**Coef.**	**Std. Err.**	**t**	**P>|t|**	**Beta**
安全存量 _ 比較值	-5.26722	4.920648	-1.07	0.303	-0.22354
產品 _ 計數	2.732323	0.991874	2.75	0.016	0.575268
_cons	15.52801	5.817728	2.67	0.018	.

10.6 關聯與引用欄位

前面已詳細介紹微軟的 SQL Server 和 Access 等資料庫的關聯和使用。本節將介紹如何從 Microsoft Excel 環境去建立關聯和導出欄位，以及如何去存取這些相同的欄位名稱。

1. 建立工作表

首先，在 Microsoft Excel 環境的同一活頁簿（檔案）上，分別建立兩個工作表名稱（Worksheet Name）：客戶資料、資訊類，並輸入其內容。如表 10-10、表 10-11 。然後儲存至：EXCEL_ 關聯表 .xlsx。其中部分欄位資料是假設的，它們僅供範例操作用。

表 10-10 「客戶資料」工作表內容

客戶編號	生產分類	客戶名稱	地址	聯絡人
A1	光電	友達光電 (股) 公司	台北市 11568 南港區經貿二路 198 號 9F	彭○○
B1	資訊	精誠資訊 (股) 公司	台北市 114 內湖區瑞光路 318 號	唐○○
B2	資訊	台灣微軟 (股) 公司	台北市 110 信義區忠孝東路五段 68 號 19 樓	孫○○
B3	資訊	IBM 台灣國際商業機器 (股) 公司	台北市 110 信義區松仁路 7 號 3 樓	李○○
B4	資訊	神通資訊科技 (股) 公司	台北市 114 內湖區堤頂大道二段 187 號	蘇○○
B5	資訊	鼎新電腦 (股) 公司	新北市 231 新店區中興路一段 222 號	潘○○
B6	資訊	凌群電腦 (股) 公司	台北市 108 萬華區峨眉街 115 號 6 樓	劉○○
C1	資訊安全	趨勢科技 (股) 公司	台北市 106 大安區敦化南路二段 198 號	洪○○
D1	電腦	慧與科技 (股) 公司	台北市 115 南港區經貿二路 66 號 10 樓	徐○○

表 10-10　「客戶資料」工作表內容（續）

客戶編號	生產分類	客戶名稱	地址	聯絡人
D2	電腦	宏碁 (股) 公司	新北市 221 汐止區新台五路一段 88 號	萬○○
D3	電腦	華碩電腦 (股) 公司	台北市 112 北投區立德路 15 號	胡○○
E1	電子商務	金財通商務科技服務 (股) 公司	台北市 105 松山區南京東路三段 261 號 7 樓	陳○○
F1	電子	光寶科技 (股) 公司	台北市 114 內湖區瑞光路 392 號	陳○○
F2	電子	立寶電子 (股) 公司	台北市 114 內湖區內湖路一段 120 巷 13 號	許○○
F3	電子	台達電子工業 (股) 公司	台北市 114 內湖區陽光街 256 號	海○○

表 10-11　「資訊類」工作表內容

客戶編號	聯絡人	產品名稱	交易量
B2	Alice	Microsoft SQL SERVER	4291100
B5	Ted	ERP	1901100
B3	Kevin	IBM SPSS	1034400
B3	Iris	IBM DB2	1290000
B2	Allan	Microsoft OFFICE	3451110
B2	Grace	Microsoft AZURE	5412100
B5	Henry	sMES	1327811

2. 建立關聯

啓動 Tableau 軟體，匯入「EXCEL_ 關聯表 .xlsx」檔案，它包含「客戶資料」、「資訊類」等兩個工作表名稱。首先，我們將連線畫面左側的「客戶資料」、「資訊類」依序拖放到畫面中間上方空白處。再來，在「編輯關係」視窗上，我們選擇 [客戶編號] 欄位來建立它們的關聯（關係）。完成後，按 ×。過程如圖 10-9 所示。其中，「客戶編號 (客戶資料)」作爲關聯主鍵（Primary Key, PK），而「客戶編號 (資訊類)」作爲外來鍵（Foreign Key, FK）。意即資料窗格之資料表上的 [客戶編號] 欄位為 PK，[客戶編號 (資訊類)] 欄位為 FK。

圖 10-9　以 [客戶編號] 建立關係（關聯）

3. 建立導出欄位

當在前揭圖 10-9 左下角處按【工作表 1】後，由於「客戶資料」、「資訊類」這兩個工作表均有共同欄位名稱：客戶編號、聯絡人。因此，為了區別它們起見，Tableau 主動產生 [客戶編號 (資訊類)]、[聯絡人 (資訊類)]。當然我們可以透過【重新命名】來變更這兩個欄位名稱。注意：[欄位 (工作表)] 這兩者之間須以一個半形空白字元相隔開。無相隔或相隔超過一個空白，都視為無效。

以 [客戶編號] 建立關係後，即可將「客戶資料」、「資訊類」這兩個工作表視成同一個資料集。在建立導出欄位過程中，因為引用不同資料表欄位，故就會回傳結果儲存到不同記憶區。有關它們的可能情況如表 10-12。

表 10-12　引用到不同工作表欄位所相對應的儲存記憶區

情況	導出欄位引用到…	儲存記憶區	範例
1	欄位 (客戶資料)	客戶資料區	[客戶編號]
2	欄位 (資訊類)	資訊類區	[聯絡人 (資訊類)]
3	欄位 (客戶資料) + 欄位 (資訊類)	公用區	[客戶編號] + " " + [聯絡人 (資訊類)]
4	無任何欄位名稱	公用區	20*COS(3/4*PI())
5	彙總或單一結果值	公用區	MAX(LEN([客戶名稱]))

下列為透過關聯鍵 [客戶編號] 所建立的 [客戶交易量] 和 [客戶地址聯絡人] 欄位。其中 [客戶名稱]、[地址] 屬於「客戶資料」欄位；[交易量] 和 [聯絡人 (資訊類)] 屬於「資訊類」欄位。混用結果會被儲存到公用區。其結果如圖 10-10。

導出欄位名稱	敘述句
客戶交易量	[客戶名稱] + SPACE(3) + STR([交易量]) + " 筆 "
客戶地址聯絡人	[客戶名稱] + SPACE({MAX(LEN([客戶名稱]))}-LEN([客戶名稱])+3) + [地址] + SPACE({MAX(LEN([地址]))} - LEN([地址])+3) + [聯絡人] + " 或 " + [聯絡人 (資訊類)]

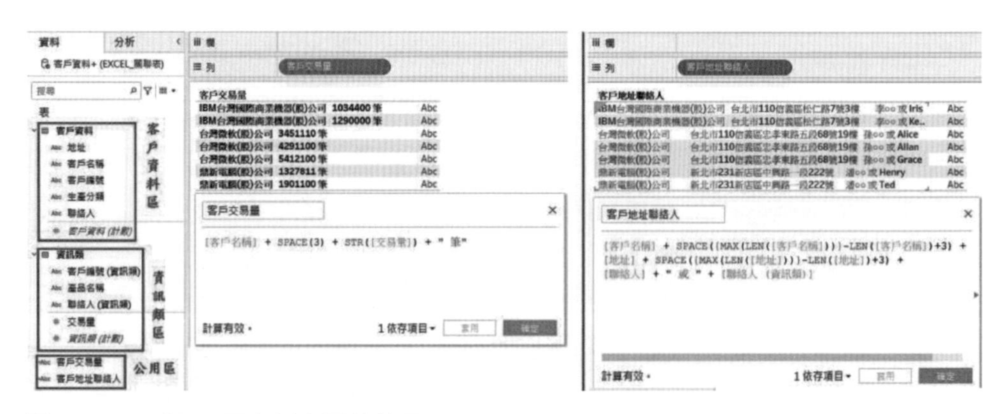

圖 10-10　引用不同資料表欄位結果

註：「客戶資料」和「資料類」等資料表均有額外的「計數」欄位，這是 Tableau 為配合運作機制而加入的，以限制該資料表的總列數，以灰色斜體字表示。如 [資訊類 (計數)]。

10.7 總結

本章已詳細介紹 { 資料庫 , SQL, Tableau, 程式設計 } 四者結合使用，如何匯出資料供統計軟體進行資料分析。同時 Tableau 提供了相當便捷的資料庫連線，它使用了主鍵（PK）和外來鍵（FK）之間關聯而建立的，可使多個資料表產生關係，以利這些欄位資料（實體）被視成是一體的，期能深入洞察問題，找出潛在有價值的資訊或發掘現象線索。SQL 是一個相當強而有用的結構化查詢語言，可將其概念融入到 Tableau 的 RAWSQL 函數了解與使用。透過撰寫程式，以建立更多有用的結構化資料。期待 Tableau 未來可提供更多類似 SQL 語法和規則運算等函數，以協助我們對資料庫處理和分析更加方便。最後，建議 Tableau 修正語法程式範例，精準說明語法引數（如 RAWSQL_BOOL() 函數），以確保所提供的程式範例，可被使用者來執行與產出正確結果。

第 11 章

Tableau 與地理資訊處理

本章概要

11.1 認識地理資訊系統

11.2 取得經緯度圖資

11.3 Tableau 與建立地理資訊範例

11.4 犯罪與地理資訊

11.5 總結

當完成學習與上機實作後，你將可以

1. 認識地球經度和緯度
2. 從縣市名稱或郵遞區號製作地圖
3. 計算地球座標距離與繪出路徑圖
4. 導入統計分析使地圖呈現具知識價值
5. 將地圖、分群與變異數分析三者結合應用由於行動設備使用的十分普及，資通訊（含衛星、有線和無線）技術的不斷發展，使得地理資訊已廣泛使用在人類生活上，如行車紀錄器或手機、車輛定位系統和地理資訊系統整合應用。現今，地理資訊系統和網際網路的相結合，加上雲端計算環境，已成功應用在科學調查研究、資源管理、開發計畫、跨域商業治理、……等各種應用領域；另一方面，一些線上地圖製作公司採用開放原始碼地圖函式庫發展出客製化線上地圖，驅使開發商業智慧軟體公司，紛紛導入商業資料和線上地圖的整合應用，並獲得廣大客戶的喜愛。本章將介紹地理資訊概念，及如何取得經度和緯度的地理座標點，然後介紹 Tableau 製作複雜地圖過程，最後地理資訊如何應用在犯罪領域，洞察犯罪問題與統計分析。

11.1 認識地理資訊系統

地理資訊系統（Geographic Information System, GIS）是一個概念化的框架（Conceptualized Framework），它提供匯入原始資料（Raw Data），使用地理資料處理模型（含圖形理論和資訊科學），分析空間和地理資料，及展現地理圖資視覺化等能力。GIS 應用軟體是用以處理數位化和結構性之地理性質資料爲主的電腦工具，提供人爲或機器設備之儲存、編輯、搜尋和處理有關時空（Spatial–Temporal）和非空間背景等資料，並藉由空間經緯座標、相關背景資料和精確度之整合，以概略性地圖之幾何形式呈現與匯出。因此，全球統一的經緯座標格式的統一（地理座標系統）與引用、結合背景資料和視覺化，乃爲 GIS 三大要素。相互關聯內容包括在地球時空中發現的地理位置（Location）（X、Y 和 Z 座標）和幾何範圍，發生的日期時間和背景（事件）資料等。其中 X 指緯度（Latitude），Y 指經度（Longitude），兩者皆屬角度量；而 Z 指海拔（Elevation）或高度。X 和 Y 之空間數據在 GIS 是必要元素，但 Z 或空間、時間是可選擇的。現今，處理相關地理資訊之電腦應用軟體，已允許處理有關 P(X,Y) 以外具有地理特性的圖資，例如，一個國家的統一郵遞區號或地理編碼；意即經緯座標或郵遞區號等資料，均可用來處理與呈現地圖。Tableau 軟體就是具備這樣的特色，但它不是專門的 GIS，而是以地理圖資視覺化爲主，也是 Tableau 資料視覺化的一環。

Tableau Desktop 透過連接器來連線（Connect）到地理資料，包括連線到空間檔案（Spatial File），或是在試算表（Excel File）、文字檔案（Text File）、JSON 檔案或伺服器上的位置資料，並可匯入 Tableau 成爲資料集或匯出成處理過的地理資訊檔案。

空間檔案（例如 Shapefile 或 geoJSON 檔案）、文字檔案或試算表，或是在引入 Tableau 時將連線到地理編碼等，只要內容包含經緯度座標或其他供位置用等欄位與其資料格式（表示式）者，均可適用於 Tableau 對地理資料之儲存、處理、分析、彙總、呈現和匯出，包含選擇幾何圖形（點、線或多邊形）和相關 Tableau 語法（函數）等。

註：P(X, Y) 表示法有兩種，一者是 P(經度 , 緯度)，如 MongoDB，PostGIS 等軟體或開源程式；另一者是 P(緯度 , 經度)，如 Google Maps API，Tableau 等。

11.2 取得經緯度圖資

如何取得經緯度圖資對建立地圖十分重要。Tableau 座標點表示式：P(X,Y) = P(緯度 , 經度) = P(列 , 欄)，欄→經度，列→緯度，不可對調，否則產出 Null。這些經緯度必須是眞實的，不可任意假設或採用四捨五入值，否則就無法繪製地圖。本範例是透過已知臺灣地區郵遞區號，及 Tableau 的地理角色設定，來回傳經緯度數據。記住三件事：(1) 郵遞區號必須爲字串；(2) 地理角色設定：郵遞區號；(3) 網路連線。有關取得圖資和如何應用它們如下：

1. 建立資料來源

一開始，從網路搜尋與取得表 11-1 的臺灣機場名稱之相對應郵遞區號，然後將表 11-1 資料輸入到 Microsoft Excel 的工作表內。完後儲存檔案名稱：臺灣機場郵遞區號 .xlsx。

表 11-1　臺灣機場與其郵遞區號

縣市名稱	行政區	機場名稱	郵遞區號
臺北市	松山區	臺北松山機場	105
臺中市	沙鹿區	臺中國際機場	433
高雄市	小港區	高雄國際機場	812
金門縣	金湖鎮	金門機場	891

表 11-1　臺灣機場與其郵遞區號（續）

縣市名稱	行政區	機場名稱	郵遞區號
花蓮縣	新城鄉	花蓮機場	971
澎湖縣	馬公市	澎湖機場	880
嘉義縣	水上鄉	嘉義機場	608
臺東縣	綠島	綠島機場	951
臺東縣	臺東市	臺東機場	950
臺東縣	蘭嶼鄉	蘭嶼機場	952

2. 變更與設定郵遞區號

啓動 Tableau Desktop 軟體，連線檔案到 Microsoft Excel，選擇「臺灣機場郵遞區號 .xlsx」。然後在連線畫面左下角處，按【工作表 1】。

將滑鼠游標移到畫面左側「資料」窗格的 [郵遞區號] 欄位上，依序操作：

(1) 按滑鼠右鍵，選擇【變更資料類型 > 字串】。

(2) 再按滑鼠右鍵，選擇【地理角色 > 郵遞區號】。此時，Tableau 就會自動產生 [經度 (產生)] 和 [緯度 (產生)] 等兩個欄位名稱。這兩個欄位資料就是我們想要的經緯度數據。

3. 匯出經緯度圖資

電腦在有或無皆可網路連線情況下，Tableau 會依 [郵遞區號] 產生相對應 [經度 (產生)] 和 [緯度 (產生)] 等經緯度圖資。這是 Tableau 內建資料（Built-in Data）。

(1) 將 [經度 (產生)] 欄位拖放到【欄】架上；再將 [緯度 (產生)] 欄位拖放到【列】架上。

(2) 將 [郵遞區號]、[縣市名稱] 和 [機場名稱] 等 3 個欄位拖放到標記卡的【詳細資料】上。若沒有網路連線時，將會出現「無法載入線上地圖」的訊息，不用理會它，只要按 × 即可。

(3) 在「工作表 1」空白處，按滑鼠右鍵，選擇【檢視資料 ...】，即可看到如圖 11-1 所示的工作表 1 內容。它內含 [經度 (產生)] 和 [緯度 (產生)] 等兩個欄位，這些數據十分重要。從圖中得知，臺灣地理位置是位於東半球（東經）和北半球（北緯）。按【全部匯出 (E)】，儲存名稱：臺灣機場 _ 經緯座標值 .CSV。這樣做，就可省去到我國內政部或國際相關網站下載臺灣圖資檔案工作。另一做法，在主功能表上，選擇【工作表 (W) > 匯出 (E) > 交叉資料表到 Excel(C)...】，但它偏向工作表編排或列印格式，而非資料處理格式。

檢視資料: 工作表 1

顯示別名(S)　複製(C)　全部匯出(E)

機場名稱	縣市名稱	郵遞區號	經度(產生)	緯度(產生)
澎湖機場	澎湖縣	880	119.58290	23.55100
蘭嶼機場	臺東縣	952	121.54200	22.04390
臺東機場	臺東縣	950	121.10900	22.75160
綠島機場	臺東縣	951	121.49120	22.65630
臺北松山機場	臺北市	105	121.55780	25.05850
臺中國際機場	臺中市	433	120.57700	24.23080
嘉義機場	嘉義縣	608	120.42530	23.42630
高雄國際機場	高雄市	812	120.37240	22.54680
金門機場	金門縣	891	118.41250	24.43870
花蓮機場	花蓮縣	971	121.61150	24.06910

摘要　完整資料　10 列

圖 11-1　取得地理經緯度圖資

當然，我們也可以電腦網路連線後，將 [郵遞區號] 欄位拖放到標記卡【詳細資料】上，再將 [縣市名稱] 和 [機場名稱] 等 2 個欄位拖放到標記卡【標籤】上。最後，按主功能表上的【工作表 (W) > 匯出 (E) > 資料 (D)...】，檔案名稱：臺灣機場 _ 經緯座標值 .mdb。它是 Microsoft Access 檔案類型。儲存檔案後，去啓動 Microsoft Excel，選主功能表上的【資料】，按【從 Access 取得資料】工具列，檔案名稱：臺灣機場 _ 經緯座標值 .mdb，按【開啓 (O)】鈕，即可看到圖資。

4. 繪製地圖

首先，電腦必須網路連線。因 Tableau 的繪製地圖，是由 Mapbox 公司透過網際網路（Internet）線上提供服務的。其次，依據下列製作之操作過程與其設定來完成臺灣地圖，如圖 11-2。

工作環境	在架中編輯	設定
標記卡【詳細資料】	[郵遞區號]	(維度)
標記卡【標籤】	[縣市名稱]	(維度)
標記卡【標籤】	[機場名稱]	(維度)

操作過程，首先將 [郵遞區號] 欄位拖曳到標記卡【詳細資料】上，然後再將 [縣市名稱] 和 [機場名稱] 等兩個欄位分別拖曳到標記卡【標籤】上。【欄】架和【列】架的經度和緯度是 Tableau 自動產生的，我們不用去拖放它們。最後，我們再度在「工作表 1」空白處，按滑鼠右鍵，選擇【檢視資料 ...】來檢視內容，發現與前揭圖 11-1 內容相同。這表示 Mapbox 在製作地圖過程，不會去變更或新增用戶端資料，而是根據用戶端地理經緯座標值來製圖的。這些經緯座標值具有恆久性，故爲恆數 (Constant)，不能被變更的。

在圖 11-2 中，縣市名稱和機場名稱的背景都有陰影存在。如果想要去除陰影，其做法爲：(1) 在畫面上方按一下 T ，以隱藏標記標籤，此時地圖上的文字暫時被隱藏起來；(2) 滑鼠游標移到地圖上任何小圓點，按滑鼠右鍵，選擇【新增註解 > 標記 ...】，編輯註釋視窗內，只留灰色的 < 縣市名稱 > 和 < 機場名稱 >，其餘刪除掉；(3) 對它按滑鼠右鍵，選擇【設定格式 ...】，陰影：無，線：無；(4) 調整框形大小和拖曳到適當位置；(5) 其餘小圓點依步驟 1-4 操作之。

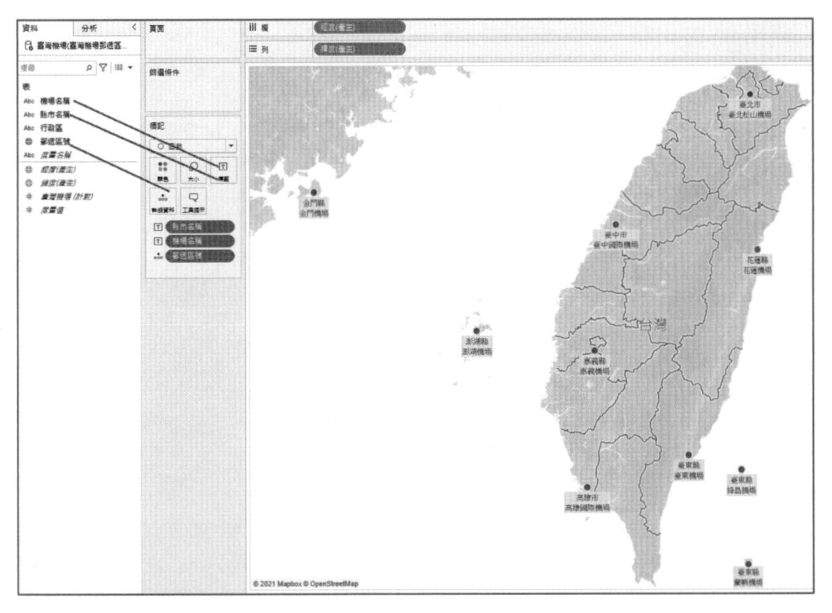

圖 11-2　根據郵遞區號所產生的臺灣地圖

5. 建立飛航路線資料

結束 Tableau。以 Microsoft Excel 開啓「臺灣機場 _ 經緯座標值 .CSV」。然後在 Excel 工作表內建立下列表 11-2 資料，儲存檔案名稱：臺灣機場飛航路線資料 .XLSX。

在建立路線和計算距離時，應注意：(1)Tableau 可以建立各種路徑圖形，不論是開放或封閉。(2) 在計算各節點（座標點）之間距離時，就會限制每一個座標點只能選擇「起始節點」或「目的節點」角色，即每一個節點不得兼具「起始節點」且「目的節點」之雙重角色，否則計算相連接的不同路徑距離結果均會相同。(3) 表 11-2 的中心點爲臺北松山機場，以它作爲輻射狀呈現的星狀圖。如果我們將「臺中國際機場—澎湖機場」和「高雄國際機場—澎湖機場」加入「起始地機場—目的地機場」等欄位時，則無法顯示它們的眞正距離值。故在製作地圖上，Tableau 無法提供類似社會網絡分析（SNA）繪圖功能，即不允許里程數(A 地→B 地)=20KM，里程數(B 地→A 地)=22KM 存在。此外，Tableau 會因「高雄國際機場」兼具起始和目的兩種角色，使得在地圖上呈現「距離 (臺北松山機場—澎湖機場)=260.9KM」和「距離 (高雄國際機場—澎湖機場)=260.9KM」之錯誤結果。

表 11-2　臺灣機場飛航路線資料表

起始地機場	起始地緯度	起始地經度	目的地機場	目的地緯度	目的地經度
臺北松山機場	25.0585	121.5578	澎湖機場	23.551	119.5829
臺北松山機場	25.0585	121.5578	綠島機場	22.6563	121.4912
臺北松山機場	25.0585	121.5578	臺中國際機場	24.2308	120.577
臺北松山機場	25.0585	121.5578	嘉義機場	23.4263	120.4253
臺北松山機場	25.0585	121.5578	高雄國際機場	22.5468	120.3724
臺北松山機場	25.0585	121.5578	金門機場	24.4387	118.4125
臺北松山機場	25.0585	121.5578	花蓮機場	24.0691	121.6115
臺東機場	22.7516	121.109	蘭嶼機場	22.0439	121.542

6. 製作飛機飛航路線圖

以 Tableau 匯入「臺灣機場飛航路線資料 .XLSX」檔案。依下列程序爲之：

(1) 在主功能表上，按【分析 (A) > 建立導出欄位 (C)...】，輸入名稱和程式碼。

導出欄位名稱	敘述句

啓程站	//P(X,Y)=P(緯度 , 經度)
	MAKEPOINT([起始地緯度],[起始地經度])

目的站	MAKEPOINT([目的地緯度],[目的地經度])
飛航路線	MAKELINE([啓程站], [目的站])
航程距離	DISTANCE([啓程站],[目的站],"km")

註：Tableau 是採用 P(緯度 , 經度) 系統，若對調它們，就會產出 Null 結果。

(2) 當按【套用】或【確定】鈕執行上述程式後，依序拖放欄位與其設定：

操作環境	在架中編輯	設定
標記卡【詳細資料】	COLLECT([飛航路線])	無
標記卡【顏色】	[目的地機場]	(維度)
標記卡【標籤】	SUM([航程距離])	(度量 (總和), 連續)

註：(1) 一定要先完成拖放 [飛航路線] 欄位到【詳細資料】上；
(2) COLLECT() 函數是 Tableau 主動加入的。

(3) 在工作表上任何地方，按滑鼠右鍵，選擇【地圖層 ...】，地圖層：☑ 海岸線、☑ 地形，背景樣式：標準。

(4) 滑鼠游標移到臺北市地理位置上，按右鍵，選擇【新增註解 > 點 ...】（也可選【區域 ...】），輸入：臺北松山機場，粗黑，顏色：粉紅，按【確定】鈕。這是因爲臺北松山機場非爲目的地機場，故無法顯示機場名稱。

(5) 建立各機場名稱和航程距離。首先，在地圖上，滑鼠左鍵點一下「臺北松山機場 - 花蓮機場」路徑，將「109.7」字樣（是由 [航程距離] 所產生的）拖曳到空白處。其次，按滑鼠右鍵，選擇【新增註解 > 標記 ...】。將畫底線的字樣刪除掉，另加入 KM，按【確定】。再來，將註解移到適當位置。最後，將 109.7 字樣的框形移到註解內容上，目的是讓 109.7 被掩蓋掉。如圖 11-3。因此，各機場依照這些步驟來完成之。完成後如圖 11-4 所示。

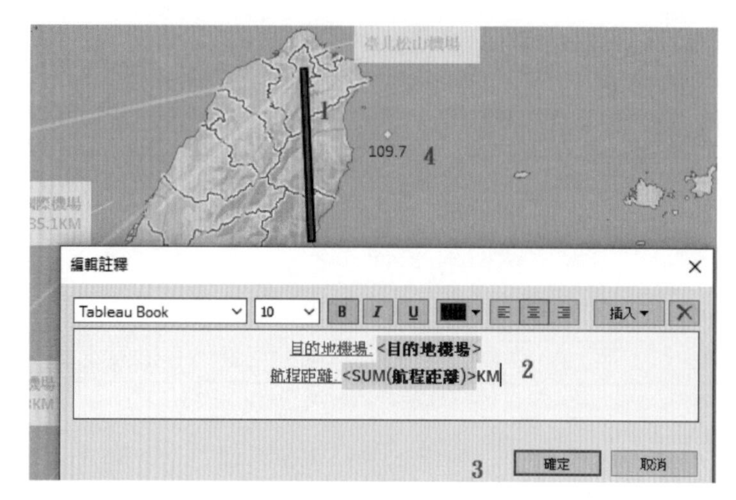

圖 11-3　新增地圖註解

從圖 11-4 得知，以地球緯度和經度座標來計算兩點之間距離，離臺北松山機場最遠的是金門機場，325.5 公里；其次爲高雄國際機場的 303.3 公里；離澎湖機場有 260.9 公里；離臺北松山機場最近的是花蓮機場，只有 109.7 公里。

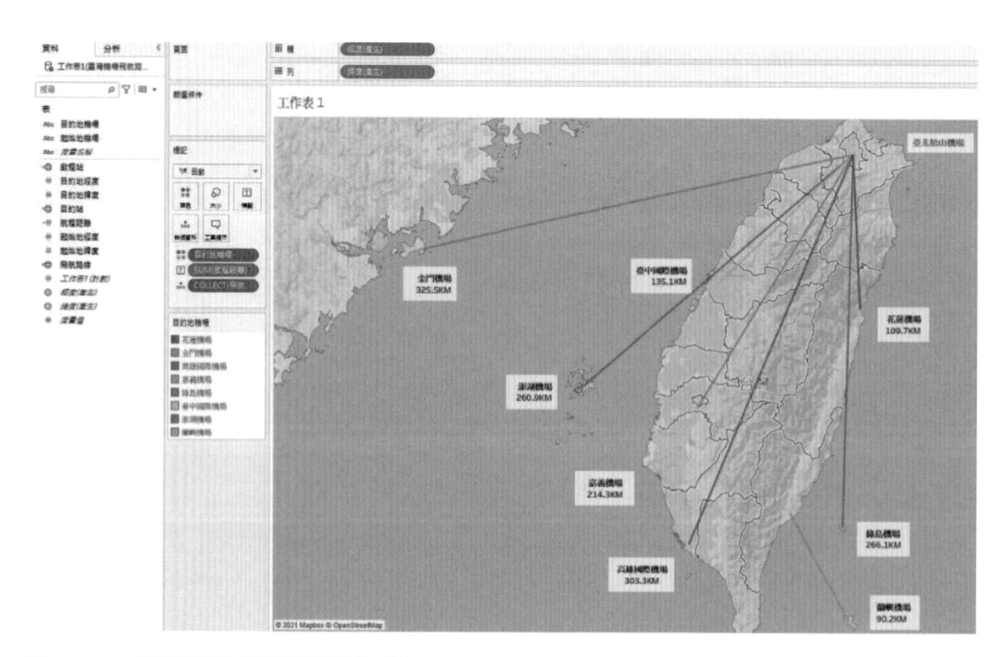

圖 11-4　飛機飛航路線和航程距離

註：(1) 實際飛航路線非採直線，它涉及飛航管制。圖中公里數為經緯座標點直線距離。
　　(2) 圖中未顯示「臺東機場」，留給讀者上機實作。

7. 匯出地圖

當我們完成前揭圖 11-4 地圖後，即可將它匯出。做法爲：(1) 選擇主功能表上的【工作表 (W) > 匯出 (E) > 影像 (I)...】。勾選「顯示」和「圖像選項」後，按【儲存 ...】。檔案名稱：臺灣主要機場飛航地圖 .emf，存檔類型：增強圖元檔案 (*.emf)。強烈建議採用 emf。它是相當完美的影像（含統計圖、地圖、表格）輸出，也是 Tableau 的優勢。(2) 開啓 Microsoft Word 或 Excel、PowerPoint 等軟體，選擇主功能表上的【插入】，按下方的【圖片】工具列，檔案名稱：臺灣主要機場飛航地圖 .emf，按【插入 (S)】。

11.3 Tableau 與建立地理資訊範例

本範例將使用 Tableau 所提供的英文版資料集【Sample - Superstore】來建立美國地圖。有關操作過程如下：

1. 連線資料

當啓動 Tableau Desktop 並進入連線畫面時，

(1) 在「連線」窗格中，按一下【Microsoft Excel】。

(2) 展開「文件 > 我的 Tableau 存放庫 > 資料來源 \2021.1\zh_TW-APAC」資料夾，開啓「Sample - Superstore」檔案（非爲「範例 – 超級市場 .xls」）。（註：也可選擇其他版本作爲資料來源）

2. 建立資料關聯

一個資料集可能包含多個資料來源。關聯（Relationship）是一種在多個資料表或工作表中找出欄位具有相同資料（稱爲實體，Entity）內容與其資料類型，去進行連結（Inner、Left、Right、Full Outer 等 Join 用法）合併相關資料的方法。透過一個關聯鍵來連結與合併資料後，就會產生一個橫向擴展性質的行或欄資料虛擬形式資料表，意即在使用上被視成是同一個作用資料集（Active Data Set）。當然，如果只有一個資料來源，就可省略這樣的過程。現在，我們將選擇工作表上的兩個資料來源，一是 Orders（訂單），另一是 People（人員）。這兩個工作表（Worksheets）中都有 [Region] 欄位和相同的資料，因此可使用 [Region] 欄位作爲關聯鍵（或稱關聯屬性）。我們發現「People」工作表的

[Region] 欄位內容沒有重複，故它作爲主鍵（Primary Key, PK）；而「Orders」工作表的 [Region] 欄位內容有重複，故它作爲外來鍵（Foreign Key, FK）。但是，關聯必須滿足 FK ⊆ PK and FK ∩ PK=FK，PK 值必須存在、唯一且不可有 NULL 等條件，且 FK 內容均來自 PK 所產生的，否則將違反實體關係模型（Entity-Relationship Model, ERM）規定。經檢視資料後，它們滿足了 ERM 的條件。我們透過滑鼠左鍵拖曳這兩個工作表至上方空白處與完成關聯後，如圖 11-5 所示。在「編輯關係」畫面上，按一下 ×，關閉它，然後在畫面左下角處，按一下【工作表 1】。

提示：PK 和 FK 關聯鍵可爲相同欄位名稱，也可爲不同欄位名稱，但最重要是要有相同的資料與其資料類型，否則兩者實體交集就會變成空集合，那麼就不具實體關係（Entity Relationship）意義了。

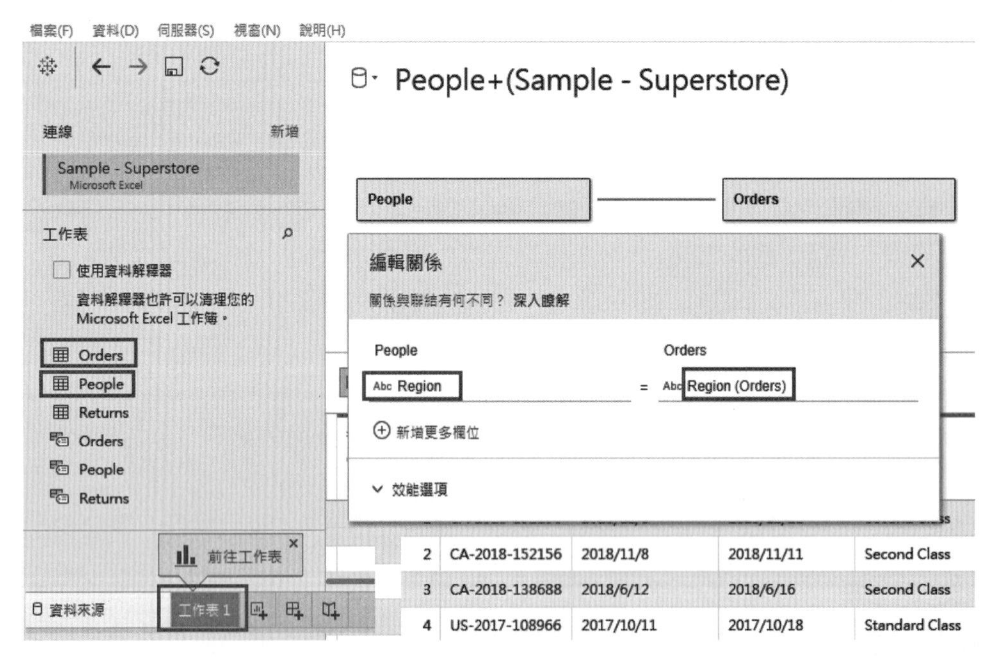

圖 11-5 建立「**People**」和「**Orders**」工作表關聯

3. 地理資料類型和角色設定

由於 Tableau 無法辨別出帶有小數位數的數字（十進制）欄位是否爲一般欄位或緯度、經度欄位，因此，它必須依賴人爲去設定它。做法上，必須依據你想要建立的地圖類型，這些具有地理性質的欄位，必須去設定資料類型爲「數字（十進制）」與指定扮演何種地理角色。這一點用法與一般欄位略有不同。如果你是採用郵遞區號欄位來作爲地理資訊的話，就必須將欄位地理角色設定成「郵遞區號」。當然 Tableau 提供地理角色有多種選擇，包括 { 機場, 城市, 國家 / 地區, 緯度, 經度, 郵遞區號, ...}。地理角色對象的最主要特徵是它們具有「唯一、存在與恆久」等特性。例如，國家 / 地區名稱「臺灣」，它的經緯範圍是恆久的。在臺灣，我們會較常使用到國家 / 地區（指 Taiwan）、州 / 省（指縣市別）、城市（指單一縣市）、經度、緯度和郵遞區號等設定。如果連線到空間檔案，則 Tableau 會建立「幾何圖形」欄位，其資料角色爲度量。此外，爲了呈現地圖起見，電腦必須確認網路已連線且保持暢通，否則就會出現如圖 11-6 錯誤訊息。我們可在右上角處，按 × 關閉訊息視窗。

圖 11-6　無法網路連線到 Mapbox 伺服器的錯誤訊息

經度和緯度欄位的資料類型應爲帶有小數的數字，資料角色應爲度量，並且指派有緯度和經度地理角色，以綠色圓形 ㊊ 圖示表示。所有其他地理欄位的資料類型應爲字串，資料角色應爲維度，並且指派有相應的地理角色。

(1) 變更資料類型

以郵遞區號爲例，在「資料」窗格中，移動滑鼠游標到 [Postal Code] 欄位位置上，按滑鼠右鍵或點一下膠囊狀右側的▼（向下箭號），選擇【變更資料類型 > 字串】。

(2) 設定地理角色

將一個欄位設定成某種地理角色後，Tableau 將會主動在「資料」窗格下方，建立一個 [緯度 (產生)]（[Latitude (generated)]）欄位和一個 [經度 (產生)]（[Longitude (generated)]）欄位（㊉ 地球圖示）。這兩個欄位數據是十分重要的。它們可用來提供給其他應用軟體使用。例如，滑鼠左鍵按一下 [Country/Region] 欄位膠囊狀右側的▼（向下箭號），選擇【地理角色 > 國家 / 地區】。

4. 建立階層

準備建立一個地理性質的階層結構：[Country/Region]（最上層）→ [State] → [City] → [Postal Code]（最底層）。在「資料」窗格中，

(1) 以右鍵按一下 [Country/Region] 欄位，選擇【階層 > 建立階層… 】。建立階層名稱：國家 / 區域階層，按【確定】。

(2) 將 [State] 欄位拖曳到「國家 / 區域階層」[Country/Region] 欄位的下方。

(3) 將 [City] 欄位拖曳到 [State] 欄位的下方。

(4) [Postal Code] 欄位拖曳到 [City] 欄位的下方。

當完成後，階層組織結構（由上而下順序），如圖 11-7 所示。不要變更結構。

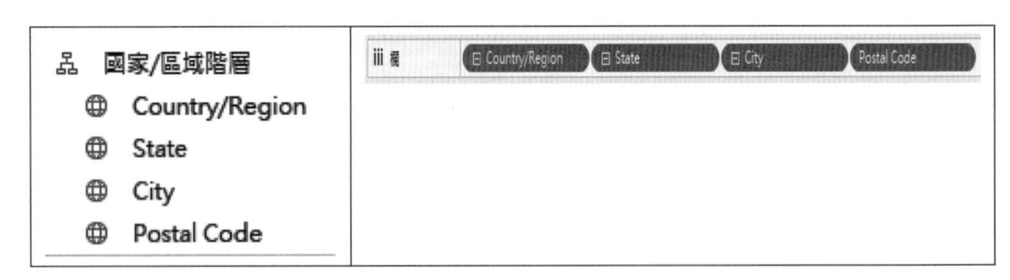

圖 11-7　建立地理階層組織圖

5. 建立基本地圖

我們可經由操作方式來完成基本地圖。要注意的是，[經度 (產生)] 欄位必須放在【欄】架，[緯度 (產生)] 欄位必須放在【列】架。這是因爲地球經度（X 軸）是以水平（東西或左右）方向變化，緯度（Y 軸）是以垂直（南北或上下）

方向變化。但是 Tableau 的地理座標系統是以 P(緯度 , 經度) 表示。

操作環境	在架中編輯	設定
【欄】架	[經度 (產生)]	無
【列】架	[緯度 (產生)]	無
標記卡【詳細資料】	[Country/Region]	(維度)
標記卡【詳細資料】	[State]	(維度)
標記卡【詳細資料】	[City]	(維度)
標記卡【詳細資料】	[Postal Code]	(維度)

註：也可以透過階層組織方式，在標記卡【詳細資料】的 [Country/Region] 欄位按一下 +，同樣地，按一下 + [State]，+ [City]。

系統會建立一個具有充滿資料點圖的地圖檢視。由於 [Country/ Region] 欄位已指派爲「國家 / 地區」地理角色了，因此 Tableau 可以利用它來建立地圖檢視。如果按兩下任何其他欄位（例如某個維度或度量），Tableau 會將該欄位新增到【列】架、【欄】架或標記卡（Marks Card）各選項上，具體情況取決於檢視中已有的內容。但是，地理背景欄位始終放在標記卡各選項中。由於此資料來源僅包含美國這一個「國家 / 地區」，因此該 [Country/Region] 欄位內容就是唯一顯示的資料點。我們只需要新增更多詳細資料層級來看到其他資料點。

6. 新增界線

Tableau 的預設地圖類型通常爲點圖。如果地圖未出現界線的話，可在標記卡右上方，【標記類型】預設：自動，可按一下【標記類型】▼ 下拉清單，選擇【地圖】後，即可顯示地圖地區界線，如圖 11-8 所示。然而，地圖界線不適用於城市和機場。

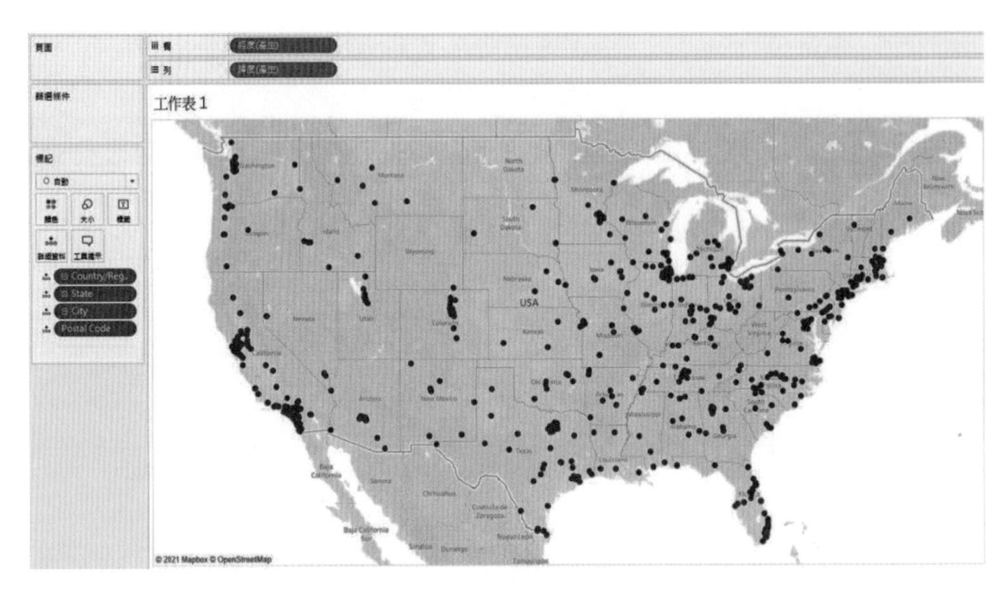

圖 11-8　美國各州郵遞區號的地理分布圖

7. 加入圖資

首先，將標記卡【詳細資料】的 [City] 和 [Postal Code] 拖曳到空白處，以移除這兩個欄位；然後其他度量和維度等資料角色欄位拖曳到標記卡各項目內。

(1) 新增顏色

將 [Sales] 欄位拖曳到標記卡的【顏色】上。使地圖顏色是根據 [Sales] 欄位銷售額大小變化。

(2) 變更標籤

再將 [Sales] 欄位拖曳到標記卡的【標籤】上。使地圖各州可顯示 [Sales] 欄位數據。如圖 11-9 所示。圖中顏色愈深者，表示銷售額愈多。可以看出銷售額表現較佳出現在緊臨海岸線的各州。經濟活動較為暢旺，消費能力較強。

現在我們對呈現在地圖中的 [Sales] 欄位數據加以變更。做法上，(1) 首先將 [State] 欄位從【詳細資料】拖曳到【標籤】上；(2) 將地圖上方的「工作表 1」字樣隱藏掉；(3) 將滑鼠游標移到標記卡上【標籤】「SUM(Sales)」處，按滑鼠右鍵，選擇【設定格式… > 窗格】，預設值，數字：▾，【數字 (自訂)】（Number Custom），小數位數 (E): 0，顯示單位 (S): 千 (K)。按一下窗格右上角的 ×，關閉它。這時地圖數據則改以 XXXK 呈現，如 California 458K。

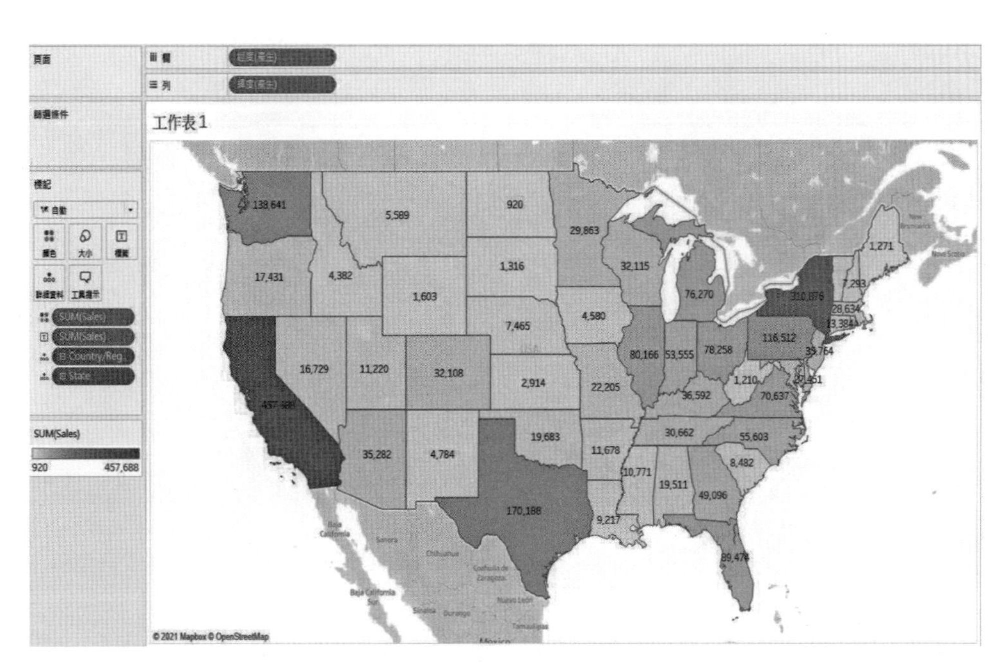

圖 11-9　美國各州銷售額地理分布狀況

8. 自訂背景地圖

背景地圖是標記後面的所有內容（邊界、海洋、位置名稱等）。可以自訂此背景地圖的樣式，以及新增地圖層和資料層。有關新增自訂背景地圖操作過程如下：

(1) 在最上方主功能表上，選擇【地圖 (M) > 地圖層 (Y)⋯】。

(2) 在畫面左側就會出現：(A) 背景；(B) 地圖層；(C) 資料層等三種自訂。我們可在背景，設定樣式：標準；地圖層 ☑ 海岸線。因爲銷售額表現佳的州幾乎都有海岸線。然後取消或不勾選「□國家 / 地區邊界」、「□國家 / 地區名稱」、「□州 / 省界」和「□州 / 省名稱」。在左上方「地圖層」右側按 ×，關閉它。結果顯示如圖 11-10。

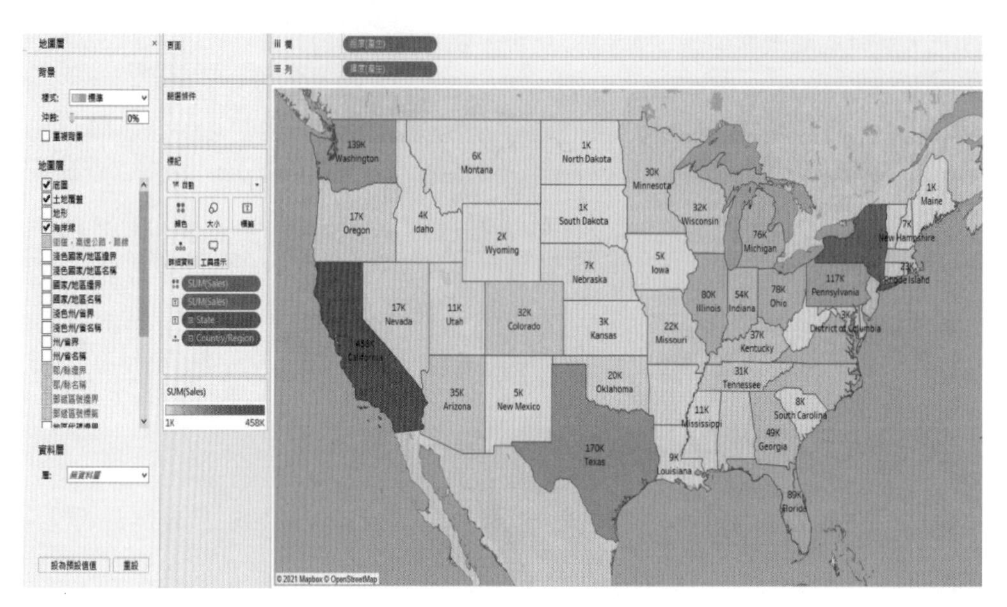

圖 11-10　自訂背景地圖

9. 建立群組

群組（Group）概念類似資料採礦或多變量統計的分群或群集（Cluster）。它是依某種特徵，把相對相似者放在一起，相異者放在別群或獨立成一群。前者由使用者主觀判斷或客觀事前條件來決定，而後者由演算法和相似值決定。

現在，我們要針對美國各州依地理位置特徵來進行分組。做法上，在「資料」窗格中，滑鼠右鍵按一下 [State] 欄位，選擇【建立 > 群組 ...】。欄位名稱 : 美國州分群，持續按住 <Ctrl> 鍵不放，再以滑鼠左鍵依序點一下 [California]（加利福尼亞州）、[Oregon]（俄勒岡州）和 [Washington]（華盛頓州），以選取這三個州組成同一分組，即為同一群組。然後按一下 [組成分組] 鈕，群組 : 西海岸，最後，按【套用】鈕。當全部群組都建立完成後，按【確定】鈕，結束群組作業。因此群組組織結構為：欄位名稱 (群組名稱 1, 群組名稱 2, 群組名稱 3, …)。即「美國州分群 (西海岸 , 南部 , 東海岸 , 中部)」。有關操作過程如下：

群組名稱	組成分組
西海岸	"California", "Oregon", "Washington"
南部	"Alabama", "Florida", "Georgia", "Louisiana", "Mississippi", "South Carolina", "Texas"

群組名稱	組成分組
東海岸	"Connecticut", "Delaware", "District of Columbia", "Maine", "Maryland", "Massachusetts", "New Hampshire", "New Jersey", "New York", "Pennsylvania", "Rhode Island", "Vermont", "West Virginia"
中部	☑ 包括「其他」

註：「其他」係指之前未被選取到的各州。打勾 ☑ 是指要選取剩下的州（未被分組的）。

當根據上述操作程序，即可陸續完成各群組，如圖 11-11(A) 所示。

圖 11-11(A) 建立東海岸群組

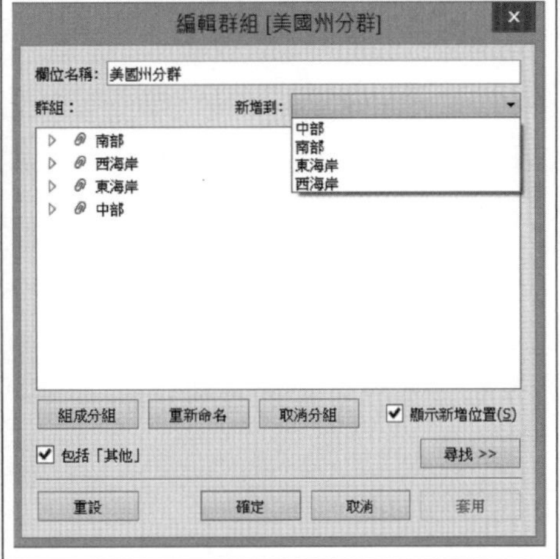

圖 11-11(B) 完成群組

當全部建立完成各群組後（如圖 11-11(B)），選擇主功能表【地圖 (M) > 地圖層 (Y)⋯ 】，勾選 ☑ 州 / 省界。然後重新設定欄位環境。注意：[Country/Region] 且【詳細資料】（United States）（國家 / 地區）是必要的，否則無法產出完整美國地圖。

操作環境	在架中編輯	設定
【欄】架	[經度 (產生)]	無 (註 1)
【列】架	[緯度 (產生)]	無 (註 1)
標記卡【顏色】	[美國州分群]	無
標記卡【標籤】	[美國州分群]	無

操作環境	在架中編輯	設定
標記卡【標籤】	[State]	無
標記卡【標籤】	SUM([Sales])	(度量 (總和), 連續)
標記卡【詳細資料】	[Country/Region]	(維度)

註 1：它是拖放 [Country/Region] 欄位後自動產生的，故可省略拖放動作。

最後，我們完成群組後地理製作和顯示，如圖 11-12 所示。它簡化了地理圖資顏色的複雜度，使我們更易於識別與了解。我們發現，建立這些群組（Group）概念很類似資料採礦或多變量的分群（Cluster），它們的差異在於，群組是由使用者主觀判斷去分組的；而分群則由非監督式學習之演算法（如 K-means）來建立的。兩者皆用來簡化維度內元素數量（N），即縮減一個欄位內行資料元素數量成 M 個群組，M 群組≦ N 元素，且任何一個元素只能歸屬某一個群組，每一個群組不可空集合。當群組和 {LOD} 結合應用，將可充分發揮巨觀性洞察。例如，在「Sample - Superstore」資料集的【Orders】資料表中，透過 COUNT([state]) 計數，得到總筆數為 9,994（列）。再由 DCOUNT([state]) 相異計數，得到 49，即美國有 49 個州。我們將 [state] 視為一個行資料集合，它是由 49 個元素所組成的。當我們透過建立群組後，將這 49 個元素依地理位置縮

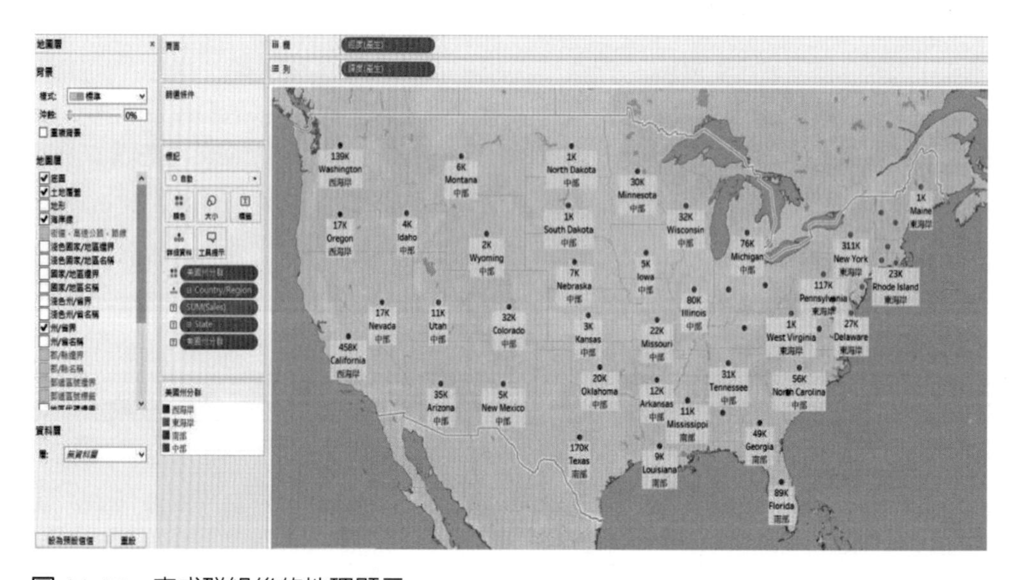

圖 11-12　完成群組後的地理顯示

減成 4 個元素（方位區域）。此處 N=49，M=4，M ≦ N 成立。這種做法，用於減少它的分析或呈現複雜度。如變異數分析、資料採礦或地圖顏色的呈現等。

其實我們也可以透過建立導出欄位與其程式碼，來達到建立群組目的。

導出欄位名稱	敘述句
美國州分群	IF REGEXP_MATCH([State], "California|Oregon|Washington") THEN " 西海岸 " //2,631 ELSEIF REGEXP_MATCH([State], "Alabama|Florida|Georgia|Louisiana| Mississippi|South Carolina|Texas") THEN " 南部 " //1,750 ELSEIF REGEXP_MATCH([State], REPLACE("Connecticut|Delaware|District of Columbia| Maine|Maryland|Massachusetts|New Hampshire| New Jersey|New York|Pennsylvania|Rhode Island| Vermont|West Virginia", CHAR(13)+CHAR(10),"")) THEN " 東海岸 " //2,230 ELSE " 中部 " //3,383 END
美國州分群 _1	CASE [State] WHEN IN("California", "Oregon","Washington") THEN " 西海岸 " //2,631 WHEN IN("Alabama","Florida","Georgia","Louisiana","Mississippi", "South Carolina","Texas") THEN " 南部 " //1,750 WHEN IN("Connecticut","Delaware","District of Columbia", "Maine","Maryland","Massachusetts","New Hampshire", "New Jersey","New York","Pennsylvania","Rhode Island", "Vermont","West Virginia") THEN " 東海岸 " //2,230 ELSE " 中部 " //3,383 END

11.4 犯罪與地理資訊

本節以臺灣官方資料結合地圖之實務應用。有關過程如下：

1. 資料來源

本範例資料來源，來自內政部警政署官方資料，檔案名稱：1999-2019 年臺灣主要警政統計指標 .xls，網址 :https://www.npa.gov.tw/ch/app/folder/594 。從中萃取想要資料後，另儲存至：D:\ 臺灣縣市犯罪人口率統計 .xlsx。犯罪人口率，係以每 10 萬人口計算犯罪人數。公式如下：

$$\text{犯罪人口率} = \frac{\text{當期犯罪人口數}}{\text{當期總人口數}} * 100{,}000 \qquad (11\text{-}1)$$

說明：若為一段期間，則採平均值。以臺北市 1999-2019 年為例，當期總人口數 =AVG(1999-2019 臺北市人口)。

2. 資料格式

資料格式對資料處理十分重要。不同應用軟體或不同處理性質，都可能造成資料格式的差異。例如，社會網絡分析（Social Network Analysis, SNA）要求行和列都要有變數名稱。同樣地，Tableau 要求地理角色欄位必須符合特定的資料格式。有關提供給 Tableau 的「臺灣縣市犯罪人口率統計 .xlsx」資料格式和內容，如表 11-3 所示。它只有兩個欄位和 22 列數（筆）。

提示：表 11-3 因受限於篇幅，才將原有兩個欄位分成四個。檔案內容實際應為兩個欄位名稱和 22 列資料。

表 11-3　各縣市與犯罪人口率資料

縣市別	犯罪人口率	縣市別	犯罪人口率
新北市	989.44	雲林縣	1272.12
臺北市	1509.26	嘉義縣	1552.00
桃園市	884.00	屏東縣	1253.08
臺中市	878.07	臺東縣	1425.75
臺南市	1298.90	花蓮縣	1942.79
高雄市	995.04	澎湖縣	1102.81
宜蘭縣	1495.93	基隆市	1589.34
新竹縣	1148.50	新竹市	1109.30

表 11-3 各縣市與犯罪人口率資料（續）

縣市別	犯罪人口率	縣市別	犯罪人口率
苗栗縣	936.10	嘉義市	1316.03
彰化縣	1197.90	金門縣	790.82
南投縣	1337.85	連江縣	596.67

3. 設定欄位地理角色

在 Tableau 環境內，連線到 Microsoft Excel，開啓「臺灣縣市犯罪人口率統計 .xlsx」檔案。將 [縣市別] 資料欄位的地理角色設定爲「州 / 省」，當設定成功後，就會變成 ㊊ 縣市別，同時 Tableau 會在「資料」窗格下方處自動產生 [經度 (產生)] 和 [緯度 (產生)] 等兩個欄位。注意：(1) [縣市別] 資料必須存在且唯一，不要有 Null 值，否則無法對應到 Map。(2) Mapbox 預設「台」字，但仍可使用「臺」字。若地圖內 [縣市別] 文字呈現混亂時，則採用「台」字。如「台中」。

4. 製作犯罪地圖

透過滑鼠左鍵，將「資料」窗格上的欄位分別拖曳到操作環境中，並且進行設定。其中【圖例】是由標記卡【顏色】所產生的，它位於畫面的右上角處。我們可利用滑鼠左鍵將它拖曳到標記卡區的下方處。

操作環境	在架中編輯	設定
【欄】架	[經度 (產生)]	無
【列】架	[緯度 (產生)]	無
標記卡【標籤】	[縣市別]	(維度)
標記卡【標籤】	SUM([犯罪人口率])	(度量 (總和), 連續)
標記卡【顏色】	SUM([犯罪人口率])	(度量 (總和), 連續)
【圖例】	無	(編輯色彩 , 色板：紅色)

當我們將相關的欄位拖曳與其設定完成後，工作表 1 畫面呈現地圖。將滑鼠游標移到「工作表 1」字樣，按滑鼠右鍵，選擇【隱藏標題】後，「工作表 1」字樣被隱藏起來，結果如圖 11-13 所示。可用滑鼠中間滾輪，對地圖放大（Zoom

In）或縮小（Zoom Out），也可在 [工具列圖示] 中按 [平移圖示] 平移 (F) 選項，來移動畫面地圖到適當位置。然後按下 <F7> 鍵，將畫面轉換到【簡報模式】。若要恢復原狀，再按一下 <F7> 鍵即可。對地圖縮放將會影響地圖文字字樣位置。

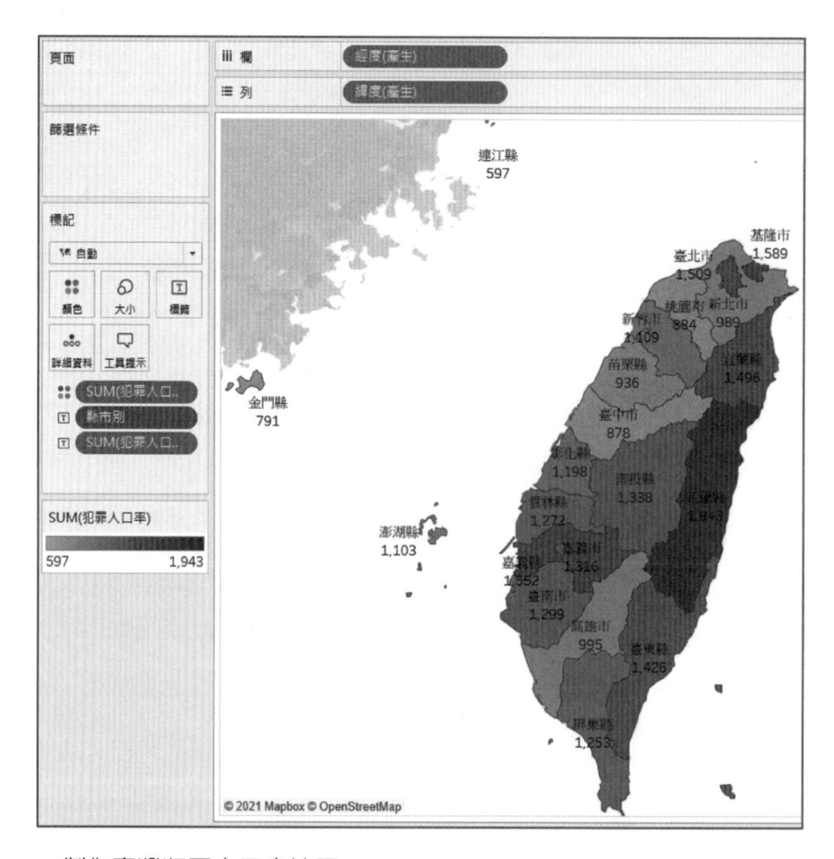

圖 11-13　製作臺灣犯罪人口率地圖

不過，若發現到前揭圖 11-13 一些縣市名稱和犯罪人口率沒有出現時，如新竹縣，可透過三種途徑來解決，將滑鼠游標移到該縣市地理位置上，按滑鼠右鍵，選擇：(1)【標記標籤 > 始終顯示】；(2)【新增註解 > 標記 ...】；(3)【新增註解 > 點 ...】。如果要以標題方式顯示，也可選擇【新增註解 > 區域 ...】。這些選擇可依實務需求為之。當地圖內各縣市字樣呈現過於靠近或重疊時，先以滑鼠左鍵點一下該縣市名稱，選取它後，按住滑鼠左鍵不放拖曳到適當位置。在拖曳過程中會出現 [圖示] 圖示。若不想字樣背景有陰影時，可將游標移到該字樣上，按滑鼠右鍵，選擇【設定格式 ...】，陰影：無。完成後，就可如圖 11-14 所示。當然地圖內各縣市顏色變更，可由畫面右上角處的圖例，按滑鼠右鍵，選擇【編輯色彩 ...】選項來挑選之。

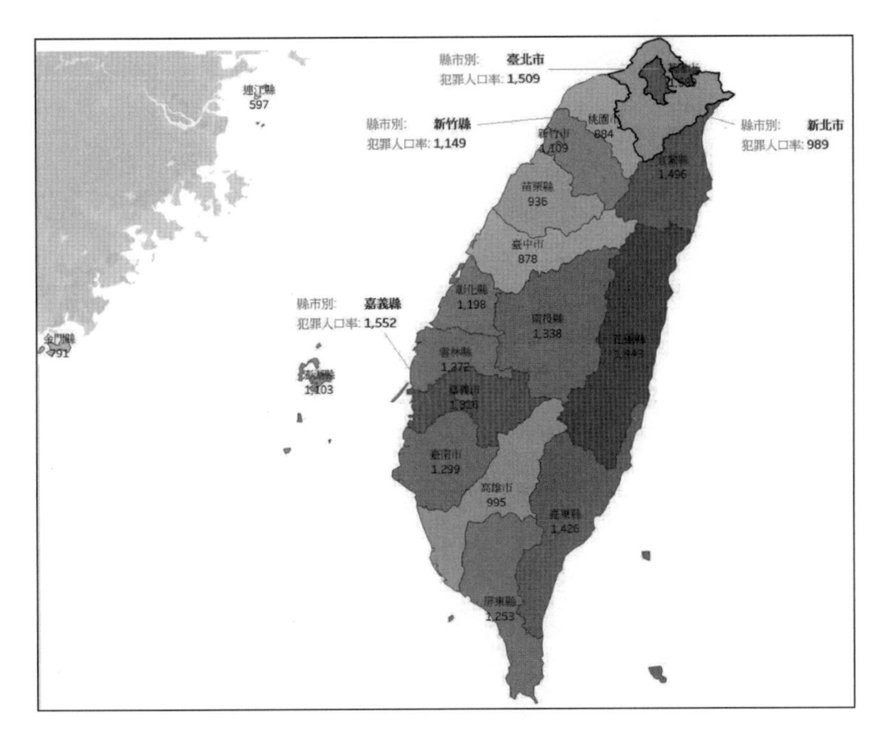

圖 11-14　臺灣地區各縣市犯罪人口率（單位 ： 十萬人口）地理分布圖

註：此圖因受限於連江和金門地理位置，以及圖形無法全部呈現各縣市，故圖中地理區域以外縣市，是經由點選該縣市名稱，按滑鼠右鍵，選擇【新增註解 > 點…】輸入文字與編輯的結果。例如，滑鼠游標移到新北市地理位置，按滑鼠右鍵，選擇【新增註解 > 點…】，去新增註解。註解位置呈現可由滑鼠先點後再拖曳至適當位置上。

5. 犯罪分群

啓動 STATA 統計軟體，在指令列上輸入下列匯入指令：

import excel " D:\ 臺灣縣市犯罪人口率統計 .xlsx", sheet(" 工作表 1") firstrow

其次，輸入下列多變量分群指令：

cluster averagelinkage 犯罪人口率 , measure(L2)

它會在【Data Editor】內主動產生「_clus_1_id, _clus_1_ord, _clus_1_hgt」等三個變數名稱。其中，_clus_1_id 變數值會從 1 到 22，它對應到列號。最後，輸入下列分群後圖形顯示指令：

cluster dendrogram _clus_1

這裡的 _clus_1 即指之前自動產生的三個變數名稱。其分群後顯示如圖 11-15。

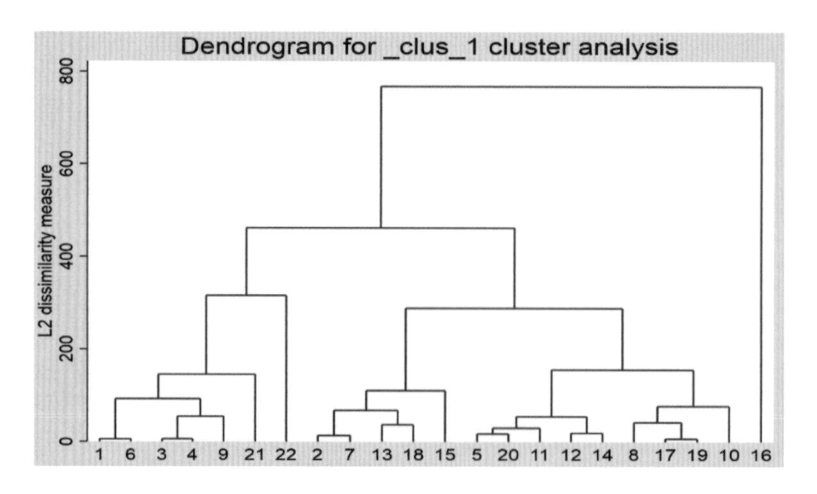

圖 11-15　分群後的圖形顯示

註：水平軸的編號即為 _clus_1_id 變數，它對應到縣市別變數。

從前揭圖 11-15 得知，垂直軸上的相異值（度）愈大，則相似值（度）愈小，分群數就愈少。若相似度 =0.0%，意指不考慮相似，則形成一個群而已。這種情況下，毫無實用價值。至於要分成多少群集？取決於人爲主觀決策。

我們選擇一個 L2 dissimilarity 相異值，將 22 個縣市分成 8 個群，分群後如表 11-4 所示。在全般犯罪人口率嚴重等級上，以花蓮縣最嚴重，連江縣最輕微。在六都方面，以臺北市最嚴重，其次分別爲臺南市、高雄市、新北市、桃園市、臺中市。在省轄市方面，基隆市最嚴重，其次分別爲嘉義市和新竹市。在縣轄市方面，以花蓮縣最嚴重，其次分別爲嘉義縣、宜蘭縣、臺東縣、南投縣、雲林縣、屏東縣……等，倒數第二爲金門縣，連江縣犯罪人口率最低。

表 11-4　臺灣各縣市犯罪人口率分群結果

分群編號	嚴重等級	分群組成	相對應縣市別	犯罪人口率範圍
8	1	{16}	{ 花蓮縣 }	1942.79
4	2	{2,7,13,18}	{ 臺北市 , 宜蘭縣 , 嘉義縣 , 基隆市 }	[1495.93, 1589.34]
5	3	{15}	{ 臺東縣 }	1425.75
6	4	{5,20,11,12,14}	{ 臺南市 , 嘉義市 , 南投縣 , 雲林縣 , 屏東縣 }	[1253.08, 1337.85]
7	5	{8,17,19,10}	{ 新竹縣 , 澎湖縣 , 新竹市 , 彰化縣 }	[1102.81, 1197.9]
1	6	{1,6,3,4,9}	{ 高雄市 , 新北市 , 桃園市 , 臺中市 , 苗栗縣 }	[878.07, 995.04]
2	7	{21}	{ 金門縣 }	790.82
3	8	{22}	{ 連江縣 }	596.67

6. 製作分群地圖

爲了將多變量統計分群結果能呈現在地圖起見，我們必須根據前揭表 11-4 的分群結果，撰寫程式，將同一分群的縣市歸到同一等級，以利地圖的呈現。做法上，啓動 Tableau，並匯入「臺灣縣市犯罪人口率統計 .xlsx」檔案。

導出欄位名稱	敘述句
犯罪人口率 _ 分群	IF [犯罪人口率] >= 1942 THEN 1 ELSEIF [犯罪人口率] >= 1495 THEN 2 ELSEIF [犯罪人口率] >= 1425 THEN 3 ELSEIF [犯罪人口率] >= 1253 THEN 4 ELSEIF [犯罪人口率] >= 1102 THEN 5 ELSEIF [犯罪人口率] >= 878 THEN 6 ELSEIF [犯罪人口率] >= 790 THEN 7 ELSEIF [犯罪人口率] >= 596 THEN 8 ELSE NULL END

透過滑鼠左鍵，將「資料」窗格上的下列各欄位拖曳到操作環境中，並且

進行設定。其中【圖例】是由 [犯罪人口率] 的【顏色】設定所產生的。它的預設是位於畫面的右上角處，可利用滑鼠左鍵將它拖曳到標記卡的下方。然後在這圖例右上角處按一下▼，選擇【編輯顏色 ...】。色板 (P): 自訂連續，紅色。

操作環境	在架中編輯	設定
【欄】架	[經度 (產生)]	無
【列】架	[經度 (產生)]	無
標記卡【標籤】	[縣市別]	(維度 , 州 / 省)
標記卡【標籤】	SUM([犯罪人口率 _ 分群])	(度量 (總和), 連續)
標記卡【顏色】	SUM([犯罪人口率])	(度量 (總和), 連續)
【圖例】	無	(編輯顏色 , 色板：溫度發散)
【地圖層 ...】	無	□國家 / 地區名稱

我們經由電腦網路連線，取得 © 2021 Mapbox © OpenStreetMap 所產生的線上即時地圖，如圖 11-16 所示。由於電腦螢幕尺寸和縮放（Zoom）關係，可能會遭遇到下列三個問題：

(1) 移動地圖問題。此時，在主功能表上，選擇【地圖 (M) > 地圖選項 (O)⋯ > ☑ 允許平移和縮放、☑ 顯示檢視工具列】。再選擇【▶ 平移 (F)】工具列，即可移動地圖。另外，可滾動 < 滑鼠中間滾輪 > 進行地圖縮小或放大。

(2) 在地圖中有些縣市名稱無法呈現問題。此時，可透過滑鼠左鍵選取（點一下）的縣市地理範圍，如嘉義市，再按滑鼠右鍵，選擇【標記標籤 > ☑ 始終顯示】，它的預設為自動。

(3) 在地圖中有些縣市文字顯示位置不適當問題。如新竹市和新竹縣過於緊靠，此時，針對新竹市，滑鼠左鍵拖曳「新竹市」字樣到適當位置。

此外，我們也想在地圖標示出標題內容，如「臺灣 1999-2019 年犯罪人口率顯示嚴重等級地理分布概況」，此時，滑鼠左鍵在地圖空白處按一下，再按滑鼠右鍵選擇【新增註解 > 區域⋯ 】，選擇字體名稱，字體大小，在編輯區內輸入：臺灣犯罪人口率顯示嚴重等級地理分布概況，按【確定】即可。然後再移到地圖的適當位置。

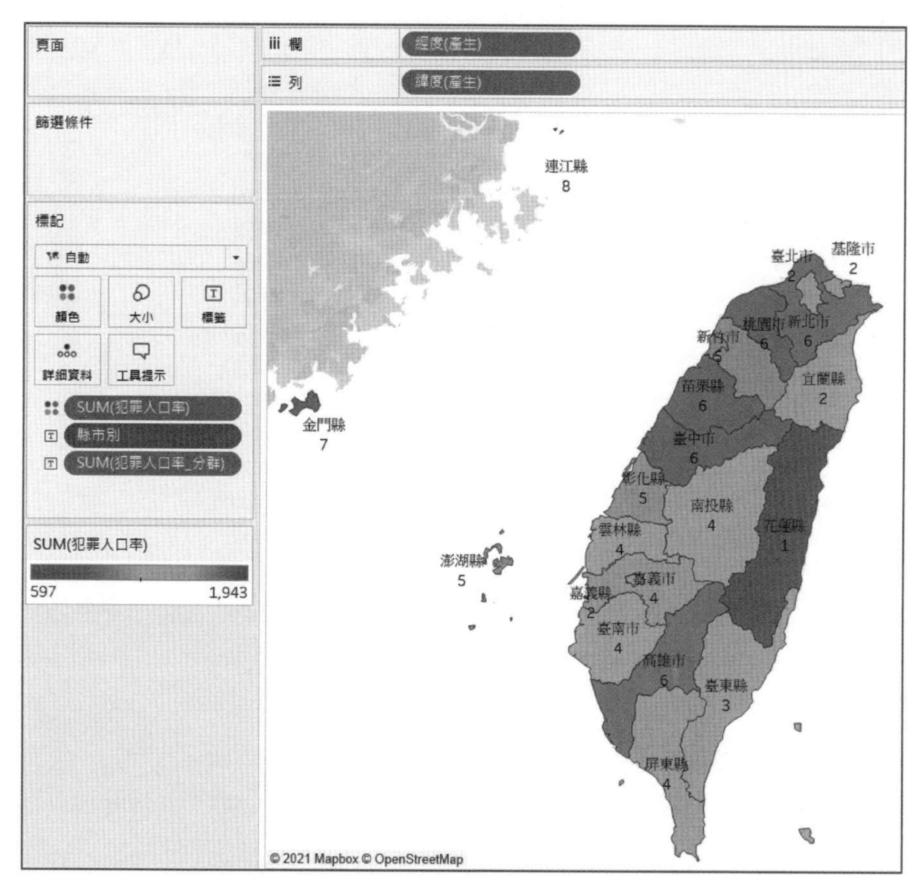

圖 11-16　犯罪人口率經分群後顯示嚴重等級（**1-8**）

7. 犯罪人口率分群變異數分析

我們已經將犯罪人口率分群（Cluster）爲 8 個群，但想要透過變異數分析（ANOVA）來了解它們是否具統計上的差異或變異。做法上，在地圖空白處，按滑鼠右鍵，選擇【檢視資料…】，再按【全部匯出 (E)】鈕，檔案名稱：D:\臺灣犯罪人口率分群變異數分析 .CSV，結果如圖 11-17 所示，它會額外產生各縣市相對應的經度和緯度值，及其分群組別。結束 Tableau。

檢視資料: 工作表 1

☑ 顯示別名(S)　　複製(C)　全部匯出(E)

縣市別	犯罪人口率	犯罪人口率_分群	經度(產生)	緯度(產生)
澎湖縣	1,102.81	5	119.61000	23.55860
臺南市	1,298.90	4	120.34410	23.15020
臺東縣	1,425.75	3	121.02650	22.83850
臺北市	1,509.26	2	121.56520	25.08470
臺中市	878.07	6	120.81800	24.21990
彰化縣	1,197.90	5	120.49660	23.99050
嘉義縣	1,552.00	2	120.50980	23.42550
嘉義市	1,316.03	4	120.45320	23.47740
新竹縣	1,148.50	5	121.14970	24.68670
新竹市	1,109.30	5	120.96970	24.78300
新北市	989.44	6	121.77160	24.98610
雲林縣	1,272.12	4	120.40250	23.67190

摘要　完整資料　　22 列

圖 11-17　匯出犯罪人口率、地理圖資和分群編號

啓動 STATA 統計軟體。在指令列上輸入匯入檔案指令：

import delimited "D:\臺灣犯罪人口率分群變異數分析.csv", encoding(UTF-8)

在指令列上輸入下列指令：

oneway 犯罪人口率 犯罪人口率 _ 分群 , scheffe

得到表 11-5 統計結果。發現整體變異數已達到極爲顯著的水準（機率值 < 0.001）。表示分群是具統計意義的，前面圖 11-16 的地理圖資是有實務價值的。

表 11-5　犯罪人口率和分群變異數分析結果

Source	SS	df	MS	F	Prob > F
Between groups	1992541.66	7	284648.8	141.6	0.0000
Within groups	28142.5098	14	2010.179		
Total	2020684.17	21	96223.06		

經由「Bartletts test for equal variances: chi2(3) = 0.8810, Prob>chi2 = 0.830」

結果顯示，支持 H_0: equal variances 的假設。表示它們沒有平均值倍數關係存在。因此，我們再進一步透過「Comparison of 犯罪人口率 by 犯罪人口率 _ 分群（Scheffe）」，來比較各分群之間犯罪人口率平均值是否有顯著差異。統計結果（未表列）顯示，只有分群 3 對分群 2(平均值差異 = -110.883, 機率值 = 0.673)、分群 7 對分群 6(平均值差異 = -145.71, 機率值 = 0.338) 和分群 8 對分群 7(平均值差異 = -194.15, 機率值 = 0.303) 等三組差異不顯著外，其餘機率值均達小於 0.05 的顯著水準。這統計意義表示，分群 3 和分群 2 差異太小，可歸在同一群組，而分群 7 相當特別，它可併入分群 6，也可以併入分群 8，但由平均值差異大小來看，分群 7 和分群 6 宜併到同一群組。最後，得到犯罪人口率可分成六群組：{ 分群 1, 分群 2_3, 分群 4, 分群 5, 分群 6_7, 分群 8}。其嚴重等級排名（由高至低）：1(花蓮縣) > 2(臺北市 , 宜蘭縣 , 嘉義縣 , 基隆市) > 3(臺東縣) > 4(臺南市 , 嘉義市 , 南投縣 , 雲林縣 , 屏東縣 , 新竹縣 , 澎湖縣 , 新竹市 , 彰化縣）> 5(新北市 , 高雄市 , 桃園市 , 臺中市 , 苗栗縣) > 6(金門縣 , 連江縣)。

綜觀犯罪人口率，臺灣從 1999-2019 年計 21 年長期統計結果，各縣市犯罪人口率是有顯著差異的。東部比其他地區來得嚴重。離島地區的金門和連江等相對於其他縣市，嚴重等級（1-6）最低，主要是犯罪人口數相當少，治安相當良好。不過，澎湖縣嚴重等級（1-6）爲第 4 等級，治安相對差些。在六都中，臺北市治安是最差的。嘉義縣人口外移嚴重，家庭年均所得全國最低，嚴重等級（1-6）排在第 2 等級，經濟狀況十分不好，嚴重影響治安，可說最符合犯罪學論點。不過，隨著地方首長的更替與執政，也會因治安的重視度不同而對地方治安起了實質變化。其實地方治安良窳與當地百姓對於「犯罪容忍度」（尤其不在乎）和「恐懼感」存在顯著關聯性。從犯罪學角度觀之，「破窗理論」、「環境預防空間設計理論」對城市犯罪與治安治理是重要的。

11.5 總結

在過去我們採用 Python 或 R 語言撰寫程式，總是要從網站下載 Shapefile 檔案，取得地理位置與其相對應的經度和緯度座標點，然後將欲顯示用資料放入同一個資料表內。不過，Tableau 則省去這些費時過程，只要對欄位設定地理角色後，即可獲得相對應的經度和緯度值，可說對於獲取圖資相當方便。

本章透過上機實作方式，詳細描述製作地圖的過程和可能遭遇到的問題，並且提出解決方法。其實 Tableau 在商業智慧的資料視覺化，最核心要素就是眞實資料。沒有眞實資料就無法去洞察問題所在，對所得結果沒有實質貢獻，也不具統計解釋意義的。因此，我們可以這麼說：智慧來自眞實。

總之，地方治安狀況與人民生命財產安全是密不可分的。透過 Tableau 的便捷操作和簡潔程式碼，即可讓我們獲得犯罪圖資和了解犯罪嚴重等級。例如，長久以來，我們對花蓮的刻板印象是好山好水好地方，每年吸引很多外來觀光客，但從內政部警政署所提供犯罪資料顯示，犯罪人口率卻是臺灣最高的。

Tableau 與數位鑑識分析

本章概要

12.1 鑑識概念

12.2 似是而非的資安鑑識術語

12.3 數位鑑識與數位證據

12.4 Tableau 與暴力犯罪證據分析

12.5 總結

當完成學習與上機實作後，你將可以

1. 了解鑑識特性
2. 區別資安與鑑識概念
3. 知道如何快速找出潛在數位證據
4. 學會暴力案件數位證據於統計分析上
5. 學會 Tableau 如何與數位證據結合應用
6. 有能力撰寫程式於巨量資料之處理和分析

長久以來，國外相關數位鑑識分析工具大都著重在社會網絡分析的呈現。本章試圖採用 Tableau 來進行數位證據的處理與分析，並進一步導入統計分析與解釋，深入洞察犯罪問題之所在。

12.1 鑑識概念

鑑識（Forensics）係指使用科學和技術在刑事或民事法庭協助調查與認定事實（The use of science and technology to investigate and establish facts in criminal or civil courts of law.）。因此，鑑識具有下列的特性：

(1) 與法庭有關。
(2) 與證據有關。
(3) 用以呈現證據。
(4) 可個化。
(5) 證據與事實的連結。
(6) 存在性（對外揭露）。
(7) 呈現一致性。
(8) 可重複操作性。
(9) 可表示用意之證明。
(10) 供證用證據具信度和效度。

鑑識為最上位階，下分物理鑑識、化學鑑識、生物鑑識、……。數位鑑識歸屬於物理鑑識的子領域。數位鑑識下分電腦鑑識、網路鑑識、手機鑑識、聲紋鑑識、影像鑑識、……。一般物理鑑識標的（2C）：

(1) 傳統鑑識：成分（Components）。
(2) 數位鑑識：內容（Contents）。

12.2 似是而非的資安鑑識術語

機密性、完整性和可用性（Confidentiality, Integrity, and Availability; CIA）為資訊安全的三大要素與其目的，也是一種資訊安全基準模型，用於評估或度量一個組織資訊安全的重要指標。資訊安全三要素 CIA，用來實現或確保與資訊系統有關之機密、完整和可用等三大關鍵領域之安全。

依我國《資通安全管理法》（公布日期：2018 年 06 月 06 日）第 3 條第三款明定，資通安全係指防止資通系統或資訊遭受未經授權之存取、使用、控制、洩漏、破壞、竄改、銷毀或其他侵害，以確保其機密性、完整性及可用性。

安全是風險和機率概念。資訊安全表示資訊一直存在著安全風險。安全不一定與犯罪有關。鑑識是對外揭露，與證據和法庭有關；資安目的是要確保 CIA。資訊安全（防止被破解與不被揭露）與數位鑑識（可以破解與揭露）兩者常處於對抗狀態（反鑑識與鑑識）。例如，警方利用手機鑑識軟硬體設備來破解嫌疑犯的手機密碼，並取得犯案關鍵的數位證據。數位鑑識公司與資訊安全公司之生產產品，具競爭又對抗。先有安全產品，後才有鑑識產品。風險來自安全，證據來自鑑識。目前在「數位鑑識」教科書中，並未出現「資安鑑識」一詞。國內流行「資安鑑識」應來自對鑑識概念濫用所導致的，應改成「資安與鑑識」。

「資安就是國安」口號盛行於國內，也是一種邏輯謬誤。國家安全包括資訊（或資通）安全、國防安全、基礎設施安全、網際空間安全、社會安全等等。依樹狀結構圖觀之，國家安全是根節點（最上位階），第二層爲資訊安全節點、國防安全節點、國境安全節點等，以此類推，以建立分層次的國家安全體系。故不能將「資安就是國安」置於同一位階；同時我們也不能說「中華民國刑法就是國家安全法」。駭客攻擊行爲，乃觸犯《中華民國刑法》「第三十六章妨害電腦使用罪」（第 360 條：無故以電腦程式或其他電磁方式干擾他人電腦或其相關設備）；也不是每一資安事件皆涉及境外或敵對勢力之人與犯罪。資安事件也可能純爲基礎設施機器設備或網路故障所導致的。行政院宜在政府資料開放平臺定期公開資安事件和施政等資訊，讓國人知道「政府積極推動資安施政重點」是什麼？投入人力、教育訓練和極爲可觀的預算後之資安成效對照表。

2003 年 6 月，《中華民國刑法》增訂第 36 章之妨害電腦使用罪，但由於相關條文規定大都屬於告訴乃論罪，可預期存在著相關電腦犯罪案件黑數。基於此，本研究從政府資料開放網站（https://data.gov.tw）蒐集我國 22 個地方法院相關電腦犯罪案件裁判書，期間自 2003 年 6 月起至 2020 年 4 月止，取得有效樣本數計 6,860 件。研究結果發現，以違反《著作權法》案件爲最大宗，計 5,475 件，占全部的79.81%（近8成）；其次是觸犯妨害電腦使用罪，計700件，占全部的10.20%；排名第3位是違反《個人資料保護法》的449件，占全部的6.55%。三者合計占全部的96.56%。吊詭的事，政府一直強調「資安就是國安」，但觸犯妨害電腦使用罪，18年累計判決有罪只有700件，年平均近39件，這一結果與國內資安大廠所統計的高資安事件發生數有極大的落差。到底法院判決妨害電腦使用案件偏少，是因爲涉及境外、告訴乃論、犯罪黑數、監督主管機關（如金融監督管理委員會）或鑑識執法技術水準等因素所造成呢？抑或我國公務和非公務機關的資安做得很好呢？值得深入研究。或許可從國內資安大廠的資安紀錄和行政院國家資通安全會報等，進行資料分析與獲得答案。

12.3 數位鑑識與數位證據

依據我國《刑事訴訟法》之規定，證據可分成事證、人證、物證和書證等四大類型。另根據《中華民國刑法》第10條第六款明定「稱電磁紀錄者，謂以電子、磁性、光學或其他相類之方式所製成，而供電腦處理之紀錄。」及同法第十五章僞造文書印文罪，第220條第一項明定「在紙上或物品上之文字、符號、圖畫、照像，依習慣或特約，足以爲表示其用意之證明者，關於本章及本章以外各罪，以文書論。」第二項明定「錄音、錄影或電磁紀錄，藉機器或電腦之處理所顯示之聲音、影像或符號，足以爲表示其用意之證明者，亦同。」其中第二項即爲數位證據基石。因此，我們可以將數位鑑識定義成：用以呈堂證供數位證據與表示其用意證明的一門科學。

從事數位鑑識之人，謂鑑定人，爲人證之一，得以專家證人身分出庭，參與交互詰問（Cross-Examination）。然而，由數位鑑識所呈現的數位證據應「指出證明之方法」（《刑事訴訟法》第161條第一項規定）。證明方法係指證據四大類型的舉證，並與犯罪事實的相連結。鑑識理論與實踐，爲法定證明方法提供了論理法則和證據之證明力，故鑑識即在刑事訴訟有關偵查（調查）過程中之證據取得、鑑定、分析、呈現和用意。如同我國旅美刑事鑑識專家李昌鈺博士的名言——讓證據會說話，在此「說話」指「用意」。

犯罪重建方法在證據之證明方法和證據信度上，扮演著十分重要作用。在傳統偵查與鑑識上，犯罪重建方法可分成時間重建法（Temporal

Reconstruction）、關係重建法（Relational Reconstruction）和功能重建法（Functional Reconstruction）等三種；然而，現今數位設備（尤其是資通產品）的普及、網路社交媒體的盛行、電子商務對傳統經營模式的改變，導致妨害電腦使用、資通安全威脅（尤其是國家層級的資訊戰）事件案情變得複雜與有增無減，使得內容重建法（Content Reconstruction）受到重視，並成爲第四種犯罪重建方法。它主要用於數位鑑識，用以表示其用意之證明。內容重建工作最大障礙在於內容的加密、支離破碎（Fragment）和跨地域性（網路），並涉及到司法管轄權、共同偵查犯罪協議等問題。

現今，警調和情治等機關在偵辦散布或轉傳假消息，電腦網路犯罪，社會輿情分析，或是收集犯罪情資等，常需要從大量檔案資料，透過高速的搜尋引擎，以在很短時間內找到潛在有價值的犯罪線索、情報或數位證據，並透過社會網絡分析（Social Network Analysis）（如 Ucinet 或 IBM i2 Analyst's Notebook 等工具）來呈現證據之間的網路節點關聯圖。儘管如此，從搜尋階段，透過統計或商業智慧等專業軟體，結合大數據技術，朝向分析階段發展，並可在極短時間內深入洞察犯罪證據與其行爲的時間變異和整體走勢，以展現出它們對數位證據的價值，乃是數位鑑識必走之路。

基於此，本章將採用數位鑑識軟體 dtSearch 來快速搜尋犯罪內容（事實與證據）的樣式（Patterns），然後再將這些擊中（Hits）資料提供給 Tableau 進一步分析和資料視覺化，最後透過 STATA 軟體進行統計分析。由於我國《刑事訴訟法》第 245 條第一項明定「偵查，不公開之。」故無法取得警調機關的第一手製作筆錄和移送書等副本內容。不過描述犯罪的證據和行爲等內容在法院裁判書所明載的「犯罪事實與理由」、「證據能力」等部分，大都摘自「移送書」（警察或調查機關公文書）和「起訴書」（檢察機關公文書）。因此，我們將以「政府資料開放平臺」網站之各地方法院所提供的「裁判書」（法院機關公文書），作爲數位鑑識分析用資料來源。

12.4 Tableau 與暴力犯罪證據分析

暴力犯罪，包括故意殺人、強盜、搶奪、擄人勒贖、強制性交、重大恐嚇取財及重大傷害（含致死）等七類，對於人民生命財產與社會治安帶來極大安全威脅，都是屬於重罪。一般暴力犯罪可分為傳統暴力犯罪及非傳統暴力犯罪。殺人是暴力犯罪之最典型代表。傳統殺人案件是有特定對象（被害人）和因果關係的，即有著顯著的犯罪動機與明確的犯罪標的與其目的。然而，反社會行為、恐怖意圖或宗教極端教義等所行使的隨機殺人，即無差別、未經選擇性殺人，被視為非典型暴力犯罪，對社會治安和社會秩序構成嚴重威脅和失序，甚至被一些國家提升至國安層級的危害。

有關 Tableau 與數位鑑識相關證據的處理和分析過程如下：

1. 下載安裝軟體

首先，上網到 https://www.dtsearch.com/evaluation.html 網站去註冊和下載 30 天免費使用 dtsearch 的評估版本（dtSearchEvalESD2101_8712.exe 或其他版），以及安裝工作。它是用於檔案系統（File System）層級進行大量快速搜尋工作。註：強烈建議使用者購買正版，以獲得更好服務和技術支援。

2. 下載法院裁判書

透過「政府資料開放平臺」（網址：https://data.gov.tw/）去大量下載與蒐集我國各地方法院裁判書。蒐集資料期間：自 2000 年 1 月 1 日起至 2020 年 8 月 31 日止。

做法上，透過 R 或 Python 語言的網路爬文程式去自動下載壓縮檔案，經解壓縮後，就會看到行政、民事和刑事等相當龐大的 JSON 檔案（UTF-8 編碼）和以 GB 為儲存單位的容量空間。再由 R、Python 或 STATA 的 ado 和 mata 等語言，去檢索（Retrieve）出地方法院刑事資料夾，篩選（Filter）出重大暴力犯罪檔案（即為裁判書）與其內容（如圖 12-1 所示），經程式和人工進行資料清洗（含刪除不同檔名但內容相同的檔案）後，儲存至 NoSQL 的 MongoDB 資料庫內。經驗告訴我們，這是相當費人力和時間的工作。

本範例是經過資料清洗完成後的「2000-2020 重大暴力裁判書」JSON 檔案，總計高達 71,356 個檔案數，其儲存容量為 819MB。因此導入大數據處理與分析做法是必要的。它是無法由 Microsoft Excel 匯入與處理的。因為 Excel 內每一個儲存格的最大字元數不得超過 32,767 個字元（32K-1），但是裁判書字元數往往會超過它，且透過 Excel VBA 巨集程式執行，發現處理效能相當差。

```
{
  "JID": "CHDM,97,訴,3103,20100223,2",
  "JYEAR": "97",
  "JCASE": "訴",
  "JNO": "3103",
  "JDATE": "20100223",
  "JTITLE": "妨害性自主",
  "JFULL": "臺灣彰化地方法院刑事判決                97年度訴字第3103號\r\n
、姓名年籍詳卷、卷內代號0000-0000B）、C女（甲〇高職同\r\n    學）、D女（
程序同意作為證據，法院審酌該言詞陳述或書面陳述\r\n    作成時之情況，認為
均同\r\n     意作為證據，且該等鑑定均得受測人即被告及甲〇之同意配\r\n
伊於檢察官偵訊時稱被告該次未用手指頭插進伊陰道內之證\r\n    述不一；再者
，伊國三上學期時，伊\r\n    在上址客廳玩電腦，被告突然出現在伊旁邊，伊嚇
處所照片12張（見警卷第37至41頁）【以上均證明\r\n    附表編號1至4之事實】、
之社會經驗，另證人甲〇智能不足，亦據被告供承在案，於\r\n    此情形，被害
詰問，有親情\r\n    壓力存在；再者，證人甲〇於本案經學校向警方通報後，雖
  一情，有彰化縣智能障礙學生（甲〇）鑑定證明書2份（1份\r\n    見本院卷
第56條連續犯之規定已刪除，此刪除雖非\r\n    犯罪構成要件之變更，但顯已影
法律規定，於接受身心治療或輔導教育後，經鑑定、評估，\r\n    認有再犯之危
，就各該部分，均不\r\n    再論以強制猥褻罪。又被告所為上開6罪間，其犯意各
24條（強制猥褻罪）、第221條第1項（強制性交罪）規定之\r\n    情形，已屬加
條之1、第222條第1項第3款、修正前\r\n第51條第5款，判決如主文。\r\n本案經檢
於94|丙〇連續對於心智缺陷之女子|\r\n|    |年11月至12月間某日，在其位
```


圖 12-1　**JSON** 檔案類型裁判書內容

3. 搜尋潛在數位證據

(1) 建立資料夾

我們首先建立一個專屬搜尋用的資料夾名稱爲 D:\MydtSearch，儲存著總計 71,356 個重大暴力裁判書檔案。

(2) 建立暴力犯罪搜尋表

首先在 Microsoft Excel 工作表內建立暴力犯罪搜尋表，並儲存至：D:\ 暴力犯罪搜尋表 .xlsx。它只要一個欄位，共計 36 個搜尋表示式，實務上可達 400 個以上。有關資料格式如表 12-1 所示：

表 12-1　暴力犯罪搜尋表

暴力犯罪樣式	暴力犯罪樣式	暴力犯罪樣式
* 累犯 *	* 女友 *	"##(.*) 處有期徒刑 (.*) 年 "
*JTITLE: 過失重傷害 *	*JTITLE: 強制性交 *	"##(.*) 處有期徒刑 (.*) 月 "
*JTITLE: 搶奪 * OR *JTITLE: 因搶奪 *	* 口角 *	* 拘役 *
*JTITLE: 殺人 * OR *JTITLE: 因殺人 *	* 糾紛 *	* 易科罰金 *

表 12-1　暴力犯罪搜尋表（續）

暴力犯罪樣式	暴力犯罪樣式	暴力犯罪樣式
*JTITLE: 擄人勒贖 *	* 土製 *	JTITLE:"##(.*) 等 "
*JTITLE: 恐嚇取財 *	* 再犯 *	JTITLE:"##(.*) 未遂 "
*JTITLE: 傷害致死 *	* 幫派 *	*JTITLE: 強制性交殺人 *
*JTITLE: 家庭暴力 * OR *JTITLE: 家暴 *	* 強姦 *	* 第一級毒品 *
* 前科 *	* ＫＴＶ * OR *KTV*	* 第二級毒品 *
* 海洛因 *	*JTITLE: 重傷害 * OR *JTITLE: 因重傷害 *	* 第三級毒品 *
* 安非他命 *	*K 他命 * OR * Ｋ他命 * OR * 愷他命 *	* 無期徒刑 *
* 同居人 *	"##(.*) 處有期徒刑 (.*) 年 (.*) 月 "	* 凶器 * OR * 兇器 *

(3) 建立暴力犯罪詞語表

另依據「暴力犯罪搜尋表」內容，建立一個相對應的「暴力犯罪詞語表 .xlsx」檔案，它是兩個欄位所組成的，共計 36 個詞語（Terms）。資料格式如表 12-2。詞語可由單詞（Word）、片語（Phrase）或縮寫（Abbreviation）等多國語言所組成。註：dtSearch 軟體可適用於多國語言。

表 12-2　暴力犯罪詞語表

編號	暴力犯罪詞語表
1	累犯
2	過失重傷害
3	搶奪
4	殺人
……	……
33	第二級毒品
34	第三級毒品
35	無期徒刑
36	凶器

(4) 搜尋與匯出結果

建立完成詞語表後，關閉 Microsoft Excel 軟體。啓動「dtSearch64.exe」軟體。(A) 在主功能表上，選擇【Search > Unindexed Search for List...】；(B)Select the file with the list of words to search for: D:\ 暴力犯罪搜尋表 .xlsx；(C)◉ One Boolean (and, or, not, ...) expression per line；(D)Name of file to create : D:\dtSearch 搜尋結果 .CSV；(E) 先按【Add…】，再選擇資料夾名稱，Folders to search: D:\MydtSearch；(F)☑Hit count by word；(G) 按【Search】，結束後按【Close】。操作畫面，如圖 12-2 所示。

注意：在輸出「D:\dtSearch 搜尋結果 .CSV」檔案中，我們會發現英文全形和半形大寫，都會被 dtSearch 轉換成英文半形小寫。

Search for Word List (Unindexed)
Select the file with the list of words to search for
D:\暴力犯罪搜尋表.xlsx
Search type
One word or phrase per line
Natural language (find any word in the file)
One Boolean (and, or, not, ...) expression per line
Search features
Stemming
Phonic
Fuzzy searching
3
Synonym searching
WordNet synonyms
WordNet related words
User Synonyms
Open search results in dtSearch
Search results export
Export search results to a text file
Type of file to create
Tab-separated (CSV) for Excel
Name of file to create
D:\dtSearc搜尋結果.CSV
Open File
Folders to search
D:\MyDtSearch\<+>
Add...
Remove
Clear
Search
Close
Filename filters
Exclude
Columns to export
Hit count
Hit count by word
Filename with path
Display name
Location
Title
Size
Modified date
Created date
Last access date
User fields

圖 12-2 以非索引方式的批次搜尋操作畫面

4. 建立詞語欄位

(1) Tableau 環境建立

啟動 Tableau 軟體，連線文字檔：D:\dtSearch 搜尋結果 .CSV，它只有一個資料欄位名稱：[Hits By Word]，資料總列數爲 71,356 列。如果出現兩個以上欄位時，表示 Tableau 匯入資料發生異常，此時結束 Tableau，回到 Microsoft Excel，匯入「D:\dtSearch 搜尋結果 .CSV」，從 B 欄起刪除（非清除）多欄後儲存之，然後重新匯入 Tableau。

在 Tableau 環境，所有導出欄位名稱是依據「暴力犯罪詞語表 .xlsx」的詞語來命名的。下列程式用於萃取出搜尋檔案的擊中數（Hits）。每一列的擊中數係指檔案內容擊中詞語的數量；每一列將出現不同詞語與其擊中的數量。

導出欄位名稱	敘述句
累犯	IF CONTAINS([Hits By Word], '* 累犯 *') THEN INT(SPLIT(SPLIT([Hits By Word],'* 累犯 *',2),'(' ,1)) ELSE 0 END
過失重傷害	IF CONTAINS([Hits By Word], '* 過失重傷害 *') THEN INT(SPLIT(SPLIT([Hits By Word],'* 過失重傷害 *',2), '(' ,1)) ELSE 0 END
搶奪	IF CONTAINS([Hits By Word], '* 搶奪 *') THEN INT(SPLIT(SPLIT([Hits By Word],'* 搶奪 *',2),'(' ,1)) ELSE 0 END
……	……
家庭暴力	//*JTITLE: 家庭暴力 * OR *JTITLE: 家暴 * IF CONTAINS([Hits By Word], '* 家庭暴力 *') THEN INT(SPLIT(SPLIT([Hits By Word],'* 家庭暴力 *',2),'(' ,1)) ELSEIF CONTAINS([Hits By Word], '* 家暴 *') THEN INT(SPLIT(SPLIT([Hits By Word],'* 家暴 *',2),'(' ,1)) ELSE 0 END
……	……

導出欄位名稱	敘述句
第三級毒品	IF CONTAINS([Hits By Word], '* 第三級毒品 *') THEN INT(SPLIT(SPLIT([Hits By Word],'* 第三級毒品 *,',2), '(' ,1)) ELSE 0 END
無期徒刑	IF CONTAINS([Hits By Word], '* 無期徒刑 *') THEN INT(SPLIT(SPLIT([Hits By Word],'* 無期徒刑 *,',2), '(' ,1)) ELSE 0 END

在文字採礦上，對於刑事案件裁判書時常使用二元值 (Binary)：{0, 1}。因爲我們對裁判書中是否有這個詞語比較感興趣。例如，是否爲「累犯」，「是」指定爲 1，「否」指定爲 0。因此，它的程式設計相對單純些。例如，可建立 [累犯] 的欄位名稱與其程式碼如下：

導出欄位名稱	敘述句
累犯	IIF(CONTAINS([Hits By Word], ' 累犯 ') , 1, 0)

我們可能會有一個疑問？爲何要透過 dtSearch 軟體呢？答案是，(A) 數位鑑識人員或鑑定人，一開始就會從犯罪嫌疑人或被告，被害人，證人等電磁紀錄或主記憶 RAM 等大量檔案或主記憶體傾印（Memory Dump）之內容，去快速尋找出是否存在與犯罪事實相關的樣式（Patterns），即所謂的「潛在數位證據」（Potential Digital Evidence）。再來，透過撰寫程式來擷取出有擊中的檔案，以縮小鑑定範圍。最後去檢視這些被擷取出來的檔案內容，以檢查是否有假擊中（False Positive Hits）（即擊中但不是想要的）發生。若有發生，則必須回來增修「暴力犯罪搜尋表 .xlsx」內容，這樣一直循環處理，直到鑑識人員可接受範圍內；(B)Tableau 無法匯入 71,356 檔案；而 R 或 Python 等，則每一次都必須從硬碟資料夾內逐一匯入檔案（計 71,356 次）和迴圈處理，相當耗時，一般都是以小時計之，這也是爲何要導入 NoSQL（如 MongoDB）的主因，因它可省去逐一匯入檔案的大量時間。(C)dtSearch 是採用批次處理，因此搜尋時間可大幅縮減，這在巨量資料的文字採礦上十分重要；(D)dtSearch 可以在檔案系統層

級來處理巨量檔案內容的搜尋功能，而不必進入應用層級環境，再經由應用軟體或電腦語言等操作和執行匯入檔案與迴圈處理，可以大幅減少人為程式設計和程式執行所需處理的時間，而只關注在暴力犯罪搜尋表的內容增修上；(E) 在 dtSearch 處理環境，對使用者來說，建立搜尋表和詞語表十分簡單，可大幅減少人工處理時間。

另外一個問題，如果詞語數量太多且仍採用 Tableau 處理的話，反而造成程式設計人員逐一去建立導出欄位而使工作負荷增加。例如，經驗告訴我們，在巨量檔案（儲存單位：GB）之大數據處理上，常會有 400 個以上的詞語數，就須在 Tableau 資料窗格上自建 400 個以上詞語的導出欄位名稱，欄位太多就會操作不便且難以管理。解決之道，就是透過具有 In-Memory 運作機制的 STATA 統計軟體，或是 R、Python 等語言來解決之。STATA 的 ado 和 mata 語言將可協助我們在較短時間內完成前揭 Tableau 的做法。

(2) STATA 環境建立

我們仍以前揭 36 個詞語為例，透過 STATA 來完成。有關處理程序如下：

(A) 啓動 STATA 軟體，匯入「D:\dtSearch 搜尋結果 .CSV」檔案。匯入過程，請選擇「First row as variable names: Always」；「Variable-name case: Preserve」。

(B) 撰寫下列 STATA ado 程式碼：（此範例用以建立詞語欄位二元值）

```
//[1] 匯入 CSV 檔案
import delimited "C:\Users\ctywk\Desktop\dtSearch 搜尋結果 .CSV",
varnames(1) case(preserve) encoding(UTF-16LE) clear
```

```
//[2] 建立詞語欄位（將詞語變換成變數名稱）
// 注意：在輸出「D:\dtSearch 搜尋結果 .CSV」檔案中，我們會發現英文全
  形和半形大寫，
//      都會被 dtSearch 轉換成英文半形小寫。故 KTV 必須以小寫 ktv 表示
local 暴力犯罪詞語表 = /// 詞語之間必須有空白字元相隔開
    " 累犯 過失重傷害 搶奪 殺人 擄人勒贖 恐嚇取財 傷害致死 " + ///
```

```
        " 家庭暴力 前科 海洛因 安非他命 同居人 女友 強制性交 " + ///
        " 口角 糾紛 土製 再犯 幫派 強姦 ktv " + ///
        " 重傷害 愷他命 有期徒刑年月 有期徒刑年 有期徒刑月 拘役 易科罰金 " + ///
         " 多罪 未遂 強制性交殺人 第一級毒品 第二級毒品 第三級毒品 無期徒
刑 凶器”
local theCourtN = wordcount("' 暴力犯罪詞語表 '") // 字串形式
display 'theCourtN'
display word("' 暴力犯罪詞語表 '", 1) // 累犯
//exit 100
forvalues i = 1/'theCourtN' {  // 1/36
        local theWord = word("' 暴力犯罪詞語表 '", 'i')
        capture drop 'theWord'
         generate  'theWord' = 0
}
```

```
// [3] 從 HitsByWord 變數名稱去判斷是否有詞語存在，若有則給 1, 不存在給 0
forvalues i = 1/'theCourtN' {  // 1/36
        local theWord = word("' 暴力犯罪詞語表 '", 'i')
        replace 'theWord' = 1 if ustrregexm(HitsByWord, "'theWord'") // 批次式處
理，而不採用 LOOP
}
tabulate ktv, missing sort
```

```
//[4] 處理特殊詞語
//*JTITLE: 家庭暴力 * OR *JTITLE: 家暴 *
replace 家庭暴力 = 1 if  ustrregexm(HitsByWord, " 家暴 ")
replace 多罪 = 1 if  ustrregexm(HitsByWord, " 等 ")
replace 重傷害 = 0 if 過失重傷害 == 1 // 有重疊
// subinstr(s1,s2,s3,n)
// 處有期徒刑 (.*) 年 (.*) 月 "
```

```
replace 有期徒刑年月 = 1 if ustrregexm(subinstr(HitsByWord,"(.*)","",.), "年月")
  //"##(.*) 處有期徒刑 (.*) 年 "
replace 有期徒刑年 = 1 if ustrregexm(subinstr(HitsByWord,"(.*)","",.), " 年 ") &
有期徒刑年月 == 0
replace 有期徒刑月 = 1 if ustrregexm(subinstr(HitsByWord,"(.*)","",.), " 月 ")
& 有期徒刑年月 == 0
//*K 他命 * OR * Ｋ他命 * OR * 愷他命 *
replace 愷他命 = 1 if ustrregexm(HitsByWord, "k 他命 ")
//* ＫＴＶ * OR *KTV* 都將被 dtSearch 轉成半形小寫 ktv，故下列 replace
子句可被省略
//replace ktv = 1 if ustrregexm(HitsByWord, " ＫＴＶ ") // 已被 dtSearch 轉成
半形小寫
tabulate 累犯 , missing sort
tabulate 海洛因 , missing sort
tabulate 有期徒刑年月
tabulate 有期徒刑年
tabulate 有期徒刑月
```

```
//[5] 刪除沒有被擊中的該筆資料列，這樣可縮減檢視潛在數位證據的數量
display _N // 總筆數
local 總筆數 = _N
forvalues i = 1/` 總筆數 ' {
    //if 子句用來防止因 i 計數從第 1 起到原有總筆數，
    // 例如原有為 10 筆，經刪除 3 筆後，只剩下 7 筆，到了第 8 筆就會出現錯誤:
    //        observation numbers out of range
    if 'i' <= _N {
    scalar theSUM = 0
    forvalues j = 1/'theCourtN' { // 1/36
        local theWord = word("' 暴力犯罪詞語表 "', 'j')
        scalar theSUM = theSUM + 'theWord'['i'] // 取得第 i 筆資料
```

```
            //display "'theWord'" // 累犯 過失重傷害 搶奪 ...
        }
        list in 'i' if theSUM == 0
        drop in 'i' if theSUM == 0 // 刪除該筆資料全部總和 =0 者
        }
}
```

```
//[6] 刪除 HitsByWord 變數，因不再使用它了
drop HitsByWord
//[7] 儲存成 Excel 檔案類型
export excel using "D:\STATA_ 詞語二元值資料集 .xlsx", firstrow(variables) replace
```

(C) 將結果儲存至「D:\STATA_ 詞語二元值資料集 .xlsx」。

5. 數位證據視覺化

啓動 Tableau，連線匯入「D:\STATA_ 詞語二元值資料集 .xlsx」檔案，按【立即更新】和【工作表 1】。

我們想要洞察累犯與家暴、各級毒品之間的情況。從圖 12-3 得知，(1) 在總計 71,356 件裁判書中，有累犯紀錄者計 19,181 件，占全部的 26.88%，這表示每 100 件重大暴力犯罪案件中，累犯近 27 件，這是在所有犯罪類型中算是較爲突出的。(2) 在家庭暴力方面，計 1,715 件，占全部的 2.40%。其中累犯且家庭暴力者計 304 件，無累犯紀錄者計 1,411 件，表示呈現負向關係。(3) 在毒品方面，第一級毒品計 1,186 件，占全部的 1.66%。其中累犯且第一級毒品者計 1,005 件，占它全部的 84.7%，接近 85%，相當高的比例且正向關係；第二級毒品計 1,340 件，占全部的 1.88%。其中累犯且第二級毒品者計 1,067 件，占它全部的 79.6%，接近 80%，也是相當高的比例且正向關係；第三級毒品計 340 件，占全部的 0.48%。其中累犯且第三級毒品者計 171 件，占它全部的 50.3%，超過一半。這個洞察結果，發現累犯和第一級、第二級毒品有極度相關性，這也是在國內學術期刊很少被研究與發現的。故我們有必要更深入了解它們的相關強度爲何？

列　累犯　計數(累犯)　SUM(家庭暴力)　SUM(第一級毒品)　SUM(第二級毒品)　SUM(第三級毒品)

累犯	累犯計數	家庭暴力	第一級毒品	第二級毒品	第三級毒品	
0	8,177	110	29	49	26	Abc
1	3,293	11	198	192	29	Abc

圖 12-3　由 **Tableau** 所產出累犯與家暴和毒品之次數統計

6. 數位證據統計分析

毒品犯罪是一種工具性犯罪，由於毒品犯罪行爲人是違反刑事特別法的《毒品危害防制條例》。若沒有毒品之栽種、製造、販運、銷售、持有或施用，是不會構成犯罪的。因此，毒品實體物是很重要的證據。

經由輸入與執行 STATA 指令：「pwcorr 累犯 第一級毒品 第二級毒品 第三級毒品 家庭暴力 , sig star(5)」後，得到表 12-3 皮爾森相關統計結果。表中發現累犯涉及第一級毒品比起第二級和第三級毒品來得更嚴重。毒品不僅危害人體健康，同時也和重大暴力案件有關。第一級毒品和第二級毒品正相關強度最強（+0.5110）。顯示重大暴力案件涉及第一級和第二級毒品十分明顯，尤其在累犯行爲人上。不過累犯與家庭暴力呈現負相關，這意味著重大暴力案件有累犯紀錄者，比較傾向不會有家庭暴力行爲。因此，我們不用去關注在累犯與家暴問題探討上。

表 12-3　累犯與各級毒品相關分析

	累犯	第一級毒品	第二級毒品	第三級毒品	家庭暴力
累犯	1				
第一級毒品	0.1697* 0.0000	1			
第二級毒品	0.1646* 0.0000	0.5110* 0.0000	1		
第三級毒品	0.0365* 0.0000	0.1581* 0.0000	0.2033* 0.0000	1	
家庭暴力	-0.0324* 0.0000	-0.0140* 0.0002	-0.0089* 0.0174	-0.0016 0.6775	1

我們必須進一步去洞察有關暴力與毒品名稱相關程度，從圖 12-4 得知，(1) 第一級的海洛因計 1,054 件（1.48%）。其中累犯且海洛因計 803 件，占它全部的 76.2%。(2) 第二級毒品安非他命計 1,496 件（2.10%）。其中累犯且安非他命計 952 件，占它全部的 63.6%。(3) 第三級毒品愷他命計 424 件（0.59%）。其中累犯且愷他命計 209 件，占它全部的 49.3%。由此可見，重大暴力行爲且有累犯紀錄者，涉及海洛因和安非他命等毒品問題十分嚴重。

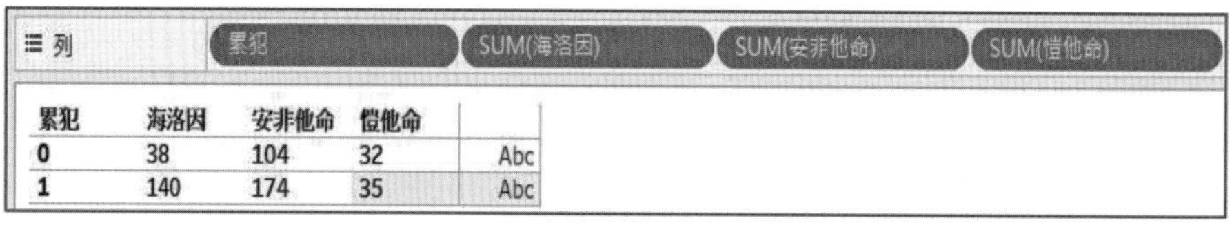

累犯	海洛因	安非他命	愷他命	
0	38	104	32	Abc
1	140	174	35	Abc

列：累犯、SUM(海洛因)、SUM(安非他命)、SUM(愷他命)

圖 12-4　累犯與毒品名稱之次數統計

透過 STATA 統計軟體的指令：「pwcorr 累犯 海洛因 安非他命 愷他命 , sig star(5)」，得到表 12-4 的相關分析結果，發現累犯與海洛因、安非他命、愷他命之間存在極爲顯著的正相關。其中以海洛因和安非他命的相關強度最高（+0.3243）。這意指警察或調查機關在調查重大暴力犯罪案件時，應對犯罪嫌疑人或被告，如爲累犯或再犯（犯罪前科紀錄者），則應用搜索扣押票（Search and Seizure Warrants）去實施搜索住處或其他場所，扣押毒品或槍械等違禁物，盤查犯罪嫌疑人、被告是否有持有，去檢驗體內、皮膚或尿液是否有毒品成分，身上是否有施打毒品的痕跡等，這些做法將可獲取更多積極證據和沒收違

表 12-4　累犯與毒品相關分析結果

	累犯	海洛因	安非他命	愷他命
累犯	1			
海洛因	0.1362* 0.0000	1		
安非他命	0.1213* 0.0000	0.3243* 0.0000	1	
愷他命	0.0391* 0.0000	0.0329* 0.0000	0.1440* 0.0000	1

禁物。尤其是一級毒品的海洛因（俗稱「白粉」、「四仔」、「軟仔」）和二級毒品的甲基安非他命。總之，重大暴力與毒品具有高度相關性。那麼，歸屬於重大暴力犯罪的那些犯罪名稱比較有可能與毒品有關呢？則有待繼續洞察。

我們透過 Tableau 軟體更深入去洞察問題所在。從圖 12-5 得知，犯罪名稱爲強盜、搶奪情況，就會對這些毒品有顯著變化。(1) 在沒有強盜條件下，搶奪且海洛因計 382 件，占它全部的 65.7%。(2) 在有強盜條件下，海洛因計 306 件，占它全部的 64.7%；強盜、搶奪且海洛因計 167 件。因此，我們可以去檢定假設：強盜、搶奪與毒品有正相關（占比超過 50%）。這樣的結果，我們的推論是因被告可能在缺錢買毒品情況下，只好鋌而走險，而去實施強盜、搶奪等犯罪行爲。

☰ 列　強盜　搶奪　SUM(海洛因)　SUM(安非他命)　SUM(愷他命)

工作表 1

強盜	搶奪	海洛因	安非他命	愷他命
0	0	199	572	173
	1	382	313	58
1	0	306	408	152
	1	167	203	41

圖 12-5　強盜、 搶奪與毒品的統計結果

12.5 總結

本章一開始對鑑識和資安等專業術語作一詳細闡述，其目的在於建立正確觀念。再來說明爲何我們想要在作業系統的檔案系統層級進行快速搜尋的理由，如何建立數位鑑識用的匹配樣式與詞語表；同時也說明了爲何 Microsoft Excel 不適合用於巨量資料處理。數位鑑識分析，在國內學術和實務界是有待開發的領域。本章試圖將 Tableau 導入數位鑑識分析領域上，期望能對 Tableau 有更寬廣的應用。

現今，全球手機十分普及與高度使用，並已成爲 21 世紀人類日常生活的重要部分，商機和經營模式加速各式各樣的手機 APP 應用於不同領域，的確帶來了使用者的便利性和行動性，但也伴隨著犯罪手法和型態的推陳出新，致使國安、國防、海防、國境、警察和調查等機關一直面臨著各種問題有待解決的

挑戰和困境。其中最大挑戰是如何快速找出潛在有證據價值的數位證據。導入 Tableau 商業智慧於洞察問題的巨觀和微觀分析，包括數位證據，將有助於減輕這些挑戰所帶來的壓力。Tableau 可以彌補資訊能力不足和時間上的壓力。

第13章

Tableau 與大數據分析

本章概要

13.1 建立與清洗資料

13.2 資料處理與洞察

13.3 資料正規化

13.4 統計分析

13.5 總結

當完成學習與上機實作後，你將可以

1. 使用網路爬文程式下載網站檔案
2. 了解大數據處理與分析程序
3. 了解法院裁判書非結構化資料複雜性
4. 知道如何洞察臺灣酒駕問題
5. 學會 Tableau 如何與大數據結合應用

就大數據處理與分析觀點而言，它是一件十分繁瑣且很花人力和機器時間的工作。Tableau 因被定位在商業智慧，並以資料視覺化著稱，但它僅能解決大數據的一部分問題，像是在很短時間內對特定現象的洞察（彙總）、處理資料速度快；其餘部分仍須高度仰賴電腦語言，如 R 或 Python，以及其他專業統計、資料採礦或社會網絡分析等軟體，例如，STATA、SAS、IBM SPSS、Tanagra 或 UCINET 等軟體。經驗告訴我們，Microsoft Excel 不適合巨量資料的處理與分析。

本章將以觸犯我國《中華民國刑法》第 185-3 條第一項規定之罪，稱爲「公共危險之不能安全駕駛動力交通工具罪」或「公共危險之不能安全駕駛動力交通工具而駕駛罪」的裁判書內容，作爲 Tableau 與大數據分析用的資料來源。這些檔案資料是由我國「政府資料開放平臺」的各地方法院（含本島和離島等地區）所提供的。

13.1 建立與清洗資料

本研究從「政府資料開放平臺」（http://210.69.124.88/）所提供的國內各地方法院（含臺灣本島、澎湖，及福建金門、連江）以年月爲單位進行下載壓縮檔案（RAR），內含民事、刑事和行政等裁判案件。下載壓縮檔案日期範圍爲 2000 年 1 月 1 日起至 2020 年 11 月 30 日止，取樣時間總計 20 年又 11 個月，是個相當龐大的巨量資料。資料下載時間：2021 年 2 月 5 日。

經由 R 網路爬文程式下載法院壓縮檔案（如圖 13-1），再經撰寫 DOS 指令批次檔（如圖 13-2）對 251 個壓縮檔案進行解壓縮，總計所需硬碟容量超過 16GB。因爲解壓縮階段可說相當耗費時間的，故使用了 3 部電腦來同步作業，以節省處理時間。透過 R 程式實體刪除非刑事地方法院資料夾，擷取出與有關刑事公共危險案件檔，進行無效裁判篩選的刪除，最後將有效 640,989 個檔案全部儲存至 MongoDB 同一個資料庫，以及指定的硬碟資料夾內（計 640,989 個檔案），所需硬碟儲存空間高達 3.52GB。其中視爲無效而未納入處理和儲存的裁判書，包括裁判案件屬於公共危險但非爲酒駕、裁判內容重複、聲請上訴、上訴駁回、延長羈押、保證金、撤銷假釋、請求賠償損害、司法管轄錯誤或無罪判決等。

```
install.packages("magrittr")
install.packages("rvest")
install.packages("xml2")
install.packages("plyr")

library(magrittr)#pipe
library(xml2)
library(rvest)    #web scraping
library(plyr)

## 司法院判決書開放資料下載網址
yearDataURLs <- read_html("http://210.69.124.88/") %>% html_nodes("a") %>%
html_attr("href") %>% .[which(regexpr("rar$", .) > 0)]
#print(yearDataURLs)
print(head(yearDataURLs))
############################
起始年月 <- c("200001")
終止年月 <- c("202011")
theStartTime = as.numeric(substr(起始年月,1,4)) * 12 + as.numeric(substr(起始年月,5,6))
print(theStartTime)
theEndTime = as.numeric(substr(終止年月,1,4)) * 12 + as.numeric(substr(終止年月,5,6))
print(theEndTime)
if (theEndTime < theStartTime) stop("【錯誤】請核對輸入的起始年月或終止
年月是否正確！")

for (i in 1:length(yearDataURLs)){
  theWebFile <- paste0("http://210.69.124.88/",yearDataURLs[i])
  print(theWebFile) #"http://210.69.124.88/rar/199601.rar"
  theFile <- unlist(strsplit(yearDataURLs[i],"/"))[2]
  print(theFile) #"199601.rar"
```

```
  下載年月 =substr(theFile,1,6)
  theDownLoadTime = as.numeric(substr( 下載年月 ,1,4)) * 12 + as.numeric(substr( 下
載年月 ,5,6))
  if (theStartTime <= theDownLoadTime && theDownLoadTime <= theEndTime) {
    print("Download it.")
    theLocalFile <- paste0("C:/Users/user/Downloads/Temp/",theFile)
    download.file(theWebFile, theLocalFile, mode = "wb")
  }
  #stop("PPPP")
}
```

圖 13-1　經由 R 程式進行網路下載

```
REM ANSI encoding system
C:
MD C:\Users\%username%\Downloads\temp
CD C:\Users\%username%\Downloads\temp
COPY C:\Users\%username%\ Downloads\*.rar
for %%i in (*.rar) DO (“C:\Program Files\7-Zip\7z.exe” x C:\Users\%username%\
Downloads\ temp\%%i)
```

圖 13-2　法院 **RAR** 裁判書解壓縮 **.BAT**

1. 擷取檔案

將解壓縮過的巨量檔案數，透過 R 的 fromJSON(f) 函數，匯入與篩選出有效檔案數。包括刪除裁判書檔案名稱不同但內容相同，非爲《中華民國刑法》第 185-3 條第一項規定之罪者。經過擷取（Retrieve）後，總計有效檔案數爲 640,989，並儲存到指定的資料夾「D:\2000-2020 酒駕」內。同時開啓 MongoDB，將 640,989 筆裁判書儲存至資料庫資料集（Collection）內。其中採用 128 位元的 MD5 雜湊值（訊息摘要）來檢視兩個以上檔案內容是否有重複的。

注意：在實體刪除檔案過程中，這些檔案不可一直被開啓著，即每一個檔案在程式中被 Open 後，當處理完後一定要 Close 它，否則刪除就會發生異常。

2. 清洗工程

過去我們對於資料清洗工程，都是採用 Python 或 R 語言所撰寫的程式來爲之。現在我們試圖採用 STATA 統計軟體來完成之，它的主要優點是不受文件容量大小的限制。做法上，fileread("path/filename") 將 640,989 個巨量的 JSON 檔案逐一匯入，對十分雜亂的非結構化資料進行清洗工作，如圖 13-3 所示。包括法院造字，特殊姓名，" 台 " 轉成 " 臺 "，中文錯別字轉換（如參、梁），英數字大小寫和全形字元轉換，移除全形與半形空白字元、無法辨別的□特殊字元、"{" 和 "}"、換行控制字元 \r\n，……。裁判書格式不正確，例如，出現兩個「主文」。這項作業必須不斷對程式和資料去「檢視、修正、執行、除錯」等循環，直到大致沒有異常資料出現才結束，因此它對人工和電腦都是十分費時的。即使這些檔案來源皆自法院提供的，但仍有人爲登入或轉檔過程等錯誤的發生，也有來自法院名稱的變更，如「板橋地方法院」更名爲「新北地方法院」；原有「高雄地方法院」又新增「橋頭地方法院」等。當完成清洗工作後，分別儲存至「D:\STATA_2000-2020 酒駕犯罪統計資料 .xlsx」和「D:\STATA_2000-2020 酒駕犯罪統計資料 .dta」。

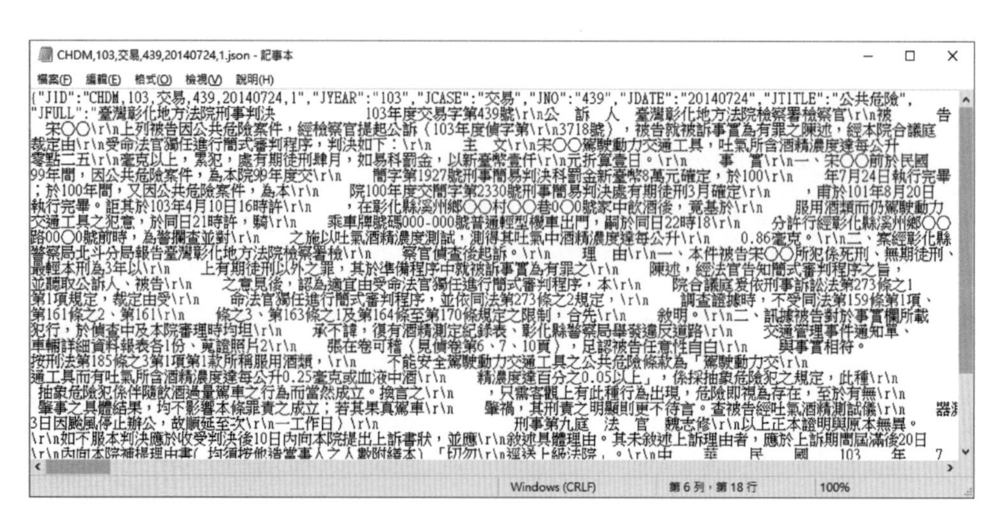

圖 13-3　酒駕裁判書 JSON 檔案之原始資料格式

註：為保護被告個人資料隱私起見，法院已將被告名字以○○取代。如「宋○○」。

13.2 資料處理與洞察

在資料處理與分析方面，我們可以選擇 R、Python 等語言結合 MongoDB 資料庫來爲之，或選擇 STATA、Tableau 等皆可。我們常將 Tableau 的優點集中在資料視覺化上，其實經驗告訴我們，Tableau 的整體處理效能對於大數據處理與分析上，超乎我們的想像。對於不斷試圖在「非結構化資料」中去尋找出各種潛在有價值的資訊，洞察各種問題所在，Tableau 可讓我們節省相當可觀的時間。對任何未有大數據處理和分析經驗的人來說，就很難想像跑一次程式需要 3 小時以上的滋味，相當於搭臺灣高鐵來回臺北—高雄所需的時間，何況程式要跑「很多次」。爲何我們不要在 Microsoft Excel 去進行非結構化巨量資料之處理與分析呢？因它會讓我們感覺到「不知道」何時才能完成（類似當機狀況），只好被迫透過「工作管理員」來關閉 Excel VBA 程式的執行；另一個理由是，它限制了每一個儲存格最大容量只到 32,767 個全形或半形字元數。實務上，裁判檔案內容字元數往往會超過 32K 的。意即 Excel 比較適合少量且結構化資料。舊版 Excel（.xls）則會在儲存檔案後，每一個工作表只保留到 255 個欄位，其餘會主動被移除，且也不會出現警告。

現在，我們就透過 Tableau 來進行 2000-2020 年酒駕裁判書之資料處理與分析。在此過程中，如果有先前過濾或清洗過程沒有被發現的無效案件的話，可在 Tableau 環境所建立的導出欄位儲存格內賦予 NULL 值，即可排除該筆分析。

1. 匯入資料

啓動 Tableau，連線到 Microsoft Excel，選擇「D:\STATA_2000-2020 酒駕犯罪統計資料 .xlsx」檔案，按【立即更新】和【工作表 1】。由於第 1 次匯入 Tableau 時，Tableau 會進行資料壓縮與載入主記憶體 RAM 等作業，故會耗費較長的處理時間。它的壓縮檔案會暫存在「C:\Users\ 使用者名稱 \AppData\Local\Tableau」資料夾內。若以【記事本】軟體去開啓這些檔案內容，則會出現亂碼。

2. 建立導出欄位

我們在主功能表上，選擇【分析 (A) > 建立導出欄位 (C)…】，輸入導出欄位名稱和程式碼。

導出欄位名稱	敘述句

T_ 法院代碼	// JID:KSDM,105, 交簡 ,162,20160126,1,JYEAR:105,JCASE:
	// 我們將 [T_ 法院代碼] 欄位拖曳到【列】架，設定 (維度)
	// 這筆資料沒有法院代碼：
	// 臺灣雲林地方法院 109 年虎交簡字第 496 號刑事判決裁判日期
	SPLIT(SPLIT([裁判書],',',1),':',2)

T_ 地方法院	// 下列這筆資料異常：
	// 臺灣雲林地方法院 109 年虎交簡字第 496 號刑事判決裁判日期
	CASE [T_ 法院代碼]
	WHEN 'TYDM' THEN ' 桃園 '
	WHEN 'PCDM' THEN ' 新北 '
	WHEN 'KSDM' THEN ' 高雄 '
	WHEN 'TNDM' THEN ' 臺南 '
	WHEN 'TCDM' THEN ' 臺中 '
	WHEN 'PTDM' THEN ' 屏東 '
	WHEN 'CHDM' THEN ' 彰化 '
	WHEN 'CYDM' THEN ' 嘉義 '
	WHEN 'TPDM' THEN ' 臺北 '
	WHEN 'SCDM' THEN ' 新竹 '
	WHEN 'MLDM' THEN ' 苗栗 '
	WHEN 'NTDM' THEN ' 南投 '
	WHEN 'HLDM' THEN ' 花蓮 '
	WHEN 'ILDM' THEN ' 宜蘭 '
	WHEN 'KLDM' THEN ' 基隆 '
	WHEN 'TTDM' THEN ' 臺東 '
	WHEN 'CTDM' THEN ' 橋頭 '
	WHEN 'SLDM' THEN ' 士林 '
	WHEN 'ULDM' THEN ' 雲林 '
	WHEN 'KMDM' THEN ' 金門 '
	WHEN 'PHDM' THEN ' 澎湖 '
	WHEN 'LCDM' THEN ' 連江 '
	ELSE MID([T_ 法院代碼], 3,2) // 臺灣雲林地方法院
	END

T_ 縣市別	// 地方法院名稱對應縣市名稱 CASE [T_ 地方法院] WHEN ' 嘉義 ' THEN ' 嘉義縣市 ' WHEN ' 新竹 ' THEN ' 新竹縣市 '

導出欄位名稱	敘述句
	WHEN '橋頭' THEN '高雄' WHEN '士林' THEN '臺北' WHEN '板橋' THEN '新北' // 加入這條程式碼 ELSE [T_ 地方法院] END
T_ 酒駕總案件數	{FIXED :COUNT([T_ 縣市別])}

3. 敘述統計分析

當執行上述導出欄位後，即可很快洞察出各縣市酒駕案件數分布狀況。由圖 13-4 得知，以桃園市的案件數最多，其次分別爲高雄市、新北市、臺南市、臺中市、屏東縣、臺北市、彰化縣、嘉義縣市、新竹縣市、……，排名後面分別爲雲林縣、金門縣、澎湖縣和連江縣（最少）。不過，這個案件數指標可能與各縣市政府警察局的執法力度有關。例如，從 2000/1-2020/11 期間（計 251 個月），雲林縣累計只有 4,535 件，平均每個月只發生 18 件酒駕犯罪數，略顯偏低。儘管如此，它也反映出各縣市的「喝酒文化」和當地百姓對「酒駕」的容忍度。我們也發現到，高雄市在其他犯罪類型上，也是在六都中表現較爲嚴重的，顯示高雄市治安的確有改善的空間。

透過 {FIXED :COUNT([T_ 縣市別])} 來計算出酒駕總案件數。{FIXED} 與當前視圖是彼此獨立的。導出欄位 [T_ 酒駕總案件數] 爲一單值，當它要放入多值 [T_ 縣市別] 內時是不被允許的，故 [T_ 酒駕總案件數] 必須透過具有彙總功能的函數，如 SUM([T_ 酒駕總案件數]) 或 ATTR([T_ 酒駕總案件數])，以及標記卡（Marks Card）的【詳細資料】，來讓它放入 [T_ 縣市別] 欄位的每一個縣市長條圖內。這是在當前視圖下，提供多個資訊來源的很重要機制。如果導出欄位名稱持有多值時，就不可以使用 ATTR([導出欄位名稱])，因爲它會回傳 *。因此，屬性函數 ATTR() 是個很重要的函數。另外，凡是要在各縣市長條圖中提供額外相關資訊者，只要將它們（指欄位名稱）拖曳到標記區上的【標籤】、【顏色】、【詳細資料】或【工具提示】即可；而【大小】用來調整圖形版面大小（無欄位）或長條圖粗細（有欄位）。

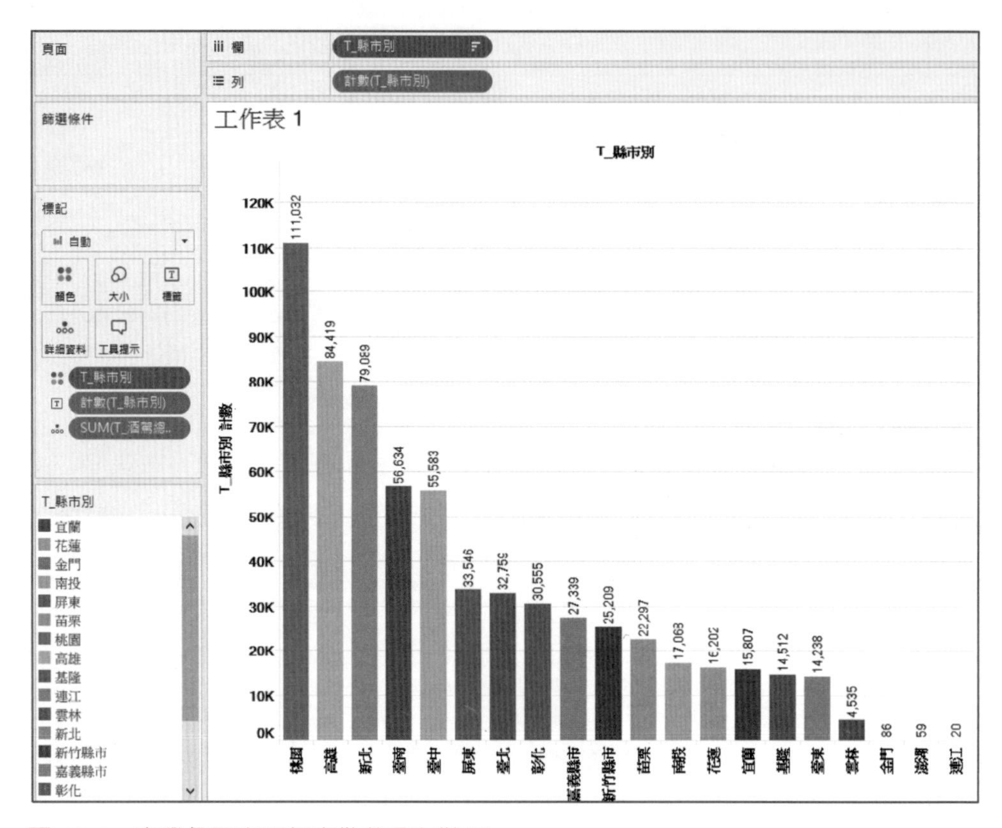

圖 13-4　臺灣各縣市酒駕案件數分布狀況

其次，要產出各縣市案件數占臺灣總案件數百分比之長條圖與百分比資訊。公式如下：

$$\text{各縣市案件占比} = \frac{\text{縣市別}}{\text{酒駕總案件數}} * 100\ (\%) \qquad (13\text{-}1)$$

[T_ 酒駕總案件數] 爲單值，而非彙總函數，故 Tableau 無法讓它和 COUNT([T_ 縣市別]) 的彙總函數混合使用或計算，即「COUNT([T_ 縣市別])/[T_ 酒駕總案件數] * 100」會出現錯誤的。這是 Tableau 的運作機制。解決方式：採用 ATTR([T_ 酒駕總案件數]) 函數回傳單值。因此，[T_ 各縣市案件占比 (%)] 欄位，可由「COUNT([T_ 縣市別])/ATTR([T_ 酒駕總案件數]) * 100」來表示。然後將 [T_ 各縣市案件占比 (%)] 欄位拖曳到標記卡的【詳細資料】上，即可顯

示占比。例如，[T_ 各縣市案件占比 (%)] (桃園) = 17.32，[T_ 各縣市案件占比 (%)] (高雄) = 13.17，[T_ 各縣市案件占比 (%)] (新北) = 12.34，[T_ 各縣市案件占比 (%)] (臺南) = 8.84。前四名占比總和爲 51.67%，超過一半。這表示臺灣酒駕案件中，每 2 件就會有 1 件是來自這 4 個直轄市，另一件是來自其他 18 個縣市。由此可見，它們酒駕問題的嚴重性。但是，我們也發現到屏東縣的酒駕占比（5.23%）是六都以外最嚴重的縣市。其實「屏東」治安不是很好，如毒品問題嚴重。這顯然與地方居民對治安良窳「容忍度」有關。當我們看到行政院或警政署提出「酒駕零容忍」目標時，各縣市存在著「相對容忍」和吊詭現象。因當地百姓總是把「政府施政滿意度」和「治安容忍度」脫鉤，例如，民調施政滿意度很高，但治安卻不佳的悖論（Paradox），其結果就是人口的不斷外移。

就不分縣市別來洞察臺灣酒駕案件數整體季（2000/1-2020/11）曲線變化，如圖 13-5 所示，結果發現酒駕案件在 2013 年第 3 季陡峻式暴增至最高峰的 15,909 件。這是 2013 年因酒駕致死事件頻繁，政府採取「治亂世用重典」的「嚇阻策略」（Deterrence Strategy），並於 2013 年 6 月 11 日修正《中華民國刑法》第 185-3 條，各縣市政府警察局配合中央政府嚴格取締酒駕所致。這條修正內容

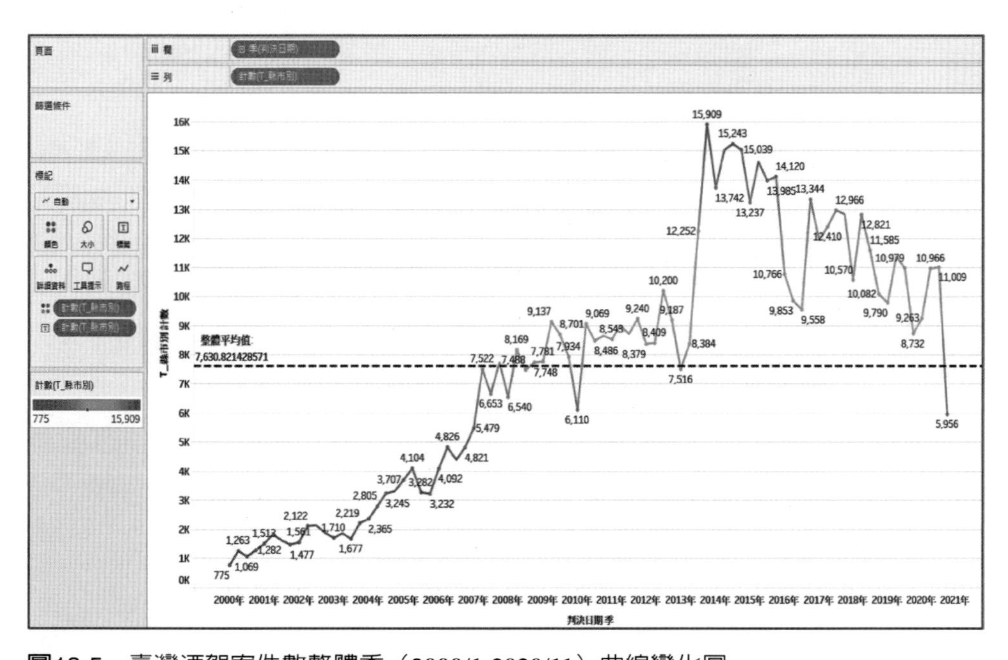

圖13-5　臺灣酒駕案件數整體季（2000/1-2020/11）曲線變化圖

註：圖中「整體平均值 :」係在圖中空白處，按滑鼠右鍵，選擇【新增註解 > 點… 】而得。

對酒駕犯罪具有「翹翹板式」雙重嚇阻效果的深遠意義，一是降低並明文規定酒精濃度法定標準值（吐氣酒精濃度由 0.55mg/L 降至 0.25mg/L，血液酒精濃度由 0.11% 降至 0.05%），行政罰標準下修到 0.15mg/L 和 0.03%；二是提高法定刑責。

它的整體季平均值為 7,630.8 件。如果考量整體縣市的話，它的縣市季平均值為 381.5 件（= 7630.8/20）。可以看出有些縣市季案件數相當低，甚至於 0 件，尤其是離島地區。（註：新竹縣市和嘉義縣市均只有一個地方法院，故以 20 計）

由於桃園市是所有縣市酒駕案件最多者，其季平均值為 1,321.8 件，比起整體縣市季平均值為 381.5 件高出許多，也比高雄市的 1,005 件高出許多。如要解釋圖 13-6 的桃園、高雄、新北、臺南等 4 個直轄市的季案件數曲線變化的話，那麼必須從《中華民國刑法》第 185-3 條立法與修法歷程觀點切入。(1)1999 年增訂第 185-3 條公共危險不能安全駕駛罪，但該條文沒有明確酒駕行為人的酒精濃度標準，使得法官量刑趨向慎重與輕判，警察機關也因無客觀科學標準和精確的儀器來作出準確的裁罰，故不具嚇阻作用。因此，2000-2003 初期，這 4 個直轄市案件數沒有變化。(2)2003 年修正提升刑期，2003 第 4 季起，部分縣市案件數明顯上升，但成效仍有限。(3)2007 年開始大幅成長，2008 年增訂併科罰金與提高罰金，故從 2008 年起，這 4 個直轄市案件數就大部分處於高於平均值狀況。(4)2011 年大幅提高刑罰和罰金，並增訂因酒駕而致人於死和重傷的規定，但是案件數變化不大。(5) 在 2013 年之前，警察機關皆以吐氣酒精濃度 0.55mg/L 作為是否觸犯第 185-3 條的執法標準。2013 年可說是關鍵年，第 185-3 條第一項修正為「駕駛人吐氣所含酒精濃度達每公升〇 ・ 二五毫克或血液中酒精濃度達百分之〇 ・ 〇五以上者，處二年以下有期徒刑，得併科二十萬元以下罰金。」在中央政府重視和各縣市政府警察局的積極執法下，2013 年第 3 季起呈現爆發性成長。(6)2019 年再度修法，將酒駕前科紀錄之五年內再犯的累犯，加重刑責。除了桃園和高雄仍維持在高案件數外，其餘縣市大部分呈現下降走勢，同時整體案件數隨著時間推進，已往下坡發展。從這 4 個直轄市走勢來看，新北市一直持續走下坡，可說對防制酒駕成效較為顯著。

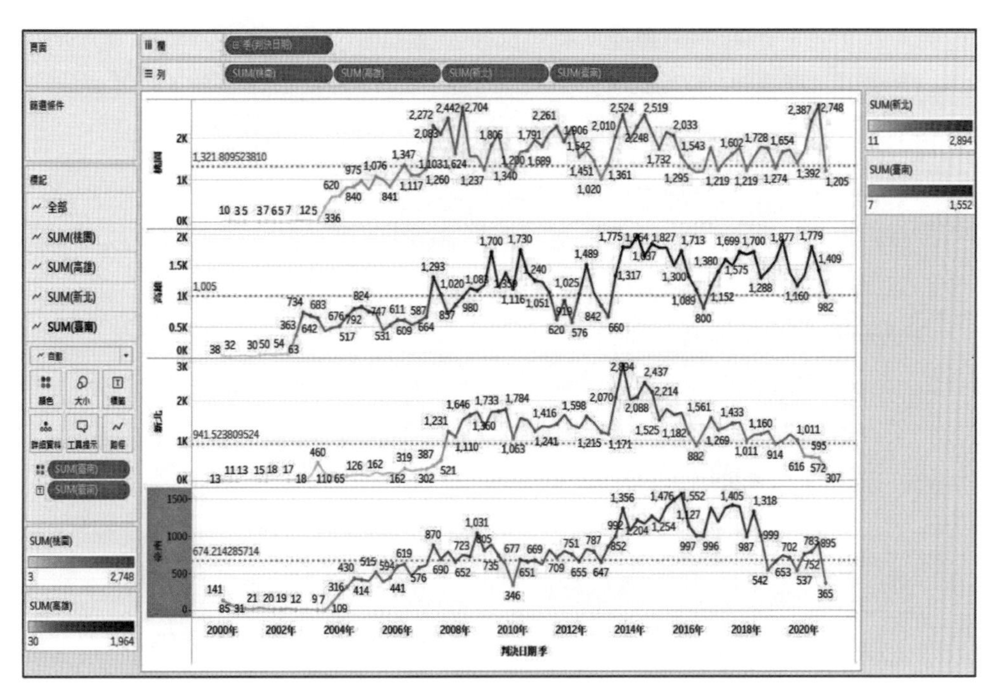

圖13-6　桃園、高雄、新北、臺南等4個直轄市的季案件數曲線圖

4. 萃取拘役天數

在裁判書中，主文內容十分重要，它明載著主刑判決內容，其格式和內容大致如下：

主文丙○○服用酒類，不能安全駕駛動力交通工具而駕駛，處拘役伍拾日，如易科罰金，以新臺幣壹仟元折算壹日。

我們想在主文中去萃取（Extraction）出拘役日數。由於有少數裁判書並未按照公文書格式撰寫，使得會出現未能找到「主文」兩字情況。萃取工作在文字採礦十分繁瑣，但卻必要的。基於無法一次到位，故要採用階層式表示法，以減少欄位名稱數量和儲存空間。「漸進階層表示式」提供了對於 Tableau 程式設計的很好技巧。我們即可利用這種技巧於萃取文字上。做法上，採取「漸進加套移法」。「加入函數→【套用】→程式右移→加入函數→【套用】」。其過程如下：

(1) 每一次加入一個新的函數或功能進來後，檢視畫面是否出現「計算有效」訊息，若是，表示程式碼語法是正確的，但不表示其結果是正確的。去按【套用】鈕，以測試是否正確。當如爲預期結果，繼續往下編輯程式；
(2) 全部選取程式碼後，按【Tab】鈕，程式碼就會全部往右移。然後新增一個函數；
(3) 去按【套用】鈕，以測試結果是否正確，再回到步驟 1。直到呈現我們想要的結果才結束。

此外，我們也要導入下列概念：

(1) Tableau 的 REGEXP 目的 = { 匹配 Match, (萃取)(Extract), 取代 Replace}。其中萃取內容必須前後冠上括弧。N 個配對括弧就可萃取 N 個字串內容。
(2) Tableau 的 REGEXP 特殊字元表示法 ={ 泛代字元 , 次數多少 }。

<table>
<tr><th>導出欄位名稱</th><th>敘述句</th></tr>
<tr><td>T_ 主文</td><td>MID([裁判書],FIND([裁判書],' 主文 ',1),FIND([裁判書],' 。',FIND([裁判書],' 主文 ',1))-FIND([裁判書],' 主文 ',1)</td></tr>
<tr><td>T_ 拘役 _1</td><td>REGEXP_EXTRACT(REGEXP_REPLACE([T_ 主文],'[，；,.;、 。: ：]', SPACE(1)),' 處拘役 (...?)\s')</td></tr>
<tr><td>T_ 拘役 _2</td><td>// 移除 [日 | 天]
REPLACE(
REPLACE(
REPLACE(
REPLACE(
REPLACE(
REPLACE(
REPLACE(
REGEXP_REPLACE(
REGEXP_REPLACE(
TRIM(REGEXP_REPLACE([T_ 拘役 _1],'[日 | 天 | 月]', ''))
,' 卅 | 三十 |\uE753 拾 ', ' 參拾 ')
,' 五十 | 五拾 |50', ' 伍拾 ')
,' 十 ',' 拾 ')
,'40',' 肆拾 ')
, '55',' 伍拾伍 ')
,'59', ' 伍拾玖 ')
, ' 二 ', ' 貳 ')
, ' 四 ', ' 肆 ')
, ' 五 ', ' 伍 ')</td></tr>
</table>

其結果如圖 13-7 所示。我們發現拘役件數不多，此乃 2013 年（含）以前法官量刑拘役為主，但之後因修正法條內容，主刑改以有期徒刑取代拘役，不再有拘役處罰。其中 COUNT(NULL) 回傳 0，因為 NULL 不列入計數。它表示有不少案件是沒有拘役判決的，故出現 Null。一個有趣現象，案件數大都集中在前 4 位，分別為伍拾（29,810 件）、肆拾（18,822 件）、參拾（13,282 件）、貳拾（4,016 件）。量刑輕就無法達到防制酒駕目的。總之，酒駕「亂世用重典」不如「亂世判重罰」來得有成效。建議修法，明文規定受六月以下有期徒刑之宣告者，如得易科罰金，自不應易服社會勞動，其款項應賠償給車禍肇事被害人，而非繳納給國庫。當然，圖 13-7 中的 [T_ 拘役 _2] 欄位內容必須透過資料正規化轉換成半形數字，例如，「伍拾」須被轉換成「50」，然後才能去計算整體拘役平均值或進行資料採礦。

列　T_拘役_2　計數(T_拘役_2)

T_拘役_2	T_拘役_2 計數	
伍拾	29,810	•
肆拾	18,822	•
參拾	13,282	•
貳拾	4,016	•
陸拾	250	•
柒拾	242	•
拾伍	163	•
拾	159	•
捌拾	118	•
壹拾	44	•
伍拾玖	11	•
玖拾	6	•
肆	4	•
伍玖	4	•
伍拾伍	3	•
肆拾伍	2	•
肆伍	2	•
壹佰	2	•
參拾陸	2	•
參拾伍	2	•
參	2	•
捌	2	•
拾貳	2	•
肆拾肆	1	•
參佰	1	•
參伍	1	•
拾肆	1	•
拾玖	1	•
伍拾肆	1	•
伍	1	•
Null	0	•

圖 13-7　拘役次數統計

我們根據前揭圖 13-7 來建立一個導出欄位。

導出欄位名稱	敘述句
T_ 縣市 _ 拘役 _ 計數	{INCLUDE [T_ 縣市別]:COUNT([T_ 拘役 _2])}

並且依下列操作過程來建立工作表的視圖。

操作環境	在架中編輯	設定
【欄】架	[T_ 縣市別]	(排序：遞減 , 維度)
【列】架	COUNT([T_ 縣市別])	(度量 (計數), 連續)
標記區【顏色】	[T_ 縣市別]	(排序：遞減 , 維度)
標記區【標籤】	COUNT([T_ 縣市別])	(度量 (計數), 連續)
標記區【詳細資料】	[T_ 各縣市案件占比 (%)]	(連續)
標記區【詳細資料】	SUM([T_ 縣市 _ 拘役 _ 計數])	(度量 (總和), 連續)

最後，在視圖內，選取水平軸上的全部 [T_ 縣市別] 資料，選擇【檢視資料 ...】，按【全部匯出 (E)】。存檔名稱：D:\ 各縣市酒駕案件數 _ 資料 .csv。

13.3 資料正規化

當我們文字採礦過程所萃取的資料類型大都為文字。但這些屬於數值的文字是無法直接提供給資料採礦之用，尤其是法院裁判書內容。解決方式，就是進行資料正規化（Data Normalization）。例如，「一仟零伍拾萬七千零十五」或「壹仟零伍拾萬柒仟零拾伍」都須被轉換成「10507015」。這項轉換工作有其難度存在。其處理程序：國字→數字取代國字 → 國字轉換成數字。它的處理目的，將拘役（如伍拾日）或罰金等轉換成可供數學計算的數字。在此，文字內容的「一」到「九」都會被先轉成「壹」到「玖」，然後再去進行國字轉成數字。為何必須要這個 [國字] 轉換呢？因為裁判書對於數值表示法真的五花八門，有國字、全形或半形數字，國字的「點」字和數字的小數點等。例如，拘役五十日，有期徒刑參年二月；酒精濃度達每公升貳點〇五毫克；持有甲基安非他命達二點三五公克或 2.35 公克。經驗告訴我們，一套文字採礦用的演算法是無法適用於所有犯罪類型的，因為它沒有資料類型的約束。寫成「0.55」、「零 . 五五」

或「零點伍伍」都被允許的；但這在結構化資料是不被允許的，因它常受定義域或值域的約束，以及資料類型的一致性限制。故我們無法將一個可用的演算法套件適用到別的領域上。例如，毒品類型和酒駕類型之處理，同樣是國字改成數字，前者爲重量單位，後者爲容量單位。常用的酒精濃度測量單位：吐氣（MG/L）和血液（%），因此計算酒精濃度處理是十分複雜的。

導出欄位名稱	敘述句
國字	//範例：一仟零伍拾萬七千零十五 REPLACE (REPLACE (REPLACE (REPLACE (REPLACE (REPLACE (REPLACE (REPLACE (REPLACE (REPLACE (REPLACE (REPLACE('一仟零伍拾萬七千零十五','一','壹'),'二','貳'),'三','參'),'四','肆'),'五','伍'),'六','陸'),'七','柒'),'八','捌'),'九','玖'),'十','拾'),'百','佰'),'千','仟')
數字取代國字	REGEXP_REPLACE (REGEXP_REPLACE (REGEXP_REPLACE (REGEXP_REPLACE (REGEXP_REPLACE (REGEXP_REPLACE (REGEXP_REPLACE (REGEXP_REPLACE (REGEXP_REPLACE (REGEXP_REPLACE (REPLACE (REPLACE (REPLACE([國字],'十','拾'),'百','佰'),'千','仟'), '一|壹','1'),

導出欄位名稱	敘述句
	'二 | 貳 ','2'), '三 | 參 ','3'), '四 | 肆 ','4'), '五 | 伍 ','5'), '六 | 陸 ','6'), '七 | 柒 ','7'), '八 | 捌 ','8'), '九 | 玖 ','9'), '零 ',' 零 ')

國字轉換成數字	IF REGEXP_MATCH([數字取代國字],' 萬 ') THEN
	IIF(REGEXP_MATCH(SPLIT([數字取代國字],' 萬 ',1),' 仟 '), INT(REGEXP_EXTRACT(SPLIT([數字取代國字],' 萬 ',1),'(.) 仟 ')) * 10000000,0) +
	IIF(REGEXP_MATCH(SPLIT([數字取代國字],' 萬 ',1),' 佰 '), INT(REGEXP_EXTRACT(SPLIT([數字取代國字],' 萬 ',1),'(.) 佰 ')) * 1000000,0) +
	IIF(REGEXP_MATCH(SPLIT([數字取代國字],' 萬 ',1),' 拾 '),
	IIF(ISNULL(INT(REGEXP_EXTRACT([數字取代國字],'(.) 拾 '))), 1 * 100000,
	INT(REGEXP_EXTRACT(SPLIT([數字取代國字],' 萬 ',1),'(.) 拾 '))* 100000),0) +
	IIF(ISNULL(INT(RIGHT(SPLIT([數字取代國字],' 萬 ',1),1))), 0, INT(RIGHT(SPLIT([數字取代國字],' 萬 ',1),1))* 10000,0)+
	IIF(REGEXP_MATCH(SPLIT([數字取代國字],' 萬 ',2),' 仟 '), INT(REGEXP_EXTRACT(SPLIT([數字取代國字],' 萬 ',2),'(.) 仟 ')) * 1000,0) +
	IIF(REGEXP_MATCH(SPLIT([數字取代國字],' 萬 ',2),' 佰 '), INT(REGEXP_EXTRACT(SPLIT([數字取代國字],' 萬 ',2),'(.) 佰 ')) * 100,0) +
	IIF(REGEXP_MATCH(SPLIT([數字取代國字],' 萬 ',2),' 拾 '),
	IIF(ISNULL(INT(REGEXP_EXTRACT(SPLIT([數字取代國字],' 萬 ', 2),'(.) 拾 '))), 1 * 10,
	INT(REGEXP_EXTRACT(SPLIT([數字取代國字],' 萬 ',2),'(.) 拾 '))* 10), 0) +
	IIF(ISNULL(INT(RIGHT(SPLIT([數字取代國字],' 萬 ',2),1))), 0, INT(RIGHT(SPLIT([數字取代國字],' 萬 ',2),1)))
	ELSE

導出欄位名稱	敘述句
	IIF(REGEXP_MATCH([數字取代國字],' 仟 '),INT(REGEXP_EXTRACT([數字取代國字],'(.) 仟 ')) * 1000,0) + IIF(REGEXP_MATCH([數字取代國字],' 佰 '),INT(REGEXP_EXTRACT([數字取代國字],'(.) 佰 ')) * 100,0) + IIF(REGEXP_MATCH([數字取代國字],' 拾 '), IIF(ISNULL(INT(REGEXP_EXTRACT([數字取代國字],'(.) 拾 '))), 1 * 10, INT(REGEXP_EXTRACT([數字取代國字],'(.) 拾 '))* 10) ,0) + IIF(ISNULL(INT(RIGHT([數字取代國字],1))), 0,INT(RIGHT([數字取代國字],1))) END

13.4 統計分析

結束 Tableau，我們在 STATA 環境匯入「D:\ 各縣市酒駕案件數 _ 資料 .csv」。輸入下列指令：

pwcorr t_ 縣市 _ 拘役 _ 計數 t_ 縣市別計數 [fweight = t_ 縣市別計數], sig star(5)

從表 13-1 得知，各縣市之案件數和拘役計數兩者存在極爲強烈的正相關，相關強度 0.8991。表示案件數愈高，獲判拘役案件數相對增加。

表 13-1　各縣市之案件數和拘役計數相關分析結果

	t_ 縣市 _ 拘役 _ 計數	t_ 縣市別計數
t_ 縣市 _ 拘役 _ 計數	1	
t_ 縣市別計數	0.8991* 0.0000	1

在指令列上輸入：

regress t_ 縣市 _ 拘役 _ 計數 t_ 縣市別計數 , noconstant beta

由表 13-2 線性迴歸統計結果得知，各縣市拘役與案件計數存在顯著的線性正相關。當「t_ 縣市別計數」變化一個單位時，將會引發「t_ 縣市 _ 拘役 _ 計數」+0.935 個的單位變化。這顯示在 2013 年（含）以前酒駕犯罪案件，地方法院每裁判一件酒駕案件，就會有九成被告是被法官量刑拘役的，且拘役罰以 20 日到 50 日之間占大多數，實難收嚇阻之效。因此，2013 年立法院修正第 185-3 條第一項爲「駕駛人吐氣所含酒精濃度達每公升〇．二五毫克或血液中酒精濃度達百分之〇．〇五以上者，處二年以下有期徒刑，得併科二十萬元以下罰金。」以「有期徒刑」取代較輕的「拘役」主刑罰。從 2014 年起，臺灣整體酒駕案件數和酒駕行爲的酒精濃度逐年下降中。

表 13-2　各縣市拘役與案件計數線性迴歸結果

Source	SS	df	MS		
Model	388851676	1	388851676	Number of obs = 20	F(1, 19) = 179.21
Residual	41225320.6	19	2169753.72	Prob > F = 0.0000	R-squared = 0.9041
Total	430076997	20	21503849.9	Adj R-squared =0.8991	Root MSE = 1473
t_ 縣市 _ 拘役 _ 計數	**Coef.**	**Std. Err.**	**t**	**P>|t|**	**Beta**
t_ 縣市別計數	0.1008185	0.007531	13.39	0.0000	0.935066

13.5 總結

經驗告訴我們，大約 80% 的時間花費在巨量資料處理上，僅約 20% 的時間會花在巨量資料分析上。因此，大數據工作的瓶頸關鍵並非在於資料是否巨量，而是在於非結構化資料的複雜度。資料的複雜性將顯著影響著清洗資料和樣式（Patterns）萃取所需時間。另一個影響因素就是我們試圖要找出潛在有價值的資訊或知識（法則），以致於我們對大數據處理與分析，不可能一次就達成目的，而是常爲一種反覆回授（Feedback）動作。若去選擇應用軟體或電腦語言，以讓我們大幅縮減整體開發、除錯和執行程式所需時間的話，將有助於進行各種領域大數據處理和分析工作，具有微觀、巨觀的 Tableau 是個很好選擇。

總而言之，如果我們將 Tableau 定位在資料視覺化，以呈現出令人吸引（驚豔）圖形的話，那麼它是毫無實用價值的。相反地，採用合適的圖表，以能呈現我們想要洞察問題之所在，並易於了解或解釋該現象，進而做出決策，即是 Tableau 的核心功能。此外，使用假想或模擬，而非眞實資料，也是對 Tableau 定位在商業智慧是毫無用處的。因爲假的數據是無法洞察出問題所在。故商業智慧的必要條件就是眞實資料。Tableau 非爲資料處理與分析的全部，而是一部分，必須仰賴其他軟體或電腦語言的搭配與交互使用，唯有如此，我們在進行大數據處理與分析時，才能獲得具有統計檢定爲基礎的知識與決策支援。

國家圖書館出版品預行編目資料

商業智慧：從Tableau運作機制邁向大數據分析之路／吳國清著. ——初版. ——臺北市：五南圖書出版股份有限公司，2022.03
面； 公分
ISBN 978-626-317-588-4（平裝）

1.CST：大數據 2.CST：資料探勘

312.74 111001040

1H3H

商業智慧：
從Tableau運作機制邁向大數據分析之路

作　　者 — 吳國清
發 行 人 — 楊榮川
總 經 理 — 楊士清
總 編 輯 — 楊秀麗
主　　編 — 侯家嵐
責任編輯 — 吳瑀芳
文字校對 — 鐘秀雲
封面設計 — 王麗娟
出 版 者 — 五南圖書出版股份有限公司
地　　址：106台北市大安區和平東路二段339號4樓
電　　話：(02)2705-5066　　傳　　真：(02)2706-6100
網　　址：https://www.wunan.com.tw
電子郵件：wunan@wunan.com.tw
劃撥帳號：01068953
戶　　名：五南圖書出版股份有限公司

法律顧問　林勝安律師事務所　林勝安律師

出版日期　2022年3月初版一刷
定　　價　新臺幣500元